21世纪高职高专规划教材

数控技术系列

数控加工工艺与装备

李华志 主编 杜全兴 主审

清华大学出版社

北京

内容简介

本书是根据高职高专培养技术应用型专门人才的教学需要编写的。全书共 7 章,主要包括金属切削原理与刀具、数控机床夹具、数控加工工艺等方面的内容。全书以加工工艺为主线,有关内容以服务于主线作为取舍的原则。本书内容全面系统,实用性强,层次清楚。通过大量实例的讲述,重点突出数控加工工艺的基本思路和关键问题,使读者能把握学习要点,基本掌握编制工艺的方法与技巧,提高解决实际问题的能力。内容设置注重就业需求、岗位知识和技能,以培养技能型实用人才为出发点。

本书为高职高专、成人高校、本科院校举办的二级职业技术学院机械类、近机类,特别是数控技术及应用专业的教学用书,可供高等职业教育技能型紧缺人才培养使用,也可供有关的工程技术人员参考。

图书在版编目(CIP)数据

数控加工工艺与装备/李华志主编. —北京:清华大学出版社,2005.6(2019.7 重印)
(21 世纪高职高专规划教材. 数控技术系列)
ISBN 978-7-302-10941-9

Ⅰ. 数… Ⅱ. 李… Ⅲ. ①数控机床—加工工艺—高等学校:技术学校—教材 ②数控机床—加工—设备—高等学校:技术学校—教材 Ⅳ. TG659

中国版本图书馆 CIP 数据核字(2005)第 042472 号

责任编辑:束传政　付　迎　田　梅
责任印制:沈　露

出版发行:清华大学出版社
　　　网　　　址:http://www.tup.com.cn, http://www.wqbook.com
　　　地　　　址:北京清华大学学研大厦 A 座　　　　　　邮　　编:100084
　　　社 总 机:010-62770175　　　　　　　　　　　　　邮　　购:010-62786544
　　　投稿与读者服务:010-62776969, c-service@tup.tsinghua.edu.cn
　　　质量反馈:010-62772015, zhiliang@tup.tsinghua.edu.cn
印 装 者:北京建宏印刷有限公司
经　　销:全国新华书店
开　　本:185mm×230mm　　印　张:21　　字　数:402 千字
版　　次:2005 年 6 月第 1 版　　　　　　　　　　　印　次:2019 年 7 月第 13 次印刷
定　　价:49.00 元

产品编号:016428-03

"高职高专数控技术系列教材建设指导委员会"名单

焦金生　清华大学出版社副总编

钟约先　清华大学机械工程学院副院长

（以下按姓氏笔划为序）

刘　义　武汉船舶职业技术学院教学院长

刘小芹　武汉职业技术学院副院长

刘守义　深圳职业技术学院工业中心主任

刘惠坚　广东机电职业技术学院院长

陈传伟　成都电子机械高等专科学校副校长

李康举　沈阳工业学院应用技术学院机械系主任

杜建根　河南工业职业技术学院副院长

杨兴华　常州轻工职业技术学院党委书记

金潇明　湖南工业职业技术学院院长

姚和芳　湖南铁道职业技术学院副院长

温金祥　烟台职业学院副院长

"高职高专数控技术系列教材建设专家组"名单

（按姓氏笔划为序）

王　浩　广东机电职业技术学院

冯小军　深圳职业技术学院

乔西铭　广东机电职业技术学院机电工程系主任

刘　敏　烟台职业学院机械系主任

李望云　武汉职业技术学院机械系主任

邱士安　成都电子机械高等专科学校机电系主任

陈少艾　武汉船舶职业技术学院机械系主任

周　虹　湖南铁道职业技术学院副教授

唐建生　河南工业职业技术学院机械系主任

彭跃湘　湖南工业职业技术学院机械系副主任

谢永宏　深圳职业技术学院先进制造系主任

出版说明

　　高职高专教育是我国高等教育的重要组成部分,担负着为国家培养并输送生产、建设、管理、服务第一线高素质技术应用型人才的重任。

　　进入 21 世纪后,高职高专教育的改革和发展呈现出前所未有的发展势头,学生规模已占我国高等教育的半壁江山,成为我国高等教育的一支重要的生力军;办学理念上,"以就业为导向"成为高等职业教育改革与发展的主旋律。近两年来,教育部召开了三次产学研交流会,并启动四个专业的"国家技能型紧缺人才培养项目",同时成立了 35 所示范性软件职业技术学院,进行两年制教学改革试点。这些举措都表明国家正在推动高职高专教育进行深层次的重大改革,向培养生产、服务第一线真正需要的应用型人才的方向发展。

　　为了顺应当前我国高职高专教育的发展形势,配合高职高专院校的教学改革和教材建设,进一步提高我国高职高专教育教材质量,在教育部的指导下,清华大学出版社组织出版"21 世纪高职高专规划教材"。

　　为推动规划教材的建设,清华大学出版社组织并成立"高职高专教育教材编审委员会",旨在对清华版的全国性高职高专教材及教材选题进行评审,并向清华大学出版社推荐各院校办学特色鲜明、内容质量优秀的教材选题。教材选题由个人或各院校推荐,经编审委员会认真评审,最后由清华大学出版社出版。编审委员会的成员皆来源于教改成效大、办学特色鲜明、师资实力强的高职高专院校、普通高校以及著名企业,教材的编写者和审定者都是从事高职高专教育第一线的骨干教师和专家。

　　编审委员会根据教育部最新文件政策,规划教材体系,比如部分专业的两年制教材;"以就业为导向",以"专业技能体系"为主,突出人才培养的实践性、应用性的原则,重新组织系列课程的教材结构,整合课程体系;按照教育部制定的"高职高专教育基础课程教学基本要求",教材的基础理论以"必要、够用"为度,突出基础理论的应用和实践技能的培养。

　　这套规划教材的编写原则如下:

　　(1) 根据岗位群设置教材系列,并成立系列教材编审委员会;

　　(2) 由编审委员会规划教材、评审教材;

　　(3) 重点课程进行立体化建设,突出案例式教学体系,加强实训教材的出版,完善教学服务体系;

　　(4) 教材编写者由具有丰富教学经验和多年实践经历的教师共同组成,建立"双师型”编者体系。

本套规划教材涵盖了公共基础课、计算机、电子信息、机械、经济管理以及服务等大类的主要课程，包括专业基础课和专业主干课。目前已经规划的教材系列名称如下：

- **公共基础课**

  公共基础课系列

- **计算机类**

  计算机基础教育系列
  计算机专业基础系列
  计算机应用系列
  网络专业系列
  软件专业系列
  电子商务专业系列

- **电子信息类**

  电子信息基础系列
  微电子技术系列
  通信技术系列
  电气、自动化、应用电子技术系列

- **机械类**

  机械基础系列
  机械设计与制造专业系列
  数控技术系列
  模具设计与制造系列

- **经济管理类**

  经济管理基础系列
  市场营销系列
  财务会计系列
  企业管理系列
  物流管理系列
  财政金融系列

- **服务类**

  旅游系列
  艺术设计系列

本套规划教材的系列名称根据学科基础和岗位群方向设置，为各高职高专院校提供“自助餐”形式的教材。各院校在选择课程需要的教材时，专业课程可以根据岗位群选择系列；专业基础课程可以根据学科方向选择各类的基础课系列。例如，数控技术方向的专业课程可以在“数控技术系列”选择；数控技术专业需要的基础课程，属于计算机类课程可以在“计算机基础教育系列”和“计算机应用系列”选择，属于机械类课程可以在“机械基础系列”选择，属于电子信息类课程可以在“电子信息基础系列”选择。依此类推。

为方便教师授课和学生学习，清华大学出版社正在建设本套教材的教学服务体系。本套教材先期选择重点课程和专业主干课程，进行立体化教材建设：加强多媒体教学课件或电子教案、素材库、学习盘、学习指导书等形式的制作和出版，开发网络课程。学校在选用教材时，可通过邮件或电话与我们联系获取相关服务，并通过与各院校的密切交流，使其日臻完善。

高职高专教育正处于新一轮改革时期，从专业设置、课程体系建设到教材编写，依然是新课题。希望各高职高专院校在教学实践中积极提出意见和建议，并向我们推荐优秀选题。反馈意见请发送到 E-mail：gzgz@tup.tsinghua.edu.cn。清华大学出版社将对已出版的教材不断地修订、完善，提高教材质量，完善教材服务体系，为我国的高职高专教育出版优秀的高质量的教材。

高职高专教育教材编审委员会

前 言

　　制造业是我国国民经济的支柱产业,其增加值约占我国国内生产总值的 40％以上,而先进制造技术是振兴制造业的系统工程中的重要组成部分之一。数控技术是其核心技术,它的出现及所带来的巨大效益,已引起了世界各国科技与工业界的普遍重视。目前,随着国内数控机床用量的剧增,这就需要一大批面向生产第一线的熟悉数控加工工艺、能够熟练掌握现代数控机床编程、操作和维护的应用性高级技术人才。在数控技术专业人才的培养中,"数控加工工艺与装备"是一门很重要的专业课,但这方面的教材却很少。大部分的教材主要讲述的是传统机械制造方面的内容,对数控加工涉及较少。为了适应应用型技术人才培养的需要,我们编写了这本教材。

　　全书除绪论外共分为 7 章,主要内容包括金属切削原理与刀具、数控机床夹具、数控加工工艺等方面的内容。全书以加工工艺为主线,有关内容以服务于主线作为取舍的原则。主要内容包括:金属切削原理与刀具、数控加工工艺基础、机床夹具、工艺规程设计、数控车削和车削中心的加工工艺、数控铣削和镗铣加工中心的加工工艺、其他数控加工方法简介。书中首先介绍了金属切削原理基础与刀具部分,主要论述了金属的切削过程、基本规律、切削参数的选择以及切削过程基本规律的应用,同时还对刀具材料进行了介绍。二章介绍了数控加工工艺基础方面的知识,让读者了解工艺过程的基本概念和数控加工工艺系统。三章机床夹具部分,主要讲述机床夹具的基本知识,工件的定位和夹紧和数控加工中常用的夹具等。四章主要是普通机械加工和数控加工工艺的设计。最后三章是对车、铣类及其它数控加工方法的数控加工工艺的制订原则进行论述,通过大量实例的讲述,重点突出数控加工工艺的基本思路和关键问题,使读者把握学习要点,基本掌握编制工艺的方法与技巧,以提高解决实际问题的能力。作为教材,为帮助学生能更好理解教学内容,每章后附有小结和习题。

　　本书由李华志主编,其中绪论,第 5 、6、7 章由成都电子机械高等专科学校李华志编写,第 1 章由广东机电职业技术学院漆军编写,第 2 章由河南工业职业技术学院曹龙斌编写,第 3、4 章由烟台职业学院穆国岩编写。成都电子机械高等专科学校实训基地罗彬、李可、唐庆同志为典型实例的检验做了大量的工作。本书的制图规范审核由成都电子机械高等专科学校制图教研室的房延负责,全书由李华志负责统稿和定稿,由成都电子机械高等专科学校国家实训基地刘平高级工程师进行初审,西南交通大学杜全兴教授主审。

由本书主编负责的"数控加工工艺与装备"课程于 2005 年获国家精品课程后,并获得普通高等教育"十一五"国家级规划教材。应精品课程和国家"十一五"规划教材建设的要求,开始了对教材的建设工作。提出了教材建设与专业教学改革紧密结合,教材的建设既应满足教学内容、教学方法、教学手段的改革要求,教材还应充分体现数控技术专业教材体系的建设模式。精品课程建设小组的教师们按照这种方式对教材进行了多次研讨,提出了修改的意见。特别是国家实训基地刘平高级工程师,除参与教材大纲的编写外,还对教材编写的整体内容提出了许多宝贵的意见,教材主编在综合各方面的意见后对原教材进行了修改,通过一边探索,一边实践,认真研究数控加工的特点,将知识结构的调整和内容进行有机衔接,形成了满足数控技术专业学生培养目标要求的教材,该教材的修改既符合传统高职课程与新的应用技术的整合目的,也起到了促进学生更好地理解和掌握现代应用技术,提高动手能力的作用。

"数控加工工艺与装备"国家精品课程网站(http://jpkc.cec.edu.cn/jpkc/skgyzb)针对本书的学习提供了大量的资料。如教学计划、教学大纲、电子教材、多媒体课件、网络课件、作业习题、考试题库、网上测试系统等,可供下载和学习的资料达 50 多项,保证了学生学习的需求。

由于编者水平和掌握的资料有限,书中难免存在不妥之处,恳请各兄弟学校的专家和同行批评指正。

作　者
2006 年 11 月

目　录

绪 论

本课程的性质、任务和内容

"数控加工工艺与装备"是高职高专和本科院校机械类、机电类、近机类,特别是数控技术及应用专业的专业课程。它的实践性、综合性、灵活性较强。该课程的任务主要是以机械制造中的基本理论为基础,结合数控加工特点,综合运用多方面的知识解决数控加工中的工艺问题,以使学生能规范、正确地实施典型零件的机械加工工艺,执行数控加工工序的工艺要求,能编制出简单零件的机械加工工艺规程和数控加工工艺规程。

这门课程内容包括:数控加工工艺基础;金属切削原理与刀具;数控机床夹具上工件的定位和夹紧、常用夹具的介绍;普通机械加工、数控加工工艺规程设计;数控车削、车削中心和数控铣削、镗铣加工中心的加工工艺;数控磨削、冲压、电脉冲加工方法简介。

这门课程实践性强,其理论源于生产实际,是长期生产实践的总结。学习本课程必须注重理论同生产实践的结合,多深入生产实际,根据不同的现场条件灵活运用理论知识,以获得解决生产实践问题的最佳方案。通过本课程的学习,应基本掌握数控加工中的基本知识和理论,达到本课程的要求。

数控加工在制造业中的地位、作用和发展状况

随着科学技术的飞速发展,社会对产品多样化的要求日益强烈,产品更新越来越快,多品种、中小批量生产的比重明显增加;同时,随着航空工业、汽车工业和轻工消费品生产的高速增长,复杂形状的零件越来越多,精度要求也越来越高;此外,激烈的市场竞争要求产品研制生产周期越来越短,传统的加工设备和制造方法已难以适应这种多样化、柔性化与复杂形状的高效高质量加工要求。因此,近几十年来,能有效解决复杂、精密、小批多变零件加工问题的数控(NC)加工技术得到了迅速发展和广泛应用,使制造技术发生了根本性的变化。努力发展数控加工技术,并向更高层次的自动化、柔性化、敏捷化、网络化

和数字化制造技术推进,是当前机械制造业发展的方向。

　　数控技术是机械加工现代化的重要基础和关键技术。应用数控加工可大大提高生产率、稳定加工质量、缩短加工周期、增加生产柔性、实现对各种复杂精密零件的自动化加工,易于在工厂或车间实行计算机管理,还使车间设备总数减少,节省人力,改善劳动条件,有利于加快产品的开发和更新换代,提高企业对市场的适应能力和综合经济效益。数控加工技术的应用,使机械加工的大量前期准备工作与机械加工过程联为一体,使零件的计算机辅助设计(CAD)、计算机辅助工艺规划(CAPP)和计算机辅助制造(CAM)的一体化成为现实,使机械加工的柔性自动化水平不断提高。

　　数控加工技术也是发展军事工业的重要战略技术。美国与西方各国在高档数控机床与加工技术方面一直对我国进行封锁限制,因为许多先进武器装备的制造,如飞机、导弹、坦克等的关键零件,都离不开高性能的数控机床加工。我国的航空、能源、交通等行业也从西方引进了一些五坐标机床等高档数控设备,但其使用受到国外的监控和限制,不准用于军事用途的零件加工。这一切均说明数控加工技术在国防现代化方面所起的重要作用。

学习本课程的目的和要求

　　通过本课程的学习,可以使学生掌握数控加工工艺的基本理论和方法,以及先进制造技术的有关知识,从而为将来胜任不同职业和不同岗位上的专业技术工作、掌握先进制造技术手段的应用、具备突出的工程实践能力奠定良好的基础。为实现这一目的,本课程的学习主要有以下几方面:

　　1. 了解加工工艺过程的基本概念和数控加工工艺系统。

　　2. 掌握金属的切削过程、基本规律、切削参数的选择以及切削过程基本规律的应用,同时了解数控刀具材料。

　　3. 熟悉数控机床夹具上工件的定位和夹紧,了解常用的数控夹具。

　　4. 熟练掌握普通机械加工、数控加工工艺规程的设计;基本掌握中等复杂类零件车、铣及磨削、冲压、电脉冲的数控加工工艺编制的方法与技巧。

　　必须指出,数控加工工艺的知识是通过长期生产实践的理论总结形成的。它源于生产实践,服务于生产实践。因此,本课程的学习必须密切联系生产实践,在实践中加深对课程内容的理解,强化对所学知识的应用。

第 1 章

金属切削原理与刀具

数控加工是普通金属加工技术的一种发展,是一种自动化程度更高的普通加工,它同样满足一般的金属切削加工规律。本章主要讲述金属切削原理和刀具的基础知识,目的是掌握金属加工中的一般规律。

1.1　金属切削过程的基本概念

1.1.1　切削运动和切削用量

金属切削加工就是用金属切削刀具切除工件上多余的金属材料,使其形状、尺寸精度及表面质量达到预定要求的一种机械加工方法。在金属切削加工的过程中,刀具和工件必须有相对运动,这种相对运动称为切削运动。

1. 切削运动分类

按切削运动在切削加工中的功用不同,可将其分为主运动和进给运动两种。

（1）主运动

主运动是切除工件上多余金属,形成工件新表面所需的运动,是进行切削的最基本、最主要的运动。如车、镗削加工时工件的回转运动,铣削和钻削加工时刀具的回转运动等都是主运动。一般主运动速度最高,消耗功率最大,机床通常只有一个主运动。

（2）进给运动

进给运动是配合主运动实现依次连续不断地切除多余金属层的刀具与工件之间的附加相对运动。进给运动与主运动配合即可完成所需的表面几何形状的加工。根据工件表面形状成形的需要,进给运动可以是多个,也可以是一个;可以是连续的,也可以是间歇的。

当主运动和进给运动同时进行时,刀具切削刃上某一点相对于工件的运动称为合成切削运动,其大小和方向用合成速度向量 v_e 表示,见图 1-1。

$$v_e = v_c + v_f$$

其中 v_c 为主运动速度,v_f 为进给运动速度。

2. 切削表面

切削加工过程是一个动态过程,在切削过程中,工件上通常存在着三个不断变化的切削表面,见图 1-1。即:

待加工表面:工件上即将被切去金属层的表面。

已加工表面:工件上切去一层金属后形成的新的新表面。

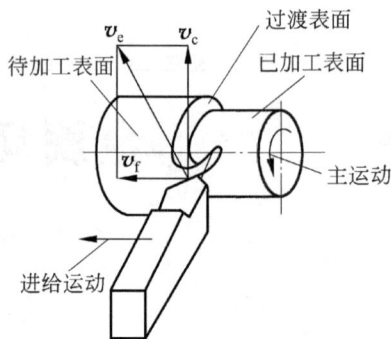

图 1-1   外圆车削的切削运动与切削表面

过渡表面:工件正在被刀具切削的表面,介于已加工表面和待加工表面之间。

3. 切削用量

(1) 切削速度 v_c(m/s 或 m/min)

切削刃选定点相对于工件主运动的瞬时线速度称为切削速度。

计算切削速度时,应选取刀刃上速度最高的点进行计算。主运动为旋转运动时,切削速度由下式确定:

$$v_c = \frac{\pi d n}{1000} \tag{1-1}$$

式中,d——工件(或刀具)的最大直径(mm);

n——工件(或刀具)的转速 (r/s 或 r/min)。

(2) 进给量 f

工件或刀具转一周(或每往复一次),两者在进给运动方向上的相对位移量称为进给量,其单位是 mm/r(或 mm/双行程)。对于铣刀、铰刀、拉刀等多齿刀具,还规定每刀齿进给量 f_z,即多齿刀具每转或每行程中每个刀齿相对于工件在进给运动方向上的相对位移,单位为 mm/z。还可用进给速度 v_f,即单位时间内的进给量表示,单位为 mm/min。进给速度、进给量和每齿进给量之间的关系为:

$$v_f = nf = nzf_z \tag{1-2}$$

(3) 背吃刀量 a_p(mm)

背吃刀量是在与主运动和进给运动方向所组成的平面相垂直的方向上测量的工件上已加工表面和待加工表面间的距离。

① 外圆车削时,其背吃刀量可由下式计算:

$$a_p = \frac{d_w - d_m}{2} \tag{1-3}$$

式中，d_w——工件上待加工表面直径（mm）；

　　d_m——工件上已加工表面直径（mm）。

②圆周铣削和端面铣削时，背吃刀量 a_p 即为平行于铣刀轴线测量的切削层尺寸，如图 1-2。

铣削用量中还包括侧吃刀量 a_e，即垂直于铣刀轴线测量的切削层尺寸，如图 1-2。

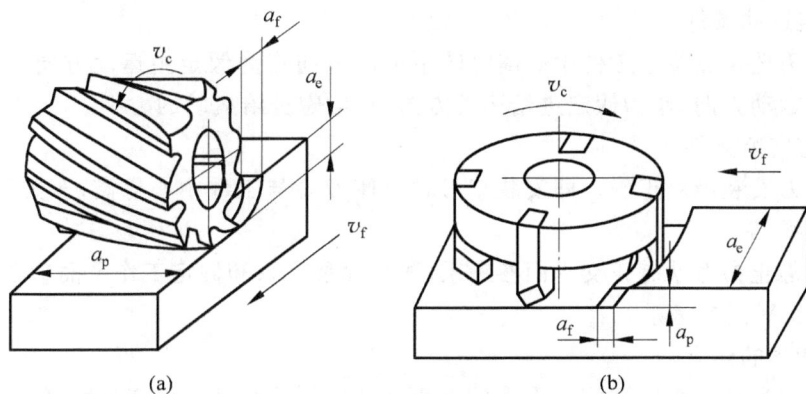

图 1-2　铣削用量要素

（a）圆周铣削；（b）端面铣削

1.1.2　刀具切削部分的基本定义

金属切削刀具包含刀柄和切削部分。刀柄是指刀具上的夹持部分，切削部分是刀具上直接参加切削工作的部分。在某些刀具（如外圆车刀）上切削部分也称刀头。有些刀具（如麻花钻）上还有导向部分。

金属切削加工的刀具种类繁多，但刀具切削部分的组成却有共同点。车刀的切削部分可看作是各种刀具切削部分最基本的形态。下面以外圆车刀为例研究金属切削刀具的几何参数。

1. 刀具切削部分的组成

如图 1-3 所示，刀具切削部分主要由以下几个部分组成：

前刀面 A_γ——切屑流过的刀面。

主后刀面 A_a——与过渡表面相对的面。

副后刀面 A_a'——与已加工表面相对的面。

主切削刃——前刀面与主后刀面相交形成的刀刃。

副切削刃——前刀面与副后刀面相交形成的刀刃。

刀尖——主、副切削刃连接处的一部分切削刃，常指它们的实际交点。

2. 刀具的静止角度参考系

刀具静止参考系是用于设计、制造、刃磨和测量刀具几何角度的参考系。由于刀具的几何角度是在切削过程中起作用的角度,因此静止参考系中坐标平面的建立应以切削运动为依据。首先给出假定工作条件,假定工作条件包含假定运动条件和假定安装条件,然后建立参考系。

- 假定运动条件

以切削刃选定点位于工件中心高时的主运动方向作为假定主运动方向;以切削刃选定点的进给运动方向,作为假定进给运动方向,不考虑进给运动的大小。

- 假定安装条件

假定车刀安装绝对正确。即安装车刀时应使刀尖与工件中心等高;车刀刀杆轴线垂直于工件轴线。

常见的静止参考系有正交平面参考系、法平面参考系和假定工作平面参考系。

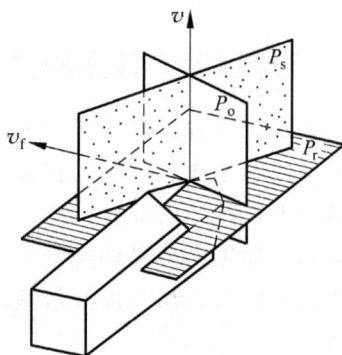

（1）正交平面参考系

① 参考系的建立

正交平面参考系由以下相互垂直的基面 P_r、切削平面 P_s、正交平面 P_o 三个坐标平面组成,如图 1-4,它是刀具设计时标注、刃磨、测量角度最常用的参考系。

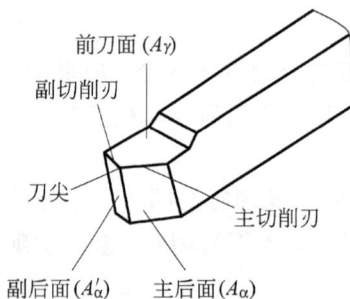

图 1-3　车刀的切削部分　　　　图 1-4　正交平面参考系

基面 P_r——过切削刃选定点并且垂直于假定主运动方向的平面。对于车刀,基面平行于车刀刀杆底面。

切削平面 P_s——过切削刃选定点与主切削刃相切并垂直于基面的平面。

正交平面 P_o——过切削刃选定点同时垂直于基面和切削平面的平面。

② 静止角度的标注

在该参考系中可标注出以下几个角度,如图 1-5 所示。

前角 γ_o——过主切削刃选定点,在正交平面内测量的前刀面与基面之间的夹角。前

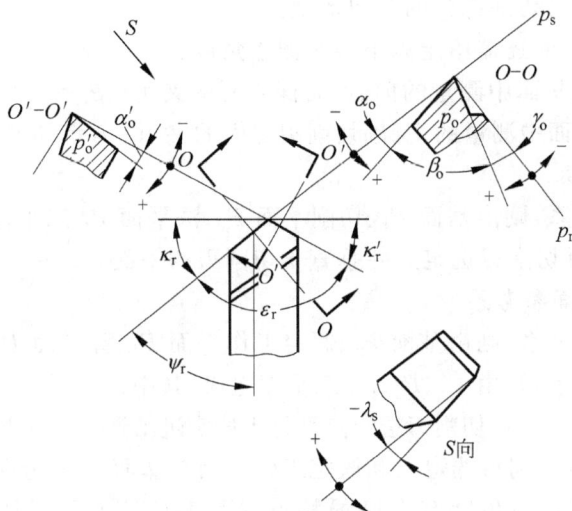

图 1-5　正交平面静止参考系标注的角度

刀面与切削平面间的夹角为锐角时,前角为正值;夹角为钝角时,前角为负值。

　　后角 α_o——过主切削刃选定点,在正交平面内测量的后刀面与切削平面之间的夹角。后刀面与基面间的夹角为锐角时,后角为正值;夹角为钝角时,后角为负值。

　　主偏角 κ_r——过主切削刃选定点,在基面内测量的主切削刃与假定进给运动方向之间的夹角。

　　刃倾角 λ_s——过主切削刃选定点,在切削平面内测量的主切削刃与基面间夹角。当刀尖是主切削刃上最高点时,刃倾角为正值;当刀尖位于切削刃最低点时,刃倾角为负值;主切削刃与基面平行时,刃倾角为零。

　　用上述四个角度就可以确定车刀前、后刀面及主切削刃的方位。其中 γ_o 与 λ_s 确定了前刀面的方位,κ_r 与 α_o 确定了后刀面的方位,κ_r 与 λ_s 确定了主切削刃的方位。

　　同理,副切削刃及其相关的前后刀面在空间也需要 4 个角度,用副前角 γ'_o、副后角 α'_o、副偏角 κ'_r、副倾角 λ'_s 定出其相应的前刀面、副后刀面的方位。由于副切削刃与主切削刃共同处于同一前刀面中,因此,当前角 γ_o 与刃倾角 λ_s 确定了前刀面的方位,副前角 γ'_o 与副倾角 λ'_s 两个角度也同时被确定。所以副切削刃通常只需确定副偏角 κ'_r 和副后角 α'_o。

　　副偏角 κ'_r——过副切削刃选定点,在基面内测量的副切削刃与假定进给运动反方向之间的夹角。

　　副后角 α'_o——过副切削刃选定点,在副正交平面内测量的副后刀面与副切削平面之间的夹角。

　　因此,外圆车刀有三个刀面,两条切削刃,所需标注的独立角度有六个,这六个基本角度确定了普通外圆车刀切削部分的几何形状。

此外,在分析刀具时还需给定以下两个派生角度:

楔角 β_0——正交平面中测量的前、后刀面之间的夹角。$\beta_0 = 90° - (\gamma_0 + \alpha_0)$

刀尖角 ε_r——基面中测量的主、副切削刃之间的夹角。$\varepsilon_r = 180° - (\kappa_r + \kappa_r')$

（2）法平面参考系

对于法平面参考系,则由基面 P_r、切削平面 P_s、法平面 P_n 三平面组成,其中:

法平面 P_n——过切削刃选定点并垂直于切削刃的平面。

（3）假定工作平面参考系

假定工作平面参考系,则由基面 P_r、假定工作平面 P_f、背平面 P_p 三个平面组成。对于假定工作平面参考系,则由 P_r、P_f、P_p 三平面组成,其中:

假定工作平面 P_f——过切削刃选定点平行于假定进给运动方向并垂直于基面的平面。

背平面 P_p——过切削刃选定点和假定工作平面与基面都垂直的平面。

铣刀的刀具标注几何角度有自己的特点。图 1-6 显示了圆柱形铣刀的标注几何角度。

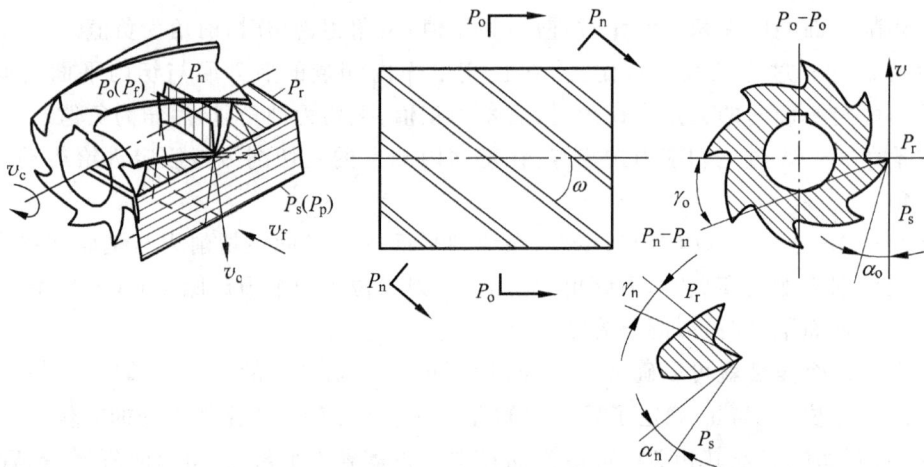

图 1-6　圆柱形铣刀几何角度

图中可以看出,圆柱形铣刀基面 P_r 为过切削刃选定点和刀具轴线的平面,即与假定主运动方向垂直的平面。切削平面 P_s 同样为过该切削刃选定点与切削刃相切,并与基面垂直平面。

3. 刀具的工作角度

刀具工作参考系的坐标平面是依据合成切削运动方向来确定的。所谓刀具的工作角度,就是在工作参考系中定义的角度。定义各个角度时,注意用工作坐标平面代替静止坐标平面即可。

如工作正交平面参考系下的参考平面为:

工作基面 P_{re}——过切削刃选定点与合成切削速度 v_e 垂直的平面。

工作切削平面 P_{se}——过切削刃选定点与切削刃相切并垂直于工作基面的平面。

工作正交平面 P_{oe}——过切削刃选定点并与工作基面和工作切削平面都垂直的平面。

和标注角度类似,在其它参考系下也定义了相应的参考平面,如工作法平面参考系下的 P_{re}、P_{se}、P_{ne};工作平面参考系下的 P_{re}、P_{fe}、P_{pe}。同样也定义了与标注角度相对应的工作角度 γ_{oe}、α_{oe}、κ_{re}、λ_{se}、γ_{fe}、α_{fe}、γ_{pe}、α_{pe} 等。

刀具的安装位置与进给运动都会影响刀具工作角度,以下分别说明。

(1) 刀具安装位置对刀具工作角度影响

① 刀刃安装高低对工作前、后角的影响

如图 1-7 所示,当切削点高于工件中心时,此时工作基面、工作切削平面与正常位置相应的平面成 θ 角,由图可以看出,此时工作前角增大 θ 角,而工作后角减小 θ 角。

$$\sin\theta = 2h/d$$

如刀尖低于工件中心,则工作角度变化与之相反。内孔镗削时与加工外表面情况相反。

② 刀杆中心与进给方向不垂直对工作主、副偏角的影响

如图 1-8 所示,当刀杆中心与正常位置偏 θ 角时,刀具标注工作角度的假定工作平面与现工作平面 P_{fe} 成 θ 角,因而工作主偏角 κ_{re} 增大(或减小),工作副偏角 κ'_{re} 减小(或增大),角度变化值为 θ 角,有:

$$\kappa_{re} = \kappa_r \pm \theta \quad \kappa'_{re} = \kappa'_r \mp \theta$$

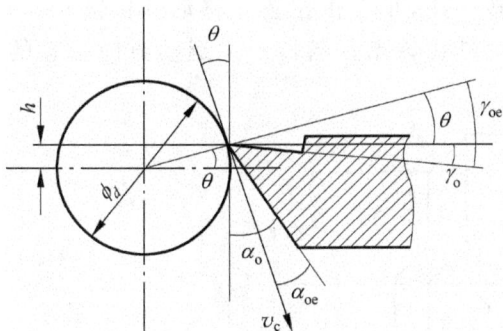

图 1-7　刀刃安装高低的影响

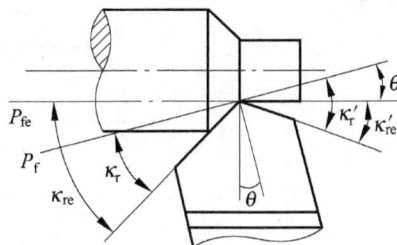

图 1-8　刀杆中心偏斜的影响

(2) 进给运动对刀具工作角度的影响

正常切削外圆时,刀具切削平面 P_s 与基面 P_r 位置如图 1-9 所示,当车螺纹时,工作切削平面 P_{se} 与螺纹切削点相切,与刀具静止切削平面 P_s 成 μ_f 角,因工作基面与工作切削平面垂直,因此工作基面也绕基面旋转 μ_f 角。从图可以看到,在正交平面内,刀具的工作角度为:

$$\gamma_{oe} = \gamma_o + \mu_o \quad \alpha_{oe} = \alpha_o - \mu_o$$

$$\mathrm{tg}\mu_f = f/\pi d_w$$

$$\mathrm{tg}\mu_o = \mathrm{tg}\mu_f \sin\kappa_r = f\sin\kappa_r/\pi d_w$$

式中,f 纵向进给量,对单头螺纹 f 为螺距;d_w 工件直径即螺纹外径。

由上式可看出,车削右螺纹时刀具工作前角增大,工作后角减小;如车削左螺纹,则与之相反。同时可知,当进给量 f 较小时,纵向进给对刀具工作角度的影响可忽略,因此在一般的外圆车削中,因进给量小,常不考虑其对工作角度的影响。

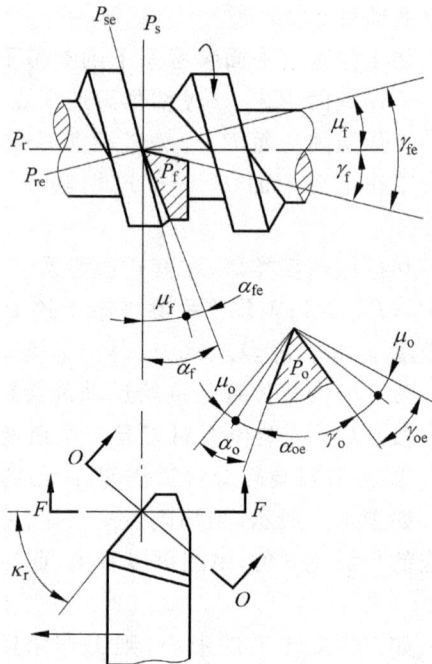

图 1-9　进给运动对刀具角度影响

1.1.3　切削层参数

1. 车削切削层参数

如图 1-10 所示,刀具车削工件外圆时,切削刃上任一点走的是一条螺旋线运动轨迹,整个切削刃切削出一条螺旋面。工件旋转一周,车刀由位置 Ⅰ 移动到位置 Ⅱ,移动一个进给量 f,切下金属切削层。此点的参数是在该点并与该点主运动方向垂直的平面内度量。

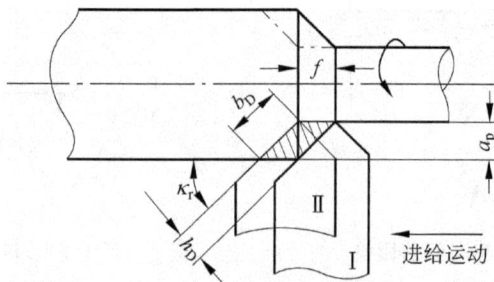

图 1-10　车削切削层参数

（1）切削层公称厚度 h_D

在主切削刃选定点的基面内，垂直于过渡表面的切削层尺寸，称为切削层公称厚度。图 1-10 切削层截面的切削厚度为

$$h_D = f\sin\kappa_r \tag{1-4}$$

根据上式可以看出，进给量 f 或刀具主偏角 κ_r 增大，车削切削层厚度 h_D 增大。

（2）切削层公称宽度 b_D

在主切削刃选定点的基面内，沿过渡层表面度量的切削层尺寸，称为切削层公称宽度。切削层截面的公称切削宽度为

$$b_D = a_p/\sin\kappa_r \tag{1-5}$$

由上式可以看出，当背吃刀量 a_p 增大或者主偏角 κ_r 减小时，切削层公称宽度 b_D 增大。

（3）切削层公称横截面积 A_D

在主切削刃选定点的基面内，切削层的横截面面积，称为切削层公称横截面积。车削切削层公称横截面积为

$$A_D = h_D b_D = f a_p \tag{1-6}$$

2. 铣削切削层参数

铣削的方式主要有端铣与周铣，本文以周铣的铣削方式为例讲解。

铣削与车削不同，在金属切削过程中，刀具旋转，工件进给移动，保持金属的连续切削。铣刀上一般有多个刀刃，所以金属的铣削是后一刀齿在前一刀齿加工后进行切削的，因此铣削的切削层应是前后刀加工面之间的加工层。

（1）切削层公称厚度 h_D

在基面内度量的相邻刀齿主切削刃运动轨迹间的距离。如图 1-11 所示，直齿圆柱铣刀刀齿在任意位置的切削厚度。图示的虚线为前刀齿加工轨迹，当现刀齿旋转 Φ 角时，刀齿在加工轨迹上所在的位置为 a 点，前刀齿在同样角度位置时加工轨迹上点为 c 点，它们之间距离为每齿进给量 f_z，即铣刀每转一齿工件相对铣刀在进给方向上的移动距离。根据定义可知，此点切削层厚度为

$$h_D = ab = ac\sin\Phi = f_z\sin\Phi \tag{1-7}$$

可见，每齿进给量或 Φ 角的增大都将增大切削层公称厚度。而且，当 $\Phi = 0$ 时，切削层厚度为 0；当 $\Phi = \Phi_1$ 时，切削层厚度最大。

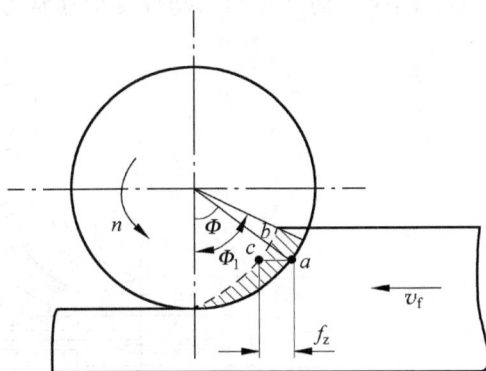

图 1-11　铣削切削层参数

（2）切削层公称宽度 b_D

铣削的切削层公称宽度是指主切削刃与工件切削面的接触长度（近似值）。直齿圆柱铣刀铣削的切削层宽度如图 1-2(a) 所示，可用下式表示：

$$b_D = a_p \tag{1-8}$$

（3）切削层公称横截面积 A_D

直齿圆周铣削的公称截面面积同样为切削层公称厚度 h_D 与切削层公称宽度 b_D 的积。

$$A_D = h_D b_D \tag{1-9}$$

因为铣削切削层厚度是变化的，所以切削层公称横截面积也是变化的，由图可知，当 $\Phi = 0$ 时，切削层公称横截面面积最小，为 0；$\Phi = \Phi_1$ 时，公称横截面面积最大。

1.2　金属切削过程

1.2.1　切削过程

通过了解金属切削过程，可以懂得金属是如何切削下来的，能够理解切削力、刀具磨损与加工表面质量等切削加工中的物理现象，为掌握提高切削效率、降低成本和保证加工质量等一些加工方法打下基础。

金属切削过程实际是被切削金属层在刀具的挤压下产生剪切滑移的塑性变形过程，在切削过程中也有弹性变形，但与塑性变形相比可以忽略。切削过程中，还会产生积屑瘤，反过来又对切削产生影响。

1. 金属切削过程的变形

金属在加工过程中会发生剪切和滑移，图 1-12 表示金属的滑移线和流动轨迹，其中横向线是金属流动轨迹线，纵向线是金属的剪切滑移线。图 1-13 表示金属的滑移过程。由图可知，金属切削过程的塑性变形通常可以划分为三个变形区，各区特点如下：

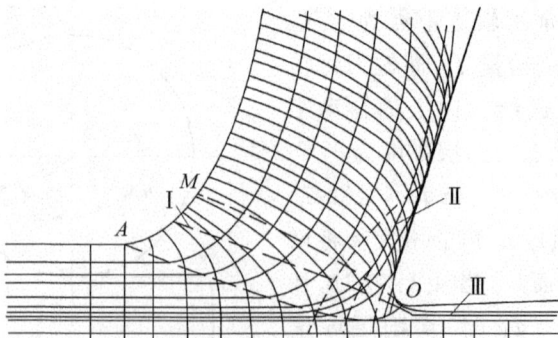

图 1-12　金属切削过程中滑移线与流动轨迹

（1）第一变形区

切削层金属从开始塑性变形到剪切滑移基本完成，这一过程区域称为第一变形区。

切削层金属在刀具的挤压下首先将产生弹性变形，当最大剪切应力超过材料的屈服极限时，发生塑性变形，如图 1-12 所示，金属会沿 OA 线剪切滑移，OA 被称为始滑移线。随着刀具的移动，这种塑性变形将逐步增大，当进入 OM 线时，这种滑移变形停止，OM 被称为终滑移线。现以金属切削层中某一点的变化过程来说明。如图 1-13 所示，在金属切削过程中，切削层中金属点 P 不断向刀具切削刃移动，当此点进入 OA 线时，发生剪切滑移，P 点向 2、3 等点流动的过程中继续滑移，当进入 OM 线上 4 点时这种滑移停止，$2'$-2，$3'$-3，$4'$-4 为各点相对前一点的滑移量。切削层在此区域如同一片片相叠的层片，在切削过程中层片之间发生了相对滑移。OA 与 OM 之间的区域就是第一变形区 I 。

第一变形区是金属切削变形过程中最大的变形区，在这个区域内，金属将产生大量的切削热，并消耗大部分功率。此区域较窄，宽度仅 $0.02 \sim 0.2$mm。

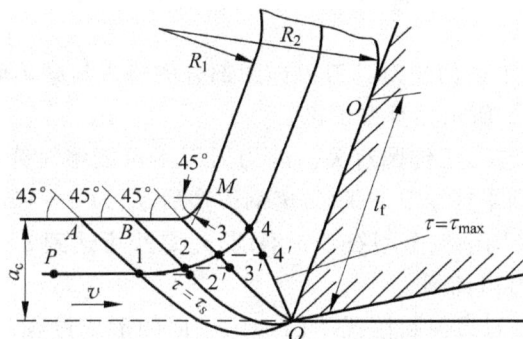

图 1-13　第一变形区金属滑移

（2）第二变形区

产生塑性变形的金属切削层材料经过第一变形区后沿刀具前刀面流出，在靠近前刀面处形成第二变形区，如图 1-12 所示的 II 变形区。

在这个变形区域，由于切削层材料受到刀具前刀面的挤压和摩擦，变形进一步加剧，材料在此处纤维化，流动速度减慢，甚至停滞在前刀面上。而且，切屑与前刀面的压力很大，高达 $2 \sim 3$GPa，由此摩擦产生的热量也使切屑与刀具表面温度上升到几百度的高温，切屑底部与刀具前刀面发生粘结现象。发生粘结现象后，切屑与前刀面之间的摩擦就不是一般的外摩擦，而变成粘结层与其上层金属的内摩擦。这种内摩擦与外摩擦不同，它与材料的流动应力特性和粘结面积有关，粘结面积越大，内摩擦力也越大。图 1-14 显示了发生粘结现象时的摩擦状况。由图可知，根据摩擦状况，切屑接触面分为两个部分：粘结部分为内摩擦，这部分的单位切向应力等于材料的屈服强度 τ_s；粘结部分以外为外摩擦部分，也就是滑动摩擦部分，此部分的单位切向应力由 τ_s 减小到零。图中也显示了整个

接触区域内正应力 σ_γ 的分布情况,刀尖处,正应力最大,逐步减小到零。

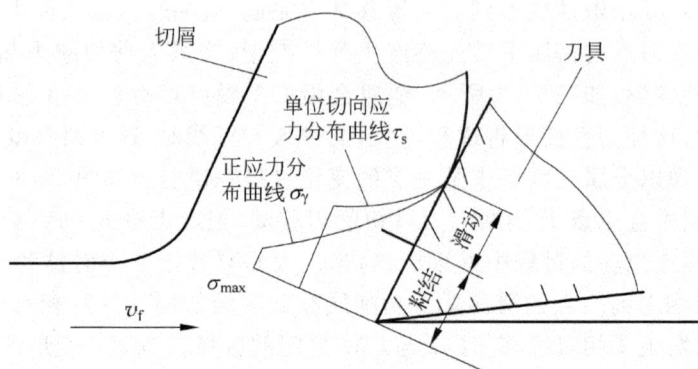

图 1-14　切屑与前刀面的摩擦

(3) 第三变形区

金属切削层在已加工表面受刀具刀刃钝圆部分的挤压与摩擦而产生塑性变形的区域为第三变形区,如图 1-12 所示的Ⅲ变形区。

第三变形区的形成与刀刃钝圆有关。因为刀刃不可能绝对锋利,不管采用何种方式刃磨,刀刃总会有一钝圆半径 γ_n。一般高速钢刃磨后 γ_n 为 3~10μm,硬质合金刀具磨后 γ_n 约为 18~32μm,如采用细粒金刚石砂轮磨削,γ_n 最小可达到 3~6μm。另外,刀刃切削后就会产生磨损,增加刀刃钝圆。

图 1-15 表示了考虑刀刃钝圆情况下已加工表面的形成过程。当切削层以一定的速度接近刀刃时,会出现剪切与滑移,金属切削层绝大部分金属经过第一变形区的变形沿终滑移层 OM 方向流出,由于刀刃钝圆的存在,在钝圆 O 点以下有一小部分厚 Δa 的金属切削层不能沿 OM 方向流出,被刀刃钝圆挤压过去,该部分经过刀刃钝圆 B 点后,受到后刀面 BC 段的挤压和摩擦,经过 BC 段后,这部分金属开始弹性恢复,恢复高度为 Δh,在恢复过程中又与后刀面 CD 部分产生摩擦,这部分切削层在 OB,BC,CD 段的挤压和摩擦后,

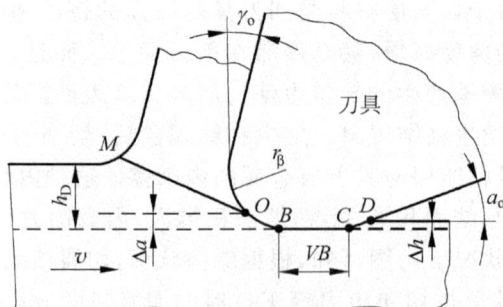

图 1-15　已加工表面形成过程

形成了已加工表面。所以说第三变形区对工件加工表面质量产生很大影响。

以上对金属切削层在切削过程中三个变形区域变形的特点进行了介绍,如果将这三个区域综合起来,即为图 1-16 所示的切削完成过程。当金属切削层进入第一变形区时,金属发生剪切滑移,并且纤维化,该切削层接近刀刃时,金属纤维更长并包裹在切削刃周围,最后在 O 点断裂成两部分,一部分沿前刀面流出成为切屑,另一部分受到刀刃钝圆部分的挤压和摩擦成为已加工表面,表面金属纤维方向平行已加工表面,这层金属具有与基体组织不同的性质。

2. 积屑瘤的形成及其对加工的影响

在一定的切削速度和保持连续切削的情况下,加工塑性材料时,在刀具前刀面常常粘结一块剖面呈三角状的硬块,这块金属被称为积屑瘤。

积屑瘤的形成可以根据第二变形区的特点来解释。当金属切削层从终滑移面流出时,受到刀具前刀面的挤压和摩擦,切屑与刀具前刀面接触面温度升高,挤压力和温度达到一定的程度时,就产生粘结现象,也就是常说的"冷焊"。切屑流过与刀具粘附的底层时,产生内摩擦,这时底层上面金属出现加工硬化,并与底层粘附在一起,逐渐长大,成为积屑瘤,如图 1-17 所示。

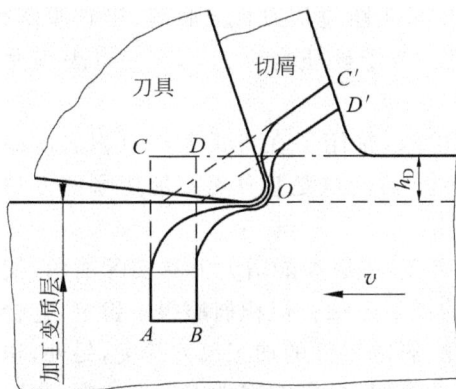

图 1-16　刀具的切削完成过程　　　　图 1-17　积屑瘤对加工的影响

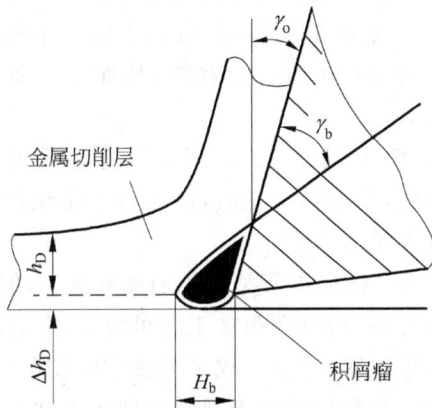

积屑瘤的产生不但与材料的加工硬化有关,而且也与刀刃前区的温度和压力有关。一般情况下,材料的加工硬化性越强,越容易产生积屑瘤;温度与压力太低不会产生积屑瘤,温度太高也不会产生积屑瘤;与温度相对应,切削速度太低不会产生积屑瘤,切削速度太高,积屑瘤也不会发生,因为切削速度对切削温度有较大的影响。

积屑瘤硬度很高,是工件材料硬度的 $2 \sim 3$ 倍,能同刀具一样对金属进行切削。它对金属切削过程会产生如下影响。

（1）实际刀具前角增大

如图 1-17 所示，由于积屑瘤的粘附，刀具前角增大了一个 γ_b 角度，如把积屑瘤看成是刀具的一部分，无疑实际刀具前角增大，变为 $\gamma_o + \gamma_b$。

刀具前角增大可减小切削力，对切削过程有积极的作用。而且，积屑瘤的高度 H_b 越大，实际刀具前角也越大，切削越容易。

（2）实际切削厚度增大

由图 1-17 可以看出，当积屑瘤存在时，实际的金属切削层厚度比无积屑瘤时增加了一个 Δh_D，显然，这对工件切削尺寸的控制是不利的。值得注意的是，这个厚度 Δh_D 的增加并不是固定的，因为积屑瘤在不停变化，它是一个产生、长大、最后脱落的周期性变化过程，这样可能在加工中产生振动。

（3）加工后表面粗糙度增大

积屑瘤的底部一般比较稳定，而它的顶部极不稳定，经常会破裂，然后再形成。破裂的一部分随切屑排除，另一部分留在加工表面上，使加工表面变得非常粗糙。可以看出，如果想提高表面加工质量，必须控制积屑瘤的发生。

（4）刀具的磨损加大

从积屑瘤在刀具上的粘附来看，积屑瘤应该对刀具有保护作用，它代替刀具切削，减少了刀具磨损。但积屑瘤的粘附是不稳定的，它会周期性地从刀具上脱落，当它脱落时，可能使刀具表面金属剥落，从而使刀具磨损加大。对于硬质合金刀具这一点表现尤为明显。

【例 1-1】　某工厂车工师傅在粗加工一件零件时，采用了在刀具上产生积屑瘤的加工方法，而在精加工时，他又努力避免积屑瘤的产生，请问这是为什么？能用哪些方法防止积屑瘤的产生？

解：根据本节关于积屑瘤对加工的影响分析可知，积屑瘤能增大刀具实际前角，使切削更容易，所以在粗加工时可以采用利用积屑瘤的加工方法。但积屑瘤很不稳定，它会周期性地脱落，这就造成了刀具实际切削厚度在变化，影响零件的加工尺寸精度，另外，积屑瘤的剥落和形状的不规则又使零件加工表面变得非常粗糙，影响零件表面光洁度，所以在精加工阶段，应努力避免积屑瘤的发生。

根据积屑瘤产生的原因可以知道，积屑瘤是切屑与刀具前刀面摩擦，摩擦温度达到一定程度，切屑与前刀面接触层金属发生加工硬化时产生的，因此可以采取以下几个方面的措施来避免积屑瘤的发生。

① 首先从加工前的热处理工艺阶段解决。通过热处理，提高零件材料的硬度，降低材料的加工硬化。

② 调整刀具角度，增大前角，从而减小切屑对刀具前刀面的压力。

③ 调低切削速度，使切削层与刀具前刀面接触面温度降低，避免粘结现象的发生；

或采用较高的切削速度,提高切削温度,因为温度高到一定程度,积屑瘤也不会发生。

④ 更换切削液,采用润滑性能更好的切削液,减少切削摩擦。

1.2.2　影响切削变形的因素

前面对金属切削变形的特点作了介绍,本节将对影响金属切削变形的因素进行分析。主要从工件材料、刀具几何参数、切削速度和切削厚度四个方面进行分析。

1. 工件材料

通过试验,可以发现工件材料强度和切屑变形有密切的关系。图 1-18 显示了材料强度和切屑变形系数之间的关系曲线,横坐标 σ 表示工件材料的强度,纵坐标 ξ 表示材料的变形系数,可以看出,随着工件材料强度的增大,切屑的变形越来越小。

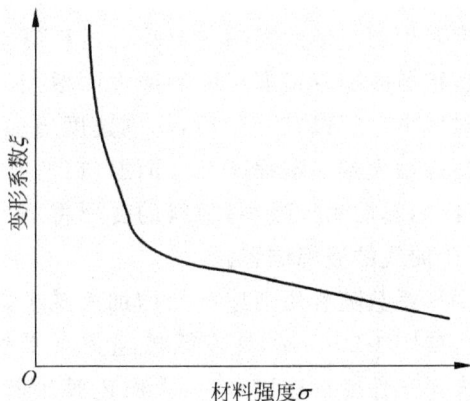

图 1-18　材料强度对变形系数的影响

2. 刀具几何参数

在刀具几何参数中,刀具前角是影响切屑变形的重要参数,刀具前角影响切屑流出方向。由图 1-15 可以看到,当刀具前角 γ_o 增大时,沿刀面流出的金属切削层将比较平缓地流出,金属切屑的变形也会变小。通过对高速钢刀具所作的切削试验也证明了这一点。在同样的切削速度下,刀具前角 γ_o 愈大,材料变形系数愈小。

此外,刀尖圆弧半径对切削变形也有影响,刀尖圆弧半径越大,表明刀尖越钝,对加工表面挤压也越大,表面的切削变形也越大。

3. 切削速度

由图 1-19 可以看出,随切削速度变化的材料变形系数曲线并不是一直递减,而是在某一段有一个波峰,这实际是积屑瘤产生的影响。所以切削速度对材料变形的影响分为两段,一个是积屑瘤段,另一个是无积屑瘤段。

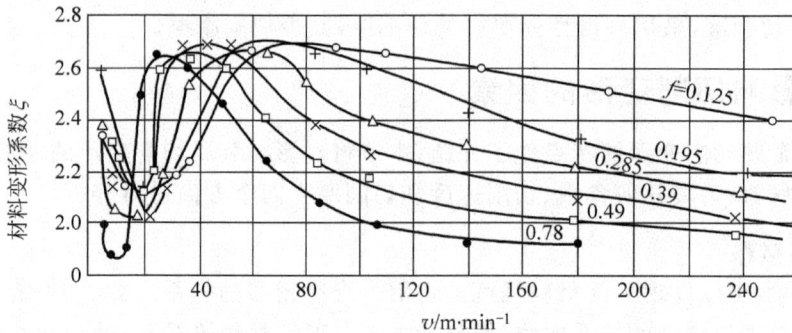

图 1-19　切削速度变化的材料变形系数曲线

在积屑瘤段，切削速度对切屑变形的影响主要是通过积屑瘤对切屑变形的影响来实现的。在积屑瘤增长阶段，积屑瘤随着切削速度的增大而增大，积屑瘤越大，实际刀具前角也越大，切屑的变形相对减少。所以在此阶段，切削速度增加时，材料变形系数 ξ 也减少。随着速度的增加，积屑瘤增大到一定程度又会消退，在消退阶段，积屑瘤随着切削速度的增加而减小，同时，实际刀具前角也减小，材料的变形将增大，在积屑瘤完全消退时，材料变形将最大。此时处于曲线的波峰位置。

在无积屑瘤段，材料变形系数随着切削速度的增加而减小。这主要是因为塑性变形的传播速度比弹性变形慢，如图 1-20 所示，速度低时，金属始剪切面为 OA，当速度增大到一定值时，金属流动速度大于塑性变形速度，在 OA 面金属并未充分变形，相当于始剪切面后移至 OA' 面，终剪切面 OM 也后移至 OM'，第一变形区后移，使得材料变形系数减小。另外，速度越大，摩擦系数减小，材料变形系数也会减小。

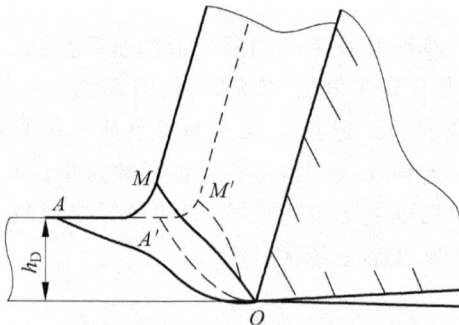

图 1-20　切削速度对剪切面的影响

4. 切削厚度

图 1-19 显示了进给量 f 对切屑变形的影响。由于进给量增大,切削厚度增加,所以从图中也可看出切削厚度对切屑变形的影响。在无积屑瘤段,进给量 f 越大,切削厚度越大,材料的变形系数 ξ 越小。

1.3　切削过程的基本规律

1.3.1　切削力

了解切削力,对于计算功率消耗,设计刀具、机床、夹具,制定合理的切削用量,确定合理的刀具几何参数都有重要的意义。在数控加工过程中,许多数控设备就是通过监测切削力来监控数控加工过程以及加工刀具所处的状态。

1. 切削力分析及切削功率

（1）切削力的产生

刀具在切削过程中克服加工阻力所需的力,称为切削力。

从上节内容可以知道,刀具在切削过程中,需克服切屑的塑性变形、切屑和加工表面对刀具的摩擦以及切屑的单性挤压力等,如图 1-21 所示。所以,切削力主要由以下几个方面产生:

① 克服被加工材料对弹性变形的抗力。

② 克服被加工材料对塑性变形的抗力。

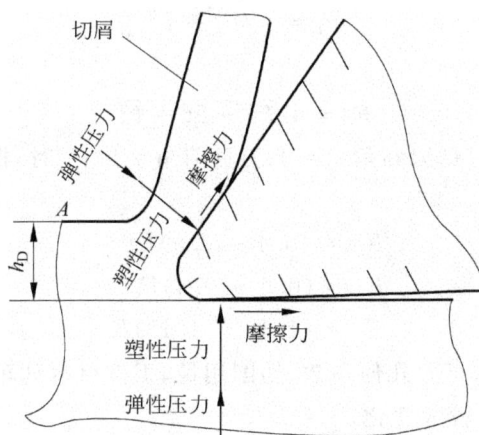

图 1-21　切削力的产生

③ 克服切屑对刀具前刀面的摩擦力和刀具后刀面对过渡表面和已加工表面间的摩擦力。

(2) 切削合力及分力

作用在刀具上的各个力的总和形成对刀具的总的合力,如图 1-22 所示。对这合力 F_r 又可以分解为三个垂直方向的分力 F_f、F_p、F_c。车削时的分力如下:

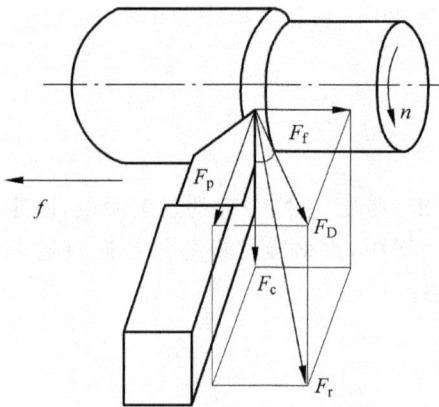

进给力 F_f,也称轴向力或走刀力,是总合力在进给方向的分力。它是设计走刀机构、计算车刀进给功率的依据。

背向力 F_p,也称径向力或吃刀力,是总合力在垂直工作平面方向的分力。此力的反力使工件发生弯曲变形,影响工件的加工精度,并在切削过程中产生振动。它是设计机床零件和车刀强度的依据。

切削力 F_c,也称切向力,是总合力在主运动方向上的分力。它是计算车刀强度、设计机床

图 1-22　切削合力及分解

零件、确定机床功率的依据。

由图 1-22 可知,

$$F_r = \sqrt{F_c^2 + F_D^2}$$

F_D 为总合力在切削层尺寸平面上的投影,是进给力 F_f 与背向力 F_p 的合力,即

$$F_D = \sqrt{F_p^2 + F_f^2}$$

因此总合力为

$$F_r = \sqrt{F_c^2 + F_p^2 + F_f^2} \tag{1-10}$$

在刀具主偏角 $\kappa_r = 45°$,刀具刃倾角 $\lambda_s = 0$,刀具前角 $\gamma_o = 15°$ 时,根据试验,F_f、F_p、F_c 三力之间有如下关系:

$$F_p = (0.4 \sim 0.5)F_c$$
$$F_f = (0.3 \sim 0.4)F_c$$
$$F_r = (1.12 \sim 1.18)F_c$$

不过,根据车刀材料、车刀几何参数、切削用量、工件材料和车刀磨损等情况不同,F_f、F_p、F_c 三力之间的比例有较大变化。

(3) 切削功率

切削过程中所消耗的功率称为切削功率 P_c。通过图 1-22 可知,背向力 F_p 在力的方向无位移,不做功,因此切削功率为进给力 F_f 与切削力 F_c 所做的功。切削功率公式为

$$P_c = (F_c v_c + F_f n f / 1000) \times 10^{-3} (\text{kW}) \tag{1-11}$$

式中：P_c 为切削功率；F_c 为切削力（N）；v_c 为切削速度（m/min）；F_f 为进给力（N）；n 为工件转速（r/s）；f 为进给量（mm）。

由于 F_f 消耗功率一般小于 $1\% \sim 2\%$，可以忽略不计，因此切削功率公式可简化为

$$P_c = F_c v_c \times 10^{-3} (\text{kW})$$

2．切削力的计算

在生产过程中，切削力的计算一般采用经验公式，主要有以下两种。

（1）指数公式

指数公式应用较广，它的形式如下：

$$\left.\begin{aligned}
F_c &= C_{F_c} a_p^{x_{F_c}} f^{y_{F_c}} v_c^{n_{F_c}} K_{F_c} \\
F_p &= C_{F_p} a_p^{x_{F_p}} f^{y_{F_p}} v_c^{n_{F_p}} K_{F_p} \\
F_f &= C_{F_f} a_p^{x_{F_f}} f^{y_{F_f}} v_c^{n_{F_f}} K_{F_f}
\end{aligned}\right\} \tag{1-12}$$

上式中，C_{F_c}、C_{F_p}、C_{F_f} 为被加工金属的切削条件系数，K_{F_c}、K_{F_p}、K_{F_f} 为当加工条件与经验公式条件不同时的修正系数。以上系数和指数都可以通过《机械加工工艺人员》手册等资料查表得到。

（2）单位切削力公式

单位切削力指单位切削面积上的切削力，其公式为

$$K_c = \frac{F_c}{A_D} = \frac{F_c}{a_p f} (\text{N/mm}^2) \tag{1-13}$$

式中：F_c 为切削力（N）；A_D 为切削面积（mm²）；a_p 为背吃刀量（mm）；f 为进给量（mm/r）；K_c 可以查表。

根据以上公式能求出切削力，然后根据背向力和进给力与切削力的比例关系估出其余两力。单位切削力可以通过《机械加工工艺人员手册》等资料查表得到。

3．影响切削力的因素

影响切削力的因素很多，主要有以下几个方面。

（1）工件材料

工件材料的强度、硬度、加工硬化能力以及塑性变形的程度都对切削力产生影响。一般来讲，材料的强度越高，硬度越大，加工硬化性越强，塑性变形越大，加工此材料所需的切削力也越大。

有多种因素影响时，应综合考虑。如奥氏体不锈钢，虽然强度、硬度低，但加工硬化能力大，因此切削力也较大；铜、铝塑性变形大，但加工硬化小，切削力较小。热处理对切削力的影响是通过改变材料的硬度来实现的。

（2）切削用量

① 背吃刀量 a_p 与进给量 f。因为切削面积 $A_D = a_p f$，所以背吃刀量 a_p 与进给量 f 的增大都将增大切削面积。切削面积的增大将使变形力和摩擦力增大，切削力也将增大，但两者对切削力影响不同。

虽然背吃刀量与进给量对切削力的影响都成正比关系，但由于进给量的增大会减小切削层的变形，所以背吃刀量 a_p 对切削力的影响比进给量 f 大。在生产中，如机床消耗功率相等，为提高生产效率，一般采用提高进给量而不是背吃刀量的措施。

② 切削速度。切削速度对切削力的影响与对变形系数的影响一样，都呈马鞍形变化，积屑瘤产生阶段，由于刀具实际前角增大，切削力减小，在积屑瘤消失阶段，切削力逐渐增大，积屑瘤消失时，切削力 F_c 达到最大，以后又开始减小，如图 1-23 所示。

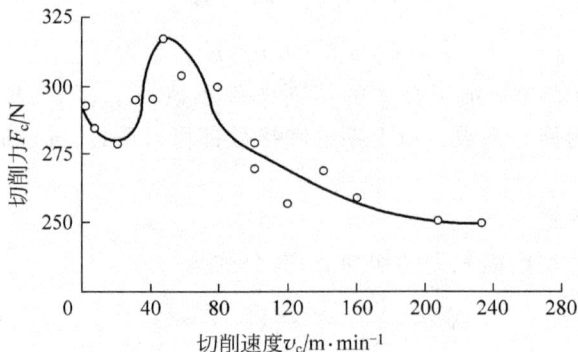

图 1-23　切削速度对切削力的影响

（3）刀具几何参数

① 刀具前角。在刀具几何参数中，前角 γ_o 对切削力影响最大。切削力随着前角的增大而减小。这是因为前角的增大，使切削变形与摩擦力减小。切削力相应减小。

② 刀具主偏角 κ_r 和刀尖圆弧半径。主偏角对切削力 F_c 的影响不大，κ_r 为 $60°\sim75°$ 时，F_c 最小，因此，主偏角 $\kappa_r = 75°$ 的车刀在生产中应用较多。主偏角 κ_r 的变化对背向力 F_p 与进给力 F_f 影响较大。背向力随主偏角的增大而减小，进给力随主偏角的增大而增大。

刀尖圆弧半径增大，切削变形增大，切削力也增大，相当于 κ_r 减小对切削力的影响。

③ 刀具刃倾角 λ_s。刃倾角 λ_s 是切削平面内主切削刃与基面的夹角。试验表明，刃倾角 λ_s 的变化对切削力 F_c 影响不大，但对背向力 F_p 影响较大。当刃倾角由正值向负值变化时，背向力 F_p 逐渐增大，因此工件弯曲变形增大，机床振动也增大。

（4）刀具材料与切削液

刀具材料影响到它与被加工材料摩擦力的变化，从而影响切削力的变化。同样的切削条件，陶瓷刀切削力最小，硬质合金次之，高速钢刀具切削力最大。切削液的正确应用，可以降低摩擦力，减小切削力。

1.3.2　切削热与切削温度

金属的切削加工中将会产生大量切削热，切削热又影响到刀具前刀面的摩擦系数、积屑瘤的形成与消退、加工精度与加工表面质量、刀具寿命等。

1. 切削热的产生与传导

在金属切削过程中，切削层发生弹性与塑性变形，这是切削热产生的一个重要原因，另外，切屑、工件与刀具的摩擦也产生了大量的热量。因此，切削过程中切削热由剪切面、切屑与刀具前刀面的接触区和刀具后刀面与工件过渡表面接触区三个区域产生。

金属切削层的塑性变形产生的热量最大，主要在剪切面区域产生，可以通过下式近似计算出切削热量：

$$Q = F_c v_c (\text{J/s}) \tag{1-14}$$

该切削热量实际上是切削力所做的功。其中，F_c 为切削力（N），v_c 为切削主运动速度（m/s）。

切削产生的热量主要由切屑、刀具、工件和周围介质（空气或切削液）传出，如不考虑切削液，则各种介质传出的切削热的比例参考如下：

① 车削加工，切屑 50%～86%，刀具 10%～40%，工件 3%～9%，空气 1%。切削速度越高，切削厚度越大，切屑传出的热量越多。

② 钻削加工，切屑 28%，刀具 14.5%，工件 52.5%，空气 5%。

2. 切削温度的分布

图 1-24 和图 1-25 显示了切削温度的分布情况，从中可以了解切削温度有以下分布特点：

① 切削最高温度并不在刀刃，而是出现在离刀刃有一定距离的位置。对于 45 钢，约在离刀刃 1mm 处前刀面的温度最高。

② 后刀面温度的分布与前刀面类似，最高温度也在切削刃附近，不过比前刀面的温度低。

③ 终剪切面后，沿切屑流出的垂直方向温度变化较大，越靠近刀面，温度越高，这说明切屑在刀面附近被摩擦升温，而且切屑在前刀面的摩擦热集中在切屑底层。

3. 影响切削温度的因素

（1）切削用量

根据实验得到车削时切削用量三要素 v_c、a_p、f 和切削温度 θ 之间关系的经验公式为：

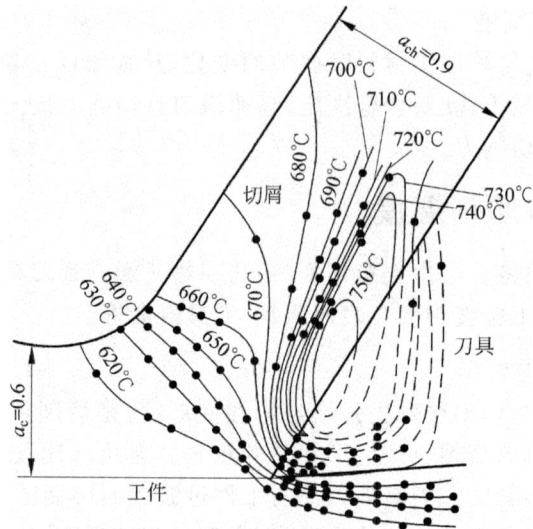

图 1-24　切削温度的分布

工件材料：低碳易切钢；刀具 $\gamma_o=30°$，$\alpha_o=7°$；

切削层厚度 $h_D=0.6mm$，切削速度 $v_c=22.86m/min$，干切削，预热 $611℃$

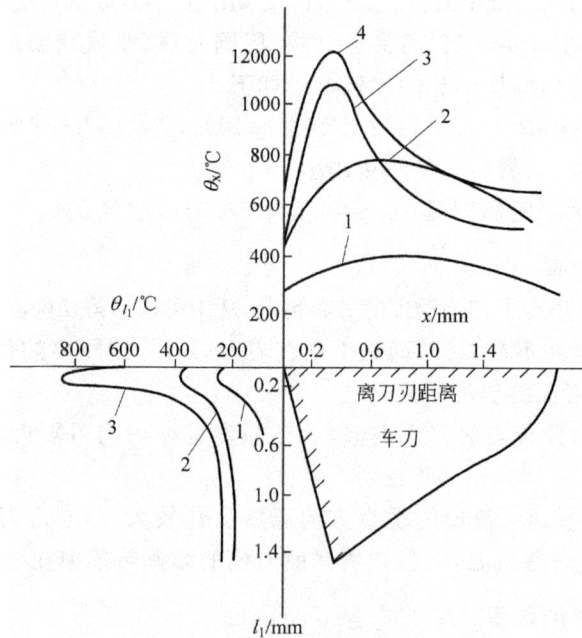

图 1-25　切削不同材料温度分布

切削速度 $v_c=30m/min$，$f=0.2m/r$

1—45 钢-YT15　2—GCr15-YT14　3—钛合金 BT2-YG8　4—BT2-YT15

高速钢刀具(加工材料 45 钢):$\theta = (140\sim170) a_p^{0.08\sim0.1} f^{0.2\sim0.3} v_c^{0.35\sim0.45}$

硬质合金刀具(加工材料 45 钢):$\theta = 320 a_p^{0.05} f^{0.15} v_c^{0.26\sim0.41}$

上式表明,切削用量三要素 v_c、a_p、f 中,切削速度 v_c 对温度的影响最显著,因为其指数最大,切削速度增加一倍,温度约增加 32%;其次是进给量 f,进给量增加一倍,温度约升高 18%;背吃刀量 a_p 影响最小,约 7%。主要的原因是速度增加,使摩擦热增多;f 增加,切削变数减小,切屑带走的热量也增多,所以热量增加不多;背吃刀量的增加使切削宽度增加,显著增加热量的散热面积。

(2)刀具的几何参数

影响切削温度的主要几何参数为前角 γ_o 与主偏角 κ_r。前角 γ_o 增大,切削温度降低,因前角增大时,单位切削力下降,切削热减少。主偏角 κ_r 减小,切削宽度 b_D 增大,切削厚度减小,因此切削温度也下降。

(3)工件材料

工件材料的强度、硬度和导热系数对切削温度影响比较大。材料的强度与硬度增大时,单位切削力增大,因此切削热增多,切削温度升高。导热系数影响材料的传热,因此导热系数大,产生的切削温度高。例如,低碳钢强度与硬度较低,导热系数大,产生的切削温度低;不锈钢与 45 钢相比,导热系数小,因此切削温度比 45 钢高。

(4)切削液

切削液对切削温度的影响,与切削液的导热性能、比热、流量、浇注方式以及本身的温度都有很大关系。切削液的导热性越好,温度越低,则切削温度也越低。从导热性能方面来看,水基切削液优于乳化液,乳化液优于油类切削液。

1.3.3 刀具磨损与耐用度

在金属切削过程中,刀具总会发生磨损,刀具的磨损与刀具材料、工件材料性质以及切削条件都有关系,通过掌握刀具磨损的原因及发展规律,能懂得如何选择刀具材料和切削条件以保证加工质量。

1. 刀具的磨损形式

(1)前刀面磨损

前刀面磨损的特点是在前刀面上离切削刃小段距离有一月牙洼,随着磨损的加剧,月牙洼逐渐加深,而洼宽变化并不是很大。但当洼宽发展到棱边较窄时,会发生崩刃。前刀面磨损程度用洼深 KT 表示。这种磨损主要在切削塑性金属时发生。

(2)后刀面磨损

后刀面磨损的特点是在刀具后刀面上出现与加工表面基本平行的磨损带,如图 1-26 所示。它分为 C、B、N 三个区:C 区是刀尖区,由于散热差,强度低,磨损严重,最大值为

VC；B 区处于磨损带中间,磨损均匀,最大磨损量为 VB_{max}；N 区处于切削刃与待加工表面的相交处,磨损严重,磨损量以 VN 表示,此区域的磨损也叫边界磨损,加工铸件、锻件等外皮粗糙的工件时,这个区域最容易磨损。

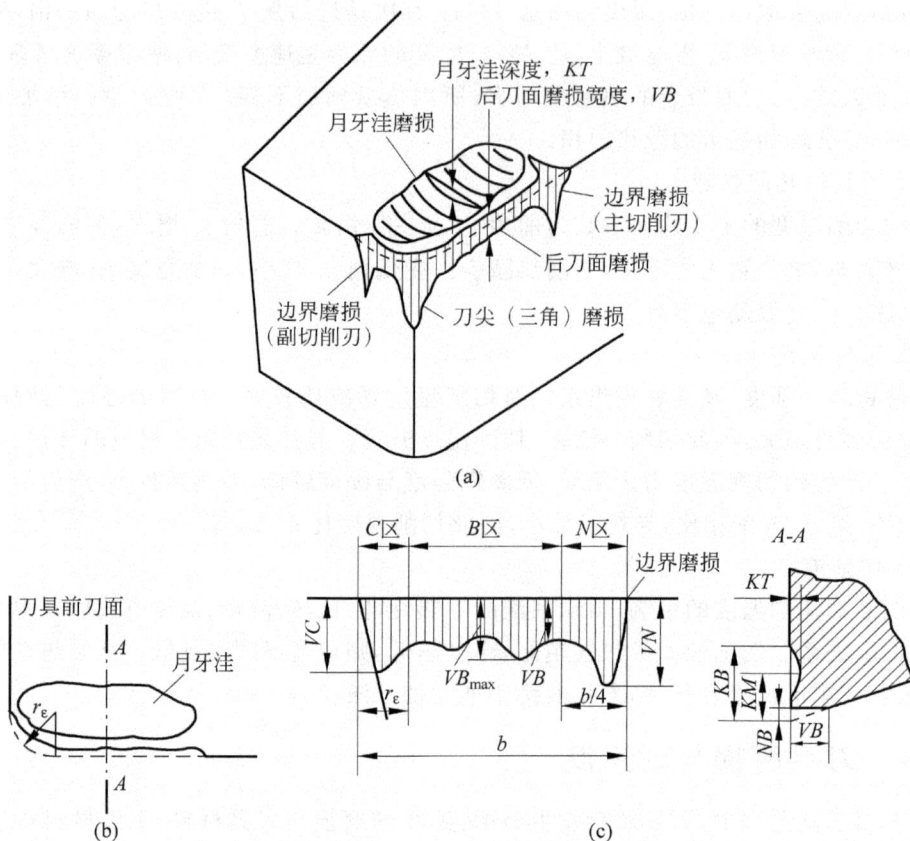

图 1-26 车刀的磨损
(a) 刀具的磨损形态；(b) 月牙洼的位置；(c) 磨损的测量位置

(3) 破损

刀具破损比例较高,硬质合金刀具有 $50\% \sim 60\%$ 会出现破损。特别是用脆性大的刀具连续切削或加工高硬度材料时,破损较严重。刀具破损又分为以下几种形式:

① 崩刃。其特点是在切削刃产生小的缺口,尺寸与进给量相当。硬质合金刀具连续切削时容易产生崩刃。

② 剥落。其特点是前后刀面上平行于切削刃剥落一层碎片,常与切削刃一起剥落。陶瓷刀具端铣常发生剥落,另外硬质合金刀具连续切削时也容易发生剥落。

③ 裂纹。其特点是垂直或倾斜于切削刃有热裂纹,是由于长时间连续切削,刀具疲劳而引起的。

④ 塑性破损。其特点是刀刃发生塌陷,是由于切削时高温高压作用引起的。

2. 刀具的磨损原因

刀具的磨损原因主要有以下几种:

(1) 硬质点磨损

因为工件材料中含有一些碳化物、氮化物、积屑瘤残留物等硬质点杂质,在金属加工过程中,会将刀具表面划伤,造成机械磨损。低速刀具磨损的主要原因是硬质点磨损。

(2) 粘结磨损

加工过程中,切屑与刀具接触面在一定的温度与压力下,产生塑性变形而发生冷焊现象后,刀具表面粘结点被切屑带走而发生磨损。一般情况下,具有较大的抗剪和抗拉强度的刀具抗粘结磨损能力强,如高速钢刀具具有较强的抗粘结磨损能力。

(3) 扩散磨损

由于切削时高温作用,刀具与工件材料中的合金元素相互扩散,而造成刀具磨损。硬质合金刀具和金刚石刀具切削钢件温度较高时,常发生扩散磨损。因此,金刚石刀具不宜加工钢铁材料。一般在刀具表层涂覆 TiC、TiN、Al_2O_3 等,能有效提高抗扩散磨损能力。

(4) 氧化磨损

硬质合金刀具切削温度达到 $700℃ \sim 800℃$ 时,刀具中一些 C、TiC 等被空气氧化,在刀具表层形成一层硬度较低的氧化膜,当氧化膜磨损掉后在刀具表面形成氧化磨损。

(5) 相变磨损

在切削的高温下,刀具金相组织发生改变,引起硬度降低造成的磨损,为相变磨损。

总的来说,刀具磨损可能是其中的一种或几种。对一定的刀具和工件材料,对磨损类型起主导作用的是切削温度。在低温区,一般以硬质点磨损为主;在高温区以粘结磨损扩散磨损和氧化磨损等为主。

3. 刀具破损原因

在断续切削条件下,由于强烈的机械与热冲击,超过刀具材料强度,会引起刀具破损。因为硬质合金刀具和陶瓷刀具由粉末烧结而成,所以更容易产生破损。在自动化和数控机床上这个问题尤为突出,需要采取一些措施,如提高韧性、提高抗弯强度等,防止刀具破损。

断续切削时,在交变机械载荷作用下,降低了刀具材料的疲劳强度,容易引起机械裂纹而使刀具破损。此外,由于切削与空切的变化,刀具表面温度发生周期性变化,容易产生热裂纹,在机械力的混合作用下,也容易发生破损。

4. 刀具磨钝标准及耐用度

（1）刀具磨钝标准

刀具磨损到一定程度，将不能使用，这个限度称为磨钝标准。

一般以刀具表面的磨损量作为衡量刀具磨钝标准。因为刀具后刀面的磨损容易测量，所以国际标准中规定以 1/2 背吃刀量处后刀面上测量的磨损带宽 VB 作为刀具磨钝标准。具体标准可参考相关手册。

实际生产中，考虑到不影响生产，一般根据切削中发生的一些现象来判断刀具是否磨钝，例如是否出现振动与异常噪音等。

（2）刀具耐用度

从刀具刃磨后开始切削，一直到磨损量达到刀具磨钝标准所用的总切削时间被称为刀具耐用度，单位为分钟（min）。

影响刀具耐用度的主要因素包括以下几个方面：

① 切削用量

切削速度对切削温度的影响最大，因而对刀具磨损的影响也最大。通过耐用度试验，可以作出图 1-27 所示的 v_c-T 对数曲线，通过直线方程求出切削速度与刀具耐用度之间有如下数学关系：

$$v_c T^m = C_o \qquad (1-15)$$

图 1-27　v_c-T 曲线

式中：v_c 为切削速度（m/min）；T 为刀具耐用度（min）；m 为指数，表示 v_c 与 T 之间影响指数；C_o 为与刀具、工件材料和切削条件有关的系数。

指数 m 表示图 1-27 中直线的斜率，从中可以看出，m 越大，速度对刀具耐用度影响也越大。高速钢刀具，一般 $m=0.1\sim0.125$；硬质合金刀具 $m=0.2\sim0.3$；陶瓷刀具 $m=0.4$。

增加进给量 f 与背吃刀量 a_p，刀具耐用度都将下降。由 1.3.2 节已知，进给量增大对温升的影响比背吃刀量大，因而进给量的增加对刀具耐用度影响相对大些。

② 刀具几何参数

增大前角 γ_o，切削力减小，切削温度降低，刀具耐用度提高。不过前角太大，刀具强度变低，散热变差，刀具耐用度反而下降。

减小主偏角 κ_r 与增大刀尖圆弧半径 r_ε，能增加刀尖强度，降低切削温度，从而提高刀具耐用度。

③ 工件材料

工件材料的硬度、强度和韧性越高，刀具在切削过程中产生的温度也越高，刀具耐用

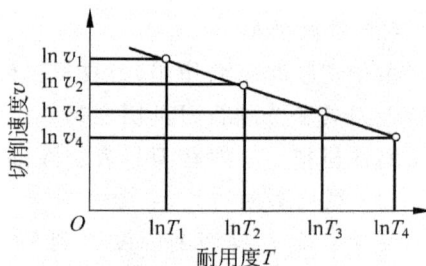

度也越低。

④ 刀具材料

一般情况下,刀具材料高温硬度越高,则刀具耐用度就越高。刀具耐用度的高低在很大程度上取决于刀具材料的合理选择。如加工合金钢,在切削条件相同时,陶瓷刀具耐用度比硬质合金刀具高。采用涂层刀具材料和使用新型刀具材料,能有效提高刀具耐用度。

1.4　切削过程基本规律的应用

1.4.1　切屑的控制

在金属切削过程中,必然会产生切屑,如不能有效地控制其形状和流向,轻者将划伤工件已加工表面,重者则危害操作者的人身安全和机床设备的正常运行。在数控生产中更应该注意切屑的控制。

1. 切屑的类型

由于工件材料不同,工件在加工过程中的切削变形也不同,因此所产生的切屑类型也多种多样。切屑主要有四种类型,如图 1-28 所示。

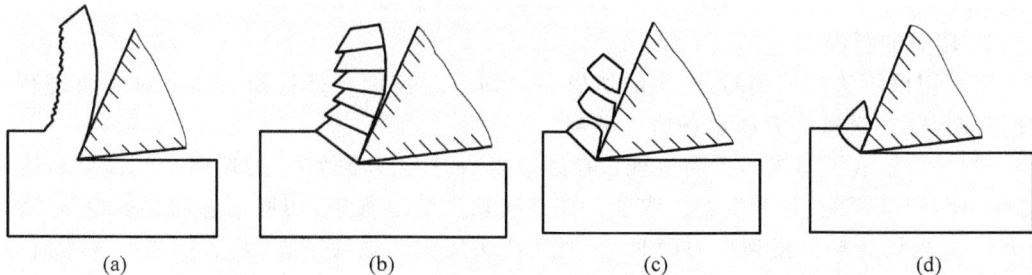

图 1-28　切屑类型
(a) 带状切屑;(b) 挤裂切屑;(c) 单元切屑;(d) 崩碎切屑

图 1-28 所示的四种切屑中,前三种属于加工塑性材料所产生的切屑,第四种为加工脆性材料的切屑。现分别介绍这四种类型切屑的特点。

(1) 带状切屑

此类切屑的特点是形状为带状,内表面比较光滑,外表面可以看到剪切面的条纹,呈毛茸状。它的形成过程如图 1-28(a)所示。这是加工塑性金属时最常见的一种切屑。一般切削厚度较小、切削速度高、刀具前角大时,容易产生这类切屑。此时切削力波动小,已加工表面质量好。

(2) 挤裂切屑

挤裂切屑形状与带状切屑差不多,不过它的外表面呈锯齿形,内表面一些地方有裂纹,如图 1-28(b)所示。此类切屑一般在切削速度较低、切削厚度较大、刀具前角较小时产生。此时切削过程不太稳定,切削力波动较大,已加工表面粗糙值较大。

（3）单元切屑

在切削速度很低,切削厚度很大的情况下,切削钢和铅等材料时,由于剪切变形完全达到材料的破坏极限,切下的切屑断裂成均匀的颗粒状,则成为梯形的单元切屑,如图 1-28(c)所示。这种切屑类型较少。此时切削力波动最大,已加工表面粗糙值较大。

（4）崩碎切屑

如图 1-28(d)所示,此类切屑为不连续的碎屑状,形状不规则,而且加工表面也凹凸不平。主要在加工白口铁、高硅铸铁等脆硬材料时产生。不过加工灰铸铁和脆铜等脆性材料,产生的切屑也不连续,由于灰铸铁硬度不大,通常得到片状和粉状切屑,高速切削甚至为松散带状切屑,这种脆性材料产生的切屑可以算中间类型切屑。这时已加工工件表面质量较差,切削过程不平稳。

以上切屑类型虽然与加工不同材料有关,但加工同一种材料采用不同的切削条件也将产生不同的切屑。如加工塑性材料时,一般得到带状切屑,但如果前角较小,速度较低,切削厚度较大时将产生挤裂切屑;如前角进一步减小,再降低切削速度,或加大切削厚度,则得到单元切屑。掌握这些规律,可以控制切屑形状和尺寸,达到断屑和卷屑的目的。

2. 切屑的折断

当对切屑不进行控制时,产生的切屑一般到一定长度自行折断。如不对切屑进行人为的折断,往往对操作者和设备造成影响。

图 1-29 显示了切屑的折断过程。在图 1-29(a)中,厚度为 h_{ch} 的切屑受到断屑台推力 F_{Bn} 作用而产生弯曲,并产生卷曲应变。在继续切削的过程中,切屑的卷曲半径由 ρ_0 逐渐增大到 ρ,当切屑端部碰到后刀面时,切屑又产生反向弯曲应变,相当于切屑反复弯折,最后弯曲应变 ε_{max} 大于材料极限应变 ε_b 时折断。可以知道切屑的折断是正向弯曲应变和反向弯曲应变的综合结果。根据弯曲产生的应变计算,可以得出折断条件为

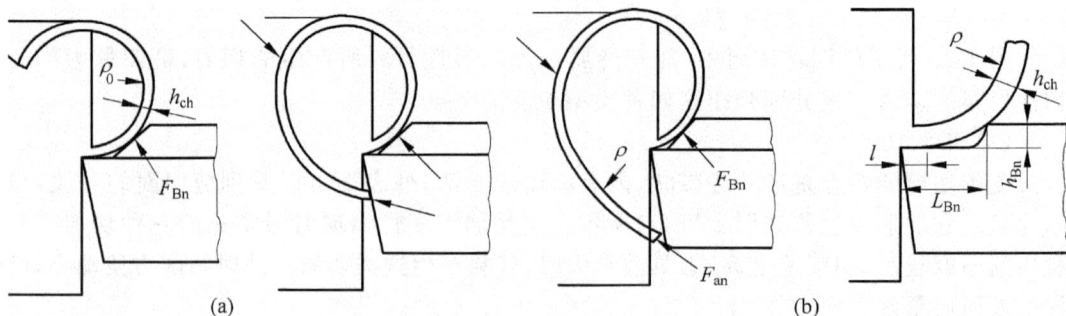

图 1-29 切屑折断过程

(a) 弯曲；(b) 折断

$$\varepsilon_{max} = \frac{h_{ch}}{2}\left(\frac{1}{\rho_0} - \frac{1}{\rho}\right) \geqslant \varepsilon_b \tag{1-16}$$

由该式可知,当切屑越厚(h_{ch}大),切屑卷曲半径 ρ 越小,材料硬度越高、脆性越大(极限应变值 ε_b 小)时,切屑越容易折断。

切屑的弯曲半径 ρ 与断屑槽尺寸有密切关系。如图 1-29(b)所示,可得公式:

$$\rho = \frac{L_{Bn} - l}{h_{Bn}} - \frac{h_{Bn}}{2} \tag{1-17}$$

由公式可知,如减小 ρ,则需减小断屑槽宽度 L_{Bn},增加断屑台高度 h_{Bn} 或加长刀屑接触长度 l。

3. 断屑措施

(1) 磨制断屑槽

磨制断屑槽是焊接硬质合金车刀常用的一种断屑方式。常用的断屑槽形式有直线圆弧型、直线型和全圆弧型,如图 1-30 所示。

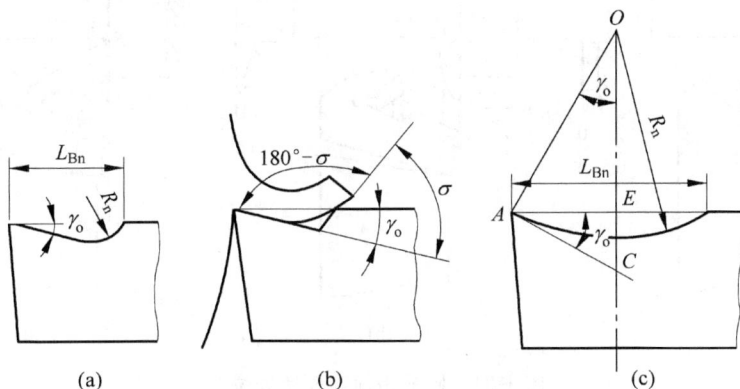

图 1-30　断屑槽形式

(a) 直线圆弧型;(b) 直线型;(c) 全圆弧型

直线圆弧型和直线型断屑槽适用于切削碳素钢、合金结构钢和工具钢等,一般前角 $\gamma_o = 5° \sim 15°$。全圆弧型前角比较大,$\gamma_o = 25° \sim 35°$,适用于切削紫铜、不锈钢等高塑性材料。

断屑槽的参数对其断屑性能和断屑范围有密切关系。影响断屑的主要参数有:槽宽 L_{Bn}、槽深 h_{Bn}。槽宽 L_{Bn} 应保证切削切屑在流出槽时碰到断屑台,以使切屑卷曲折断。如进给量大,切削厚时,可以适当增加槽宽 L_{Bn}。

表 1-1 是当进给量和背吃刀量确定后槽宽 L_{Bn} 的参考值。对于圆弧型断屑槽,当背吃刀量 $a_p = 2 \sim 6mm$ 时,一般槽宽圆弧半径 $r_n = (0.4 \sim 0.7)L_{Bn}$。

表 1-1　断屑槽宽度 L_{Bn}

进给量 $f/mm \cdot r^{-1}$	背吃刀量 a_p/mm	断屑槽宽/mm	
		低碳钢、中碳钢	合金钢、工具钢
0.2～0.5	1～3	3.2～3.5	2.8～3.0
0.3～0.5	2～5	3.5～4.0	3.0～3.2
0.3～0.6	3～6	4.5～5.0	3.2～3.5

如图 1-31 所示，断屑槽在前刀面的位置有平行式、外斜式和内斜式三种形式。其中外斜式最常用，平行式次之。内斜式主要用于背吃刀量 a_p 较小的半精加工和精加工。

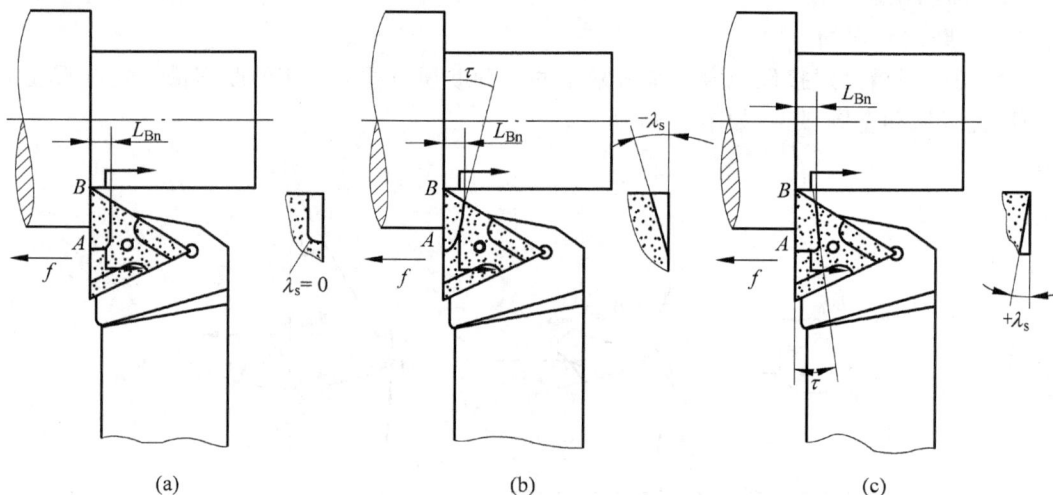

图 1-31　断屑槽前刀面所处位置
(a) 平行式；(b) 外斜式；(c) 内斜式

（2）选择合适切削用量

切削用量的变化会对断屑产生影响，选择合适的切削用量，能增强断屑效果。在切削用量参数中，进给量 f 对断屑影响最大。进给量增大，切削厚度也增大，碰撞时容易折断。切削速度 v_c 和背吃刀量 a_p 对断屑影响较小，不过，背吃刀量增加，断屑困难增大；切削速度提高，断屑效果下降。

（3）选择合适的刀具几何参数

在刀具几何参数中，对断屑影响较大的是主偏角 κ_r。因为在进给量不变的情况下，主偏角增大，切削厚度相应增大，切屑也容易折断。因此，在生产中希望有较好的断屑效果时，应选取较大的主偏角，一般 $\kappa_r = 60° \sim 90°$。

刃倾角 λ_s 的变化对切屑流向产生影响,因而也影响断屑效果。刃倾角为 $-\lambda_s$ 时,切屑流向已加工表面折断;刃倾角为 $+\lambda_s$ 时,切屑流向待加工表面折断。如图 1-36 所示。

1.4.2　材料的切削加工性

不同材料,切削加工的难易程度是不同的。了解影响金属切削加工难易程度的因素,对于提高加工效率和加工质量将有重要的意义。

1. 材料切削加工性的概念与评价标准

在一定的切削条件下,工件材料在进行切削加工时表现出的加工难易程度称为材料的切削加工性。

加工时的情况和要求不同,材料加工难易程度的评价标准也不同,如粗加工时用刀具耐用度和切削力为指标,精加工时用已加工表面粗糙度值作指标。因此切削加工性是一个相对概念。一般材料的切削加工性用以下几个方面的标准来衡量:

(1) 加工表面质量

容易获得较小表面粗糙度的材料,其材料的切削加工性高。一般零件的精加工用此标准衡量。

(2) 单位切削力

机床动力不足或机床系统刚性不足时,常采用这种标准。

(3) 断屑性能

对工件材料断屑性能要求高的机床,如自动生产线、组合机床等,或对断屑性能要求较高的工序,常采用这种标准。

(4) 刀具耐用度

这是比较通用的材料切削加工性标准。这种标准常用的衡量方法是:保证相同刀具耐用度的前提下,考察被切削材料所允许的切削速度的高低,以 v_T 表示。其含义为:当刀具耐用度为 $T(\min)$ 时,切削某种工件材料所允许的切削速度值 v_T 越高,工件材料的切削加工性越好。一般情况下,取 $T=60\min$, v_T 可以用 v_{60} 表示;难加工材料 $T=30\min$ 或 15min。

在生产实践中,通常采用相对加工性来衡量材料的切削加工性。即:以强度为 $\sigma_b=0.637\text{GPa}$ 的 45 钢的 v_{60} 作基准,记作 v_{60j},其他切削材料的 v_{60} 与之相比的数值,称为相对加工性,记作 K_v:

$$K_v = v_{60}/v_{60j} \tag{1-18}$$

常用材料的切削加工性按相对加工性可分为 8 级,如表 1-2 所示。

表 1-2　常用工件材料的相对加工性及分级

切削加工性等级	名称及种类		相对加工性系数 K_v	代表性材料
1	很容易切削材料	一般有色金属	>3.0	铜合金；铝合金；锌合金
2	易切削材料	易切削钢	2.5～3.0	退火 15Cr 钢（σ_b=380～450MPa）；Y12 钢（σ_b=400～500MPa）
3		较易切削钢	1.6～2.5	正火 30 钢（σ_b=450～560MPa）
4	普通材料	一般钢及铸铁	1.0～1.6	45 钢、灰铸铁
5		稍难切削材料	0.65～1.0	调质 2Cr13 钢（σ_b=850MPa）；85 热轧钢（σ_b=900MPa）
6	难切削材料	较难切削材料	0.5～0.65	调质 45Cr
7		难切削材料	0.15～0.5	50CrV 调质；1Cr18Ni9Ti 未淬火；工业纯铁；某些钛合金
8		很难切削材料	<0.15	某些钛合金；铸造镍基高温合金；Mn13 高锰钢

2. 影响工件材料切削加工性的因素

在影响工件材料切削加工性的各种因素中,最主要的影响因素是材料的硬度和强度,其次是该材料的金相组织相关因素,再次是工件材料的塑性和韧性。

(1) 工件材料硬度对切削加工性的影响

一般情况下,加工硬度高的工件材料时,切屑与前刀面的接触长度减小,前刀面上的法向应力增大,摩擦集中在一小段刀具和切屑接触面上,使切削温度增高,摩擦加剧,因此刀尖容易磨损和崩刃。工件材料的硬度越高,所允许的切削速度也越低。当工件材料的硬度达到 HRC54 时,材料的 v_{60} 值相当低,高速钢刀具已无法切削。

(2) 材料的金相组织对切削加工性的影响

一般铁素体的塑性较高,珠光体的塑性较低。金属材料中含有大部分铁素体和少量珠光体时材料的切削加工性较好。纯铁完全是铁素体,塑性太高,切削加工性很低,切屑还不容易折断。

片状珠光体分布的材料,金属切削加工性较差;球状珠光体分布的材料,金属切削加工性较好。切削马氏体、回火马氏体和索氏体等硬度较高的组织时,刀具磨损大,材料切削加工性差。

(3) 材料的塑性与韧性对切削加工性的影响

在强度相同时,塑性大的材料所需切削力大,产生的切削温度也高,另外还容易发生粘结现象,切削变形大,因而刀具磨损较大,已加工表面质量较差,此材料的切削加工性也较差。

材料的韧性对材料加工性的影响与塑性类似。韧性大的工件材料所需切削力较大,刀具易磨损,而且材料的韧性越高,断屑越困难。

（4）工件材料强度对切削加工性的影响

工件材料的强度越高，所需的切削力也越大，切削温度也相应增高，刀具磨损变大。因此，材料的切削加工性随着材料的强度增大而降低。

（5）材料化学成分对切削加工性的影响

钢中的化学成分能改善钢的性能。Cr、Ni、V、Mo、W、Mn 等元素能提高钢的强度和硬度；Si 和 Al 等元素容易形成氧化铝和氧化硅等硬质点，增加刀具磨损。这些元素含量较低时（一般以 0.3% 为限），对金属的切削加工性影响不大，超过这个含量，材料的切削加工性降低。

钢中加入少量的硫、硒、铅、磷等元素后，不但能降低钢的强度，而且能降低钢的塑性，因而提高了钢的切削加工性。

铸铁中化学元素对切削加工性的影响是通过这些元素对碳石墨化作用而产生的。铸铁中碳元素以碳化铁和游离石墨两种形式存在。石墨硬度低，润滑性能好，当铸铁中的碳以这种形式存在时，铸铁的切削加工性高；碳化铁因为硬度高，使刀具容易磨损，所以当铸铁碳化铁含量高时，切削加工性低。

（6）材料的加工硬化性能对切削加工性的影响

工件材料的加工硬化性能越高，切削力越大，切削温度也越高，同时，刀具容易被硬化的切屑和已硬化表面磨损，因而，材料的切削加工性越低。一些高锰钢和奥氏体不锈钢切削后的表面硬度，比原硬度高 1.8 倍左右，造成刀具磨损加剧。

3．改善材料切削加工性的措施

工件材料的切削加工性往往不能满足加工的要求，需要采取措施提高材料的加工性。通过以上对影响材料切削加工性的因素的分析可以知道，改善材料的切削加工性，主要可以采取以下两种措施。

（1）调整工件材料的化学成分

因为工件材料的化学成分影响金属切削加工性，如材料中加入硫元素，组织中产生硫化物，减少组织的结合强度，便于切削；加入铅，使材料组织结构不连接，有利断屑，同时铅还能形成润滑膜，减小摩擦系数。因此，在钢中添加硫、铅等化学元素，金属的切削性能将得到有效提高，钢也成为易切削钢。在生产中，含硫的易切削钢应用较多。一般在大批量生产中，通过改变材料的化学成分来改善其切削加工性。

（2）通过热处理改变材料的金相组织和力学性能

根据影响材料加工性的因素分析可知，金属材料的金相组织和力学性能，能影响金属材料的切削加工性。通过热处理能改变材料的金相组织和力学性能，从而达到改善金属切削加工性的目的。

高碳钢和工具钢硬度高，含有较多网状和片状渗碳体组织，难以切削。通过球化退火，得到球状渗碳体组织，可降低材料硬度，改善切削加工性。

低碳钢塑性高，切削加工性也差。通过冷拔和正火处理，可以降低其塑性，提高硬度，使其切削加工性得到改善。马氏体不锈钢塑性也较高,一般通过调质处理,降低塑性,提高其加工性。

热轧状态的中碳钢,由于组织不均匀,有些表面有硬皮,所以难切削。通过正火处理或退火处理,均匀材料的组织和硬度,可以提高材料切削加工性。

铸铁一般通过退火处理,可消除内应力和降低表面硬度,改善切削加工性。

4. 难加工材料的切削加工性及加工方法

随着科学技术的发展,对机械零件及产品的性能要求越来越高,对所使用材料的要求也越来越高,现在出现了许多难加工的材料,如耐磨钢、高强度钢、不锈钢、高温合金等,下面对难加工材料进行介绍。

（1）高锰钢

钢中锰含量在 $11\%\sim14\%$ 时,称为高锰钢。常用的有高碳高锰耐磨钢和中碳高锰无磁钢。高锰钢很难切削。

高锰钢切削加工性差的主要原因是加工硬化性能高和导热性差。高锰钢在切削加工过程中,因塑性变形使材料中奥氏体组织变为细晶粒马氏体组织,硬度提高一倍,而导热系数约为 45 钢的 1/4,因此切削温度很高。此外,高锰钢韧性高,约为 45 钢的 8 倍,切屑也不易折断,使加工更加困难。

在加工高锰钢时,为减小加工硬化,应使刀刃锋利。为增强刀刃和改善散热条件,一般车削选用前角 $\gamma_o=-5°\sim5°$,负倒棱 $b_{\gamma1}=0.2\sim0.8\text{mm}$,$\gamma_{o1}=-5°\sim-15°$,后角值较大,通常 $\alpha_o=-5°\sim-10°$,主偏角 $\kappa_r=45°$。切削时速度不宜太高,一般 $v=20\sim40\text{m/min}$。因为加工硬化严重,进给量和切削深度不宜过小,以免刀刃在硬化层切削,进给量大于 0.16mm/r,一般 $f=0.2\sim0.8\text{mm/r}$;背吃刀量粗车 $a_p=3\sim6\text{mm}$,半精车 $a_p=1\sim3\text{mm}$。

为提高切削效率,可采用加热切削法。

（2）高强度钢

高强度钢的室温强度高,抗拉强度在 1.177GPa 以上。低合金和中合金高强度钢,在淬火及回火后能得到硬度为 $40\sim50\text{HRC}$ 的高硬度和高强度。高强度钢的高硬组织在切削时,刀刃切削应力大,切削温度高,刀具磨损比较严重,难切削,但在退火状态下,高强度钢比较容易切削。

高强度钢切削时,应注意以下几点:

① 在刀具材料的选用上,如采用硬质合金,应选用强度大、耐热冲击的牌号刀具;采用高速钢刀具时,应选用高温硬度高的高钒高钴高速钢;为减小崩刃,选用碳化物细小均匀的钼系高速钢。

② 为防止崩刃,增强刀刃,前角应取小值或负值,刀刃粗糙度小,刀刃尖角用圆弧代替,圆弧半径 $r_\varepsilon>0.8\text{mm}$。

③ 切削时,切削速度要低,约为普通结构钢的 $1/8\sim1/2$,进给量不宜过小。

④ 采用硬质合金刀具时,不宜采用水溶性切削液,以免刀刃承受较大的热冲击。

⑤ 粗车时，一般在退火状态下进行，前角选用较小的数值，倒棱前角 $\gamma_{o1} = -5° \sim -10°$，如 $f < 0.06$ mm/r 时，$\gamma_{o1} = 3° \sim -5°$，后角应选大些，$\alpha_o = 10°$。

（3）不锈钢

不锈钢按材料组织可分为多种形式，其中奥氏体不锈钢（如 1Cr18Ni9Ti）和马氏体不锈钢（2Cr13,3Cr13）应用较多。

奥氏体不锈钢组织塑性大，容易产生加工硬化，而且导热性也差，约为 45 钢的 1/3，因此奥氏体不锈钢较难切削；马氏体不锈钢淬火后硬度和强度都较高，切削也比较困难。未调质的马氏体不锈钢，虽然能在较高的速度下切削，但表面粗糙度值较大。

切削不锈钢时应注意以下几点：

① 刀具材料应选用强度高、导热性好的硬质合金。

② 切削刀具一般选用较大前角、较大的主偏角，以利于切削。

③ 刀具前刀面和后面应仔细研磨，保证具有较小的表面粗糙度。此外选用较高和较低的切削速度，以免产生粘结现象。

④ 不锈钢切屑不容易折断，应采用各种断屑、排屑措施。

⑤ 不锈钢导热性能低，容易产生热变形，精加工时尺寸精度易受影响。

⑥ 车削不锈钢，在刀具参数的选择上，一般前角 $\gamma_o = 25° \sim 30°$，对于强度和硬度较大的不锈钢，可取 $\gamma_o = 20° \sim 25°$；粗车时后角 $\alpha_o = 6° \sim 10°$，精车 $\alpha_o = 10° \sim 12°$；粗车时倒棱 $b_{\gamma 1} = 0.1 \sim 0.3$ mm，精车时 $b_{\gamma 1} = 0.05 \sim 0.2$ mm；刀具材料一般选用细晶粒的 YG 硬质合金。不锈钢的车削用量如表 1-3 所示。

表 1-3　不锈钢的车削用量

工件材料　　车外圆及镗孔	$v/\text{m} \cdot \text{min}^{-1}$ 工件直径/mm		$f/\text{mm} \cdot \text{r}^{-1}$		a_p/mm	
	≤20	≥20	粗加工	精加工	粗加工	精加工
奥氏体不锈钢（1Cr18Ni9Ti 等）	40～60	60～110	0.2～0.8	0.07～0.3	2～4	0.2～0.5
马氏体不锈钢（2Cr13 等，≤ 250HBS）	50～70	70～120	0.2～0.8	0.07～0.3	2～4	0.2～0.5
马氏体不锈钢（2Cr13 等，>250HBS）	30～50	50～90	0.2～0.8	0.07～0.3	2～4	0.2～0.5
析出硬化不锈钢	25～40	40～70	0.2～0.8	0.07～0.3	2～4	0.2～0.5

（4）硬质合金

许多模具采用硬质合金制造。加工硬质合金材料时，除可以采用磨削加工外，还采用表层为人造金刚石、基体为硬质合金的复合金刚石刀具（PCD）加工。YG 类的硬质合金车削加工时，如选用切削速度 $v_c = 20$ m/min，进给量 $f = 0.02$ mm/r，背吃刀量 $a_p =$

0.05mm,加工表面粗糙度可达 $R_a=0.2\mu m$；为提高刀具强度,一般刀具前角 $\gamma_o=-15°$。在切削液的选用上,一般选用含煤油的混和切削油,以提高浸润性和降低摩擦。

1.4.3　切削液

切削液的主要功能是润滑和冷却作用,它对于减少刀具磨损,提高加工表面质量,降低切削区温度,提高生产效率都有非常重要的作用。

1. 切削液的作用

（1）润滑作用

切削液能在刀具的前、后刀面与工件之间形成一层润滑薄膜,可减少或避免刀具与工件或切屑间的直接接触,减轻摩擦和粘结程度,因而可以减轻刀具的磨损,提高工件表面的加工质量。

切削速度对切削液的润滑效果影响最大,一般速度越高,切削液的润滑效果越低。切削液的润滑效果还与切削厚度、材料强度等切削条件有关。切削厚度越大,材料强度越高,润滑效果越差。

（2）冷却作用

流出切削区的切削液带走大量的热量,从而降低工件与刀具的温度,提高刀具耐用度,减少热变形,提高加工精度。不过切削液对刀具与切屑界面的影响不大,试验表明,切削液只能缩小刀具与切屑界面的高温区域,并不能降低最高温度,一般的浇注方法主要冷却切屑。切削液如喷注到刀具副后面处,对刀具和工件的冷却效果更好。

切削液的冷却性能取决于它的导热系数、比热容、汽化热、气化速度及流量、流速等。切削热的冷却作用主要靠热传导。因为水的导热系数为油的 3～5 倍,比热也比油大一倍,所以水溶液的冷却性能比油好。

切削液自身温度对冷却效果影响很大。切削液温度高,则冷却作用小;切削液温度太低,切削油黏度大,冷却效果也不好。

（3）清洗作用

在车、铣、磨削、钻等加工时,常浇注和喷射切削液来清洗机床上的切屑和杂物,并将切屑和杂物带走。

（4）防锈作用

一些切削液中加入了防锈添加剂,它能与金属表面起化学反应生成一层保护膜,从而起到防锈的作用。

2. 切削液添加剂及切削液分类

（1）切削液添加剂

① 油性添加剂。单纯矿物油与金属的吸附力差,润滑效果不好,如在矿物油中添加

油性添加剂,将改善润滑作用。动植物油、皂类、胺类等与金属吸附力强,形成的物理吸附油膜较牢固,是理想的油性添加剂。不过物理吸附油膜在温度较高时将失去吸附能力,因此一般油性添加剂切削液在 200℃ 以下使用。

② 极压添加剂。这种添加剂主要利用添加剂中的化合物,在高温下与加工金属快速反应形成化学吸附膜,从而起到固体润滑剂作用。目前常用的添加剂中一般含有氯、硫和磷等化合物。由于化学吸附膜与金属结合牢固,一般在 400℃～800℃ 高温仍起作用。硫与氯的极压切削油分别对有色金属和钢铁有腐蚀作用,应注意合理使用。

③ 表面活性剂。表面活性剂是一种有机化合物,它使矿物油微小颗粒稳定分散在水中,形成稳定的水包油乳化液。表面活性剂除起乳化作用外,还能吸附在金属表面,形成润滑膜,起润滑作用。

乳化液中除加入适量的乳化稳定剂(如乙二醇、正丁醇)外,还添加防锈添加剂(如亚硝酸钠等)、抗泡沫剂(二甲基硅油等)和防霉添加剂(苯酚等)。

(2) 切削液的种类

切削液可分为水溶性和非水溶性两大类。水溶性切削液有水溶液、乳化液;非水溶性切削液主要是切削油。

① 切削油。切削油分为两类:一类是以矿物油为基体加入油性添加剂的混合油,一般用于低速切削有色金属及磨削中;另一类是极压切削油,是在矿物油中添加极压添加剂制成,适用于重切削和难加工材料的切削。

② 乳化液。乳化液是用乳化油加 70%～98% 的水稀释而成的乳白色或半透明状液体,它由切削油加乳化剂制成。乳化液具有良好的冷却和润滑性能。乳化液的稀释程度根据用途而定,浓度高润滑效果好,但冷却效果差;反之,冷却效果好,润滑效果差。

③ 水溶液。水溶液的主要成分是水,为具有良好的防锈性能和一定的润滑性能,常加入一定的添加剂(如亚硝酸钠、硅酸钠等)。常用的水溶液有电介质水溶液和表面活性水溶液。电介质水溶液是在水中加入电介质作为防锈剂;表面活性水溶液是加入皂类等表面活性物质,增强水溶液的润滑作用。

3. 切削液的选用原则

切削液的效果除由本身的性能决定外,还与工件材料、刀具材料、加工方法等因素有关,应该综合考虑,合理选择,以达到良好的效果,表 1-4 为常用切削液选用表。切削液的一般选用原则包括以下几方面。

(1) 粗加工

粗加工时,切削用量大,产生的切削热量多,容易使刀具迅速磨损。此类加工一般采用冷却作用为主的切削液,如离子型切削液或 3%～5% 乳化液。切削速度较低时,刀具以机械磨损为主,宜选用润滑性能为主的切削液;速度较高时,刀具主要是热磨损,应选用冷却为主的切削液。

表 1-4　常用切削液选用表

加工类型		工　件　材　料					
		碳　钢	合　金　钢	不锈钢及耐热钢	铸铁及黄铜	青　铜	铝及合金
车、铣及镗孔	粗加工	3%～5%乳化液	① 5%～15%乳化液 ② 5%石墨或硫化乳化液 ③ 5%氯化石蜡油制乳化液	① 10%～30%乳化液 ② 10%硫化乳化液	① 一般不用 ② 3%～5%乳化液	一般不用	① 一般不用 ② 中性或含有游离酸小于4mg的弱性乳化液
	精加工	① 石墨化或硫化乳化液 ② 5%乳化液(高速时) ③ 10%～15%乳化液(低速时)	① 氧化煤油 ② 煤油75%、油酸或植物油25% ③ 煤油60%、松节油20%、油酸20%	黄铜一般不用,铸铁用煤油	7%～10%乳化液	① 煤油 ② 松节油 ③ 煤油与矿物油的混合物
切断及切槽		① 15%～20%乳化液 ② 硫化乳化液 ③ 活性矿物油 ④ 硫化油	① 氧化煤油 ② 煤油75%、油酸或植物油25% ③ 硫化油85%～87%、油酸或植物油13%～15%	① 7%～10%乳化液 ② 硫化乳化液		
钻孔及镗孔		① 7%硫化乳化液 ② 硫化切削油	① 3%肥皂＋2%亚麻油(不锈钢钻孔) ② 硫化切削油(不锈钢镗孔)	① 一般不用 ② 煤油(用于铸铁) ③ 菜油(用于黄铜)	① 7%～10%乳化液 ② 硫化乳化液	① 一般不用 ② 煤油 ③ 煤油与菜油的混合油
铰孔		① 硫化乳化液 ② 10%～15%极压乳化液 ③ 硫化油与煤油混合液(中速)	① 10%乳化液或硫化切削油 ② 含硫氯磷切削油		① 2号锭子油 ② 2号锭子油与蓖麻油的混合物 ③ 煤油和菜油的混合物
车螺纹		① 硫化乳化液 ② 氧化煤油 ③ 煤油75%,油酸或植物油25% ④ 硫化切削油 ⑤ 变压器油70%,氯化石蜡30%	① 氧化煤油 ② 硫化切削油 ③ 煤油60%、松节油20%、油酸20% ④ 硫化油60%、煤油25%、油酸15% ⑤ 四氯化碳90%,猪油或菜油10%	① 一般不用 ② 煤油(铸铁) ③ 菜油(黄铜)	① 一般不用 ② 菜油	① 硫化油30%、煤油15%、2号或3号锭子油55% ② 硫化油30%、煤油15%、油酸30%、2号或3号锭子油25%

续表

加工类型	工　件　材　料					
	碳钢	合金钢	不锈钢及耐热钢	铸铁及黄铜	青铜	铝及合金
滚齿插齿	① 20％～25％极压乳化液 ② 含硫(或氯、磷)的切削油			① 煤油(铸铁) ② 菜油(黄铜)	① 10％～15％极压乳化液 ② 含氯切削油	① 10％～15％极压乳化液 ② 煤油
磨削	① 电解水溶液 ② 3％～5％乳化液 ③ 豆油＋硫磺粉			3％～5％乳化液		磺化蓖麻油1.5％、浓度30％～40％的氢氧化钠,加至微碱性,煤油9％,其余为水

硬质合金刀具耐热性好,热裂敏感,可以不用切削液。如采用切削液,必须连续、充分浇注,以免冷热不均产生热裂纹而损伤刀具。

(2) 精加工

精加工时,切削液的主要作用是提高工件表面加工质量和加工精度。加工一般钢件,在较低的速度(6.0～30m/min)情况下,宜选用极压切削油或10％～12％极压乳化液,以减小刀具与工件之间的摩擦和粘结,抑制积屑瘤。

精加工铜及合金、铝及合金或铸铁时,宜选用粒子型切削液或10％～12％乳化液,如10％～12％极压乳化液,以降低加工表面粗糙度。注意,加工铜材料时不宜采用含硫切削液,因为硫对铜有腐蚀作用。另外,加工铝时,不适于采用含硫与氯的切削液,因为这两种元素宜与铝形成强度高于铝的化合物,反而增大刀具与切屑间的摩擦;也不宜采用水溶液,因高温时水会使铝产生针孔。

(3) 难加工材料的切削

难加工材料硬质点多,热导率低,切削液不易散出,刀具磨损较快。此类加工一般处于高温高压的边界润滑摩擦状态,应选用润滑性能好的极压切削油或高浓度的极压乳化液。当用硬质合金刀具高速切削时,可选用冷却作用为主的低浓度乳化液。

1.5　切削参数的选择

1.5.1　刀具几何参数的合理选择

所谓刀具几何参数的合理选择是指在保证加工质量的前提下,选择能提高切削效率、降低生产成本、获得最高刀具耐用度的刀具几何参数。

刀具几何参数包括刀具几何角度(如前角、后角、主偏角等)、刀面形式(如平面前刀面、倒棱前刀面等)和切削刃形状(直线形、圆弧形)等。

选择刀具考虑的因素很多,主要有工件材料、刀具材料、切削用量、工艺系统刚性等工艺条件以及机床功率等。本节介绍的是在一定切削条件下的基本选择方法,要选择好刀具几何参数,必须在生产实践中不断摸索、总结、提炼才能掌握。

1. 前角和前刀面形状的选择

(1) 前角的选择

刀具前角是一个重要的刀具几何参数。在选择刀具前角时,首先应保证刀刃锋利,同时也要兼顾刀刃的强度与耐用度。但两者又是一对矛盾,需要根据生产现场的条件,考虑各种因素,以达到一个平衡点。

刀具前角增大,刀刃变锋利,可以减小切削的变形,减小切屑流出刀前面的摩擦阻力,从而减小切削力和切削功率,切削时产生的热量也减小,提高刀具耐用度。但由于刀刃锋利,楔角过小,刀刃的强度也自然会降低,而且,刀具前角增大到一定程度时,刀头散热体积减小,又将使切削温度升高,刀具耐用度降低。刀具前角的合理选择,主要由刀具材料和工件材料的种类与性质决定。

① 刀具材料。由于刀具前角增大,将降低刀刃强度,因此在选择刀具前角时,应考虑刀具材料的性质。刀具材料的不同,其强度和韧性也不同,强度和韧性大的刀具材料可以选择大的前角,而脆性大的刀具甚至取负的前角。如高速钢前角可比硬质合金刀具大 $5°\sim10°$;陶瓷刀具,前角常取负值,其值一般在 $0°\sim-15°$ 之间。图 1-32 给出了不同刀具材料韧性的变化。

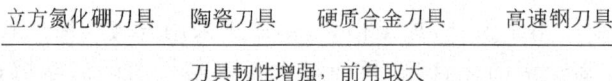

立方氮化硼刀具　　陶瓷刀具　　硬质合金刀具　　高速钢刀具

————————————————————————————→

刀具韧性增强,前角取大

图 1-32　不同刀具材料的韧性变化

② 工件材料。工件材料的性质也是选择前角需考虑的因素之一。加工钢件等塑性材料时,切屑沿前刀面流出时和前刀面接触长度长,压力与摩擦较大,为减小变形和摩擦,一般选择大的前角。如加工铝合金取 $\gamma_o=25°\sim35°$,加工低碳钢取 $\gamma_o=20°\sim25°$,正火高碳钢取 $\gamma_o=10°\sim15°$,而加工高强度钢时,为增强切削刃,前角取负值。

加工脆性材料时,切屑为碎状,切屑与前刀面接触短,切削力主要集中在切削刃附近,受冲击时易产生崩刃,因此刀具前角相对塑性材料应取得小些或取负值,以提高刀刃的强度。如加工灰铸铁,取较小的正前角;加工淬火钢或冷硬铸铁等高硬度的难加工材料时,宜取负前角。一般用正前角的硬质合金刀具加工淬火钢时,刚开始切削就会发生崩刃。

③ 加工条件。刀具前角选择与加工条件也有关系。粗加工时,因加工余量大,切削

力大,一般取较小的前角;精加工时,宜取较大的前角,以减小工件变形与表面粗糙度。带有冲击性的断续切削比连续切削前角取得小。机床工艺系统好,功率大,可以取较大的前角;但用数控机床加工时,为使切削性能稳定,宜取较小的前角。

④ 其他刀具参数。前角的选择还与刀具其他参数和刀面形状有关系,特别是与刃倾角有关。如负倒棱(如图 1-33(b)中的角度 γ_{o1})的刀具可以取较大的前角。大前角的刀具常与负刃倾角相匹配以保证切削刃的强度与抗冲击能力。一些先进的刀具就是针对某种加工条件改进而设计的。

总之,前角选择的原则是在满足刀具耐用度的前提下,尽量选取较大前角。

刀具的合理前角参考值如表 1-5 和表 1-6 所示。

表 1-5　硬质合金刀具合理前角参考值

工 件 材 料		合理前角/°	工 件 材 料		合理前角/°
碳钢 σ_b/GPa	≤0.445	20～25	不锈钢	奥氏体	15～30
	≤0.558	15～20		马氏体	15～-5
	≤0.784	12～15	淬硬钢	≥HRC40	-5～-10
	≤0.98	5～10		≥HRC50	-10～-15
40Cr	正火	13～18	高强度钢		8～-10
	调质	10～15	钛及钛合金		5～15
灰铸铁	≤220HBS	10～15	变形高温合金		5～15
	>200HBS	5～10	铸造高温合金		0～10
铜	纯铜	25～35	高锰钢		8～-5
	黄铜	15～35	铬锰钢		-2～-5
	青铜(脆黄铜)	5～15			
铝及铝合金		25～35			
软橡胶		50～60			

表 1-6　不同刀具材料加工钢时的前角

刀具材料　σ_b/GPa	高速钢	硬质合金	陶　瓷
≤0.784	25°	12°～15°	10°
>0.784	20°	10°	5°

(2) 前刀面形状、刃区形状及其参数的选择

① 前刀面形状

前刀面形状的合理选择,对防止刀具崩刃、提高刀具耐用度和切削效率、降低生产成本都有重要意义。图 1-33 是几种前刀面形状及刃区的剖面形式。

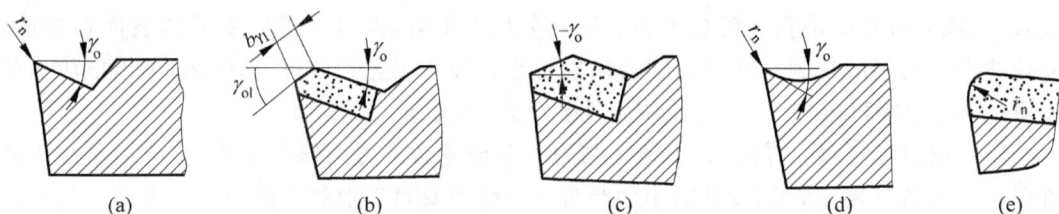

图 1-33　前刀面形状及刃区剖面形式

(a) 正前角锋刃平面型；(b) 带倒棱的正前角平面型；

(c) 负前角平面型；(d) 曲面型；(e) 钝圆切削刃型

- 正前角锋刃平面型(图 1-33(a))。特点是刃口较锋利，但强度较低，散热较差。主要用于高速钢刀具，精加工铸铁、青铜等脆性材料。
- 带倒棱的正前角平面型(图 1-33(b))。特点是切削刃强度及抗冲击能力强，同样条件下可以采用较大的前角，提高了刀具耐用度。主要用于硬质合金刀具和陶瓷刀具，加工铸铁等脆性材料。
- 负前角平面型(图 1-33(c))。特点是切削刃强度较好，但刀刃较钝，切削变形大。主要用于硬脆刀具材料，加工高强度高硬度材料，如淬火钢。

图中所示类型负前角后部加有正前角，有利于切屑流出，许多刀具并无此角，只有负前角。

- 曲面型(图 1-33(d))。特点是有利于排屑、卷屑和断屑，而且前角较大，切削变形小，所受切削力也较小。在钻头、铣刀、拉刀等刀具上都有曲面前刀面。
- 钝圆切削刃型(图 1-33(e))。特点是切削刃强度和抗冲击能力增加，具有一定的消振作用。适用于陶瓷等脆性刀具材料。

② 刃区形状

综上所述可以看出，为了提高刀具性能，一些前刀面与倒棱和刃部形状相结合。

倒棱是提高刀刃强度的有效措施。由图 1-33 看出，倒棱是沿切削刃研磨出很窄的负前角棱面。当倒棱选择合理时，棱面将形成滞留金属三角区。切屑仍沿正前角面流出，切削力增大不明显，而切削刃加强并受到三角区滞留金属的保护，同时散热条件改善，刀具耐用度明显提高。特别对于硬质合金和陶瓷等脆性刀具，粗加工时效果更显著，可提高刀具耐用度 1～5 倍。另外，倒棱也使切削力的方向发生变化，在一定程度上改善刀片的受力状况，减小对切削刃产生的弯曲应力分量，从而提高刀具耐用度。

倒棱参数的最佳值与进给量有密切关系。通常取 $b_{\gamma 1}=0.2\sim1\mathrm{mm}$ 或 $b_{\gamma 1}=(0.3\sim 0.8)f$。粗加工时取大值，精加工时取小值。加工低碳钢、灰铸铁、不锈钢时，$b_{\gamma 1}\leqslant 0.5f$，$\gamma_{o1}=-5°\sim-10°$。加工硬皮的锻件或铸钢件，机床刚度与功率允许的情况下，倒棱负角可减小到 $-30°$，高速钢倒棱前角 $\gamma_{o1}=0°\sim5°$，硬质合金刀具 $\gamma_{o1}=-5°\sim-10°$。冲击比较大时,负倒棱宽度可取 $b_{\gamma 1}=(1.5\sim 2)f$。

对于进给量很小($f\leqslant 0.2$mm/r)的精加工刀具,为使切削刃锋利和减小刀刃钝圆半径,一般不磨倒棱。

钝圆切削刃是在负倒棱的基础上进一步修磨,或经直接钝化处理而成。切削刃钝圆半径比锋刃增大了一定的值,在切削刃强度方面获得与负倒棱一样的效果,但比负倒棱更有利于消除刃区微小裂纹,使刀具获得较高耐用度。同时,刃部钝圆对加工表面有一定的整轧和消振作用,有利于提高加工表面质量。

钝圆半径 r_n 有小型($r_n=0.025\sim 0.05$mm)、中型($r_n=0.05\sim 0.1$mm)和大型($r_n=0.1\sim 0.15$mm)三种。需要根据刀具材料、工件材料和切削条件三方面选择 r_n。

刀具材料强度和韧性会影响钝圆半径的选择。高速钢刀具一般采用正前角锋刃或小型切削刃,陶瓷刀片一般要求负倒棱且带大型钝圆切削刃。WC 基硬质合金刀具一般采用中型钝圆刀刃。TiC 基硬质合金刀具钝圆半径在中型与大型之间。

工件材料的性质也影响钝圆半径的选择。易切削金属的加工,一般采用锋刃或小型钝圆半径刀具;切削灰铸铁和球墨铸铁等材质分布不均而容易产生冲击的加工材料,通常采用中型钝圆半径刀具;切削高硬度合金材料,一般采用中型或大型钝圆半径刀具。

2. 后角及形状的选择

(1) 后角的选择

从 2.1.2 节介绍的切削变形规律可知,在第三变形区,加工表面在后刀面有一个被挤压然后又弹性回复的过程,使刀具与加工表面产生摩擦。刀具后角越小,则与加工表面接触的挤压和摩擦面越长,摩擦越大。因此,后角的主要作用是减小刀具后刀面与加工表面的摩擦。另外,当前角固定时,后角的增大与减小能增大和减小刀刃的锋利程度,改变刀刃的散热,从而影响刀具的耐用度。

选择后角的主要考虑因素是切削厚度和切削条件。

① 切削厚度。试验表明,合理的后角值与切削厚度有密切关系。当切削厚度 h_D(和进给量 f)较小时,切削刃要求锋利,因而后角 α_o 应取大些。如高速钢立铣刀,每齿进给量很小,后角取到 $16°$。车刀后角的变化范围比前角小,粗车时,切削厚度 h_D 较大,为保证切削刃强度,取较小后角,$\alpha_o=4°\sim 8°$;精车时,为保证加工表面质量,取 $\alpha_o=8°\sim 12°$。车刀合理后角在 $f\leqslant 0.25$mm/r 时,可选 $\alpha_o=10°\sim 12°$;在 $f>0.25$mm/r 时,$\alpha_o=5°\sim 8°$。

② 工件材料。工件材料强度或硬度较高时,为加强切削刃,一般采用较小后角。对于塑性较大材料,已加工表面易产生加工硬化时,后刀面摩擦对刀具磨损和加工表面质量影响较大时,一般取较大后角。如加工高温合金时,$\alpha_o=10°\sim 15°$。

选择后角的原则是,在不产生摩擦的条件下,应适当减小后角。

(2) 后刀面形状的选择

为减少刃磨后面的工作量,提高刃磨质量,在硬质合金刀具和陶瓷刀具上通常把后面做成双重后面,如图 1-34(a)所示。沿主切削刃和副切削刃磨出的窄棱面被称为刃带。对定尺寸刀具磨出刃带的作用是有利于制造刃磨刀具时控制和保持尺寸精度,同时在切削时提高切削的平稳性和减小振动。一般刃带宽在 $b_{a1}=0.1\sim0.3mm$ 范围内,超过一定值将增大摩擦,降低表面加工质量。如当工艺系统刚性较差,容易出现振动时,可以在车刀后面磨出 $b_{a1}=0.1\sim0.3mm$,$\alpha_o=-5°\sim-10°$ 的消振棱,如图 1-34(b)所示。

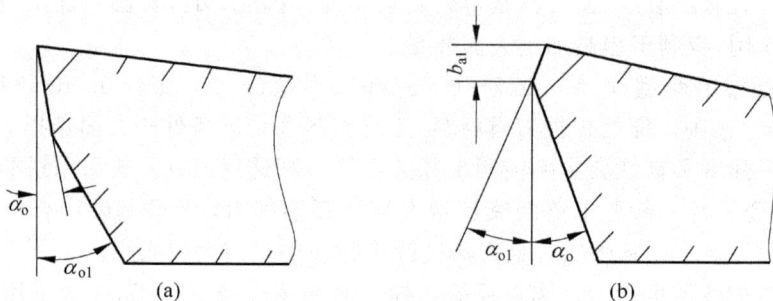

图 1-34　后面形状
(a) 双重后角;(b) 负后角刃带消振

3. 主偏角、副偏角的选择

(1) 主偏角的选择

主偏角的选择对刀具耐用度影响很大。根据切削层参数内容可知,在背吃刀量 a_p 与进给量 f 不变时,主偏角 κ_r 减小将使切削厚度 h_D 减小,切削宽度 b_D 增加,参加切削的切削刃长度也相应增加切削宽度 b_D,切削刃单位长度上的受力减小,散热条件也得到改善。同时,主偏角 κ_r 减小时,刀尖角增大,刀尖强度提高,刀尖散热体积增大。因此,主偏角 κ_r 减小,能提高刀具耐用度。但主偏角的减小也会产生不良影响。因为根据切削力分析可以得知,主偏角 κ_r 减小,将使背向力 F_p 增大,从而使切削时工件产生的挠度增大,降低加工精度。同时背向力的增大将引起振动,从而对刀具耐用度和加工精度产生不利影响。

由上述分析可知,主偏角 κ_r 的增大或减小对切削加工既有有利的一面,也有不利的一面,在选择时应综合考虑。其主要选择原则有以下几点:

① 工艺系统刚性较好时(工件长径比 $l_w/d_w<6$),主偏角 κ_r 可以取小值。如当在刚度好的机床上加工冷硬铸铁等高硬度高强度材料时,为减轻刀刃负荷,增加刀尖强度,提高刀具耐用度,一般取比较小的值,$\kappa_r=10°\sim30°$。

② 工艺系统刚性较差时(工件长径比 $l_w/d_w=6\sim12$),或带有冲击性的切削,主偏角 κ_r 可以取大值,一般 $\kappa_r=60°\sim75°$,甚至主偏角 κ_r 可以大于 90°,以避免加工时振动。硬质合金刀具车刀的主偏角多为 $60°\sim75°$。

③ 根据工件加工要求选择。当车阶梯轴时,$\kappa_r=90°$;同一把刀具加工外圆、端面和

倒角时,$\kappa_r = 45°$。

（2）副偏角的选择

副偏角 κ'_r 的大小将对刀具耐用度和加工表面粗糙度产生影响。副偏角的减小,可降低残留物面积的高度,提高理论表面粗糙度值,同时刀尖强度增大,散热面积增大,提高刀具耐用度。但副偏角太小又会使刀具副后刀面与工件的摩擦加大,使刀具耐用度降低,另外引起加工中的振动。

因此,副偏角的选择也需综合各种因素。

① 工艺系统刚性好时,加工高强度高硬度材料,一般 $\kappa'_r = 5° \sim 10°$;加工外圆及端面,能中间切入的,$\kappa'_r = 45°$。

② 工艺系统刚度较差时,进行粗加工和强力切削,则 $\kappa'_r = 10° \sim 15°$;车台阶轴、细长轴、薄壁件,$\kappa'_r = 5° \sim 10°$。

③ 切断切槽,$\kappa'_r = 1° \sim 2°$。

副偏角的选择原则是,在不影响摩擦和振动的条件下,应选取较小的副偏角。

4. 刀尖形状的选择

主切削刃与副切削刃连接的地方称为刀尖。刀尖是刀具强度和散热条件都很差的地方。切削过程中,刀尖切削温度较高,非常容易磨损,因此增强刀尖,可以提高刀具耐用度。刀尖对已加工表面粗糙度有很大影响。

通过前面讲述的主偏角与副偏角的选择可知,主偏角 κ_r 和副偏角 κ'_r 的减小,都可以增强刀尖强度,但同时也增大了背向力 F_p,使得工件变形增大并引起振动。但如在主、副切削刃之间磨出倒角刀尖,则既可增大刀尖角,又不会使背向力 F_p 增加很多,如图 1-35(a)所示。倒角刀尖的偏角一般取 $\kappa_{r\varepsilon} = \frac{1}{2}\kappa_r$,$b_\varepsilon = \left(\frac{1}{5} \sim \frac{1}{4}\right)a_p$。刀尖也可修成圆弧状,如图 1-35(b)所示。对于硬质合金车刀和陶瓷车刀,一般 $r_\varepsilon = 0.5 \sim 1.5$mm,对高速钢刀具,$r_\varepsilon = 1 \sim 3$mm。增大 r_ε,刀具的磨损和破损都可减小,但此时背向力 F_p 也会增大,容易引起振动。考虑到脆性大的刀具对振动敏感的因素,一般硬质合金刀具和陶瓷刀具的刀尖圆弧半径 r_ε 值较小;精加工时 r_ε 选取比粗加工小。精加工时,还可修磨出 $\kappa_{r\varepsilon} = 0°$,宽度 $b'_\varepsilon = (1.2 \sim 1.5)f$ 与进给方向平行的修光刃,切除掉残留面积,如图 1-35(c)所示。这种修光刃能在进给量较大时,获得较高的表面加工质量。如用阶梯端铣刀精铣平面时,采用 $1 \sim 2$ 个带修光刃的刀齿,既简化刀齿调整,又提高加工效率和加工表面质量。

5. 刃倾角的选择

刃倾角 λ_s 是在主切削平面 p_s 内,主切削刃与基面 p_r 的夹角。因此,主切削刃的变化能控制切屑的流向。当 λ_s 为负值时,切屑将流向已加工表面,并形成长螺卷屑,容易损害加工表面。但切屑流向机床尾座,不会对操作者产生大的影响,如图 1-36(a)所示。当 λ_s 为正值

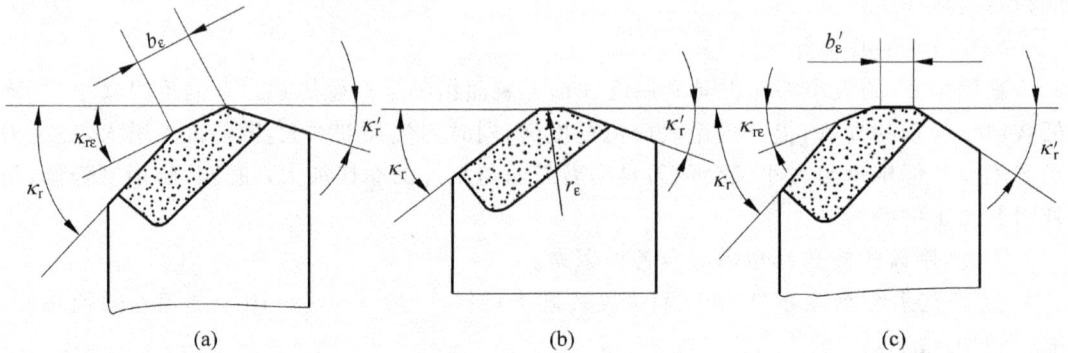

图 1-35　刀具的过渡刃

(a) 倒角刃；(b)圆弧刃；(c) 修光刃

时,切屑将流向机床床头箱,影响操作者工作,并容易缠绕机床的转动部件,影响机床的正常运行,如图 1-36(b)所示。精车时,为避免切屑擦伤工件表面,λ_s 可采用正值。另外,刃倾角 λ_s 的变化能影响刀尖的强度和抗冲击性能。当 λ_s 取负值时,刀尖在切削刃最低点,切削刃切入工件时,切入点在切削刃或前刀面,保护刀尖免受冲击,增强刀尖强度。所以,一般大前角刀具通常选用负的刃倾角,既可以增强刀尖强度,又避免刀尖切入时产生冲击。

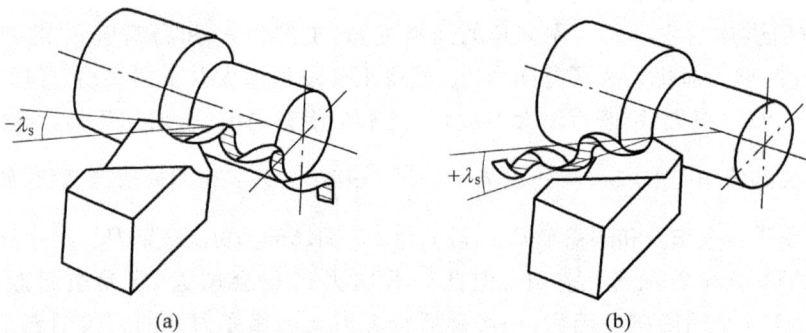

图 1-36　刃倾角对切屑流向的影响

(a) $-\lambda_s$ 切屑流向已加工表面方向；(b) $+\lambda_s$ 切屑流向待加工表面方向

车削刃倾角主要根据刀尖强度和流屑方向来选择,其合理数值见表 1-7。

表 1-7　车削刃倾角合理参考值

适用范围	精车细长轴	精车有色金属	粗车一般钢和铸铁	粗车余量不均、淬硬钢等	冲击较大的断续车削	大刃倾角薄切屑
λ_s 值/°	0～5	5～10	0～-5	-5～-10	-5～-15	45～75

　　以上各种刀具参数的选择原则只是单独针对该参数而言,必须注意的是,刀具各个几何角度之间是互相联系互相影响的。在生产过程中,应根据加工条件和加工要求,综合考虑各种因素,合理选择刀具几何参数。如在加工硬度较高的工件材料时,为增加切削刃强度,一般取较小后角;加工淬硬钢等特硬材料时,常常采用负前角,但楔角较大,如适当增加后角,则既有利于切削刃切入工件,又提高刀具耐用度。下面的示例详细讲解了某刀具各种刀具参数的选用。

　　【例 1-2】 如图 1-37 所示,大切深强力车刀,刀具材料 YT15,一般用于中等刚性车床上,加工热轧和锻制的中碳钢。切削用量为:背吃刀量 $a_p=$ 15～20mm,进给量 $f=0.25\sim0.4$mm/r。试对该刀具的刀具几何参数进行分析。

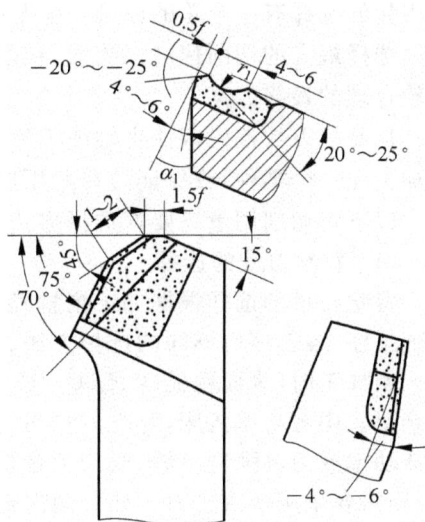

图 1-37　75°大切深强力车刀

　　解:此刀具主要几何参数及作用如下:

　　① 取较大前角,$\gamma_o=20°\sim25°$,能减小切削变形、切削力和切削温度。主切削刃采用负倒棱,$b_{r1}=0.5f$,$\gamma_{o1}=-20°\sim-25°$,提高切削刃强度,改善散热条件。

　　② 后角值较小,$\alpha_o=4°\sim6°$,而且磨制成双重后角,主要是为提高刀具强度,提高刀具的刃磨效率和允许刃磨次数。

　　③ 主偏角较大,$\kappa_r=70°$,副偏角也较大,$\kappa_r'=15°$,以降低切削力 F_c 和背向力 F_p,避免产生振动。

　　④ 刀尖形状采用倒角刀尖加修光刃,倒角 $\kappa_{re}=45°$,$b_\varepsilon=1\sim2$mm,修光刃 $b_\varepsilon'=1.5f$,主要是提高刀尖强度,增大散热体积。修光刃目的是修光加工表面残留面积,提高加工表面的质量。

　　⑤ 刃倾角取负值,$\lambda_s=-4°\sim-6°$,提高刀具强度,避免刀尖受冲击。

1.5.2　切削用量的选择

　　切削用量是切削加工过程中切削速度、进给量和背吃刀量的总称。切削用量的选择,对加工效率、加工成本和加工质量都有重大的影响。切削用量的选择需要考虑机床、刀具、工件材料和工艺等多种因素。

1. 切削用量的选择原则和方法

　　所谓合理的切削用量是指充分利用机床和刀具的性能,并在保证加工质量的前提下,获得高的生产率与低加工成本的切削用量。在切削生产率方面,在不考虑辅助工时情况

下,有生产率公式

$$P = A_\circ v f a_p$$

其中,$A_\circ$ 为与工件尺寸有关的系数。从式中可以看出,切削用量三要素 v, f, a_p 任何一个参数增加一倍,生产率相应提高一倍。但从刀具耐用度与切削用量三要素之间的关系式 $T = C_T / (v^{1/m} f^{1/n} a^{1/p})$ 来看,当刀具耐用度一定时,切削速度 v 对生产率影响最大,进给量 f 次之,背吃刀量 a_p 最小。因此,在刀具耐用度一定时,从提高生产率角度考虑,对于切削用量的选择有一个总的原则:首先选择尽量大的背吃刀量,其次选择最大的进给量,最后是选择最大的切削速度。当然,切削用量的选择还要考虑各种因素,最后才能得出一种比较合理的最终方案。

自动换刀数控机床往主轴或刀库上装刀所费时间较多,所以选择切削用量要保证刀具加工完一个零件,或保证刀具耐用度不低于一个工作班,最少不低于半个工作班。

以下对切削用量三要素选择方法分别进行论述。

(1) 背吃刀量的选择

背吃刀量的选择根据加工余量确定。切削加工一般分为粗加工、半精加工和精加工几道工序,各工序有不同的选择方法。

粗加工时(表面粗糙度 $R_a 50 \sim 12.5 \mu m$),在允许的条件下,尽量一次切除该工序的全部余量。中等功率机床,背吃刀量可达 $8 \sim 10mm$。但对于加工余量大,一次走刀会造成机床功率或刀具强度不够,或加工余量不均匀引起振动,或刀具受冲击严重出现打刀等情况,则需要采用多次走刀。如分两次走刀,则第一次背吃刀量尽量取大,一般为加工余量的 $2/3 \sim 3/4$ 左右;第二次背吃刀量尽量取小些,可取加工余量的 $1/3 \sim 1/4$ 左右。

半精加工时(表面粗糙度 $R_a 6.3 \sim 3.2 \mu m$),背吃刀量一般为 $0.5 \sim 2mm$。

精加工时(表面粗糙度 $R_a 1.6 \sim 0.8 \mu m$),背吃刀量为 $0.1 \sim 0.4mm$。

(2) 进给量的选择

粗加工时,选择进给量主要考虑工艺系统所能承受的最大进给量,如机床进给机构的强度、刀具强度与刚度、工件的装夹刚度等。

精加工和半精加工时,选择最大进给量主要考虑加工精度和表面粗糙度。另外还要考虑工件材料、刀尖圆弧半径和切削速度等。当刀尖圆弧半径增大、切削速度提高时,可以选择较大的进给量。

在实际生产中,进给量常根据经验选取。粗加工时,根据工件材料、车刀刀杆直径、工件直径和背吃刀量按表 1-8 所示的数据进行选取。表中数据是经验所得,其中包含了刀杆的强度和刚度、工件的刚度等工艺系统因素。从表中可以看到,在背吃刀量一定时,进给量随着刀杆尺寸和工件尺寸的增大而增大。加工铸铁时的切削力比加工钢件时小,所以铸铁可以选取较大的进给量。精加工与半精加工时,可根据加工表面粗糙度要求选取,同时考虑切削速度和刀尖圆弧半径因素,如表 1-9 所示。如果有必要,还要对所选进给量参数进行强度校核,最后根据机床铭牌或说明书确定。

表 1-8 硬质合金车刀粗车外圆及端面的进给量参考值

工件材料	车刀刀杆尺寸 /mm	工件直径 /mm	背吃刀量 a_p/mm				
			≤3	>3~5	>5~8	>8~12	>12
			进给量 f/mm·r^{-1}				
碳素结构钢、合金结构钢、耐热钢	16×25	20	0.3~0.4	—	—	—	—
		40	0.4~0.5	0.3~0.4	—	—	—
		60	0.5~0.7	0.4~0.6	0.3~0.5	—	—
		100	0.6~0.9	0.5~0.7	0.5~0.6	0.4~0.5	—
		400	0.8~1.2	0.7~1.0	0.6~0.8	0.5~0.6	—
	20×30	20	0.3~0.4	—	—	—	—
		40	0.4~0.5	0.3~0.4	—	—	—
		60	0.6~0.7	0.5~0.7	0.4~0.6	—	—
	25×25	100	0.8~1.0	0.7~0.9	0.5~0.7	0.4~0.7	—
		400	1.2~1.4	1.0~1.2	0.8~1.0	0.6~0.9	0.4~0.6
铸铁及合金钢	16×25	40	0.4~0.5	—	—	—	—
		60	0.6~0.8	0.5~0.8	0.4~0.6	—	—
		100	0.8~1.2	0.7~1.0	0.6~0.8	0.5~0.7	—
		400	1.0~1.4	1.0~1.2	0.8~1.0	0.6~0.8	—
	20×30	40	0.4~0.5	—	—	—	—
		60	0.6~0.9	0.5~0.8	0.4~0.7	—	—
	25×25	100	0.9~1.3	0.8~1.2	0.7~1.0	0.5~0.78	—
		400	1.2~1.8	1.2~1.6	1.0~1.3	0.9~1.0	0.7~0.9

表 1-9 按表面粗糙度选择进给量的参考值

工件材料	表面粗糙度 /μm	切削速度范围 /m·min^{-1}	刀尖圆弧半径 r_ε/mm		
			0.5	1.0	2.0
			进给量 f/mm·r^{-1}		
铸铁、青铜、铝合金	R_a10~5	不限	0.25~0.40	0.40~0.50	0.50~0.60
	R_a5~2.5		0.15~0.25	0.25~0.40	0.40~0.60
	R_a2.5~1.25		0.10~0.15	0.15~0.20	0.20~0.35
碳钢及合金钢	R_a10~5	<50	0.30~0.50	0.45~0.60	0.55~0.70
		>50	0.40~0.55	0.55~0.65	0.65~0.70
	R_a5~2.5	<50	0.18~0.25	0.25~0.30	0.30~0.40
		>50	0.25~0.30	0.30~0.35	0.35~0.50
	R_a2.5~1.25	<50	0.10	0.11~0.15	0.15~0.22
		50~100	0.11~0.16	0.16~0.25	0.25~0.35
		>100	0.16~0.20	0.20~0.25	0.25~0.35

在数控加工中最大进给量受机床刚度和进给系统的性能限制。选择进给量时,还应注意零件加工中的某些特殊因素。比如在轮廓加工中,选择进给量时,应考虑轮廓拐角处的超程问题。特别是在拐角较大、进给速度较高时,应在接近拐角处适当降低进给速度,在拐角后逐渐升速,以保证加工精度。

数控加工过程中,由于切削力的作用,机床、工件、刀具系统产生变形,可能使刀具运动滞后,从而在拐角处产生"欠程"。因此,拐角处的欠程问题,在编程时应给予足够的重视。此外,还应充分考虑切削的自然断屑问题,通过选择刀具几何形状和对切削用量的调整,使排屑处于最顺畅状态,严格避免长屑缠绕刀具而引起故障。

(3)切削速度的选择

确定了背吃刀量 a_p、进给量 f 和刀具耐用度 T,则可以按下面公式计算确定或查表确定切削速度 v 和机床转速 n。

$$v_c = \frac{C_v}{60T^m a_p^{x_v} f^{y_v}} k_v \tag{1-19}$$

公式中各指数和系数可以由表 1-10 中选取,修正系数 k_v 为一系列修正系数乘积,各修正系数可以通过表 1-11 选取。此外,切削速度也可通过表 1-12 得出。

表 1-10   车削速度计算公式中的系数与指数

工 件 材 料	刀具材料	进给量 $f/\text{mm} \cdot \text{r}^{-1}$	系数与指数值			
			C_v	x_v	y_v	m
外圆纵车碳素结构钢	YT15(干切)	≤ 0.3	291	0.15	0.20	0.2
		≤ 0.7	242	0.15	0.35	0.2
		> 0.7	235	0.15	0.45	0.2
	W18Cr4V (加切削液)	≤ 0.25	67.2	0.25	0.33	0.125
		> 0.25	43	0.25	0.66	0.125
外圆纵车灰铸铁	YG6 (干切)	≤ 0.4	189.8	0.15	0.20	0.2
		> 0.4	158	0.15	0.40	0.2
	W18Cr4V (干切)	≤ 0.25	24	0.15	0.30	0.1
		> 0.25	22.7	0.15	0.40	0.1

表 1-11   车削速度计算修正系数

工件材料 K_{MV_C}	加工钢:硬质合金 $K_{MV_C} = 0.637/\sigma_b$ 高速钢 $K_{MV_C} = C_M (0.637/\sigma_b)^{n_{v_c}}$ $C_M = 1.0; n_{v_c} = 1.75$,当 $\sigma_b \leqslant 0.441\text{GPa}$ 时,$n_{v_c} = -1.0$					
	加工灰铸铁:硬质合金 $K_{MV_C} = (190/\text{HBS})^{1.25}$ 高速钢 $K_{MV_C} = (190/\text{HBS})^{1.7}$					
毛坯状况 K_{SV_c}	无外皮	棒料	锻件	铸钢、铸铁		Cu-Al 合金
				一般	带砂皮	
	1.0	0.9	0.8	0.8~0.85	0.5~0.6	0.9

工件材料 K_{MV_C}	加工钢：硬质合金 $K_{MV_C}=0.637/\sigma_b$ 高速钢 $K_{MV_C}=C_M(0.637/\sigma_b)^{n_{v_c}}$ $C_M=1.0；n_{v_c}=1.75；$ 当 $\sigma_b\leqslant0.441GPa$ 时，$n_{v_c}=-1.0$				
	加工灰铸铁：硬质合金 $K_{MV_C}=(190/HBS)^{1.25}$ 高速钢 $K_{MV_C}=(190/HBS)^{1.7}$				

刀具材料 K_{TV_c}	钢	YT5	YT14	YT15	YT30	YG8
		0.65	0.8	1	1.4	0.4
	灰铸铁	YG8		YG6		YG3
		0.83		1.0		1.15

主偏角 K_{krv_c}	κ_r	30°	45°	60°	75°	90°
	钢	1.13	1	0.92	0.86	0.81
	灰铸铁	1.2	1	0.88	0.83	0.73

副偏角 K'_{krv_c}	κ'_r	30°	30°	30°	30°	30°
	K'_{krv_c}	1	0.97	0.94	0.91	0.87

刀尖半径 $Kr_\varepsilon v_c$	r_ε/mm	1	2	3	4	
	$Kr_\varepsilon v_c$	0.94	1.0	1.03	1.13	

刀杆尺寸 K_{BV_C}	$B\times H$ /mm·mm	12×20 16×16	16×25 20×20	20×30 25×25	25×40 30×30	30×45 40×40	40×60
	K_{BV_C}	0.93	0.97	1	1.04	1.08	1.12

半精加工和精加工时，切削速度 v_c，主要受刀具耐用度和已加工表面质量限制。在选取切削速度 v_c 时，要尽可能避开积屑瘤的速度范围。

切削速度的选取原则是：粗车时，因背吃刀量和进给量都较大，应选较低的切削速度，精加工时选择较高的切削速度；加工材料强度硬度较高时，选较低的切削速度，反之取较高切削速度；刀具材料的切削性能越好，切削速度越高。

2. 高速切削技术

（1）超高速切削技术的技术思想和内涵

20 世纪 30 年代，萨尔蒙（C. Salomon）经过研究预测出，当高速加工金属时，切削速度与切削温度有如下关系：当切削速度大于一定值后，切削速度增加越快，其切削温度愈降低，可以实现改善材料的切削性、降低切削阻力和提高加工精度的目的，而且刀具不容易产生磨耗。萨尔蒙这一预测成为高速切削技术思想。

高速切削技术目前还没有统一的定义，一般指采用超硬材料的刀具，通过极大地提高切削速度和进给速度来提高材料切除率、加工精度和加工表面质量的现代加工技术。以主轴转速界定，高速加工的主轴转速≥10000r/min。

表1-12　车削加工常用钢材的切削速度参考数值

加工材料	硬度 HBS	背吃刀量 a_p/mm	高速钢刀具 v/m·min⁻¹	高速钢刀具 f/mm·r⁻¹	硬质合金刀具 未涂层 v/m·min⁻¹ 焊接式	硬质合金刀具 未涂层 v/m·min⁻¹ 可转位	未涂层 f/mm·r⁻¹	材料	涂层 v/m·min⁻¹	涂层 f/mm·r⁻¹	陶瓷(超硬材料)刀具 v/m·min⁻¹	陶瓷 f/mm·r⁻¹	说　明
易切碳钢 低碳	100~200	1	55~90	0.18~0.2	185~240	220~275	0.18	TY15	320~410	0.18	550~700	0.13	切削条件较好时可用冷压 Al_2O_3 陶瓷,切削条件较差时宜用 Al_2O_3 + TiC 热压混合陶瓷
		4	41~70	0.40	135~185	160~215	0.50	TY14	215~275	0.40	425~580	0.25	
		8	34~55	0.50	110~145	130~170	0.75	TY5	170~220	0.50	335~490	0.40	
易切碳钢 中碳	175~225	1	52	0.2	165	200	0.18	TY15	305	0.18	520	0.13	
		4	40	0.40	125	150	0.50	TY14	200	0.40	395	0.25	
		8	30	0.50	100	120	0.75	TY5	160	0.50	305	0.40	
碳钢 低碳	125~225	1	43~46	0.18	140~150	170~195	0.18	TY15	260~290	0.18	520~580	0.13	
		4	34~33	0.40	115~125	135~120	0.50	TY14	170~190	0.40	365~425	0.25	
		8	27~30	0.50	88~100	105~120	0.75	TY5	135~150	0.50	275~365	0.40	
碳钢 中碳	175~275	1	34~40	0.18	115~130	150~160	0.18	TY15	220~240	0.18	460~520	0.13	
		4	23~30	0.40	90~100	115~125	0.50	TY14	145~160	0.40	290~350	0.25	
		8	20~26	0.50	70~78	90~100	0.75	TY5	115~125	0.50	200~260	0.40	
碳钢 高碳	175~275	1	30~37	0.18	115~130	140~155	0.18	TY15	215~230	0.18	460~520	0.13	
		4	24~27	0.40	88~95	105~120	0.50	TY14	145~150	0.40	275~335	0.25	
		8	18~21	0.50	69~76	84~95	0.75	TY5	115~120	0.50	185~245	0.40	
合金钢 低碳	125~225	1	41~46	0.18	135~150	170~185	0.18	TY15	220~235	0.18	520~580	0.13	
		4	32~37	0.40	105~120	135~145	0.50	TY14	175~190	0.40	365~395	0.25	
		8	24~27	0.50	84~95	105~115	0.75	TY5	135~145	0.50	275~335	0.40	
合金钢 中碳	175~275	1	34~41	0.18	105~115	130~150	0.18	TY15	175~200	0.18	460~520	0.13	
		4	26~32	0.40	85~90	105~120	0.40~0.50	TY14	135~160	0.40	280~360	0.25	
		8	20~24	0.50	67~73	82~95	0.50~0.75	TY5	105~120	0.50	220~265	0.40	
合金钢 高碳	175~275	1	30~37	0.18	105~115	135~145	0.18	TY15	175~190	0.18	460~520	0.13	
		4	24~27	0.40	84~90	105~115	0.50	TY14	135~150	0.40	275~335	0.25	
		8	18~21	0.50	66~72	82~90	0.75	TY5	105~120	0.50	215~245	0.40	
高强度钢	225~350	1	20~26	0.18	90~105	115~135	0.18	TY15	150~185	0.18	380~440	0.13	>300HBS 时宜用 W12Cr4V5Co5 及 W2Mo9Cr4VCo8
		4	15~20	0.40	69~84	90~105	0.40	TY14	120~135	0.40	205~265	0.25	
		8	12~15	0.50	53~66	69~84	0.50	TY5	90~105	0.50	145~205	0.40	

（2）高速切削技术的切削速度范围

高速切削技术涉及车、铣、磨等多种切削方法。一般切削速度范围因不同的加工方法和不同的工件材料而异，通常高速车削切削速度的范围为 700～7000m/min，高速铣削的范围为 300～6000m/min，高速磨削为 50～300m/s。有的只定义了切削速度的下限，如德国 Schulz 公司所定的高速铣削下限为：铝件 1200m/min，铸铁 900m/min，钢件 500m/min。

（3）高速切削技术的特点

① 加工效率高。进给率较常规提高 5～10 倍，材料去除率提高 3～6 倍。

② 切削力小。较常规切削降低至少 30%，径向力降低更明显。这有利于减小工件受力变形，适合加工薄壁件和细长件。

③ 切削热少。加工过程迅速，95% 以上的切削热被切屑带走，工件集聚热量少，温升低，适于加工易氧化和易产生热变形的零件。

④ 加工精度高。刀具激振频率远离工艺系统固有频率，不易产生振动；又因切削力小，热变形小，残余应力小，可获得高的加工精度和低的表面粗糙度，易于保证加工精度和表面质量。

⑤ 工序集约化。在一定的条件下，可对硬表面加工，从而使工序集约化。这对模具加工有特别意义。

（4）高速切削技术的应用

高速切削技术的应用范围很广，现主要用于以下几个领域：

① 在航空工业进行轻合金的加工。飞机制造业是最早采用高速铣削的行业。飞机上的零件通常采用"整体制造法"，即在整体上"掏空"加工以形成多筋薄壁构件，其金属切除量相当大，这正是高速切削的用武之地。铝合金的切削速度已达 1500～5500m/min，最高达 7500m/min（美国）。

② 模具制造业也是高速切削应用的重要领域。模具型腔加工过去一直为电加工所垄断，但其加工效率低。而高速加工切削力小，可铣淬硬 60HRC 的模具钢，加工表面粗糙度值又很小，浅腔大曲率半径的模具完全可用高速铣削来代替电加工；对深腔小曲率的，可用高速铣削加工作为粗加工和半精加工，电加工只作为精加工。这样可使生产效率大大提高，周期缩短。钢的切削速度可达 600～800m/min。

③ 汽车工业是高速切削的又一应用领域。汽车发动机的箱体、气缸盖多用组合机床加工。国外汽车工业及上海大众、上海通用公司，凡技术变化较快的汽车零件，如气缸盖，其气门数目及参数经常变化，现一律用高速加工中心来加工。铸铁的切削速度可达 750～4500m/min。

1.6　刀具材料

因为在金属切削加工中,刀具切削部分起主要作用,所以刀具材料一般指刀具切削部分材料。刀具材料决定了刀具的切削性能,直接影响加工效率、刀具耐用度和加工成本。刀具材料的合理选择是切削加工工艺的一项重要内容。

1.6.1　刀具材料的基本要求

金属加工时,刀具受到很大切削压力、摩擦力和冲击力,产生很高的切削温度。在这种高温、高压和剧烈的摩擦环境下工作,刀具材料需满足一些基本要求。

（1）高硬度

刀具是从工件上去除材料,所以刀具材料的硬度必须高于工件材料的硬度。刀具材料最低硬度应在 60HRC 以上。对于碳素工具钢材料,在室温条件下硬度应在 62HRC 以上;高速钢硬度为 63~70HRC;硬质合金刀具硬度为 89~93HRC。

（2）高强度与强韧性

刀具材料在切削时受到很大的切削力与冲击力,如车削 45 钢,在背吃刀量 $a_p=4$mm、进给量 $f=0.5$mm/r 的条件下,刀片所承受的切削力达到 4000N,可见刀具材料必须具有较高的强度和较强的韧性。一般刀具材料的韧性用冲击韧度 a_K 表示,反映刀具材料抗脆性和崩刃能力。

（3）较强的耐磨性和耐热性

刀具耐磨性是指刀具抵抗磨损的能力。一般刀具硬度越高,耐磨性越好。刀具金相组织中硬质点(如碳化物、氮化物等)越多、颗粒越小、分布越均匀,则刀具耐磨性越好。

刀具材料耐热性是衡量刀具切削性能的主要标志,通常用高温下保持高硬度的性能来衡量,也称热硬性。刀具材料高温硬度越高,则耐热性越好,在高温时抗塑性变形能力、抗磨损能力越强。

（4）优良导热性

刀具导热性好,表示切削产生的热量容易传导出去,降低了刀具切削部分温度,减少刀具磨损。另外,刀具材料导热性好,其抗耐热冲击和抗热裂纹性能也强。

（5）良好的工艺性与经济性

刀具不但要有良好的切削性能,本身还应该易于制造,这要求刀具材料有较好的工艺性,如锻造、热处理、焊接、磨削、高温塑性变形等功能。此外,经济性也是刀具材料的重要指标之一,选择刀具时,要考虑经济效果,以降低生产成本。

1.6.2　普通刀具材料

当前所使用的刀具材料有许多,不过应用最多的还是硬质合金类普通刀具材料。

1. 高速钢

高速钢是一种含有钨、钼、铬、钒等合金元素较多的工具钢。高速钢具有良好的热稳定性,在 500℃～600℃的高温仍能切削,和碳素工具钢、合金工具钢相比较,切削速度提高 1～3 倍,刀具耐用度提高 10～40 倍。高速钢具有较高强度和韧性,如抗弯强度为一般硬质合金的 2～3 倍,是陶瓷的 5～6 倍,且具有一定的硬度(63～70HRC)和耐磨性。

(1) 普通高速钢

普通高速钢分为两种,钨系高速钢和钨钼系高速钢。

① 钨系高速钢。这类钢的典型钢种为 W18Cr4V(简称 W18),它是应用最普遍的一种高速钢。这种钢磨削性能和综合性能好,通用性强。常温硬度 63～66HRC,600℃高温硬度 48.5HRC 左右。其缺点是碳化物分布常不均匀,强度与韧性不够强,热塑性差,不宜制造成大截面刀具。

② 钨钼系高速钢。钨钼系高速钢是将一部分钨用钼代替所制成的钢。典型钢种为 W6Mo5Cr4V2(简称 M2)。此种钢的优点是减小了碳化物数量及分布的不均匀性。和 W18 钢相比,M2 抗弯强度提高 17%,抗冲击韧度提高 40%以上,而且制成大截面刀具也具有同样的强度与韧性,性能也较好。此钢的缺点是高温切削性能和 W18 相比稍差。我国生产的另一种钨钼系钢为 W9Mo5Cr4V2(简称 W9),它的抗弯强度和冲击韧性都高于 M2,而且热塑性、刀具耐用度、磨削加工性和热处理时脱碳倾向性都比 M2 有所提高。

(2) 高性能高速钢

此钢是在普通高速钢中增加碳、钒含量并添加钴、铝等合金元素而形成的新钢种。此类钢的优点是具有较强的耐热性,在 630℃～650℃高温下,仍可保持 60HRC 的高硬度,而且刀具耐用度是普通高速钢的 1.5～3 倍。它适合加工奥氏体不锈钢、高温合金、钛合金、超高强度钢等难加工材料。此类钢的缺点是强度与韧性较普通高速钢低,高钒高速钢磨削加工性差。典型的钢种有高碳高速钢 9W6Mo5Cr4V2、高钒高速钢 W6Mo5Cr4V3、钴高速钢 W6Mo5Cr4V2Co5 及超硬高速钢 W2Mo9Cr4VCo8、W6Mo5Cr4V2Al 等。

(3) 粉末冶金高速钢

粉末冶金高速钢是用高压氩气或纯氮气雾化熔化的高速钢钢水,得到细小的高速钢粉末,然后经热压制成刀具毛坯。

粉末冶金钢有以下优点:无碳化物偏析,提高钢的强度、韧性和硬度,硬度值达 69～70HRC;保证材料各向同性,减小热处理内应力和变形;磨削加工性好,磨削效率比熔炼高速钢提高 2～3 倍;耐磨性好。

此类钢适于制造切削难加工材料的刀具、大尺寸刀具(如滚刀和插齿刀),精密刀具和磨加工量大的复杂刀具。

2. 硬质合金

硬质合金是由难熔金属碳化物(如 TiC、WC、NbC 等)和金属粘结剂(如 Co、Ni 等)经粉末冶金方法制成。

（1）硬质合金的性能特点

硬质合金中高熔点、高硬度碳化物含量高，因此硬质合金常温硬度很高，达到 $78\sim$ 82HRC，热熔性好，热硬性可达 800℃～1000℃以上，切削速度比高速钢提高 4～7 倍。

硬质合金缺点是脆性大，抗弯强度和抗冲击韧性不强。抗弯强度只有高速钢的 $1/3\sim$ $1/2$，抗冲击韧性只有高速钢的 $1/4\sim1/35$。

硬质合金力学性能主要由组成硬质合金碳化物的种类、数量、粉末颗粒的粗细和粘结剂的含量决定。碳化物的硬度和熔点越高，硬质合金的热硬性也越好。粘结剂含量大，则强度与韧性好。粘结剂含量一定时，碳化物粉末越细，则硬度越高。

（2）普通硬质合金的种类、牌号及适用范围

国产普通硬质合金按其化学成分的不同，可分为四类：

① 钨钴类（WC＋Co）。合金代号为 YG，对应于国际标准（ISO 标准）K 类。此合金钴含量越高，韧性越好，适于粗加工；钴含量低，适于精加工。

② 钨钛钴类（WC＋TiC＋Co）。合金代号为 YT，对应于国际标准（ISO 标准）P 类。此类合金有较高的硬度和耐热性，主要用于加工切屑呈带状的钢件等塑性材料。合金中 TiC 含量高，则耐磨性和耐热性提高，但强度降低。因此粗加工一般选择 TiC 含量少的牌号，精加工选择 TiC 含量多的牌号。

③ 钨钛钽（铌）钴类（WC＋TiC＋TaC(Nb)＋Co）。合金代号为 YW，对应于国际标准（ISO 标准）M 类。此类硬质合金不但适用于加工冷硬铸铁、有色金属及合金半精加工，也能用于高锰钢、淬火钢、合金钢及耐热合金钢的半精加工和精加工。

④ 碳化钛基类（WC＋TiC＋Ni＋Mo）。合金代号 YN，对应于国标 P01 类。一般用于精加工和半精加工，对于大、长零件且加工精度较高的零件尤其适合，但不适于有冲击载荷的粗加工和低速切削。

（3）超细晶粒硬质合金

超细晶粒硬质合金多用于 YG 类合金，它的硬度和耐磨性得到较大提高，抗弯强度和冲击韧度也得到提高，已接近高速钢。适合做小尺寸铣刀、钻头等，并可用于加工高硬度难加工材料。

1.6.3 特殊刀具材料

1. 陶瓷刀具

陶瓷刀具材料主要由硬度和熔点都很高的 Al_2O_3、Si_3N_4 等氧化物、氮化物组成，另外还有少量的金属碳化物、氧化物等添加剂，通过粉末冶金工艺方法制粉，再压制烧结而成。常用的陶瓷刀具有 Al_2O_3 基陶瓷和 Si_3N_4 基陶瓷两种。

陶瓷刀具优点是有很高的硬度和耐磨性，硬度达 91～95HRA，耐磨性是硬质合金的

5 倍;刀具耐用度比硬质合金高;具有很好的热硬性,当切削温度为 760℃ 时,具有 87HRA(相当于 66HRC)硬度,温度达 1200℃ 时,仍能保持 80HRA 的硬度;摩擦系数低,切削力比硬质合金小,用该类刀具加工时能提高表面光洁度。

陶瓷刀具缺点是强度和韧性差,热导率低。其最大缺点是脆性大,抗冲击性能很差。

此类刀具一般用于高速精细加工硬材料。

2. 金刚石刀具

金刚石是碳的同素异构体,具有极高的硬度。现用的金刚石刀具有天然金刚石刀具、人造聚晶金刚石刀具和复合聚晶金刚石刀具三类。

金刚石刀具的优点是:具有极高的硬度和耐磨性,人造金刚石硬度达 10000HV,耐磨性是硬质合金的 60~80 倍;切削刃锋利,能实现超精密微量加工和镜面加工;导热性高。

金刚石刀具缺点是耐热性差,强度低,脆性大,对振动很敏感。

此类刀具主要用于在精密机床上高速条件下精细加工有色金属及其合金和非金属材料。

3. 立方氮化硼刀具

立方氮化硼(简称 CBN)是以六方氮化硼为原料在高温高压下合成。

CBN 刀具的主要优点是硬度高,其硬度仅次于金刚石;热稳定性好,具有较高的导热性和较小的摩擦系数。其缺点是强度和韧性较差,抗弯强度仅为陶瓷刀具的 1/5~1/2。

CBN 刀具适用于加工高硬度淬火钢、冷硬铸铁和高温合金材料。它不宜加工塑性大的钢件和镍基合金,也不适合加工铝合金和铜合金。通常采用负前角的高速切削。

1.6.4　涂层刀具

涂层刀具是在韧性较好的硬质合金基体上或高速钢刀具基体上,涂覆一层耐磨性较高的难熔金属化合物制成。

常用的涂层材料有 TiC、TiN、Al_2O_3 等。TiC 的硬度比 TiN 高,抗磨损性能好。不过 TiN 与金属亲和力小,在空气中抗氧化能力强。因此,对于摩擦剧烈的刀具,宜采用 TiC 涂层,而在容易产生粘结条件下,宜采用 TiN 涂层刀具。

涂层可以采用单涂层和复合涂层,如 TiC-TiN、TiC-Al_2O_3、TiC-TiN-Al_2O_3 等。涂层厚度一般为 5~8μm,它具有比基体高得多的硬度,表层硬度可达 2500~4200HV。

涂层刀具具有高的抗氧化性能和抗粘结性能,因此具有较高的耐磨性。涂层摩擦系数较低,可降低切削时的切削力和切削温度,提高刀具耐用度,高速钢基体涂层刀具耐用度可提高 2~10 倍,硬质合金基体刀具提高 1~3 倍。加工材料硬度愈高,涂层刀具效果愈好。

　　涂层刀具主要用于车削、铣削等加工,由于成本较高,还不能完全取代未涂层刀具的使用。硬质合金涂层刀具在涂覆后强度和韧性都有所降低,不适合受力大和冲击大的粗加工,也不适合高硬材料的加工。涂层刀具经过钝化处理,切削刃锋利程度减小,不适合进给量很小的精密切削。

本章小结

　　本章讲述了金属切削原理的一些基础知识和刀具相关知识。

　　第一节金属切削过程的基本概念,首先介绍了切削运动、切削用量的基本概念,分析了刀具各部分组成和刀具角度,最后讲述了切削层参数。第二节对金属的切削过程进行了介绍。分析了切削过程中金属的变形和影响金属切削变形的因素。第三节讲述了切削过程中刀具受力、切削热和刀具磨损等基本规律。对切削过程中刀具所受力进行了分解,介绍了生产中刀具受力的常用求法,并对影响刀具受力的各种因素进行了分析;在切削热中叙述了切削热的产生和传导规律,影响切削温度的因素;刀具耐用度是生产成本需考虑的重要因素,此节最后分析了刀具磨损原因。第四节讲述了切削过程基本规律的应用。分析了切屑的形成,提出了断屑措施;分析了影响材料切削性能的因素,提出了改善加工的措施和方法;讲述了切削液的分类和用途,提出了切削液的选择原则。第五节讲述了如何选择刀具参数和选择过程中需遵守的基本原则,之后给出了选择切削用量的基本原则和方法,最后对现代切削技术的新发展－高速切削技术作了介绍。本章最后一节对各种刀具材料和性能进行了介绍。

习题 1

1. 什么叫切削宽度、切削厚度和切削面积?
2. 分析积屑瘤对加工产生的影响及如何控制积屑瘤的产生。
3. 刀具几何参数对切削力有什么影响?
4. 切削用量对切削温度有什么影响?
5. 在生产中如何限制和利用切削热?
6. 刀具磨损有几种方式?刀具磨损过程大致分为几个阶段?
7. 试述刀具的前角、后角、主偏角和刃倾角的定义。
8. 试述前角的作用及选择原则。
9. 试述后角的作用及选择原则。
10. 试述选择切削用量的原则。
11. 试述切削用量的选择方法。

12. 切屑的形成大致可分为几个阶段？切屑有几种类型？
13. 试述切屑折断的条件。
14. 常用切削液有几类？分别起什么作用？
15. 怎样选择切削液？
16. 硬质合金刀具有几种？主要性能和用途是什么？
17. 陶瓷刀具分为几类？其主要特点是什么？
18. 什么是涂层刀具？其性能如何？

第 2 章

数控加工工艺基础

本章主要介绍工艺过程的基本概念、数控加工工艺系统等基础理论知识,是学习本书后续内容的必要准备。

2.1 工艺过程的基本概念

2.1.1 生产过程与工艺过程

生产过程是指将原材料转变为成品的全过程。在生产过程中,凡是改变生产对象的形状、尺寸、表面之间相对位置和性质等,使其成为成品或半成品的过程称为工艺过程。

工艺就是制造产品的方法。采用机械加工的方法,直接改变毛坯的形状、尺寸和表面质量等,使其成为零件的过程称为机械加工工艺过程(以下简称为"工艺过程")。

1. 生产过程

工业产品的生产过程是指由原材料到成品之间的各个相互联系的劳动过程的总和。这些过程包括以下几个方面:

① 生产技术准备过程。其中包括产品投产前的市场调查分析、产品研制、技术鉴定等。

② 生产工艺过程。其中包括毛坯制造,零件加工,部件和产品的装配、调试、油漆和包装等。

③ 辅助生产过程。这是为使基本生产过程能正常进行所必经的辅助过程,包括工艺装备的设计制造、能源供应、设备维修等。

④ 生产服务过程。其中包括原材料采购、运输、保管、供应及产品包装、销售等。

由上述过程可以看出机械产品的生产过程是相当复杂的。为了便于组织生产,现代机械工业的发展趋势是组织专业化生产,即一种产品的生产分散在若干个专业化工厂进行,最后集中由一个工厂制成完整的机械产品。例如,制造机床时,机床上的轴承、电机、电器、液压元件以及其他许多零部件都是由专业厂生产，最后由机床厂完成关键零部件和配套件的生产，并装配成完整的机床。专业化生产有利于零部件的标准化、通用化和产品的系列化，从而在保证质量的前提下，提高劳动生产率和降低成本。

生产过程的内容十分广泛，从产品开发、技术准备到毛坯制造、机械加工和装配，影响的因素和涉及的问题多而复杂。为了使工厂具有较强的应变能力和竞争能力，现代工厂逐步用系统的观点看待生产过程的各个环节及它们之间的关系。将生产过程看成一个具有输入和输出的生产系统，用系统工程学的原理和方法组织和指导生产，能使工厂的生产和管理科学化，使工厂按照市场动态及时地改进和调节生产，不断更新产品以满足社会的需要，使生产的产品质量更好、周期更短、成本更低。

随着市场全球化、需求多样化和新产品开发周期越来越短，以及信息技术的发展，企业间采用动态联盟，实现异地协同设计与制造的生产模式是目前制造业发展的重要趋势。

2. 生产系统

任何事物都是由数个相互作用和相互依赖的部分组成并具有特定功能的有机整体，这个整体就是"系统"。

机械加工工艺系统由金属切削机床、刀具、夹具和工件四个要素组成，它们彼此关联、互相影响。该系统的整体目的是在特定的生产条件下，在保证机械加工工序质量的前提下，采用合理的工艺过程，降低该工序的加工成本。

机械制造系统是在机械加工工艺系统基础上以整个机械加工车间为整体的更高一级的系统。该系统的整体目的就是使该车间能最有效地全面完成全部零件的机械加工任务。

生产系统是以整个机械制造厂为整体，为了最有效地经营以获得最高经济效益，一方面把原材料供应、毛坯制造、机械加工、热处理、装配、检验与试车、油漆、包装、运输、保管等因素作为基本物质因素来考虑；另一方面把技术情报、经营管理、劳动力调配、资源和能源利用、环境保护、市场动态、经营政策、社会问题和国际因素等信息作为影响系统效果更重要的要素来考虑。

可见，生产系统是包括制造系统的更高一级的系统。

3. 工艺过程

在生产过程中，那些与将原材料转变为产品直接相关的过程称为工艺过程，包括毛坯制造、零件加工、热处理、质量检验和机器装配等。为保证工艺过程正常进行所需要的刀具、夹具制造和机床调整维修等则属于辅助过程。在工艺过程中，以机械加工方法按一定顺序逐步地改变毛坯形状、尺寸、相对位置和性能等，使其最终成为合格零件的那部分过程称为机械加工工艺过程。

技术人员根据产品数量、设备条件和工人素质等情况，确定采用的工艺过程，并将有关内容写成工艺文件,这种文件就称工艺规程。

为了便于工艺规程的编制、执行和生产的组织管理,需要把工艺过程划分为不同层次的单元,即工序、安装、工位、工步和走刀。其中,工序是工艺过程中的基本单元。零件的机械加工工艺过程由若干个工序组成,在一个工序中可能包含一个或几个安装,每一个安装可能包含一个或几个工位,每一个工位可能包含一个或几个工步,每一个工步可能包括一个或几个走刀。

(1) 工序

一个或一组工人,在一个工作地或一台机床上,对一个或同时对几个工件连续完成的那一部分工艺过程称为工序。划分工序的依据是工作地点是否变化和工作过程是否连续。例如,在车床上加工一批轴,既可以对每一根轴连续地进行粗加工和精加工,也可以先对整批轴进行粗加工,然后再依次对它们进行精加工。在第一种情形下,加工只包括一个工序;而在第二种情形下,由于加工过程的连续性中断,虽然加工是在同一台机床上进行的,但却成为两个工序。

工序是组成工艺过程的基本单元,也是生产计划的基本单元。

(2) 安装

在机械加工工序中,使工件在机床上或在夹具中占据某一正确位置并被夹紧的过程称为装夹。有时,工件在机床上需经过多次装夹才能完成一个工序的工作内容。

安装是指工件经过一次装夹后所完成的那部分工序内容。在一个工序中,工件可能只需装夹一次,也可能装夹几次,每一次装夹必然伴随有一次安装。例如,在车床上加工轴,先从一端加工出部分表面,然后调头再加工轴的另一端,这一工序就包括两个安装。

(3) 工位

采用转位(或移位)夹具、回转工作台或在多轴机床上加工时,工件在机床上一次装夹后,要经过若干个位置依次进行加工,工件在机床上所占据的每一个位置上完成的那一部分工序就称为工位。简单来说,工件相对于机床或刀具每占据一个加工位置所完成的那部分工序内容,称为工位。为了减少因多次装夹而带来的装夹误差和时间损失,常采用各种回转工作台、回转夹具或移动夹具,使工件在一次装夹中,先后处于几个不同的位置进行加工。图 2-1 是在一台三工位回转工作台的机床上加工轴承盖螺钉孔的示意图。操作者在上下料工位 I 处装上工件,当该工件依次通过钻孔工位 II、扩孔工位 III 后,即可在一次装夹后把四个阶梯孔在两个位置加工完毕。这样,既减少了装夹次数,又因各工位的加工与装卸是同时进行的,从而节约安装时间使生产率可以大大提高。

(4) 工步

在加工表面、切削刀具、切削速度和进给量不变的条件下,连续完成的那一部分工序内容称为工步,生产中也常称之为"进给"。整个工艺过程由若干个工序组成。每一个工序可包括一个工步或几个工步。每一个工步通常包括一次走刀,也可包括几次走刀。为

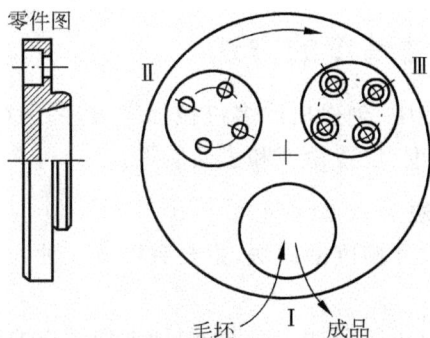

图 2-1 轴承盖螺钉孔的三工位加工

了提高生产率,用几把刀具同时加工几个加工表面的工步,称为复合工步,也可以看作一个工步,例如,组合钻床加工多孔箱体孔。

（5）走刀

加工刀具在加工表面上加工一次所完成的工步部分称为走刀。例如,轴类零件如果要切去的金属层很厚,则需分几次切削,这时每切削一次就称为一次走刀。因此,在切削速度和进给量不变的前提下,刀具完成一次进给运动称为一次走刀。

图 2-2 是一个带半封闭键槽阶梯轴的两种生产类型的工艺过程实例,从中可看出各自的工序、安装、工位、工步、走刀之间的关系。

图 2-2 阶梯轴加工工序划分方案比较

2.1.2 工件获得尺寸精度的方法

人们在长期的生产实践中,创造出许多机械加工方法。这些方法的目的是使工件获得一定的尺寸精度、形状精度、位置精度和表面质量。

1. 获得尺寸精度的方法

机械加工中获得工件尺寸精度的方法,主要有以下几种:

（1）试切法

这种方法是先试切出很小部分加工表面,测量试切所得的尺寸,按照加工要求适当调整刀具切削刃相对工件的位置,再试切,再测量,如此经过两三次试切和测量,当被加工尺寸达到要求后,再切削整个待加工表面。

试切法通过"试切→测量→调整→再试切",反复进行直到达到要求的尺寸精度为止。例如,箱体孔系的试镗加工。

试切法达到的精度可能很高,它不需要复杂的装置,但这种方法费时(需作多次调整、试切、测量、计算),效率低,依赖工人的技术水平和计量器具的精度,质量不稳定,所以只用于单件小批生产。

作为试切法的一种类型——配作,是以已加工件为基准,加工与其相配的另一工件,或将两个(或两个以上)工件组合在一起进行加工的方法。配作中最终被加工工件尺寸达到的要求是以与已加工件的配合要求为准的。

（2）调整法

预先用样件或标准件调整好机床、夹具、刀具和工件的准确相对位置,用以保证工件的尺寸精度。因为尺寸事先按样件或标准件调整到位,所以加工时不用再试切,尺寸自动获得,并在一批零件加工过程中保持不变,这就是调整法。例如,采用铣床夹具时,刀具的位置靠对刀块确定。调整法的实质是利用机床上的定程装置、对刀装置或预先调整好的刀架,使刀具相对于机床或夹具达到一定的位置精度,然后加工一批工件。

在机床上按照刻度盘进刀,然后切削,也是调整法的一种。这种方法需要先用试切法决定刻度盘上的刻度。大批量生产中,多用定程挡块、样件、样板等对刀装置进行调整。

调整法比试切法的加工精度的稳定性好,有较高的生产率,对机床操作工的要求不高,但对机床调整工的要求高,常用于成批生产和大量生产。

（3）定尺寸法

用刀具的相应尺寸来保证工件被加工部位尺寸的方法称为定尺寸法。它是利用标准尺寸的刀具加工,加工面的尺寸由刀具尺寸决定,即用具有一定尺寸精度的刀具(如铰刀、扩孔钻、钻头等)来保证工件被加工部位(如孔)的精度。

定尺寸法操作方便,加工精度比较稳定,几乎与工人的技术水平无关,生产率较高,在各种类型的生产中应用广泛,例如钻孔、铰孔等。

（4）主动测量法

在加工过程中,边加工边测量加工尺寸,并将所测结果与设计要求的尺寸比较后,或使机床继续工作,或使机床停止工作,这就是主动测量法。

目前,主动测量中的数值已可用数字显示。主动测量法把测量装置加入工艺系统(即机床、刀具、夹具和工件组成的统一体)中,成为其中的第五个因素。

主动测量法质量稳定,生产率高。

（5）自动控制法

这种方法是,把测量装置、进给装置和控制系统组成一个自动加工系统,加工过程依靠系统自动完成。尺寸测量、刀具补偿调整和切削加工以及机床停车等一系列工作自动完成,自动达到所要求的尺寸精度。例如,在数控机床上加工零件时,就是通过程序的各种指令控制加工顺序和加工精度。

自动控制的具体方法有两种:

① 自动测量。机床上有自动测量工件尺寸的装置,在工件达到要求的尺寸时,测量装置即发出指令使机床自动退刀并停止工作。

② 数字控制。机床中有控制刀架或工作台精确移动的伺服电动机、滚动丝杠螺母副及整套数字控制装置,尺寸的获得(刀架的移动或工作台的移动)由预先编制好的程序通过计算机数字控制装置自动控制。

初期的自动控制法是利用主动测量和机械或液压等控制系统完成的。目前已广泛采用按加工要求预先编排程序的程控机床、数控机床和适应控制机床。程控机床由控制系统发出指令进行工作,数控机床由控制系统发出数字信息指令进行工作,适应控制机床能适应加工过程中加工条件的变化,自动调整加工用量,按规定条件进行自动控制加工,实现加工过程最佳化。

自动控制法加工质量稳定、生产率高、加工柔性好,能适应多品种生产,是目前机械制造的发展方向和计算机辅助制造(CAM)的基础。

2. 获得形状精度的方法

（1）轨迹法

依靠刀尖的运动轨迹获得加工工件形状精度的方法称为轨迹法,也称刀尖轨迹法。刀具相对于工件作有规律的运动,以其刀尖轨迹获得所要求的表面几何形状。刀尖的运动轨迹取决于刀具和工件的相对成形运动,因而所获得的形状精度取决于成形运动的精度。数控车床、普通车削和刨削等均属轨迹法。图 2-3 所示为用轨迹法车圆锥面。

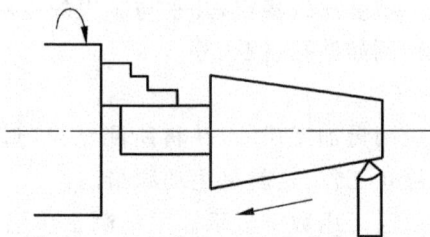

图 2-3 轨迹法

（2）成形法

利用成形刀具对工件进行加工的方法称为成形法，即用成形刀具取代普通刀具，而成形刀具的切削刃就是工件外形，用成形刀具替代一个成形运动。成形法可以简化机床或切削运动，提高生产率。成形法所获得的形状精度取决于成形刀具的形状精度和其他成形运动的精度。图 2-4 所示为用成形法车球面。

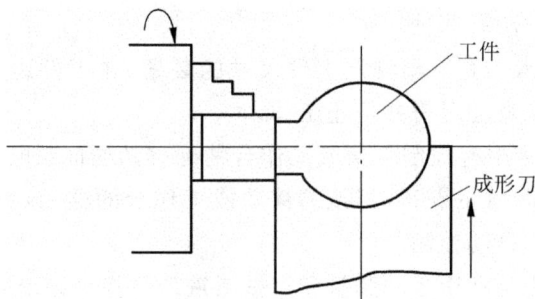

图 2-4 成形法

（3）相切法

利用刀具边旋转边作轨迹运动对工件进行加工的方法称为相切法，如铣刀、砂轮等旋转刀具加工工件时，切削点运动轨迹的包络线形成工件表面的方法。相切法所获得的形状精度主要取决于刀具中心按轨迹运动的精度。

（4）展成法（范成法）

利用工件和刀具作展成切削运动进行加工工件的方法称为展成法。展成法所得被加工表面是切削刃和工件作展成运动过程中所形成的包络面，切削刃形状必须是被加工面的共轭曲线。它所获得的精度取决于切削刃的形状和展成运动的精度等。这种方法用于各种齿轮齿廓、花键键齿、蜗轮轮齿等表面的加工。其特点是刀刃的形状与所需加工表面的几何形状不同，例如，齿轮加工，刀刃为直线（滚刀、齿条刀），而加工表面为渐开线。展成法形成的渐开线是滚刀与工件按严格速比转动时，刀刃的一系列切削位置的包络线。

3．获得位置精度的方法

（1）一次安装法

一次安装法是指有位置精度要求的零件的各有关表面在工件同一次安装中完成并保证精度，如轴类零件外圆与端面的垂直度，箱体孔系中各孔之间的平行度、垂直度及同一轴线上各孔的同轴度等。

一次安装法一般是用夹具装夹实现的。夹具是用以装夹工件(和引导刀具)的装置。夹具上的定位元件和夹紧元件能使工件迅速获得正确位置，并使其固定在夹具和机床上，因此，工件定位方便，定位精度高而且稳定，装夹效率也高。当以精基准定位时，工件的定位精度一般可达 0.01mm，所以，用专用夹具装夹工件广泛用于中、大批生产。由于制造专用夹具费用较高、周期较长，所以在单件小批生产时，很少采用专用夹具，而是采用通用夹具。当工件的加工精度要求较高时，可采用标准元件组装的组合夹具，使用后元件可拆回。

（2）多次安装法

这种安装方法的零件有关表面的位置精度是由加工表面与工件定位基准面之间的位置精度决定的。如轴类零件键槽对外圆之对称度，箱体平面与平面之间的平行度、垂直度等。

多次安装法根据工件安装方式不同又分为直接安装法、找正安装法和夹具安装法。

① 直接安装法。工件直接安装在机床上，从而保证加工表面与定位基准面之间的精度。例如，在车床上加工与外圆同轴的内孔，可用三爪卡盘直接安装工件，如图 2-5 所示。

② 找正安装法。找正是用工具(和仪表)根据工件上有关基准，找出工件在划线、加工(或装配)时的正确位置的过程。用找正方法装夹工件称为找正安装。通过找正保证加工表面与定位基准面之间的精度。例如，在车床上用四爪卡盘和百分表找正后将工件夹紧，可加工出与外圆同轴度很高的孔，如图 2-6 所示。

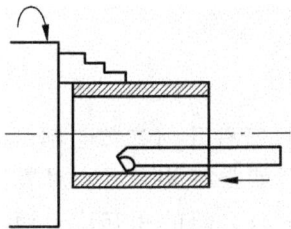

图 2-5　直接安装法　　　　　　图 2-6　找正安装法

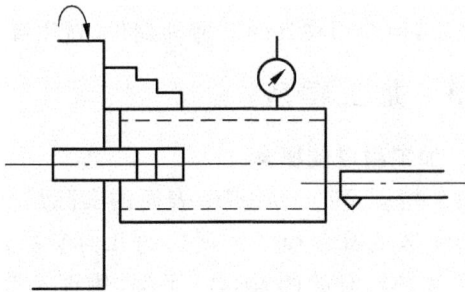

找正安装法可分为划线找正安装和直接找正安装两种。

划线找正安装是用划针根据毛坯或半成品上所划的线为基准找正它在机床上的正确

位置的一种安装方法。如图 2-7(a)所示的车床床身毛坯,为保证床身各加工面和非加工面的位置尺寸及各加工面的余量,可先在钳工台上划好线,然后在龙门刨床工作台上用可调支承支起床身毛坯,用划针按线找正并夹紧,再对床身底平面进行粗刨。由于划线既费时,又需技术水平高的划线工,划线找正的定位精度也不高,所以划线找正安装只用在批量不大、形状复杂而笨重的工件,或毛坯的尺寸公差很大而无法采用夹具装夹的工件。

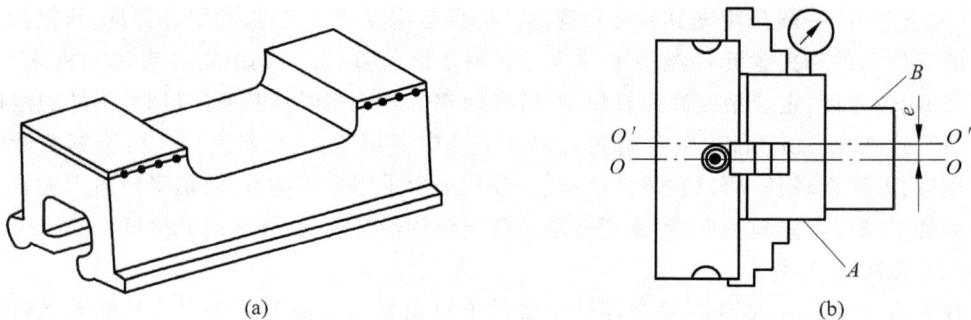

图 2-7 找正安装
(a) 划线找正;(b) 直接找正

直接找正安装是用划针和百分表或通过目测直接在机床上找正工件位置的装夹方法。图 1-7(b)所示是用四爪单动卡盘装夹套筒,先用百分表按工件外圆 A 进行找正后,再夹紧工件进行外圆 B 的车削,以保证套筒的 A、B 圆柱面的同轴度。该方法的生产率较低,对工人的技术水平要求高,所以一般只用于单件小批生产中。若工人的技术水平高,且能采用较精确的工具和量具,那么直接找正安装也能获得较高的定位精度。

③ 夹具安装法。这是通过夹具保证加工表面与定位基准面之间的位置精度的一种方法,即用夹具上的定位元件使工件获得正确位置。这种方法定位迅速、方便,定位精度高且稳定,但专用夹具的制造周期长、费用高,故广泛用于成批、大量生产中。

2.1.3 加工精度

1. 加工精度的概念

加工精度是加工后零件表面的实际尺寸、形状、位置三种几何参数与图纸要求的理想几何参数的符合程度。理想的几何参数,对尺寸而言就是平均尺寸;对表面几何形状而言就是绝对的圆、圆柱、平面、锥面和直线等;对表面之间的相互位置而言就是绝对的平行、垂直、同轴、对称等。零件实际几何参数与理想几何参数的偏离数值称为加工误差。

加工精度与加工误差都是评价加工表面几何参数的术语。加工精度用公差等级衡量,等级值越小,其精度越高;加工误差用数值表示,数值越大,其误差越大。加工精度高,就是加工误差小,反之亦然。

任何加工方法所得到的实际参数都不会绝对准确,从零件的功能看,只要加工误差在零件图要求的公差范围内,就认为保证了加工精度。

机器的质量取决于零件的加工质量和机器的装配质量,零件加工质量包含零件加工精度和表面质量两大部分。

加工精度包括三个方面的内容:

- 尺寸精度　指加工后零件的实际尺寸与零件尺寸的公差带中心的相符合程度。
- 形状精度　指加工后的零件表面的实际几何形状与理想的几何形状的相符合程度。
- 位置精度　指加工后零件有关表面之间的实际位置与理想位置的相符合程度。

2. 原始误差与加工误差的关系

在机械加工过程中,刀具和工件加工表面之间位置关系合理时,加工表面精度就能达到加工要求,否则就不能达到加工要求。加工精度分析就是分析和研究加工精度不能满足要求的各种因素,即各种原始误差产生的可能性,并采取有效的工艺措施进行克服,从而提高加工精度。

在机械加工中,机床、夹具、工件和刀具构成一个完整的系统,称为工艺系统。由于工艺系统本身的结构、状态、操作过程以及加工过程中的物理力学现象而使刀具和工件之间的相对位置关系发生偏移的各种因素称为原始误差。它可以照样、放大或缩小地反映给工件,使工件产生加工误差而影响零件加工精度。一部分原始误差与切削过程有关,一部分原始误差与工艺系统本身的初始状态有关。它们又受环境条件、操作者技术水平等因素的影响。

(1) 与工艺系统本身初始状态有关的原始误差

① 原理误差。这是加工方法、原理上存在的误差。

② 工艺系统几何误差。

- 工件与刀具的相对位置在静态下已存在的误差,如刀具和夹具的制造误差、调整误差以及安装误差;
- 工件和刀具的相对位置在运动状态下存在的误差,如机床的主轴回转运动误差、导轨的导向误差和传动链的传动误差等。

(2) 与切削过程有关的原始误差

① 工艺系统力效应引起的变形,如工艺系统受力变形、工件内应力的产生和消失引起的变形等造成的误差。

② 工艺系统热效应引起的变形,如机床、刀具、工件的热变形等造成的误差。

3. 影响加工精度的因素

工艺系统中的各组成部分(包括机床、刀具、夹具等)的制造误差、安装误差和使用中的磨损都直接影响工件的加工精度。也就是说,在加工过程中工艺系统会产生各种误差,从而改变刀具和工件在切削运动过程中的相互位置关系而影响零件的加工精度。这些误差与工艺系统本身的结构状态和切削过程有关。

(1) 系统的几何误差

① 加工原理误差。加工原理误差是由于采用了近似的加工运动方式或者近似的刀具轮廓而产生的误差,因在加工原理上存在误差,故称为加工原理误差。只要原理误差在允许范围内,这种加工方式仍是可行的。

② 机床的几何误差。机床的制造误差、安装误差以及使用中的磨损,都直接影响工件的加工精度。其中主要是机床主轴回转运动、机床导轨直线运动和机床传动链的误差。

③ 刀具的制造误差及磨损。刀具的制造误差、安装误差以及使用中的磨损,都影响工件的加工精度。在切削过程中,刀具的切削刃、刀面与工件、切屑产生强烈摩擦,使刀具磨损。当刀具磨损达到一定值时,工件的表面粗糙度增大,切屑颜色和形状发生变化,并伴有振动。刀具磨损将直接影响切削生产率、加工质量和加工成本。

④ 夹具误差。夹具误差包括定位误差、夹紧误差、夹具安装误差及对刀误差等。这些误差主要与夹具的制造和装配精度有关。

(2) 工艺系统的受力变形

由机床、夹具、工件、刀具所组成的工艺系统是一个弹性系统,在加工过程中由于切削力、传动力、惯性力、夹紧力以及重力的作用,会产生弹性变形,从而破坏了刀具与工件之间的准确位置,产生加工误差。例如,车削细长轴时,如图 2-8 所示,在切削力的作用下,工件因弹性变形而出现"让刀"现象。随着刀具的进给,在工件的全长上切削深度将会由多变少,然后再由少变多,结果使零件产生腰鼓形。

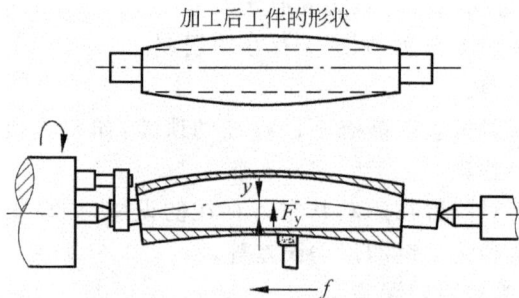

图 2-8 细长轴车削时受力变形

工艺系统受力变形对加工精度的影响主要有以下两个方面:

① 切削过程中受力点位置变化引起的加工误差。切削过程中,工艺系统的刚度随切削力着力点位置的变化而变化,引起系统变形的差异,使零件产生加工误差。

在两顶尖间车削粗而短的光轴时,由于工件刚度较大,在切削力作用下的变形相对机床、夹具和刀具的变形要小得多,故可忽略不计。此时,工艺系统的总变形完全取决于机床床头、尾架(包括顶尖)和刀架(包括刀具)的变形,工件产生的误差为双曲线圆柱度误差。

在两顶尖间车削细长轴时,由于工件细长,刚度小,在切削力作用下,其变形大大超过机床、夹具和刀具的受力变形。因此,机床、夹具和刀具的受力变形可略去不计,此时,工艺系统的变形完全取决于工件的变形,工件产生腰鼓形圆柱度误差。

② 毛坯加工余量不均,材料硬度变化导致切削力大小变化引起的加工误差——复映误差。工件的毛坯外形虽然具有粗略的零件形状,但在尺寸、形状以及表面层材料硬度均匀性上都有较大的误差。毛坯的这些误差在加工时使切削深度不断发生变化,导致切削力的变化,进而引起工艺系统产生相应的变形,使零件在加工后还保留与毛坯表面类似的形状或尺寸误差。当然,工件表面残留的误差比毛坯表面误差要小得多。这种现象称为"误差复映规律",所引起的加工误差称为"复映误差"。

减小工艺系统受力变形的措施主要有:①提高工件加工时的刚度。②提高工件安装时的夹紧刚度。③提高机床部件的刚度。④提高毛坯精度。

(3) 工艺系统的热变形

机械加工中,工艺系统在各种热源的作用下会产生一定的热变形。由于工艺系统热源分布的不均匀性及各环节结构、材料的不同,使工艺系统各部分的变形产生差异,从而破坏了刀具与工件的准确位置及运动关系,产生加工误差。尤其对于精密加工,热变形引起的加工误差占总误差的一半以上。因此,在近代精密加工中,控制热变形对加工精度的影响已成为重要的任务和研究课题。

在加工过程中,工艺系统的热源主要有内部热源和外部热源两大类。内部热源来自切削过程,主要包括切削热、摩擦热和派生热源。外部热源主要来自于外部环境,主要包括环境温度和热辐射。这些热源产生的热造成工件、刀具和机床的热变形。

减少工艺系统热变形的措施主要有:①减少工艺系统的热源及其发热量。②加强冷却,提高散热能力。③控制温度变化,均衡温度。④采用补偿措施。⑤改善机床结构。改善机床结构,首先应考虑结构的对称性:一方面传动元件(轴承、齿轮等)在箱体内安装应尽量对称,使其传给箱壁的热量均衡,变形相近;另一方面,有些零件(如箱体)应尽量采用热对称结构,以便受热均匀。⑥注意合理选材,对精度要求高的零件尽量选用膨胀系数小的材料。

(4) 调整误差

零件加工的每一个工序中,为了获得被加工表面的形状、尺寸和位置精度,总要对机床、夹具和刀具进行调整。任何调整工作必然会带来一些原始误差,这种原始误差即调整误差。

调整误差与调整方法有关。调整方法主要有以下三种：

① 试切法调整。该方法就是对被加工零件进行"试切→测量→调整→再试切"，直至达到所要求的精度。它的调整误差来源有：测量误差；微量进给时，机构灵敏度所引起的误差；最小切削深度影响。

② 用定程机构调整。

③ 用样件或样板调整。

（5）工件残余应力引起的误差

残余应力是指当外部载荷去掉以后仍存留在工件内部的应力。残余应力是由于金属发生了不均匀的体积变化而产生的。其外界因素来自热加工和冷加工。有残余应力的零件处于一种不稳定状态，一旦其内应力的平衡条件被打破，内应力的分布就会发生变化，从而引起新的变形，影响加工精度。

内应力产生的原因主要有：毛坯制造中产生的内应力、冷校正产生的内应力及切削加工产生的内应力。

减小或消除内应力的措施主要包括：①采用适当的热处理工序。②给工件足够的变形时间。③零件结构要合理、简单，壁厚要均匀。

（6）数控机床产生误差的独特性

数控机床与普通机床的最主要差别有两点：一是数控机床具有"指挥系统"——数控系统；二是数控机床具有执行运动的驱动系统——伺服系统。

在数控机床上所产生的加工误差，与在普通机床上产生的加工误差，其来源有许多共同之处，但也有独特之处。例如，伺服进给系统的跟踪误差、检测系统中的采样延滞误差等，这些都是普通机床加工时所没有的。所以，在数控加工中，除了要控制在普通机床上加工时常出现的那些误差源以外，还要有效地抑制数控加工时才可能出现的误差源。这些误差源对加工精度的影响主要有以下几个方面：

① 机床重复定位精度的影响。数控机床的定位精度是指数控机床各坐标轴在数控系统的控制下运动的位置精度。引起定位误差的因素包括数控系统的误差和机械传动的误差。数控系统的误差与插补误差、跟踪误差等有关。机床重复定位精度是指重复定位时坐标轴的实际位置和理想位置的符合程度。

② 检测反馈装置的影响。检测反馈装置也称为反馈元件，通常安装在机床工作台或丝杠上，相当于普通机床的刻度盘和人的眼睛。检测反馈装置将工作台位移量转换成电信号，反馈给数控装置，如果与指令值比较有误差，则控制工作台向消除误差的方向移动。数控系统按有无检测反馈装置可分为开环、闭环与半闭环系统。开环系统精度取决于步进电动机和丝杠精度，闭环系统精度取决于检测反馈装置精度。检测反馈装置是高性能数控机床的重要组成部分。

③ 刀具误差的影响。在加工中心上，由于采用的刀具具有自动交换功能，因而在提

高生产率的同时,也带来了刀具交换误差。用同一把刀具加工一批工件时,由于频繁重复换刀,致使刀柄相对于主轴锥孔产生重复定位误差而降低加工精度。

抑制数控机床产生误差的途径有硬件补偿和软件补偿两种。过去一般多采用硬件补偿的方法,如加工中心采用的螺距误差补偿功能。随着微电子、控制、监测技术的发展,出现了新的软件补偿技术。它的特征是应用数控系统通信的补偿控制单元和相应的软件,实现误差的补偿。其原理是利用坐标的附加移动来修正误差。

4. 提高加工精度的工艺措施

保证和提高加工精度的方法,大致可概括为以下几种:减小原始误差法、补偿原始误差法、转移原始误差法、均分原始误差法、均化原始误差法和就地加工法。

(1) 减小原始误差法

这是生产中应用较广的一种基本方法。它是在查明产生加工误差的主要因素之后,设法消除或减少这些因素。例如细长轴的车削,现在采用了大走刀反向车削法,基本消除了轴向切削力引起的弯曲变形。若辅之以弹簧顶尖,则可进一步消除热变形引起的热伸长的影响。

(2) 补偿原始误差法

这是人为地制造出一种新的误差,去抵消原来工艺系统中的原始误差。当原始误差是负值时,人为的误差就取正值,反之取负值,并尽量使两者大小相等;或者利用一种原始误差去抵消另一种原始误差,尽量使两者大小相等,方向相反,从而达到减小加工误差、提高加工精度的目的。

(3) 转移原始误差法

这种方法实质上是转移工艺系统的几何误差、受力变形和热变形等。

转移原始误差法的实例很多。当机床精度达不到零件加工要求时,常常不是一味提高机床精度,而是从工艺上或夹具上想办法,创造条件,使机床的几何误差转移到不影响加工精度的方面去。如磨削主轴锥孔时保证其和轴颈的同轴度,不是靠机床主轴的回转精度,而是靠夹具。当机床主轴与工件之间用浮动联接以后,机床主轴的原始误差就被转移掉了。

(4) 均分原始误差法

在加工中,由于毛坯或上道工序误差(以下统称"原始误差")的存在,往往造成本工序的加工误差。由于工件材料性能改变,或者上道工序的工艺改变(如毛坯精化后,把原来的切削加工工序取消),都会引起原始误差发生较大的变化。这种原始误差的变化,对本工序的影响主要有两种情况:一是误差复映,引起本工序误差;二是定位误差扩大,引起本工序误差。

解决这个问题,最好是采用分组调整均分误差的办法。这种办法的实质就是把原始误差按其大小均分为 n 组,每组毛坯误差范围就缩小为原来的 $1/n$,然后按各组分别调整加工。

(5) 均化原始误差法

对配合精度要求很高的轴和孔,常采用研磨工艺。研具本身并不要求具有高精度,但它能在和工件作相对运动过程中对工件进行微量切削,工件高点逐渐被磨掉(当然,模具也会被工件磨去一部分),最终使工件达到很高的精度。这种表面间的摩擦和磨损的过程,就是误差不断减小的过程,这就是均化原始误差法。它的实质就是利用有密切联系的表面相互比较、相互检查,找出差异,然后进行相互修正或互为基准进行加工,使工件被加工表面的误差不断缩小和均化。在生产中,许多精密基准件(如平板、直尺、角度规、端齿分度盘等)都是利用均化原始误差法加工出来的。

（6）就地加工法

在加工和装配中有些精度问题,牵涉到零件或部件间的相互关系,相当复杂。如果一味地提高零部件本身精度,有时不仅困难,甚至不可能,若采用就地加工法(也称自身加工修配法)加工,就可能很方便地解决这些精度问题。就地加工法,即在装配前不对这些表面进行精加工,等装配到机床上以后,图纸要求保证部件间什么样的位置关系,就在这样的位置关系上利用一个部件装上刀具去加工另一个部件。这种方法在机械制造中常用来作为保证零件装配精度的有效措施。

2.1.4　表面质量

机械加工表面质量,是指零件在机械加工后表面层的微观几何形状误差和物理、化学及力学性能。产品的工作性能、可靠性、寿命在很大程度上取决于主要零件的表面质量。

机器零件的损坏,在多数情况下是从表面开始的,因为表面是零件材料的边界,常常承受工作负荷所引起的最大应力和外界介质的侵蚀,表面上有引起应力集中而导致破坏的根源,所以零件表面直接与机器零件的使用性能有关。在现代机器中,许多零件是在高速、高压、高温、高负荷下工作的,对零件的表面质量提出了更高的要求。

1. 机械加工表面质量含义

任何机械加工方法所获得的加工表面都不可能是绝对理想的表面,总存在着表面粗糙度、表面波度等微观几何形状误差。表面层的材料在加工时还会发生物理、力学性能变化,甚至在某些情况下发生化学性质的变化。图 2-9(a)表示加工表层沿深度方向的变化情况。在最外层生成氧化膜或其他化合物,并吸收、渗进了气体、液体和固体的粒子,称为吸附层,其厚度一般不超过 $8\mu m$。压缩层即为表面塑性变形区,由切削力造成,厚度约为几十至几百微米,随加工方法的不同而变化。压缩层上部为纤维层,是由被加工材料与刀具之间的摩擦力所造成的。另外,切削热也会使表面层产生各种变化,如同淬火、回火一样使材料产生相变以及晶粒大小的变化等。因此,表面层的物理、力学性能不同于基体,产生了如图 2-9(b)、2-9(c)所示的显微硬度和残余应力变化。

机械零件的加工质量,除了加工精度外,还包含表面质量(表面完整性)。了解影响机械加工表面质量的主要工艺因素及其变化规律,对保证产品质量具有重要意义。

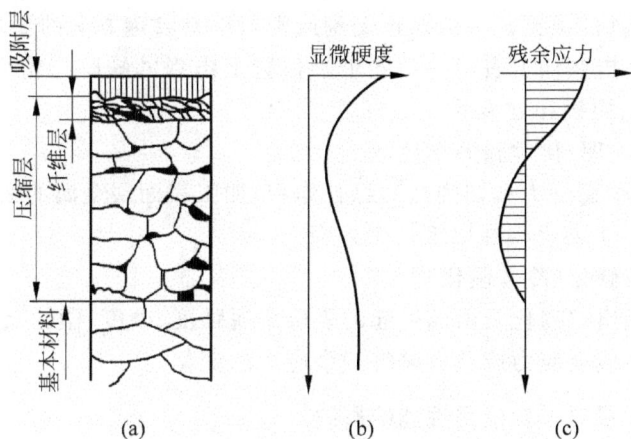

图 2-9　加工表面层沿深度方向的变化情况

（a）加工变质层；（b）变质层显微硬度；（c）变质层残余应力

机械加工表面质量的含义有两方面的内容。

（1）表面的几何特性

如图 2-10 所示，加工表面的几何形状，总是以"峰"、"谷"形式交替出现，其偏差又有宏观、微观的差别。

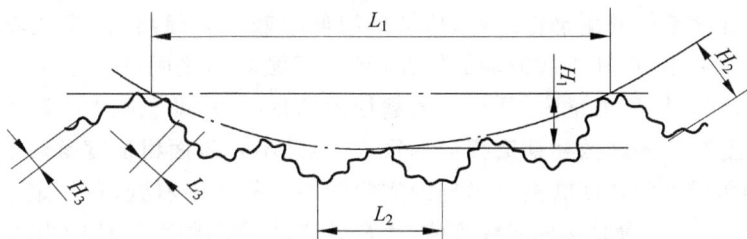

图 2-10　表面几何特性

① 表面粗糙度。它是指加工表面的微观几何形状误差，如图 2-10 所示，其波长 L_3 与波高 H_3 的比值一般小于 50，主要由刀具的形状以及切削过程中塑性变形和振动等因素决定。

② 表面波度。它是介于宏观几何形状误差（$L_1/H_1 > 1000$）与微观表面粗糙度（$L_3/H_3 < 50$）之间的周期性几何形状误差，如图 1-16 所示，其波长 L_2 与波高 H_2 的比值一般为 50～1000。它主要是由机械加工过程中工艺系统低频振动引起的。一般以波高为波度的特征参数，用测量长度上五个最大的波幅的算术平均值 ω 表示，即

$$\omega = (\omega_1 + \omega_2 + \omega_3 + \omega_4 + \omega_5)/5$$

③ 表面纹理方向。它是指表面刀纹的方向，取决于该表面所采用的机械加工方法及

其主运动和进给运动的关系。一般对运动副或密封件有纹理方向的要求。

④ 伤痕。它是指在加工表面的一些个别位置上出现的缺陷。伤痕大多是随机分布的,例如砂眼、气孔、裂痕和划痕等。

(2) 表面层的物理、化学和力学性能

由于机械加工中切削力和切削热的综合作用,加工表面层金属的物理、力学和化学性能发生一定的变化,主要表现在以下三个方面:

① 表面层加工硬化(冷作硬化)。

② 表面层金相组织变化及由此引起的表层金属强度、硬度、塑性及耐腐蚀性的变化。

③ 表面层产生残余应力或造成原有残余应力的变化。

2. 加工表面质量对零件使用性能的影响

(1) 表面质量对零件耐磨性的影响

零件的耐磨性与摩擦副的材料、润滑条件和零件的表面加工质量等因素有关。特别是在前两个条件已确定的前提下,零件的表面加工质量就起着决定性的作用。

零件的磨损可分为三个阶段,如图 2-11 所示。第 Ⅰ 阶段称初期磨损阶段,摩擦副开始工作时,两个零件表面互相接触,一开始只是在两表面波峰接触,实际的接触面积只是名义接触面积的一小部分。当零件受力时,波峰接触部分将产生很大的压强,因此磨损非常显著。经过初期磨损后,实际接触面积增大,磨损变缓,进入磨损的第 Ⅱ 阶段,即正常磨损阶段。这一阶段零件的耐磨性最好,持续的时间也较长。最后,由于波峰被磨平,表面粗糙度值变得非常小,不利于润滑油的储存,且使接触表面之间的分子亲和力增大,甚至发生分子黏合,使摩擦阻力增大,从而进入磨损的第 Ⅲ 阶段,即急剧磨损阶段。

表面粗糙度对摩擦副的初期磨损影响很大,但并不是表面粗糙度参数值越小越耐磨。图 2-12 是表面粗糙度对初期磨损量影响的实验曲线。从图中看到,在一定工作条件下,摩擦副表面总是存在一个最佳表面粗糙度值,通常最佳表面粗糙度 R_a 值约为 $0.32\sim1.25\mu m$。

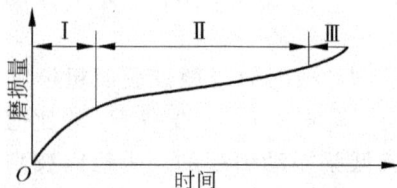

图 2-11 磨损过程的基本规律

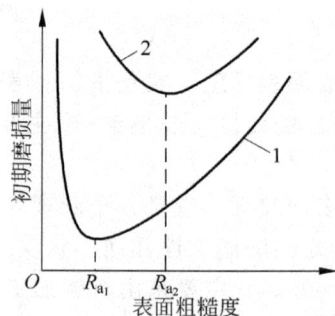

图 2-12 表面粗糙度与初期磨损量

1—轻载 2—重载

表面纹理方向对耐磨性也有影响,这是因为它能影响金属表面的实际接触面积和润滑液的存留情况。轻载时,两表面的纹理方向与相对运动方向一致时,磨损最小;当两表面纹理方向与相对运动方向垂直时,磨损最大。但是在重载情况下,由于压强、分子亲和力和润滑液的储存等因素的变化,其规律有所不同。

表面层的加工硬化,一般能使耐磨性提高 0.5~1 倍。这是因为加工硬化提高了表面层的强度,减少了表面层进一步塑性变形和咬焊的可能。但过度的加工硬化会使金属组织疏松,甚至出现疲劳裂纹和产生剥落现象,从而使耐磨性下降。所以,零件的表面硬化层必须控制在一定的范围之内。

（2）表面质量对零件疲劳强度的影响

零件在交变载荷的作用下,其表面微观不平的凹谷处和表面层的缺陷处容易引起应力集中而产生疲劳裂纹,造成零件的疲劳破坏。试验表明,减小零件表面粗糙度值可以使零件的疲劳强度有所提高。因此,对于一些承受交变载荷的重要零件,如曲轴的曲拐与轴颈交界处,精加工后常进行光整加工,以减小零件的表面粗糙度值,提高其疲劳强度。

加工硬化对零件的疲劳强度影响也很大。表面层的适度硬化可以在零件表面形成一个硬化层,它能阻碍表面层疲劳裂纹的出现,从而使零件疲劳强度提高。但零件表面层硬化程度过大,反而易于产生裂纹,故零件的硬化程度与硬化深度也应控制在一定的范围之内。

表面层的残余应力对零件疲劳强度也有很大影响,当表面层为残余压应力时,能延缓疲劳裂纹的扩展,提高零件的疲劳强度;当表面层为残余拉应力时,容易使零件表面产生裂纹而降低其疲劳强度。

（3）表面质量对零件耐腐蚀性的影响

零件的表面粗糙度在一定程度上影响零件的耐腐蚀性。零件表面越粗糙,越容易积聚腐蚀性物质,凹谷越深,渗透与腐蚀作用越强烈。因此,减小零件表面粗糙度值,可以提高零件的耐腐蚀性能。

零件表面残余压应力使零件表面紧密,腐蚀性物质不易进入,可增强零件的耐腐蚀性,而表面残余拉应力则降低零件的耐腐蚀性。

（4）表面质量对零件配合性质及其他性能的影响

相配零件间的配合关系是用过盈量或间隙值来表示的。在间隙配合中,如果零件的配合表面粗糙,则会使配合件很快磨损而增大配合间隙,改变配合性质,降低配合精度;在过盈配合中,如果零件的配合表面粗糙,则装配后配合表面的凸峰被挤平,配合件间的有效过盈量减小,降低配合件间连接强度,影响配合的可靠性。因此对有配合要求的表面,必须限定较小的表面粗糙度值。

零件的表面质量对零件的使用性能还有其他方面的影响。例如,对于液压缸和滑阀,较大的表面粗糙度值会影响密封性;对于工作时滑动的零件,恰当的表面粗糙度值能提高运动的灵活性,减少发热和功率损失;零件表面层的残余应力会使加工好的零件因应力重新分布而变形,从而影响其尺寸和形状精度等。

总之,提高加工表面质量,对保证零件的使用性能、提高零件的使用寿命是很重要的。

3. 加工表面粗糙度及其影响因素

加工表面几何特性包括表面粗糙度、表面波度、表面加工纹理几个方面。表面粗糙度是构成加工表面几何特征的基本单元。

用金属切削刀具加工工件表面时,表面粗糙度主要受几何因素、物理因素和机械加工工艺因素三个方面的作用和影响。

(1) 几何因素

从几何的角度考虑,刀具的形状和几何角度,特别是刀尖圆弧半径、主偏角、副偏角和切削用量中的进给量等对表面粗糙度有较大的影响。

(2) 物理因素

从切削过程的物理实质考虑,刀具的刃口圆角及后面的挤压与摩擦使金属材料发生塑性变形,严重恶化了表面粗糙度。在加工塑性材料而形成带状切屑时,在前刀面上容易形成硬度很高的积屑瘤。它可以代替前刀面和切削刃进行切削,使刀具的几何角度、背吃刀量发生变化。积屑瘤的轮廓很不规则,因而使工件表面上出现深浅和宽窄都不断变化的刀痕。有些积屑瘤嵌入工件表面,更增加了表面粗糙度。

切削加工时的振动,也使工件表面粗糙度值增大。

(3) 工艺因素

从工艺的角度考虑其对工件表面粗糙度的影响,主要有与切削刀具有关的因素、与工件材质有关的因素和与加工条件有关的因素等。

2.2 数控加工工艺系统

2.2.1 数控加工工艺系统的基本组成

1. 数控机床加工工件的基本过程

从图 2-13 可以看出数控机床加工工件的基本过程,即从零件图到加工好零件的整个过程。

2. 数控加工工艺系统的组成

机械加工中,由机床、夹具、刀具和工件等组成的统一体,称为工艺系统。数控加工工艺系统是由数控机床、夹具、刀具和工件等组成的,如图 2-14 所示。

(1) 数控机床

采用数控技术或装备了数控系统的机床,称为数控机床(NC 机床)。它是一种技术

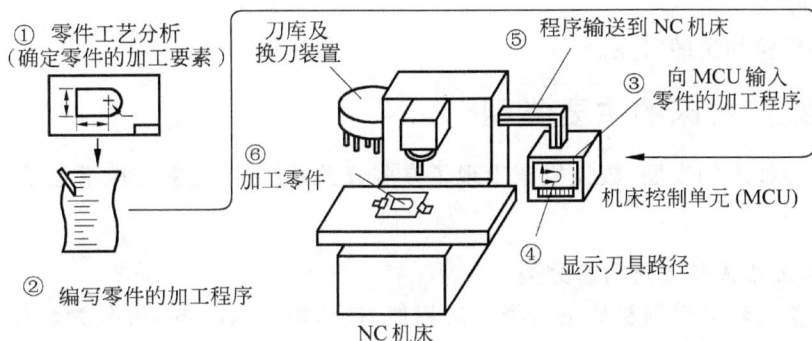

图 2-13　数控机床加工工件的基本过程

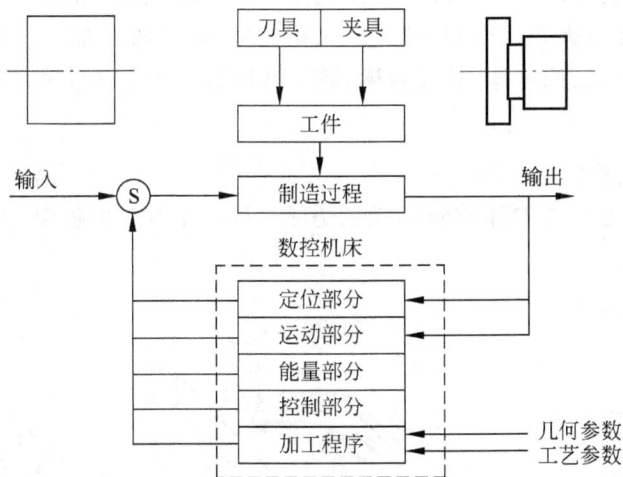

图 2-14　工艺系统的组成

密集度和自动化程度都比较高的机电一体化加工装备。数控机床是实现数控加工的主体。

（2）夹具

在机械制造中，用以装夹工件（和引导刀具）的装置统称为夹具。在机械制造工厂，夹具的使用十分广泛，从毛坯制造到产品装配以及检测的各个生产环节，都有许多不同种类的夹具。夹具是实现数控加工的纽带。

（3）刀具

金属切削刀具是现代机械加工中的重要工具。无论是普通机床还是数控机床都必须依靠刀具才能完成切削工作。刀具是实现数控加工的桥梁。

（4）工件

工件是数控加工的对象。

2.2.2 数控机床的主要类型

随着数控技术的发展,数控机床出现了许多分类方法,但通常按以下最基本的几个方面进行分类。

1. 按加工方式和工艺用途分类

这种分类方法和普通机床的分类方法相似,按切削方式不同,可分为数控车床、数控铣床、数控钻床、数控镗床、数控磨床等。

有些数控机床具有两种以上切削功能,例如,以车削为主兼顾铣、钻削的车削中心;具有铣、镗、钻削功能,带刀库和自动换刀装置的镗铣加工中心(简称加工中心)。

另外,还有数控电火花线切割、数控电火花成型、数控激光加工、等离子弧切割、火焰切割、数控板材成型、数控冲床、数控剪床、数控液压机等各种功能和不同种类的数控加工机床。

2. 按加工路线分类

数控机床按其刀具与工件相对运动的方式,可以分为点位控制、直线控制和轮廓控制,如图 2-15 所示。

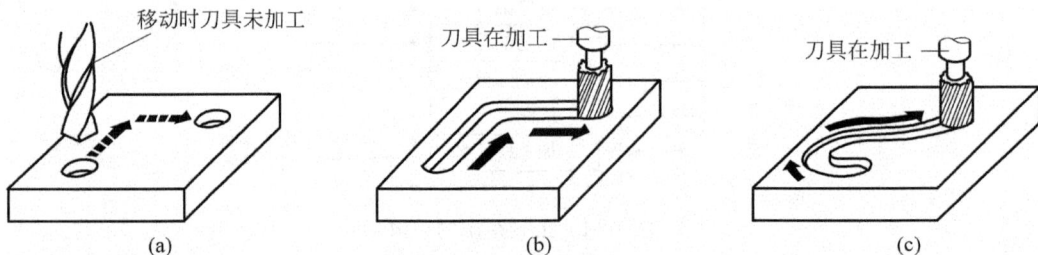

图 2-15 数控机床分类
(a) 点位控制；(b) 直线控制；(c) 轮廓控制

（1）点位控制

点位控制方式就是刀具与工件相对运动时,只控制从一点运动到另一点的准确性,而不考虑两点之间的运动路径和方向,如图 2-15(a)所示。这种控制方式多应用于数控钻床、数控冲床、数控坐标镗床和数控点焊机等。

（2）直线控制

直线控制方式就是刀具与工件相对运动时,除控制从起点到终点的准确定位外,还要保证平行坐标轴的直线切削运动。由于只作平行坐标轴的直线进给运动,因此不能加工复杂的工件轮廓,如图 2-15(b)所示。这种控制方式用于简易数控车床、数控铣床、数控磨床。

（3）轮廓控制

轮廓控制就是刀具与工件相对运动时,能对两个或两个以上坐标轴的运动同时进行控制,因此可以加工平面曲线轮廓或空间曲面轮廓,如图 2-15(c)所示。采用这类控制方式的数控机床有数控车床、数控铣床、数控磨床、加工中心等。

3. 按可控制联动的坐标轴分类

所谓数控机床可控制联动的坐标轴,是指数控装置控制几个伺服电动机,同时驱动机床移动部件运动的坐标轴数目。

（1）两坐标联动

数控机床能同时控制两个坐标轴联动,如图 2-16 所示,即数控装置同时控制 X 和 Z 方向运动,可用于加工各种曲线轮廓的回转体类零件。如果机床本身有 X、Y、Z 三个方向的运动,数控装置只能同时控制两个坐标方向,如图 2-17 所示,实现两个坐标轴联动,但在加工中能实现坐标平面的变换,用于加工图 2-18(a)所示的零件沟槽。

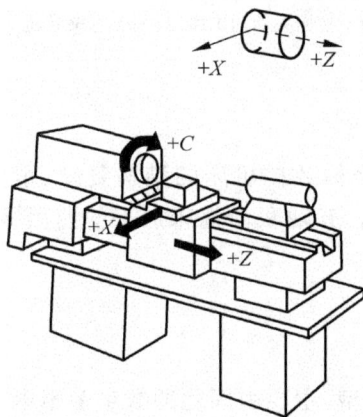

图 2-16　卧式车床

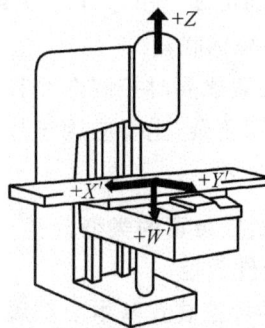

图 2-17　立式升降台铣床

（2）三坐标联动

数控装置能同时控制三个坐标轴联动,如图 2-17 所示,此时的铣床称为三坐标数控铣床,可用于加工曲面零件,如图 2-18(b)所示。

（3）两轴半坐标联动

数控机床本身有三个坐标能作三个方向的运动,但控制装置只能同时控制两个坐标,而第三个坐标只能作等距周期移动,可加工空间曲面零件,如图 2-18(c)所示。数控装置在 ZX 坐标平面内控制 X、Z 两坐标联动,加工垂直面内的轮廓表面,控制 Y 坐标作定期

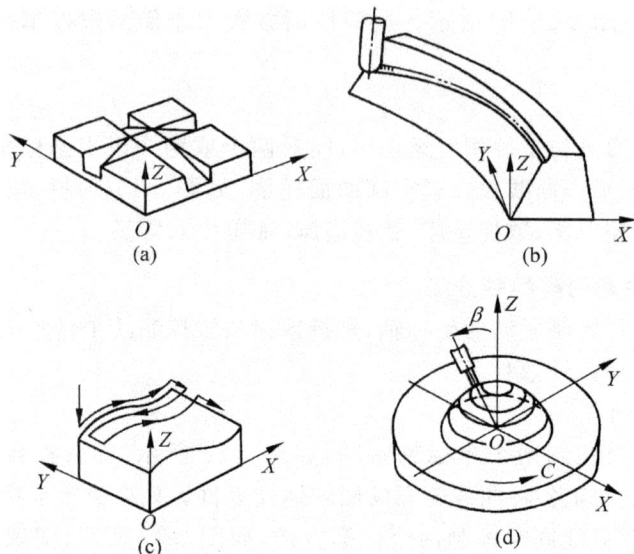

图 2-18   空间平面和曲面的数控加工

（a）零件沟槽面加工；（b）三坐标联动曲面加工；（c）两轴半坐标联动加工曲面；（d）五轴联动

等距移动，即可加工出零件的空间曲面。

（4）多坐标联动

数控装置能同时控制四个以上坐标轴联动，多坐标数控机床的结构复杂、精度要求高、程序编制复杂，主要应用于加工形状复杂的零件。五轴联动铣床加工的曲面零件，如图 2-18（d）所示。

4. 按数控装置的类型分类

（1）硬件数控

早期的数控装置基本上都属于硬件数控（NC）类型，主要由固化的数字逻辑电路处理数字信息，于 20 世纪 60 年代投入使用。由于其功能少、线路复杂和可靠性低等缺点已经被淘汰，因而这种分类没有实际意义。

（2）计算机数控

用计算机处理数字信息的计算机数控（CNC）系统，于 20 世纪 70 年代初期投入使用。随着微电子技术的迅速发展，微处理器功能越来越强，价格越来越低，现在数控系统的主流是微机数控系统（MNC）。根据数控系统微处理器（CPU）的多少，可分为单微处理器数控系统和多微处理器数控系统。

5. 按伺服系统有无检测装置分类

按伺服系统有无检测装置可分为开环控制和闭环控制数控机床。在闭环控制系统中,根据检测装置的位置不同又可分为全闭环和半闭环两种。

6. 按数控系统的功能水平分类

数控系统并没有确切的档次界限,一般分为高级型、普及型和经济型三个档次。其参考评价指标包括 CPU 性能、分辨率、进给速度、联动轴数、伺服水平、通信功能和人机对话界面等。

（1）高级型数控系统

该档次的数控系统采用 32 位或更高性能的 CPU,联动轴数在五轴以上,分辨率小于等于 $0.1\mu m$,进给速度大于 24m/min,采用数字化交流伺服驱动,具有 MAP 高性能通信接口,具备联网功能,有三维动态图形显示功能。

（2）普及型数控系统

该档次的数控系统采用 16 位或更高性能的 CPU,联动轴数在五轴以下,分辨率在 $1\mu m$ 以内,进给速度不大于 24m/min,可采用交、直流伺服驱动,具有 RS232 或 DNC 通信接口,有 CRT 字符显示和平面线性图形显示功能。

（3）经济型数控系统

该档次的数控系统采用 8 位 CPU 或单片机控制,联动轴数在三轴以下,分辨率为 $10\mu m$,进给速度 $6\sim 8$m/min,采用步进电动机驱动,具有简单的 RS232 通信接口,用数码管或简单的 CRT 字符显示。

2.2.3　数控刀具的主要种类

1. 数控加工刀具的种类

数控加工刀具可分为常规刀具和模块化刀具两大类,其中模块化刀具是发展方向。发展模块化刀具的主要优点:减少换刀停机时间,提高生产加工时间;加快换刀及安装时间,提高小批量生产的经济性;提高刀具的标准化和合理化的程度;提高刀具的管理及柔性加工的水平;扩大刀具的利用率,充分发挥刀具的性能;有效地消除刀具测量工作的中断现象,可采用线外预调。事实上,由于模块刀具的发展,数控刀具已形成了三大系统,即车削刀具系统、钻削刀具系统和镗铣刀具系统。

（1）从结构上分类

① 整体式

② 镶嵌式　可分为焊接式和机夹式。机夹式根据刀体结构不同,分为可转位和不转位;

③ 减振式　当刀具的工作臂长与直径之比较大时,为了减少刀具的振动,提高加工精度,多采用此类刀具;

④ 内冷式　切削液通过刀体内部由喷孔喷射到刀具的切削刃部;

⑤ 特殊型式　如复合刀具、可逆攻螺纹刀具等。

（2）从制造所采用的材料上分类

① 高速钢刀具   高速钢通常是型坯材料,韧性较硬质合金好,硬度、耐磨性和红硬性较硬质合金差,不适于切削硬度较高的材料,也不适于进行高速切削。高速钢刀具使用前需生产者自行刃磨,且刃磨方便,适于各种特殊需要的非标准刀具。

② 硬质合金刀具   硬质合金刀片切削性能优异,在数控车削中被广泛使用。硬质合金刀片有标准规格系列产品,具体技术参数和切削性能由刀具生产厂家提供。

硬质合金刀片按国际标准分为三大类:P 类,M 类,K 类。

P 类——适于加工钢、长屑可锻铸铁(相当于我国的 YT 类)

M 类——适于加工奥氏体不锈钢、铸铁、高锰钢、合金铸铁等(相当于我国的 YW 类)

M-S 类——适于加工耐热合金和钛合金

K 类——适于加工铸铁、冷硬铸铁、短屑可锻铸铁、非钛合金(相当于我国的 YG 类)

K-N 类——适于加工铝、非铁合金

K-H 类——适于加工淬硬材料

③ 陶瓷刀具

④ 立方氮化硼刀具

⑤ 金刚石刀具

（3）从切削工艺上分类

① 车削刀具 分外圆、内孔、外螺纹、内螺纹,切槽、切端面、切断等。如图 2-19 所示。

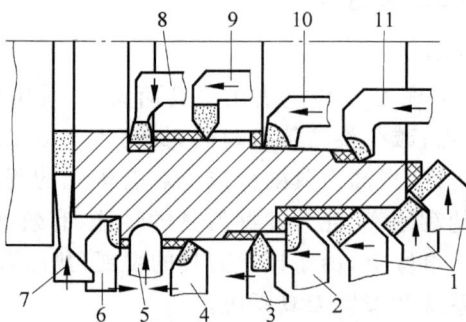

图 2-19   车刀的类型与用途

1—45° 弯头车刀；2—90° 外圆车刀；3—外螺纹车刀；4—75° 外圆车刀；5—成形车刀；

6—90° 左外圆车刀；7—车槽刀；8—内孔车槽刀；9—内螺纹刀；10—盲孔车刀；11—通孔车刀

数控车床一般使用标准的机夹可转位刀具。机夹可转位刀具的刀片和刀体都有标准,刀片材料采用硬质合金、涂层硬质合金以及高速钢。

数控车床机夹可转位刀具类型有外圆刀具、外螺纹刀具、内圆刀具、内螺纹刀具、切断刀具等。

　　机夹可转位刀具夹固不重磨刀片时通常采用螺钉、螺钉压板、杠销或楔块等结构。

　　常规车削刀具为长条形方刀体或圆柱刀杆。

　　方形刀体一般用槽形刀架螺钉紧固方式固定,圆柱刀杆是用套筒螺钉紧固方式固定。它们与机床刀盘之间的联接是通过槽形刀架和套筒接杆来联接的。在模块化车削工具系统中,刀盘的联接以齿条式柄体联接为多,而刀头与刀体的联接是"插入快换式系统"。它既可以用于外圆车削又可用于内孔镗削,也适用于车削中心的自动换刀系统。

　　数控车床使用的刀具从切削方式上分为三类:圆表面切削刀具、端面切削刀具和中心孔类刀具。

　　② 铣削刀具　分圆柱铣刀、面铣刀、立铣刀、三面刃铣等刀具。如图 2-20 所示。

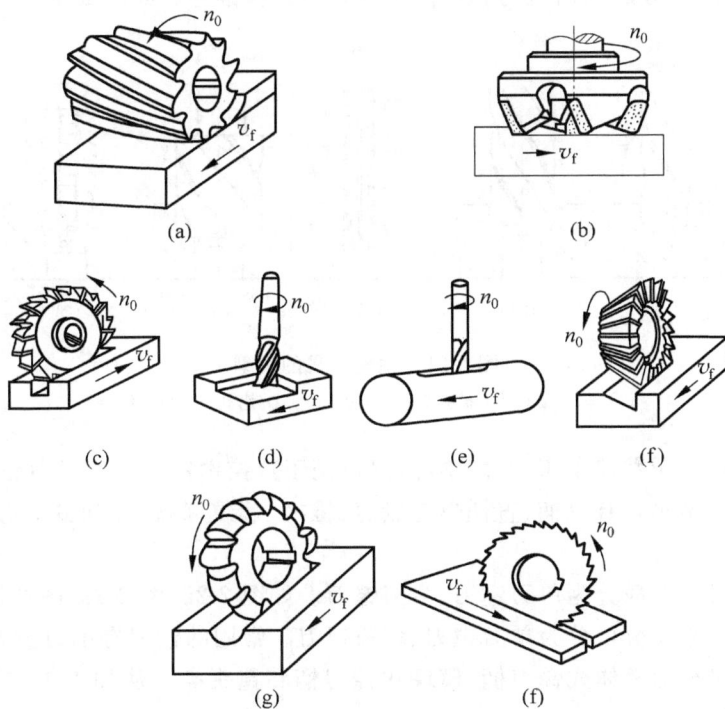

图 2-20　铣削刀具

(a) 圆柱铣刀;(b) 面铣刀;(c) 三面刃铣刀;(d) 立铣刀;

(e) 键槽;(f) 角度铣刀;(g) 成形铣刀;(f) 锯片铣刀

- 圆柱铣刀　螺旋形切削刃分布在圆柱表面没有副切削刃,一般圆柱铣刀都用高速钢制成整体式,圆柱铣刀外径较大时,制成镶齿式。

- 面铣刀（也叫端铣刀）　面铣刀的圆周表面和端面上都有切削刃,端部切削刃为副切削刃。面铣刀多制成套式镶齿结构和刀片机夹可转位结构,刀齿材料为高速钢或硬质合金,刀体为 40Cr。
- 立铣刀　立铣刀是数控机床上用得最多的一种铣刀。立铣刀的圆柱表面和端面上都有切削刃,它们可同时进行切削,也可单独进行切削。结构有整体式和机夹式等,高速钢和硬质合金是铣刀工作部分的常用材料。
- 三面刃铣刀　三面刃铣刀的圆周刀刃为主切削刃,侧面刀刃是副切削刃,只对加工侧面起修光作用。三面刃铣刀有直齿和交错齿两种,交错齿三面刃铣刀能改善两侧的切削性能,有利于沟槽的切削加工。直径较大的三面刃铣刀采用镶齿结构,直径较小的往往用高速钢制成整体式。

③ 钻削刀具　分麻花钻、扩孔钻、铰刀、锪孔钻、丝锥等。如图 2-21 所示。

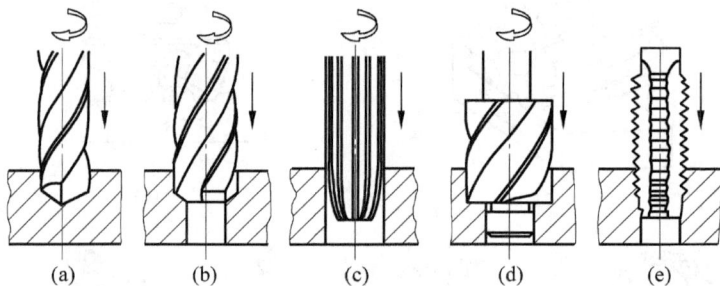

图 2-21　钻削刀具的类型
(a) 麻花钻;(b) 扩孔钻;(c) 铰刀;(d) 锪孔钻;(e) 丝锥

钻削刀具可用于数控车床、车削中心,又可用于数控镗铣床和加工中心。因此它的结构和联接形式有多种。有直柄、直柄螺钉紧定、锥柄、螺纹联接、模块式联接(圆锥或圆柱联接)等多种。

④ 镗削刀具　一般分为单刃镗刀、多刃镗刀。如图 2-22、图 2-23、图 2-24 所示。

镗刀按刀刃来划分可分为单刃镗刀、多刃镗刀。常用的镗刀有单刃镗刀、双刃镗刀两种。从结构上可分为整体式镗刀柄、模块式镗刀柄和镗头类。从加工工艺要求上可分为粗镗刀和精镗刀。

(4) 特殊型刀具

特殊型刀具有带柄自紧夹头、强力弹簧夹头刀柄、可逆式(自动反向)攻螺纹夹头刀柄、增速夹头刀柄、复合刀具和接杆类等。

2. 数控加工刀具的特点

为了达到高效、多能、快换、经济的目的,数控加工刀具与普通金属切削刀具相比应具

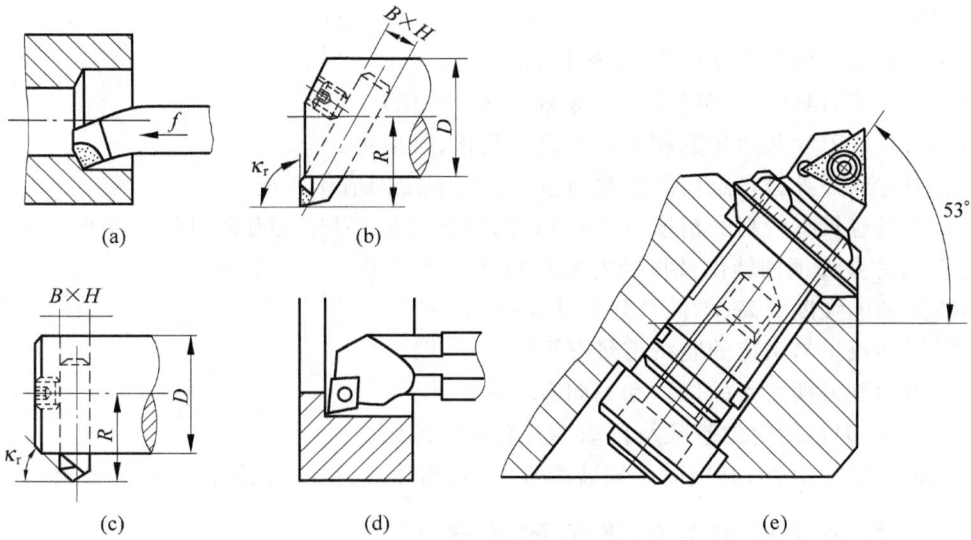

图 2-22 单刃镗刀

（a）整体焊接式；（b）机夹盲孔镗刀；（c）机夹通孔镗刀；（d）可转位式镗刀；（e）微调镗刀

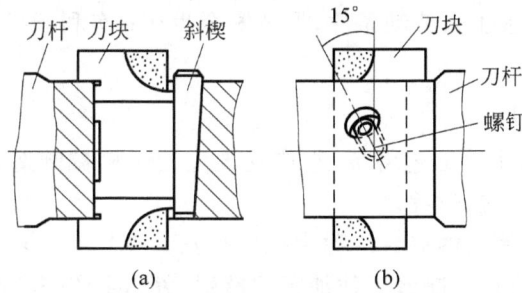

图 2-23 固定式双刃镗刀

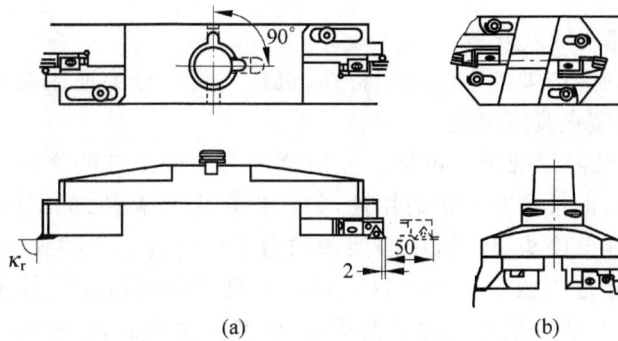

图 2-24 可调式双刃镗刀

有以下特点：

①　刀片及刀柄高度通用化、规格化、系列化。

②　刀片或刀具的耐用度及经济寿命指标合理化。

③　刀具或刀片几何参数和切削参数规范化、典型化。

④　刀片或刀具材料及切削参数与被加工材料之间应相匹配。

⑤　刀具应具有较高的精度，包括刀具的形状精度、刀片及刀柄对机床主轴的相对位置精度、刀片及刀柄的转位及拆装的重复精度。

⑥　刀柄的强度要高、刚性及耐磨性要好。

⑦　刀柄或工具系统的装机重量有限度。

⑧　刀片及刀柄切入的位置和方向有要求。

⑨　刀片、刀柄的定位基准及自动换刀系统要优化。

数控机床上用的刀具应满足安装调整方便、刚性好、精度高、耐用度好等要求。

2.2.4　数控机床夹具的类型和特点

应用机床夹具，有利于保证工件的加工精度，稳定产品质量；有利于提高劳动生产率和降低成本；有利于改善工人劳动条件，保证安全生产；有利于扩大机床工艺范围，实现"一机多用"。

1. 机床夹具的类型

夹具是一种装夹工件的工艺装备，它广泛地应用于机械制造过程的切削加工、热处理、装配、焊接和检测等工艺过程。

在金属切削机床上使用的夹具统称为机床夹具。在现代生产中，机床夹具是一种不可缺少的工艺装备，它直接影响着工件加工的精度、劳动生产率和产品的制造成本等。

机床夹具的种类繁多，可以从不同的角度对机床夹具进行分类。常用的分类方法有以下几种。

（1）按夹具的使用特点分类

根据夹具在不同生产类型中的通用特性，机床夹具可分为通用夹具、专用夹具、可调夹具、组合夹具和拼装夹具五大类。

①　通用夹具。已经标准化的可加工一定范围内不同工件的夹具，称为通用夹具，其结构、尺寸已规格化，而且具有一定通用性，如三爪自定心卡盘、机床用平口虎钳、四爪单动卡盘、台虎钳、万能分度头、顶尖、中心架和磁力工作台等。这类夹具适应性强，可用于装夹一定形状和尺寸范围内的各种工件。这些夹具已作为机床附件由专门工厂制造供应，只需选购即可。其缺点是夹具的精度不高，生产率也较低，且较难装夹形状复杂的工件，故一般适用于单件小批量生产。

②　专用夹具。专为某一工件的某道工序设计制造的夹具，称为专用夹具。在产品相

对稳定、批量较大的生产中,采用各种专用夹具,可获得较高的生产效率和加工精度。专用夹具的设计周期较长、投资较大。

专用夹具一般在批量生产中使用。除大批量生产之外,中小批量生产中也需要采用一些专用夹具,但在结构设计时要进行具体的技术经济分析。

③ 可调夹具。某些元件可调整或更换,以适应多种工件加工的夹具,称为可调夹具。可调夹具是针对通用夹具和专用夹具的缺陷而发展起来的一类新型夹具。对不同类型和尺寸的工件,只需调整或更换原来夹具上的个别定位元件和夹紧元件便可使用。它一般又可分为通用可调夹具和成组夹具两种。前者的通用范围比通用夹具更大;后者则是一种专用可调夹具,它按成组原理设计并能加工一组相似的工件,故在多品种、中小批量生产中使用有较好的经济效果。

④ 组合夹具。采用标准的组合元件、部件,专为某一工件的某道工序组装的夹具,称为组合夹具。组合夹具是一种模块化的夹具。标准的模块元件具有较高精度和耐磨性,可组装成各种夹具。夹具用毕可拆卸,清洗后留待组装新的夹具。由于使用组合夹具可缩短生产准备周期,元件能重复多次使用,并具有减少专用夹具数量等优点,因此组合夹具在单件、中小批量多品种生产和数控加工中,是一种较经济的夹具。

⑤ 拼装夹具。用专门的标准化、系列化的拼装零部件拼装而成的夹具,称为拼装夹具。它具有组合夹具的优点,但比组合夹具精度高、效能高、结构紧凑。它的基础板和夹紧部件中常带有小型液压缸。此类夹具更适合在数控机床上使用。

（2）按使用机床分类

夹具按使用机床不同,可分为车床夹具、铣床夹具、钻床夹具、镗床夹具、齿轮机床夹具、数控机床夹具、自动机床夹具、自动线随行夹具以及其他机床夹具等。

（3）按夹紧的动力源分类

夹具按夹紧的动力源可分为手动夹具、气动夹具、液压夹具、气液增力夹具、电磁夹具以及真空夹具等。

2. 数控加工夹具的特点

作为机床夹具,首先要满足机械加工时对工件的装夹要求,同时,数控加工的夹具还有它本身的特点。

① 数控加工适用于多品种、中小批量生产,为能装夹不同尺寸、不同形状的多品种工件,数控加工的夹具应具有柔性,经过适当调整即可夹持多种形状和尺寸的工件。

② 传统的专用夹具具有定位、夹紧、导向和对刀四种功能,而数控机床上一般都配备有接触式测头、刀具预调仪及对刀部件等设备,可以由机床解决对刀问题。数控机床上由程序控制的准确的定位精度,可实现夹具中的刀具导向功能。因此数控加工中的夹具一般不需要导向和对刀功能,只要求具有定位和夹紧功能,就能满足使用要求,这样可简化夹具的结构。

③ 为适应数控加工的高效率,数控加工夹具应尽可能使用气动、液压、电动等自动夹紧装置快速夹紧,以缩短辅助时间。

④ 夹具本身应有足够的刚度,以适应大切削用量切削。数控加工具有工序集中的特点,在工件的一次装夹中既要进行切削力很大的粗加工,又要进行达到工件最终精度要求的精加工,因此夹具的刚度和夹紧力都要满足大切削力的要求。

⑤ 为适应数控机床多方面加工的特点,要避免夹具结构包括夹具上的组件对刀具运动轨迹的干涉,夹具结构不要妨碍刀具对工件各部位的多面加工。

⑥ 夹具的定位要可靠,定位元件应具有较高的定位精度,定位部位应便于清屑,无切屑积留。如工件的定位面偏小,可考虑增设工艺凸台或辅助基准。

⑦ 对刚度小的工件,应保证最小的夹紧变形,如使夹紧点靠近支承点,避免把夹紧力作用在工件的中空区域等。当粗加工和精加工同在一个工序内完成时,如果上述措施不能把工件变形控制在加工精度要求的范围内,应在精加工前使程序暂停,让操作者在粗加工后精加工前变换夹紧力(适当减小),以减小夹紧变形对加工精度的影响。

本章小结

本章从两个方面介绍了数控加工工艺的基础知识,力图使读者对工艺过程的基本概念和数控加工工艺系统有所掌握。在工艺过程的基本概念部分,重点介绍了生产过程和工艺过程、工件获得尺寸精度的方法、加工精度和表面质量等内容。在数控加工工艺系统部分,重点介绍了工艺系统的组成、数控机床的主要类型、数控刀具的主要种类,以及数控机床夹具的类型和特点等内容。

习题 2

1. 什么是生产过程和工艺过程?
2. 获得零件加工精度有哪些方法?
3. 试述影响加工精度的主要因素。
4. 机械零件的加工表面质量包括哪些主要内容? 它们对零件的使用性能有何影响?
5. 数控加工工艺的主要内容有哪些?
6. 数控加工有何优缺点?
7. 数控加工刀具有什么特点?
8. 数控加工夹具的特点主要有哪些?

第 3 章

机床夹具

3.1 机床夹具概述

3.1.1 概述

在机械加工过程中,为了保证加工精度,固定工件使之占有确定位置,以接受加工或检测的工艺装备统称为机床夹具,简称夹具。例如,车床上使用的三爪自定心卡盘、铣床上使用的平口钳等都是机床夹具。

1. 工件的安装

工件的安装包含了两个方面的内容:

(1)定位

使同一工序中的一批工件都能准确地安放在机床的合适位置上,使工件相对于刀具及机床占有正确的加工位置。

(2)夹紧

工件定位后,还需对工件压紧夹牢,使其在加工过程中不发生位置变化。

2. 工件的安装方法

当零件较复杂、加工面较多时,需要经过多道工序的加工,其位置精度取决于工件的安装方式和安装精度。工件常用的安装方法如下。

(1)直接找正安装

用划针、百分表等工具直接找正工件位置并加以夹紧的方法称直接找正安装法。此法生产率低,精度取决于工人的技术水平和测量工具的精度,一般只用于单件小批生产。

(2)划线找正安装

先用划针画出要加工表面的位置,再按划线用划针找正工件在机床上的位置并加以夹紧。由于划线既费时,又需要技术高的划线工,所以一般用于批量不大、形状复杂而笨重的工件或低精度毛坯的加工。

（3）用夹具安装

用夹具安装是将工件直接安装在夹具的定位元件上。这种安装方法迅速方便,定位精度较高而且稳定,生产率较高,广泛用于中批生产以上的生产类型。

用夹具安装工件的方法有以下几个特点：

① 工件在夹具中的正确定位是通过工件上的定位基准面与夹具上的定位元件相接触而实现的。因此,不再需要找正,便可将工件夹紧。

② 由于夹具预先在机床上已调整好位置,因此,工件通过夹具相对于机床也就占有了正确的位置。

③ 通过夹具上的对刀装置,保证了工件加工表面相对于刀具的正确位置。

由此可见,在使用夹具的情况下,机床、夹具、刀具和工件所构成的工艺系统,环环相扣,相互之间保持正确的加工位置,从而保证工序的加工精度。显然,工件的定位是其中极为重要的一个环节。

3.1.2　基准及其分类

基准是零件上用来确定其他点、线、面位置所依据的那些点、线、面。按其功用不同,基准可分为设计基准和工艺基准两大类。

1. 设计基准

设计基准是在零件图上所采用的基准。它是标注设计尺寸的起点。如图 3-1(a)所示的支承块零件,平面 2、3 的设计基准是平面 1,平面 5、6 的设计基准是平面 4,孔 7 的设计基准是平面 1 和平面 4,而孔 8 的设计基准是孔 7 的中心和平面 4。在零件图上不仅标注的尺寸有设计基准,而且标注的位置精度同样具有设计基准,如图 3-1(b)所示的钻套零件,内孔轴心线 O—O 是各外圆和内孔的设计基准,也是两项跳动误差的设计基准,端面 A 是端面 B、C 的设计基准。

2. 工艺基准

工艺基准是在工艺过程中所使用的基准。工艺过程是一个复杂的过程,按用途不同工艺基准又可分为定位基准、工序基准、测量基准和装配基准。

工艺基准是在加工、测量和装配时使用,必须是实在的。然而,作为基准的点、线、面有时并不一定具体存在(如孔和外圆的中心线,两平面的对称中心面等),往往通过具体的表面来体现,用以体现基准的表面称为基面。例如,图 3-1(b) 所示钻套的中心线是通过内孔表面来体现的,内孔表面就是基面。

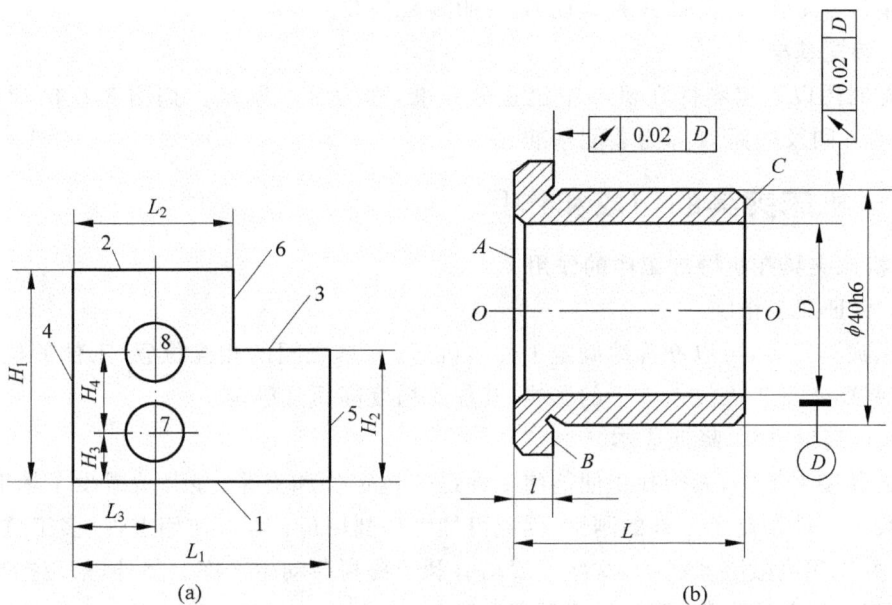

图 3-1　基准分析

(a) 支承块；(b) 钻套

(1) 定位基准

在加工中用作定位的基准，称为定位基准。它是工件上与夹具定位元件直接接触的点、线或面。如图 3-1(a)所示零件，加工平面 3 和 6 时是通过平面 1 和 4 放在夹具上定位的，所以，平面 1 和 4 是加工平面 3 和 6 的定位基准；如图 3-1(b)所示的钻套，用内孔装在心轴上磨削 ϕ40h6 外圆表面时，内孔表面是定位基面，孔的中心线就是定位基准。

定位基准又分为粗基准和精基准。用作定位的表面，如果是没有经过加工的毛坯表面，称为粗基准；若是已加工过的表面，则称为精基准。

(2) 工序基准

在工序图上，用来标定本工序被加工面尺寸和位置所采用的基准，称为工序基准。它是某一工序所要达到加工尺寸(即工序尺寸)的起点。如图 3-1(a)所示零件，加工平面 3 时按尺寸 H_2 进行加工，则平面 1 即为工序基准，加工尺寸 H_2 叫做工序尺寸。

工序基准应当尽量与设计基准相重合，当考虑定位或试切测量方便时，也可以与定位基准或测量基准相重合。

(3) 测量基准

零件测量时所采用的基准，称为测量基准。如图 3-1(b)所示，钻套以内孔套在心轴上测量外圆的径向圆跳动，则内孔表面是测量基面，孔的中心线就是外圆的测量基准；用

卡尺测量尺寸 l 和 L，表面 A 是表面 B、C 的测量基准。

（4）装配基准

装配时用以确定零件在机器中位置的基准，称为装配基准。如图 3-1(b)所示的钻套，ϕ40h6 外圆及端面 B 即为装配基准。

3.1.3　机床夹具的组成和作用

1. 机床夹具在机械加工中的作用

（1）保证加工精度

采用夹具安装，可以准确地确定工件与机床、刀具之间的相互位置，工件的位置精度由夹具保证，不受工人技术水平的影响，其加工精度高而且稳定。

（2）提高生产率、降低成本

用夹具装夹工件，无须找正便能使工件迅速地定位和夹紧，显著地减少了辅助工时；用夹具装夹工件提高了工件的刚性，因此可加大切削用量；可以使用多件、多工位夹具装夹工件，并采用高效夹紧机构，这些因素均有利于提高劳动生产率。另外，采用夹具后，产品质量稳定，废品率下降，明显地降低了生产成本。

（3）扩大机床的工艺范围

使用专用夹具可以改变原机床的用途和扩大机床的使用范围，实现一机多能。例如，在车床或摇臂钻床上安装镗模夹具后，就可以对箱体孔系进行镗削加工；通过专用夹具还可将车床改为拉床使用，以充分发挥通用机床的作用。

（4）减轻工人的劳动强度

用夹具装夹工件方便、快速，当采用气动、液压等夹紧装置时，可减轻工人的劳动强度。

2. 夹具的组成

机床夹具的种类和结构虽然繁多，但它们的组成均可概括为以下几个部分，这些组成部分既相互独立又相互联系。

（1）定位元件

定位元件能保证工件在夹具中处于正确的位置。如图 3-2 所示钻后盖上的 ϕ10mm 孔时，其钻夹具如图 3-3 所示。夹具上的圆柱销 5、菱形销 9 和支承板 4 都是定位元件，通过它们使工件在夹具中占据正确的位置。

（2）夹紧装置

夹紧装置的作用是将工件压紧夹牢，保证工件在加工过程中受到外力（切削力等）作用时不离开已经占据的正确位置。图 3-3 中的螺杆 8（与圆柱销 5 合成一个零件）、螺母 7 和开口垫圈 6 就起到了上述作用。

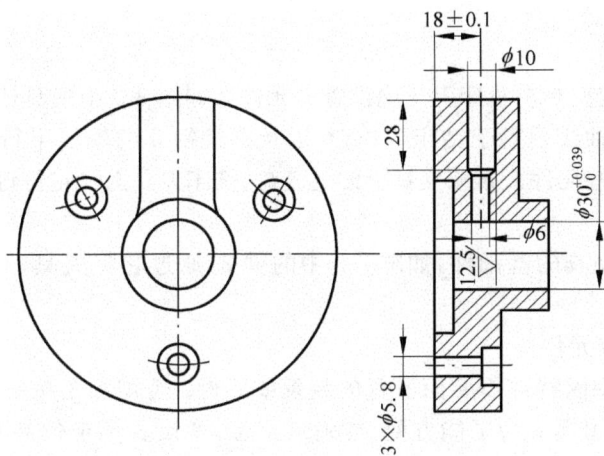

图 3-2 后盖零件钻径向孔的工序图

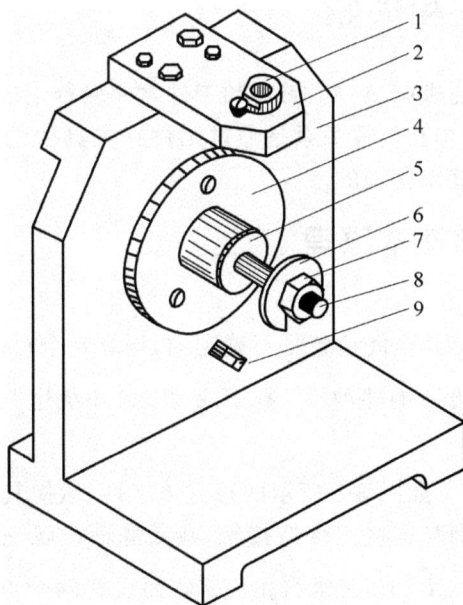

图 3-3 后盖钻夹具

1—钻套 2—钻模板 3—夹具体 4—支承板 5—圆柱销

6—开口垫圈 7—螺母 8—螺杆 9—菱形销

（3）对刀或导向装置

对刀或导向装置用于确定刀具相对于定位元件的正确位置。图 3-3 中钻套 1 和钻模板 2 组成导向装置，确定了钻头轴线相对定位元件的正确位置。铣床夹具上的对刀块和塞尺为对刀装置。

（4）连接元件

连接元件是确定夹具在机床上正确位置的元件。如图 3-3 中夹具体 3 的底面为安装基面，保证了钻套 1 的轴线垂直于钻床工作台，以及圆柱销 5 的轴线平行于钻床工作台。因此，夹具体可兼作连接元件。车床夹具上的过渡盘、铣床夹具上的定位键都是连接元件。

（5）夹具体

夹具体是机床夹具的基础件，如图 3-3 中的件 3，通过它将夹具的所有元件连接成一个整体。

（6）其他装置或元件

它们是指夹具中因特殊需要而设置的装置或元件。若需加工按一定规律分布的多个表面时，常设置分度装置；为了能方便、准确地定位，常设置预定位装置；对于大型夹具，常设置吊装元件等。

3.2　工件的定位和夹紧

在机械加工中，必须使机床、夹具、刀具和工件之间保持正确的相互位置，才能加工出合格的零件。这种正确的相互位置关系是通过工件在夹具中的定位、夹具在机床上的安装、刀具相对于夹具的调整来实现的。

3.2.1　工件定位的基本原理

1. 六点定位原理

一个尚未定位的工件，其空间位置是不确定的，均有六个自由度，如图 3-4 所示，即沿空间坐标轴 X、Y、Z 三个方向的移动（用 $\vec{X}$、$\vec{Y}$、$\vec{Z}$ 表示）和绕这三个坐标轴的转动（用 $\overset{\curvearrowright}{X}$、$\overset{\curvearrowright}{Y}$、$\overset{\curvearrowright}{Z}$ 表示）。

定位就是限制自由度。如图 3-5 所示的长方体工件，欲使其完全定位，可以设置六个固定点，工件的三个面分别与这些点保持接触，在其底面设置三个不共线的点 1、2、3（构成一个面），限制工件的 $\vec{Z}$、$\overset{\curvearrowright}{X}$、$\overset{\curvearrowright}{Y}$ 三个自由度；侧面设置两个点 4、5（成一条线），限制了 $\vec{Y}$、$\overset{\curvearrowright}{Z}$ 两个自由度；端面设置一个点 6，限制 $\vec{X}$ 自由度。于是工件的六个自由度便都被限制了。这些用来限制工件自由度的固定点，称为定位支承点，简称支承点。

用合理分布的六个支承点限制工件六个自由度的法则，称为六点定位原理。

在应用“六点定位原理”分析工件的定位时，应注意以下几点：

① 定位支承点限制工件自由度的作用，应理解为定位支承点与工件定位基准面始终保持紧贴接触。若二者脱离，则意味着失去定位作用。

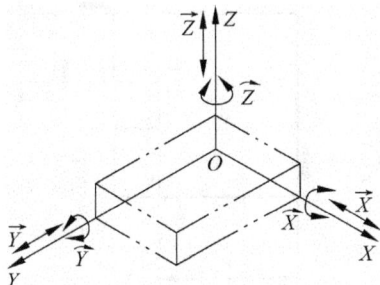

图 3-4　工件的六个自由度

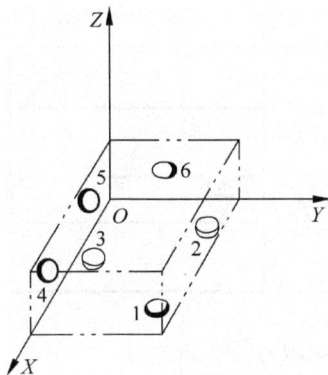

图 3-5　长方体形工件的定位

② 一个定位支承点仅限制一个自由度,一个工件仅有六个自由度,所设置的定位支承点数目,原则上不应超过六个。

③ 分析定位支承点的定位作用时,不考虑力的影响。工件的某一自由度被限制,并非指工件在受到使其脱离定位支承点的外力时不能运动。使其在外力作用下不能运动是夹紧的任务;反之,工件在外力作用下不能运动即被夹紧,也并非是说工件的所有自由度都被限制了。所以,定位和夹紧是两个概念,绝不能混淆。

2. 工件定位中的几种情况

(1) 完全定位

工件的六个自由度全部被限制的定位,称为完全定位。当工件在 X、Y、Z 三个坐标方向上均有尺寸要求或位置精度要求时,一般采用这种定位方式。

例如,在图 3-6 所示的工件上铣槽,槽宽 20 ± 0.05mm 取决于铣刀的尺寸;为了保证槽底面与 A 面的平行度和尺寸 $60_{-0.2}^{0}$mm 两项加工要求,必须限制 $\vec{Z}$、$\widehat{X}$、$\widehat{Y}$ 三个自由度;为了保证槽侧面与 B 面的平行度和尺寸 30 ± 0.1mm 两项加工要求,必须限制 $\vec{X}$、$\widehat{Z}$ 两个自由度;由于所铣的槽不是通槽,在长度方向上,槽的端部距离工件右端面的尺寸是 50mm,所以必须限制 $\vec{Y}$ 自由度。为此,应对工件采用完全定位的方式,选 A 面、B 面和右端面作定位基准。

(2) 不完全定位

根据工件的加工要求,并不需要限制工件的全部自由度,这样的定位,称为不完全定位。

图 3-7(a)为在车床上加工的通孔,根据加工要求,不需要限制 $\vec{X}$ 和 $\widehat{X}$ 两个自由度,故用三爪卡盘夹持限制其余四个自由度,就能实现四点定位。图 3-7(b)为平板工件磨平面,工件只有厚度和平行度要求,故只需限制 $\vec{Z}$、$\widehat{X}$、$\widehat{Y}$ 三个自由度,在磨床上采用电磁工作台即可实现三点定位。

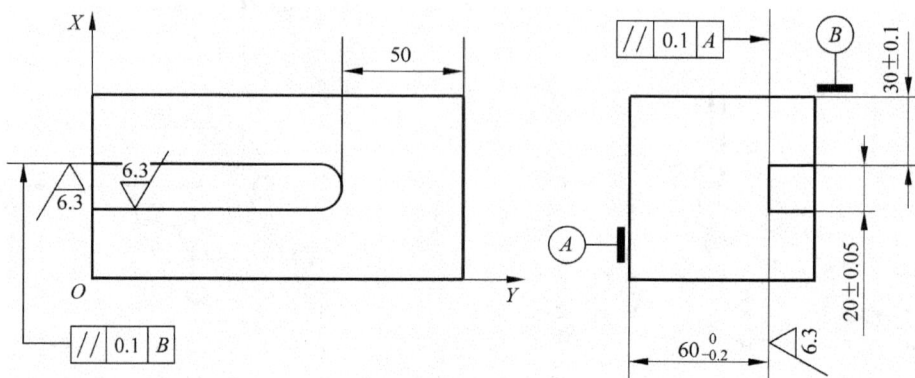

图 3-6　完全定位示例分析

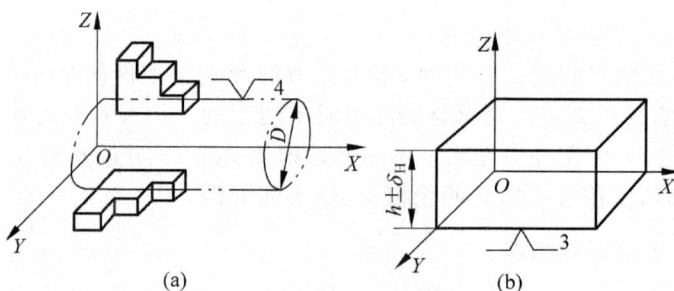

(a)　(b)

图 3-7　不完全定位示例

(a) 在车床上加工通孔；(b) 磨平面

（3）欠定位

根据工件的加工要求，应该限制的自由度没有完全被限制的定位，称为欠定位。欠定位无法保证加工要求，所以是绝不允许的。

如图 3-8 所示，工件在支承 1 和两个圆柱销 2 上定位，按此定位方式，$\vec{X}$ 自由度没被限制，属欠定位。工件在 X 方向上的位置不确定，如图中的双点划线位置和虚线位置，因此钻出孔的位置也不确定，无法保证尺寸 A 的精度。只有在 X 方向设置一个止推销后，工件在 X 方向才能取得确定的位置。

（4）过定位

夹具上的两个或两个以上的定位元件，重复限制工件的同一个或几个自由度的现象，称为过定位。如图 3-9 所示两种过定位的例子。

图 3-9(a)为孔与端面联合定位情况，由于大端面限制 $\vec{Y}$、$\vec{X}$、$\vec{Z}$ 三个自由度，长销限制 $\vec{X}$、$\vec{Z}$ 和 $\vec{X}$、$\vec{Z}$ 四个自由度，可见 $\vec{X}$、$\vec{Z}$ 被两个定位元件重复限制，出现过定位。

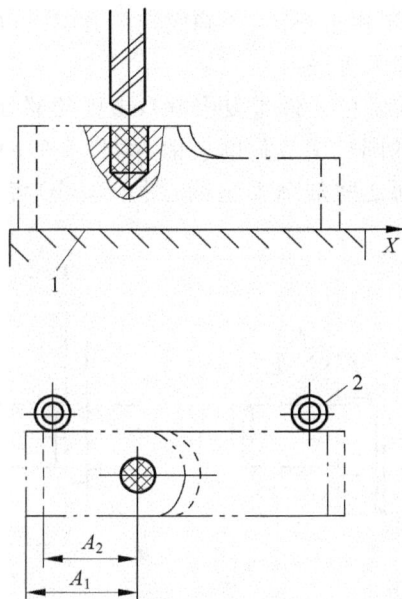

图 3-8　欠定位示例

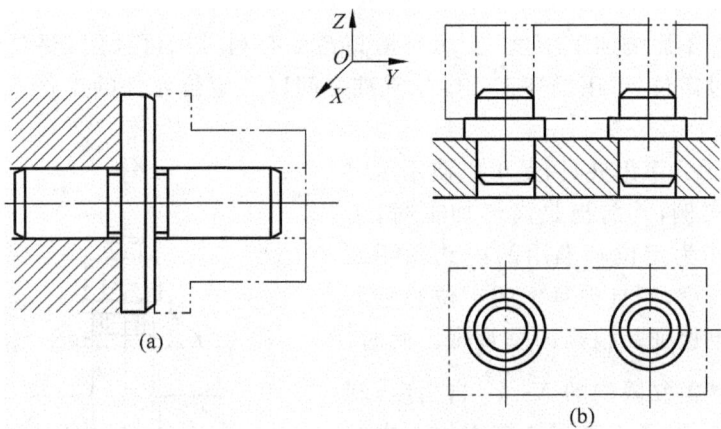

图 3-9　过定位示例

(a) 长销和大端面定位；(b) 平面和两短圆柱销定位

图 3-9(b)为平面与两个短圆柱销联合定位情况,平面限制 $\vec{Z}$、$\vec{X}$、$\vec{Y}$ 三个自由度,两个短圆柱销分别限制 $\vec{X}$、$\vec{Y}$ 和 $\vec{Y}$、$\vec{Z}$ 共 4 个自由度,则 $\vec{Y}$ 自由度被重复限制,出现过定位。过定位可能导致下列后果:

① 工件无法安装;

② 造成工件或定位元件变形。

由于过定位往往会带来不良后果,一般确定定位方案时,应尽量避免。消除或减小过定位所引起的干涉,一般用以下方法:

改变定位元件的结构,使定位元件重复限制自由度的部分不起定位作用。

例如,将图 3-9(b)右边的圆柱销改为削边销;对图 3-9(a)的改进措施见图 3-10,其中图 3-10(a)是在工件与大端面之间加球面垫圈,图 3-10(b)将大端面改为小端面,从而避免过定位。

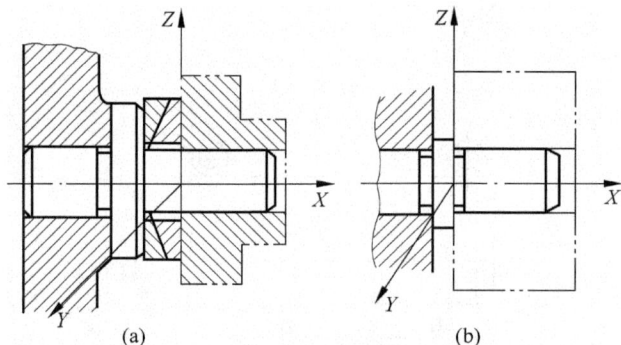

图 3-10　消除过定位的措施
(a) 大端面加球面垫圈;(b) 大端面改为小端面

当过定位并不影响加工精度,反而对提高精度有利时也可采用,要具体问题具体分析。合理应用过定位,可用提高工件定位基准之间以及定位元件的工作表面之间的位置精度的方法。

图 3-11 所示为滚齿夹具,是可以使用过定位方式的典型实例,其前提是齿坯加工时,工艺上已保证了作为定位基准用的内孔和端面具有很高的垂直度,而且夹具上的定位心轴和支承凸台之间也保证了很高的垂直度。此时,不必刻意消除被重复限制的 $\vec{X}$、$\vec{Y}$ 自由度,利用过定位装夹工件,还提高了齿坯在加工中的刚性和稳定性,有利于保证加工精度,反而可以获得良好的效果。

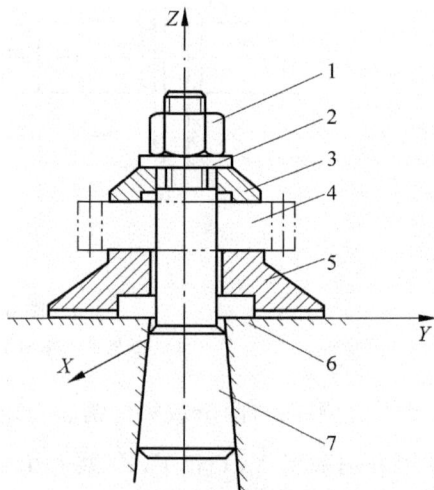

图 3-11　滚齿夹具
1—压紧螺母　2—垫圈　3—压板　4—工件
5—支承凸台　6—工作台　7—心轴

3.2.2　定位方法及定位元件

工件上的定位基准面与相应的定位元件合称为定位副。定位副的选择及其制造精度直接影响工件的定位精度、夹具的工作效率以及制造使用性能等。下面按不同的定位基准面分别介绍其所用定位元件的结构形式。

1. 工件以平面定位

（1）支承钉

当工件以粗糙不平的毛坯面定位时，采用球头支承钉（B 型），使其与毛坯良好接触。齿纹头支承钉（C 型）用在工件的侧面，能增大摩擦系数，防止工件滑动。当工件以加工过的平面定位时，可采用平头支承钉（A 型）。如图 3-12 所示。

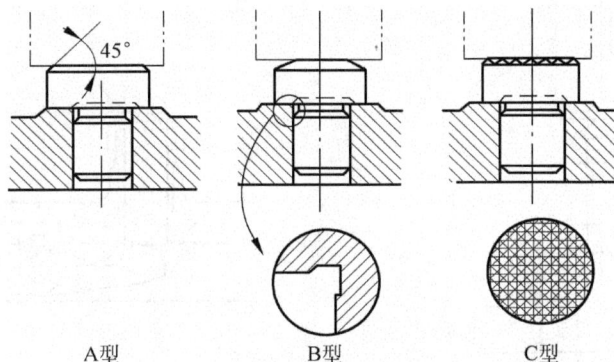

图 3-12　支承钉

在支承钉的高度需要调整时，应采用可调支承。可调支承主要用于工件以粗基准面定位，或定位基面的形状复杂，以及各批毛坯的尺寸、形状变化较大时的情况。图 3-13 是在规格化的销轴端部铣槽，用可调支承 3 轴向定位，达到了使用同一夹具加工不同尺寸的相似件的目的。

可调支承在一批工件加工前调整一次，调整后需要锁紧，其作用与固定支承相同。

在工件定位过程中能自动调整位置的支承称为自位支承。其作用相当于 1 个固定支承，只限制 1 个自由度。由于增加了接触点数，可提高工件的装夹刚度和稳定性，但夹具结构稍复杂，自位支承一般适用于毛面定位或刚性不足的场合。如图 3-14 自位支承。

工件因尺寸形状或局部刚度较差，使其定位不稳或受力变形等原因，需增设辅助支承，用以承受工件重力、夹紧力或切削力。辅助支承的工作特点是：待工件定位夹紧后，再调整辅助支承，使其与工件的有关表面接触并锁紧。而且辅助支承是每安装一个工件就调整一次。但此支承不限制工件的自由度，也不允许破坏原有定位。

（2）支承板

工件以精基准面定位时，除采用上述平头支承钉外，还常用图 3-15 所示的支承板作定位元件。A 型支承板结构简单，便于制造，但不利于清除切屑，故适用于顶面和侧面定位；B 型支承板则易保证工作表面清洁，故适用于底面定位。

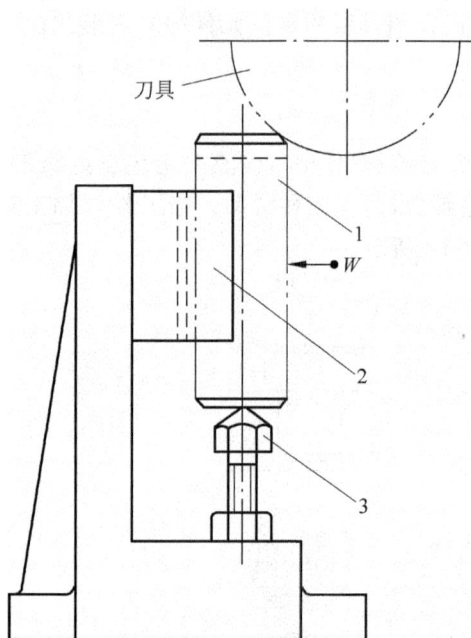

图 3-13　用可调支承加工相似件

1—销轴　2—V形块　3—可调支承

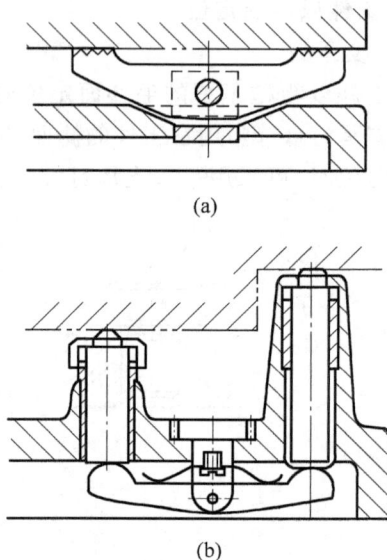

图 3-14　自位支承

(a) 同平面接触的自位支承；(b) 不同平面接触的自位支承

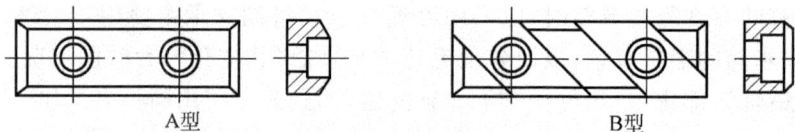

A型　　　　　　　　　　B型

图 3-15　支承板

夹具装配时，为使几个支承钉或支承板严格共面，装配后，需将其工作表面一次磨平，从而保证各定位表面的等高性。

2. 工件以圆柱孔定位

各类套筒、盘类、杠杆、拨叉等零件，常以圆柱孔定位。所采用的定位元件有圆柱销和各种心轴。这种定位方式的基本特点是：定位孔与定位元件之间处于配合状态，并要求确保孔中心线与夹具规定的轴线相重合。孔定位还经常与平面定位联合使用。

（1）圆柱销

图 3-16 为常用的标准化的圆柱定位销结构。图 3-16（a）、3-16（b）、3-16（c）是最简单的定位销，用于不经常需要更换的情况，图 3-16（d）为带衬套可换式定位销。

（2）圆柱心轴

心轴主要用于套筒类和空心盘类工件的车、铣、磨及齿轮加工。图 3-17 为常用圆柱

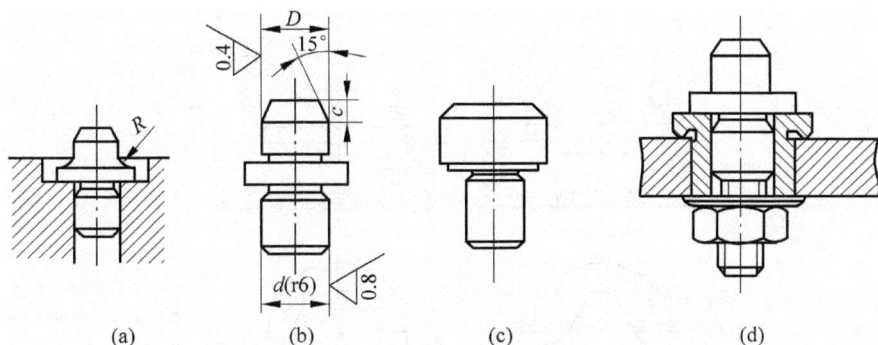

图 3-16　圆柱定位销

(a) 3<*D*≤10；(b) 10<*D*≤18；(c) *D*>18；(d) 带衬套可换式定位销

心轴的结构形式。其中图 3-17(a)为间隙配合心轴，图 3-17(b)为过盈配合心轴，图 3-17(c)是花键心轴。

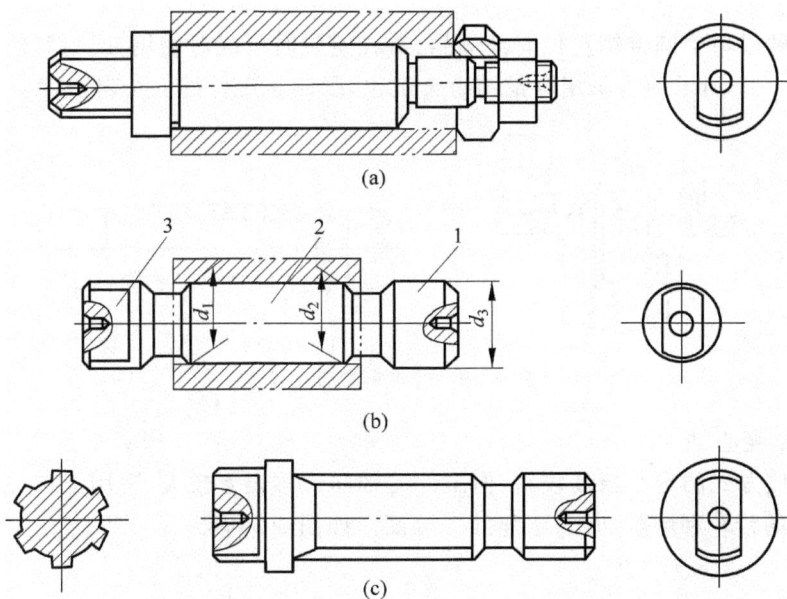

图 3-17　圆柱心轴

(a) 间隙配合心轴；(b) 过盈配合心轴；(c) 花键心轴

1—引导部分　2—工作部分　3—传动部分

（3）圆锥销

图 3-18 所示的工件以圆柱孔在圆锥销上定位。孔端与锥销接触，其交线是一个圆，相当于三个止推定位支承，限制了工件的三个自由度（$\vec{X}$、$\vec{Y}$、$\vec{Z}$）。图 3-18(a)用于粗基准，图 3-18(b)用于精基准。

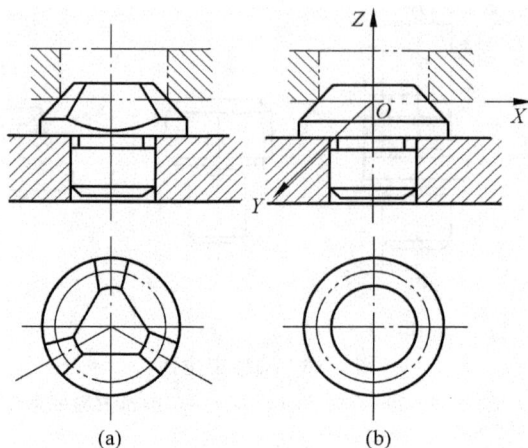

图 3-18　圆锥销定位

（a）粗基准定位；（b）精基准定位

　　但是工件以单个圆锥销定位时易倾斜,故在定位时可成对使用,或与其他定位元件联合使用。图 3-19 所示的为采用圆锥销组合定位,限制了工件的五个自由度。

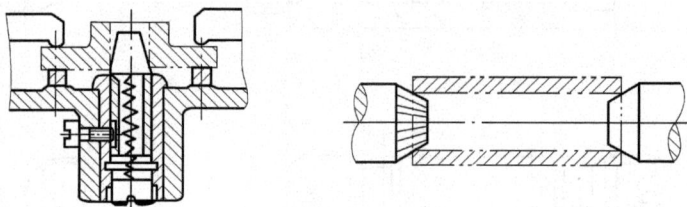

图 3-19　圆锥销组合定位

（4）小锥度心轴

　　这种定位方式的定心精度较高,但工件的轴向位移误差较大,适用于工件定位孔精度不低于 IT7 的精车和磨削加工,不能加工端面。如图 3-20 所示。

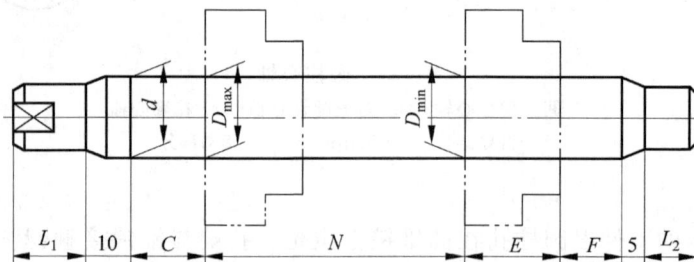

图 3-20　小锥度心轴

3. 工件以圆锥孔定位

(1) 圆锥形心轴

圆锥心轴限制了工件除绕轴线转动自由度以外的其他五个自由度。

(2) 顶尖

在加工轴类或某些要求准确定心的工件时,在工件上专为定位加工出工艺定位面——中心孔。中心孔与顶尖配合,即为锥孔与锥销配合。两个中心孔是定位基面,所体现的定位基准是由两个中心孔确定的中心线。图 3-21 所示,左中心孔用轴向固定的前顶尖定位,限制了 $\vec{X}$、$\vec{Y}$、$\vec{Z}$ 三个自由度;右中心孔用活动后顶尖定位,与左中心孔一起联合限制了 $\vec{Y}$、$\vec{Z}$ 两个自由度。中心孔定位的优点是定心精度高,还可实现定位基准统一,并能加工出所有的外圆表面。这是轴类零件加工普遍采用的定位方式。

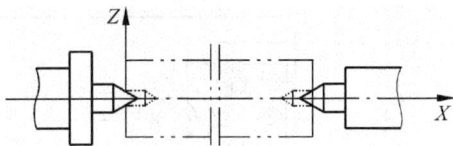

图 3-21　中心孔定位

4. 工件以外圆柱表面定位

(1) V 形架

V 形架定位的最大优点是对中性好。即使作为定位基面的外圆直径存在误差,仍可保证一批工件的定位基准轴线始终处在 V 形架的对称面上;并且使安装方便。见图 3-22。

图 3-23 为常用 V 形架结构。图 3-23(a)用于较短的精基准面的定位,图 3-23(b)和图 3-23(c)用于较长的或阶梯轴的圆柱面,其中图 3-23(b)用于粗基准面,图 3-23(c)用于精基准面;图 3-23(d)用于工件较长且定位基面直径较大的场合,V 形架做成在铸铁底座上镶装淬火钢垫板的结构。

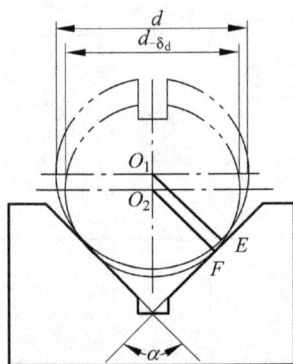

图 3-22　V 形架对中性分析

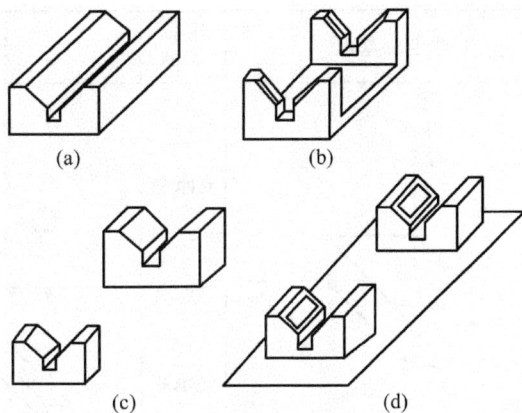

图 3-23　V 形架

V 形架可分为固定式和活动式。固定式 V 形架在夹具体上的装配,一般用螺钉和两个定位销连接。活动 V 形架除限制工件一个自由度外,还兼有夹紧作用,其应用见图 3-24。

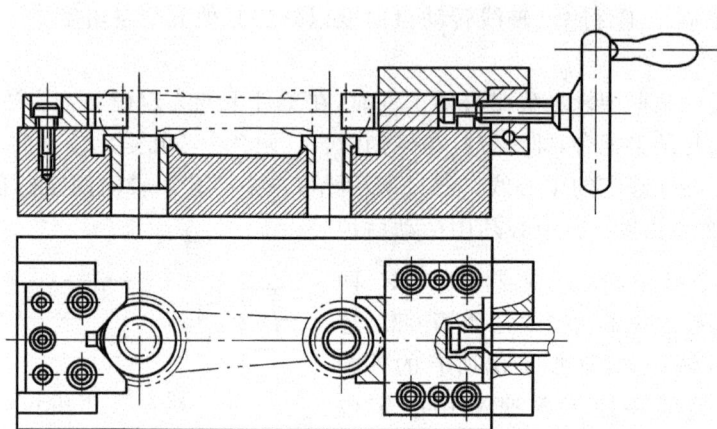

图 3-24 活动 V 形架应用

(2) 定位套

工件以外圆柱面在圆孔中定位,这种定位方法一般适用于精基准定位,常与端面联合定位。所用定位件结构简单,通常做成钢套装于夹具中,有时也可在夹具体上直接做出定位孔。

工件以外圆柱面定位,有时也可用半圆套或锥套作定位元件。

常见定位元件及其组合所能限制的自由度见表 3-1。

表 3-1 常见定位元件能限制的工件自由度

工件定位基面	定位元件	定位简图	定位元件特点	限制的自由度
平面	支承钉		平面组合	1、2、3—$\vec{Z}$、$\vec{X}$、$\vec{Y}$ 4、5—$\vec{X}$、$\vec{Z}$ 6—$\vec{Y}$
	支承板		平面组合	1、2—$\vec{Z}$、$\vec{X}$、$\vec{Y}$ 3—$\vec{X}$、$\vec{Z}$

工件定位基面	定位元件	定 位 简 图	定位元件特点	限制的自由度
圆孔 	定位销（心轴）		短销（短心轴）	$\vec{X}$、$\vec{Y}$
			长销（长心轴）	$\vec{X}$、$\vec{Y}$ $\widehat{X}$、$\widehat{Y}$
	菱形销		短菱形销	$\vec{Y}$
			长菱形销	$\vec{Y}$、$\widehat{X}$
	锥销		单锥销	$\vec{X}$、$\vec{Y}$、$\vec{Z}$
			1—固定锥销 2—活动锥销	$\vec{X}$、$\vec{Y}$、$\vec{Z}$ $\widehat{X}$、$\widehat{Y}$

续表

工件定位基面	定位元件	定 位 简 图	定位元件特点	限制的自由度
外圆柱面	支承板或支承钉		短支承板或支承钉	$\vec{Z}$
			长支承板或两个支承钉	$\vec{Z}$、$\vec{X}$
	V形架		窄V形架	$\vec{X}$、$\vec{Z}$
			宽V形架	$\vec{X}$、$\vec{Z}$ $\vec{X}$、$\vec{Z}$
	定位套		短套	$\vec{X}$、$\vec{Z}$
			长套	$\vec{X}$、$\vec{Z}$ $\vec{X}$、$\vec{Z}$
	半圆套		短半圆套	$\vec{X}$、$\vec{Z}$
			长半圆套	$\vec{X}$、$\vec{Z}$ $\vec{X}$、$\vec{Z}$
	锥套		单锥套	$\vec{X}$、$\vec{Y}$、$\vec{Z}$
			1—固定锥套 2—活动锥套	$\vec{X}$、$\vec{Y}$、$\vec{Z}$ $\vec{X}$、$\vec{Z}$

3.2.3　定位误差

1. 定位误差的概念与计算

工件在夹具中的位置是以其定位基面与定位元件相接触（配合）来确定的。然而，由于定位基面、定位元件的工作表面的制造误差，会使一批工件在夹具中的实际位置不相一致。加工后，各工件的加工尺寸必然大小不一，形成误差。这种由于工件在夹具上定位不准而造成的加工误差，称为定位误差。它包括基准位移误差和基准不重合误差。定位误差的实质是工序基准在加工尺寸方向上的最大变动量。计算定位误差首先要找出工序基准，然后求出其在加工尺寸方向上的最大变动量即可。

（1）基准位移误差

定位基准相对于其理想位置的最大变动量，称基准位移误差，用 Δ_Y 表示。

图 3-25a 所示零件，在圆柱面上铣键槽，加工尺寸为 A 和 B，图 3-25（b）是加工示意图。工件以内孔在圆柱心轴上定位，O 是心轴轴心，O_1、O_2 是工件孔的轴心。轴按 $d_{-T_d}^0$ 制造，工件内孔的尺寸为 $D_0^{+T_D}$。这时工序尺寸 A 的工序基准与定位基准重合，但由于心轴和工件内孔都存在制造偏差，因而实际的工序定位基准（即工件的内孔轴心）相对于其理想位置（即心轴的轴心）将在一个范围变化，这个变化范围就是基准位移误差。

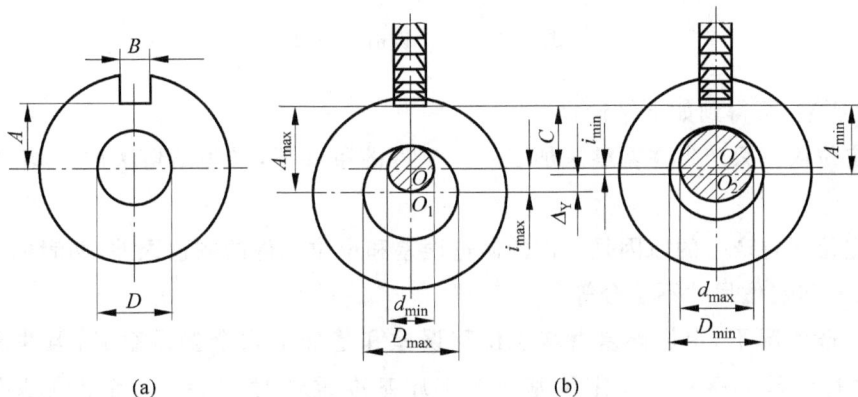

图 3-25　基准位移误差

（a）零件图；（b）加工示意图

由图 3-25 可以求出基准位移误差 Δ_Y：

$$\Delta_Y = O_1O_2 = OO_1 - OO_2 = \frac{D_{max} - d_{min}}{2} - \frac{D_{min} - d_{max}}{2} = \frac{D_{max} - D_{min}}{2} + \frac{d_{max} - d_{min}}{2} = \frac{T_D}{2} + \frac{T_d}{2}$$

从上式可以看出基准位移误差是由定位副的制造误差造成的。

（2）基准不重合误差

由于定位基准和工序基准不重合而造成的加工误差，称为基准不重合误差，用 Δ_B 表示。

图 3-26 所示铣沟槽面的工序简图。前一工序已将各平面加工好，本工序铣槽的工序尺寸 B 的基准是 D 面。为便于夹具设计，定位基准选择为 F 面，因此工序基准与定位基准不重合。工序基准与定位基准之间的联系尺寸为 $L \pm \Delta L$，在槽的位置相对于定位基准一定，但由于工序基准相对于定位基准存在误差 $\pm \Delta L$，使得工序基准 D 在一定范围内变动，从而造成这批工件工序尺寸 B 存在基准不重合的加工误差。工序基准 D 相对于定位基准的最大的位置变动动量就是基准不重合误差 $\Delta_B = 2\Delta L$。

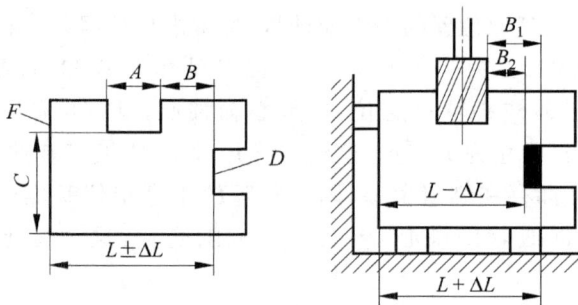

图 3-26　工件铣槽工序图

综上所述，可得到如下结论：

① 定位误差只产生在调整法加工一批工件的条件下，采用试切法加工，不存在定位误差。

② 定位误差产生的原因是工件的制造误差和定位元件的制造误差，两者的配合间隙及工序尺寸与定位尺寸不重合等。

③ 一般情况下，定位误差由基准位移误差和基准不重合误差组成，但并不是在任何情况两种误差都存在。当定位基准与工序基准重合时，$\Delta_B = 0$；当定位基准无变动时，$\Delta_Y = 0$。

定位误差 Δ_D 是由 Δ_B 和 Δ_Y 组合而成的。在计算时，分别求出 Δ_Y 和 Δ_B，再按一定规律合成就得到 Δ_D。

当工序基准不在定位基面上时，$\Delta_D = \Delta_Y + \Delta_B$。

当工序基准在定位基面上时，$\Delta_D = |\Delta_Y \pm \Delta_B|$。若基准位移和基准不重合引起的加工尺寸变化方向相同时，取"+"号；反之，取"−"号。

2. 几种典型表面的定位误差

（1）工件以平面定位

定位基准为平面时,其定位误差主要是由基准不重合误差引起的,如图 3-26 所示,这时一般不计算基准位移误差。这是因为基准位移误差主要是由平面度误差引起的,该误差很小,可忽略不计。

（2）工件以圆孔定位

工件以圆孔表面作为定位基准时的定位误差,与工件圆孔的制造精度、定位元件的放置形式、定位基面与定位元件的配合性质及工序基准与定位基准是否重合等因素直接有关。如图 3-25 所示,这时存在基准位移误差,但若采用弹性可涨心轴为定位元件,则定位元件与定位基准之间无相对位移,因此基准位移误差为零。

（3）工件以外圆定位

工件以外圆定位时,常见的定位元件为各种定位套、支承板和 V 形块等。定位套定位时误差分析及支承板定位时的误差分析与前述圆孔定位和平面定位相似。下面分析工件以外圆在 V 形块上的定位时的定位误差。

图 3-27 所示工件在铣削键槽时,以圆柱面在 V 形块上定位,分析加工尺寸分别为 A_1、A_2、A_3 时的定位误差。

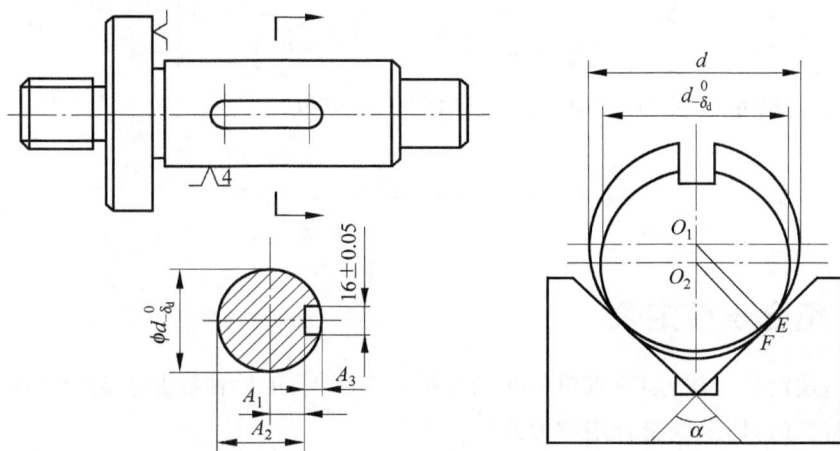

图 3-27　圆柱体铣键槽时的定位误差分析

① 当工序尺寸是 A_1 时,工序基准是圆柱轴线,定位基准也是圆柱轴线,两者重合,所以 $\Delta_B = 0$;由于工件的外圆存在制造误差,实际定位基准相对于夹具的定位面(称为限位基准)在一定范围内变化,因此 $\Delta_Y \neq 0$,则定位误差为

$$\Delta_D = \Delta_Y = \frac{\delta_d}{2\sin\dfrac{\alpha}{2}}$$

② 当工序尺寸为 A_2 时,工序基准是圆柱面的下母线,定位基准是圆柱轴线,两者不重合,所以 $\Delta_B \neq 0$。基于与第一种情况同样的理由,有 $\Delta_Y \neq 0$。由图 3-27 可得:

$$\Delta_B = \frac{d_{\max} - d_{\min}}{2} = \frac{\delta_d}{2}$$

$$\Delta_Y = \frac{\delta_d}{2\sin\dfrac{\alpha}{2}}$$

由于工序基准在定位基面上,因此 $\Delta_D = |\Delta_Y \pm \Delta_B|$。符号的确定:设定位基准位置不动,工件外圆柱直径由大变小时,工序基准向上移动,移动量为 $\dfrac{\delta_d}{2}$,这是基准不重合误差,使工序尺寸 A_2 减小。实际上,在这个变化过程中,由于外圆柱面需与 V 形块保持接触,则工件的定位基准必须下移至 O_2,$O_1 O_2 = \Delta_Y$,这是基准位移误差,使工序尺寸 A_2 增大。由此可知,在这种情况下,两个基准在加工尺寸方向的移动方向相反,所以有

$$\Delta_D = \left| \frac{\delta_d}{2\sin\dfrac{\alpha}{2}} - \frac{\delta_d}{2} \right| = \frac{\delta_d}{2}\left| \frac{1}{\sin\dfrac{\alpha}{2}} - 1 \right|$$

③ 当工序尺寸是 A_3 时,同理,可以求出定位误差为

$$\Delta_D = \Delta_Y + \Delta_B = \frac{\delta_d}{2}\left\{ \frac{1}{\sin\dfrac{\alpha}{2}} + 1 \right\}$$

3.2.4　组合表面定位

以上所述定位方法,多为以单一表面定位。实际上,工件往往是以两个或两个以上的表面同时定位的,即采取组合定位方式。

组合定位的方式很多,生产中最常用的就是"一面两孔"定位,如加工箱体、杠杆、盖板等。这种定位方式简单、可靠、夹紧方便,易于做到工艺过程中的基准统一,保证工件的相互位置精度。

工件采用一面两孔定位时,定位平面一般是加工过的精基面,两孔可以是工件结构上原有的,也可以是为定位需要专门设置的工艺孔。相应的定位元件是支承板和两定位销。图 3-28 所示为某箱体镗孔时以一面两孔定位的示意图。支承板限制工件 $\vec{Z}$、$\vec{X}$、$\vec{Y}$ 三个

自由度；短圆柱销 1 限制工件的 $\vec{X}$、$\vec{Y}$ 两个自由度；短圆柱销 2 限制工件的 $\vec{X}$、$\vec{Z}$ 两个自由度。可见 $\vec{X}$ 被两个圆柱销重复限制，产生过定位现象，严重时将不能安装工件。

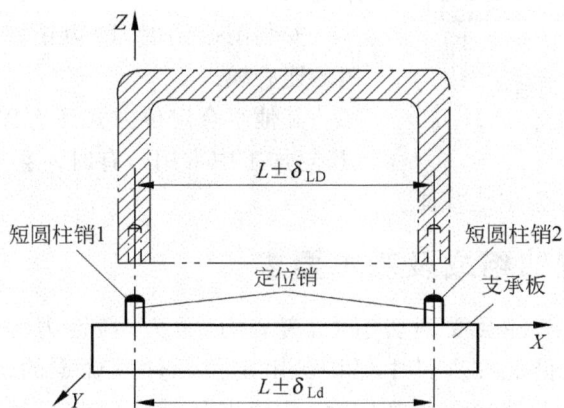

图 3-28　一面两孔组合定位

　　一批工件定位可能出现干涉的最坏情况为：孔心距最大，销心距最小，或者反之。为使工件在两种极端情况下都能装到定位销上，可把定位销 2 上与工件孔壁相碰的那部分削去，即做成削边销。图 3-29 所示为削边销的形成机理。

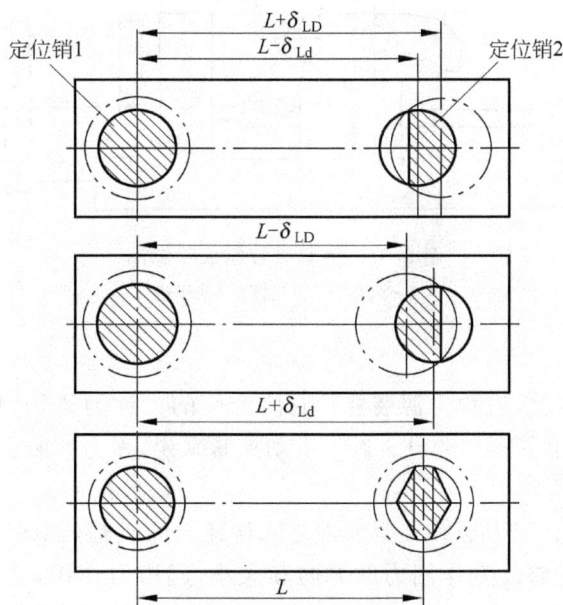

图 3-29　削边销的形成

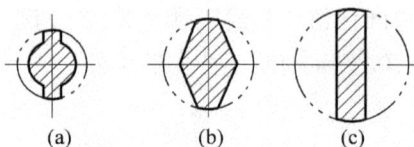

图 3-30　削边销结构

(a) $d<3$；(b) $3\leqslant d\leqslant50$；(c) $d>50$

为保证削边销的强度，一般多采用菱形结构，故又称为菱形销。图 3-30 所示为常用削边销结构。

安装削边销时，削边销宽度方向应平行于两销的连心线。

其他组合定位方式还有以一孔及其端面定位（齿轮加工中常用），有时还会采用 V 形导轨、燕尾导轨等组合成形表面作为定位基面。

3.2.5　夹紧装置的组成及基本要求

机械加工过程中，工件会受到切削力、离心力、重力、惯性力等的作用。在这些外力作用下，为了使工件仍能在夹具中保持已由定位元件所确定的加工位置，而不致发生振动或位移，保证加工质量和生产安全，一般夹具结构中都必须设置夹紧装置将工件可靠夹牢。

1. 夹紧装置的组成

图 3-31 为夹紧装置组成示意图，它主要由以下三部分组成：

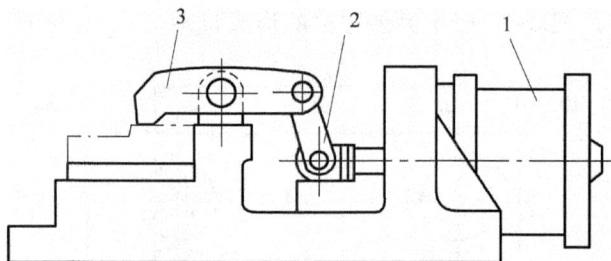

图 3-31　夹紧装置组成示意图

1—气缸　2—连杆　3—压板

（1）力源装置

产生夹紧作用力的装置称力源装置。它所产生的力称为原始力，如气动、液动、电动等，图 3-31 中的力源装置是气缸 1。对于手动夹紧来说，无力源装置的力源来自人力。

（2）中间传力机构

中间传力机构是介于力源和夹紧元件之间传递力的机构，如图 3-31 中的连杆 2。在传递力的过程中，它能够改变作用力的方向和大小，起增力作用；还能使夹紧实现自锁，保证力源提供的原始力消失后，仍能可靠地夹紧工件，这对手动夹紧尤为重要。

（3）夹紧元件

夹紧元件是夹紧装置的最终执行件，与工件直接接触完成夹紧作用，如图 3-31 中的压板 3。

2. 对夹具装置的要求

必须指出，夹紧装置的具体组成并非一成不变，需根据工件的加工要求、安装方法和生产规模等条件来确定。但无论其组成如何，都必须满足以下基本要求：

① 夹紧时应保持工件定位后所占据的正确位置。

② 夹紧力大小要适当。夹紧机构既要保证工件在加工过程中不产生松动或振动，同时，又不得产生过大的夹紧变形和表面损伤。

③ 夹紧机构的自动化程度和复杂程度应与工件的生产规模相适应，并有良好的结构工艺性，尽可能采用标准化元件。

④ 夹紧动作要迅速、可靠，且操作要方便、省力、安全。

3.2.6　夹紧力三要素确定

设计夹紧机构，必须首先合理确定夹紧力的三要素：大小、方向和作用点。

1. 夹紧力方向的确定

确定夹紧力作用方向时，应与工件定位基准的配置及所受外力的作用方向等结合起来考虑。其确定原则是：

（1）夹紧力的作用方向应垂直于主要定位基准面

图 3-32 所示直角支座以 A、B 面定位镗孔，要求保证孔中心线垂直于 A 面。为此应选择 A 面为主要定位基准，夹紧力 Q 的方向垂直于 A 面。这样，无论 A 面与 B 面有多大的垂直度误差，都能保证孔中心线与 A 面垂直。否则，图 3-32(b) 所示夹紧力方向垂直于 B 面，则因 A、B 面间有垂直度误差（$\alpha > 90°$ 或 $\alpha < 90°$），使镗出的孔不垂直于 A 面而可能报废。

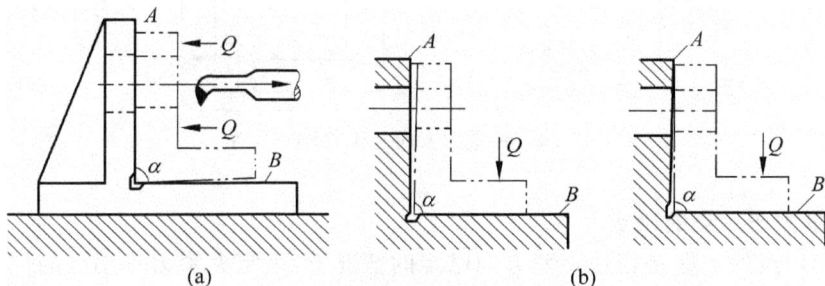

图 3-32　夹紧力方向对镗孔垂直度的影响

(a) 合理；(b) 不合理

（2）在夹紧力作用方向上应使所需夹紧力最小

这样可使机构轻便、紧凑，工件变形小，对手动夹紧可减轻工人劳动强度，提高生产效率。对于图 3-33，应使夹紧力 Q 的方向最好与切削力 F、工件的重力 G 的方向重合，这时所需要的夹紧力为最小。

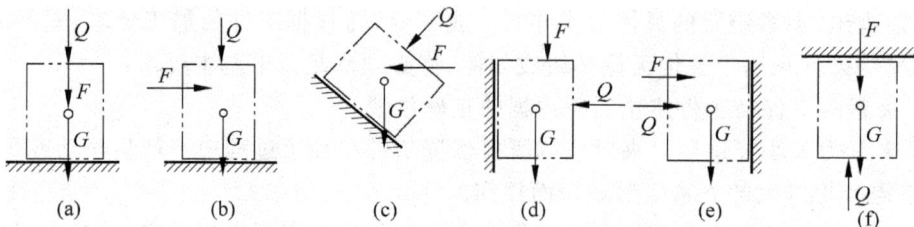

图 3-33　夹紧方向与夹紧力大小的关系
(a)最合理；(b)较合理；(c)可行；(d)不合理；(e)不合理；(f)最不合理

图 3-33 表示了 F、G、Q 三力不同方向之间关系的几种情况。显然，图 3-33(a)最合理，图 3-33(f)情况为最差。

（3）夹紧力作用方向应使工件变形最小

由于工件不同方向上的刚度是不一致的，不同的受力表面也因其接触面积不同而变形各异，尤其在夹紧薄壁工件时更需注意。

图 3-34 所示套筒是用三爪自定心卡盘夹紧外圆，显然要比用特制螺母从轴向夹紧工件产生的变形要大得多。

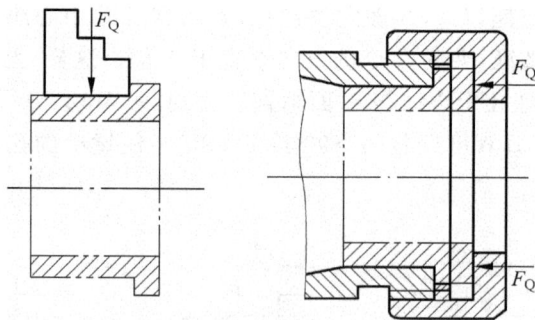

图 3-34　夹紧力方向与工件刚性关系

2. 夹紧力作用点的确定

选择作用点的问题是指在夹紧方向已定的情况下，确定夹紧力作用点的位置和数目。应依据以下原则：

（1）夹紧力作用点应落在支承元件上或几个支承元件所形成的支承面内

图 3-35(a)为夹紧力作用在支承面范围之外,会使工件倾斜或移动,而图 3-35(b)则是合理的。

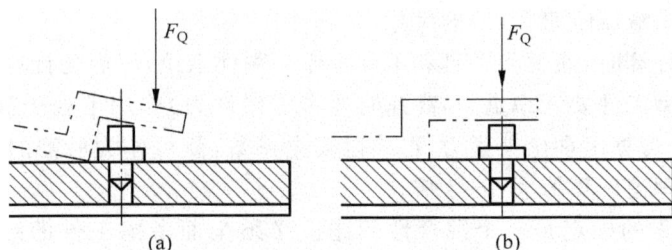

图 3-35　夹紧力作用点应在支承面内

(a) 不合理；(b) 合理

(2) 夹紧力作用点应落在工件刚性好的部位上

图 3-36 所示是将作用在壳体中部的单点夹紧改成在工件外缘处的两点夹紧,工件的变形大为改善,且夹紧也更可靠。该原则对刚度差的工件尤其重要。

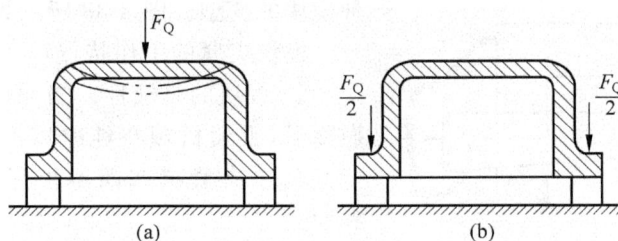

图 3-36　夹紧力作用点应在刚性较好部位

(a) 不合理；(b) 合理

(3) 夹紧力作用点应尽可能靠近被加工表面,以减小切削力对工件造成的翻转力矩

必要时应在工件刚性差的部位增加辅助支承并施加夹紧力,以免振动和变形。如图 3-37 所示,支承 a 尽量靠近被加工表面,同时要给予夹紧力 Q_2。这样翻转力矩小又增加了工件的刚性,既保证了定位夹紧的可靠性,又减小了振动和变形。

3. 夹紧力大小的确定

夹紧力大小要适当,过大会使工件变形,过小则在加工时工件会松动,造成报废甚至发生事故。

采用手动夹紧时,可凭人力来控制夹紧力的

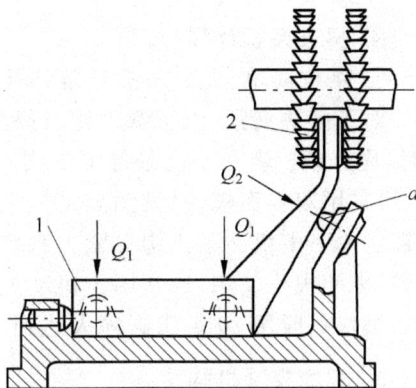

图 3-37　夹紧力作用点应靠近加工表面

大小,一般不需要算出所需夹紧力的确切数值,只是必要时进行大概的估算。

当设计机动(如气动、液压、电动等)夹紧装置时,则需要计算夹紧力的大小,以便决定动力部件(如气缸、液压缸直径等)的尺寸。

进行夹紧力计算时,通常将夹具和工件看作一刚性系统,以简化计算。根据工件在切削力、夹紧力(重型工件要考虑重力,高速时要考虑惯性力)作用下处于静力平衡,列出静力平衡方程式,即可算出理论夹紧力,再乘以安全系数,就可作为所需的实际夹紧力。实际夹紧力一般比理论计算值大2~3倍。

夹紧力三要素的确定是一个综合性问题。必须全面考虑工件的结构特点、工艺方法、定位元件的结构和布置等多种因素,才能最后确定并具体设计出较为理想的夹紧机构。

3.2.7　典型夹紧机构

1. 楔块夹紧

楔块夹紧是夹紧机构中最基本的一种形式。其他一些夹紧如偏心轮、螺钉等都是这种楔块的变型。图 3-38 所示为楔块夹紧钻模。

楔块夹紧的工作特点:

① 楔块的自锁性。当原始力 Q 一旦消失或撤除后,夹紧机械在纯摩擦力的作用下,仍应保持其处于夹紧状态而不松开,以保证夹紧的可靠性。

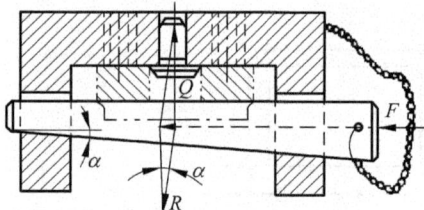

图 3-38　楔块夹紧

楔块的自锁条件为: $\alpha \leqslant \phi_1 + \phi_2$。为保证自锁可靠,取 $\alpha = 5° \sim 7°$。

② 楔块能改变夹紧作用力的方向;

③ 楔块具有增力作用,增力比 $i = Q/F \approx 3$;

④ 楔块夹紧行程小;

⑤ 结构简单,夹紧和松开需要敲击大、小端,操作不方便。

对于楔块夹紧,由于增力比、行程大小和自锁条件是相互制约的,故在确定楔块升角 α 时,应兼顾三者在不同条件下的实际需要。当机构既要求自锁,又要有较大的夹紧行程时,可采用双斜面楔块(见图 3-39),前部大升角用于夹紧前的快速行程,后部小升角保证自锁。单一楔块夹紧机构夹紧力和增力比均较小且操作不便,夹紧行程也难以满足实际需要,因此很少使用,通常用于机动夹紧或组合夹紧机构中。

楔块一般用 20 钢渗碳淬火达到 HRC 58~62,有时也用 45 钢淬硬至 HRC 42~46。

2. 螺旋夹紧机构

将楔块的斜面绕在圆柱体上就成为螺旋面,因此螺旋夹紧的作用原理与楔块相同。

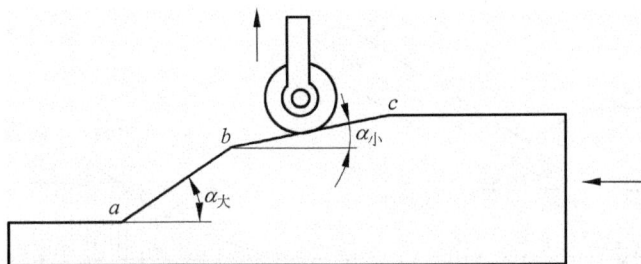

图 3-39　双升角楔块

图 3-40 是最简单的单螺旋夹紧机构。夹具体上装有螺母 2,转动螺杆 1,通过压块 4 将工件夹紧。螺母为可换式,螺钉 3 防止其转动。压块可避免螺杆头部与工件直接接触,夹紧时能带动工件转动,并造成压痕。

螺旋夹紧的工作特点:

① 自锁性能好。通常采用标准的夹紧螺钉,螺旋升角 α 甚小,如 M8～M48 的螺钉, $\alpha = 3°10' \sim 1°50'$,远小于摩擦角,故夹紧可靠,保证自锁。

② 增力比大: $i \approx 75$ 。

③ 夹紧行程调节范围大。

④ 夹紧动作慢、工件装卸费时。

由于螺旋夹紧具有以上特点,很适用于手动夹紧,在机动夹紧机构中应用较少。针对其夹紧动作慢、辅助时间长的缺点,通常采用各种形式的快速夹紧机构,在实际生产中,螺旋—压板组合夹紧比单螺旋夹紧用得更为普遍。

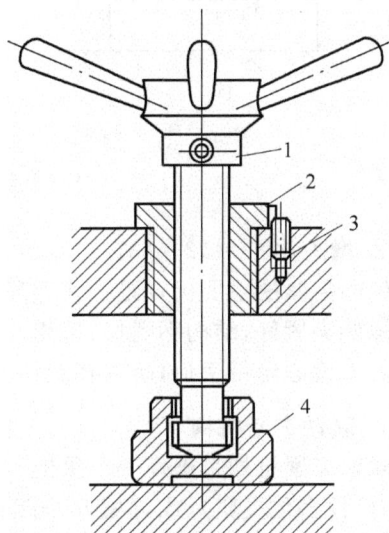

图 3-40　单螺旋夹紧
1—螺杆　2—螺母　3—螺钉　4—压块

3. 偏心夹紧

图 3-41(a)所示直径为 D 、偏心距为 e 的偏心轮。偏心轮可以看作是一个绕在转轴上的弧形楔(图中径向影线部分)。将偏心轮上起夹紧作用的廓线展开,如图 3-41(b)所示,圆偏心实质是一曲线斜楔,夹紧的最大行程为 $2e$,曲线上各点的升角不相等, P 点升角最大而夹紧力最小,但 P 点附近升角变化小,因而夹紧比较稳定。

① 圆偏心夹紧的自锁条件: $D/e \geq 14$ 。 D/e 值叫做偏心轮的偏心特性,表示偏心轮工作的可靠性。此值大,自锁性能好,但结构尺寸也大。

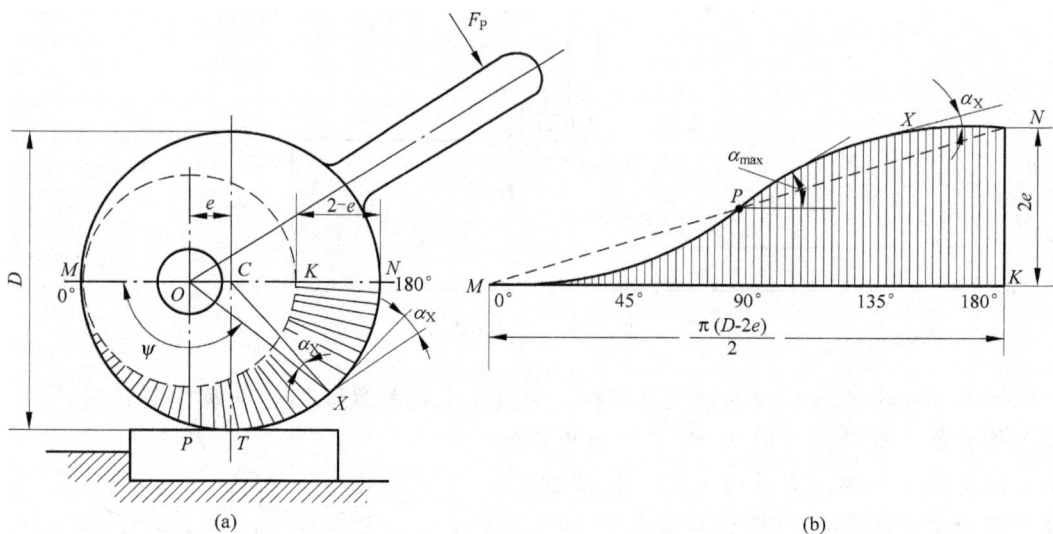

图 3-41 圆偏心夹紧及其圆偏心展开图

(a) 偏心轮夹紧；(b) 圆偏心展开图

② 增力比：$i=12\sim13$。

偏心夹紧的主要优点是操作方便,动作迅速,结构简单,其缺点是工作行程小,自锁性不如螺旋夹紧好,结构不耐振,适用于切削平稳且切削力不大的场合,常用于手动夹紧机构。由于偏心轮带手柄,所以在旋转的夹具上不允许用偏心夹紧机构,以防误操作。

4. 联动夹紧机构

联动夹紧机构是操作一个手柄,或用一个动力装置在几个夹紧位置上同时夹紧一个工件(单件多位夹紧),或夹紧几个工件(多件多位夹紧)的夹紧机构。如图 3-42 图 3-43 所示根据工件的特点和要求,为了减少工件装夹时间,提高生产率,简化结构,常采用联动夹紧机构。

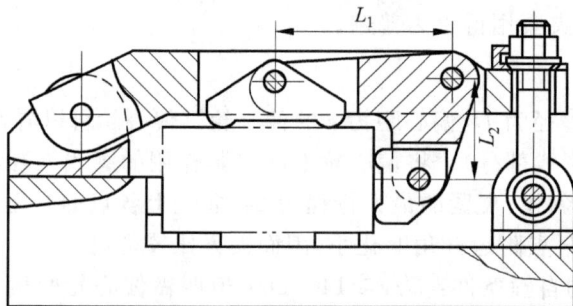

图 3-42 单件联动夹紧机构

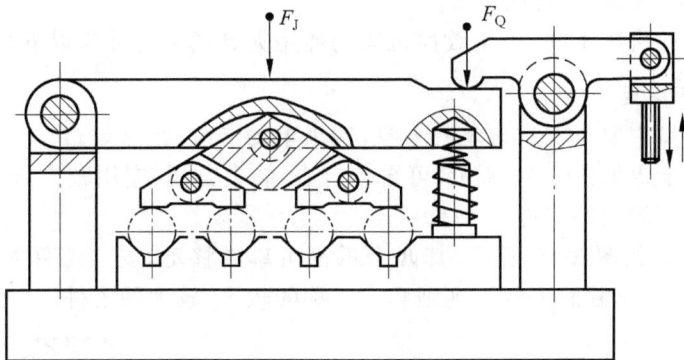

图 3-43　平行式多件联动夹紧机构

在设计联动夹紧机构时应注意的问题：

① 必须设置浮动环节，以补偿同批工件尺寸偏差的变化，保证同时且均匀地夹紧工件。

② 联动夹紧一般要求有较大的总夹紧力，故机构要有足够刚度，防止夹紧变形。

③ 工件的定位和夹紧联动时，应保证夹紧时不破坏工件在定位时所取得的位置。

5．定心夹紧机构

当工件的被加工面以中心要素（轴线、中心平面等）为工序基准时，为使基准重合以减少定位误差，需采用定心夹紧机构。

定心夹紧机构是指能保证工件的对称点（或对称线、面）在夹紧过程中始终处于固定准确位置的夹紧机构。它的特点是：夹紧机构的定位元件与夹紧元件合为一体，并且定位和夹紧动作是同时进行的。

定心夹紧机构按其工作原理分为两种类型，一种是按定位—夹紧元件等速移动原理来实现定心夹紧的，三爪自定心卡盘就是典型实例；另一种是按定位—夹紧元件均匀弹性变形原理来实现定心夹紧的机构，如弹簧夹筒、膜片卡盘、液性塑料等。

3.3　数控加工常用夹具

3.3.1　数控加工夹具简介

现代自动化生产中，数控机床的应用已愈来愈广泛。数控机床夹具必须适应数控机床的高精度、高效率、多方向同时加工、数字程序控制及单件小批生产的特点。为此，对数控机床夹具提出了一系列新的要求：

① 推行标准化、系列化和通用化；

② 发展组合夹具和拼装夹具，降低生产成本；

③ 提高精度；

④ 提高夹具的高效自动化水平。

根据所使用的机床不同,用于数控机床的通用夹具通常可分为以下几种。

1. 数控车床夹具

数控车床夹具主要有三爪自定心卡盘、四爪单动卡盘、花盘等。

三爪自定心卡盘如图 3-44 所示,可自动定心,装夹方便,应用较广,但它夹紧力较小,不便于夹持外形不规则的工件。

四爪单动卡盘如图 3-45 所示,其四个爪都可单独移动,安装工件时需找正,夹紧力大,适用于装夹毛坯及截面形状不规则和不对称的较重、较大的工件。

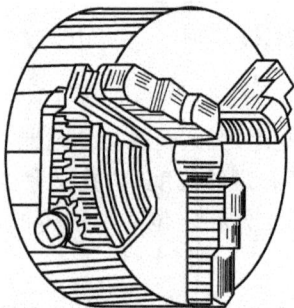

图 3-44 三爪自定心卡盘的构造

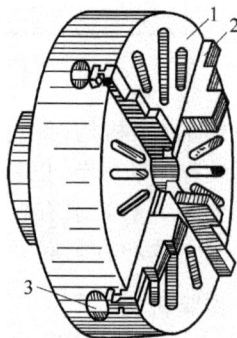

图 3-45 四爪单动卡盘
1—卡盘体 2—卡爪 3—丝杆

通常用花盘装夹不对称和形状复杂的工件,装夹工件时需反复校正和平衡。

2. 数控铣床夹具

数控铣床常用夹具是平口钳,先把平口钳固定在工作台上,找正钳口,再把工件装夹在平口钳上,这种方式装夹方便,应用广泛,适于装夹形状规则的小型工件。如图 3-46 所示。

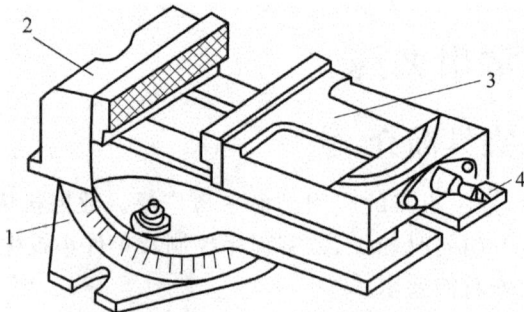

图 3-46 平口钳
1—底座 2—固定钳口 3—活动钳口 4—螺杆

3. 加工中心夹具

数控回转工作台是各类数控铣床和加工中心的理想配套附件,有立式工作台、卧式工作台和立卧两用回转工作台等不同类型产品。立卧回转工作台在使用过程中可分别以立式和水平两种方式安装于主机工作台上。工作台工作时,利用主机的控制系统或专门配套的控制系统,完成与主机相协调的各种必需的分度回转运动。

为了扩大加工范围,提高生产效率,加工中心除了有沿 X、Y、Z 三个坐标轴的直线进给运动之外;往往还带有 A、B、C 三个回转坐标轴的圆周进给运动。数控回转工作台作为机床的一个旋转坐标轴由数控装置控制,并且可以与其他坐标联动,使主轴上的刀具能加工到工件除安装面及顶面以外的周边。回转工作台除了用来进行各种圆弧加工或与直线坐标进给联动进行曲面加工以外,还可以实现精确的自动分度。因此,回转工作台已成为加工中心一个不可缺少的部件。

除以上通用夹具外,数控机床夹具主要采用组合夹具、拼装夹具、可调夹具和数控夹具。

3.3.2　组合夹具

组合夹具是一种标准化、系列化、通用化程度很高的工艺装备,我国目前已基本普及。组合夹具由一套预先制造好的不同形状、不同规格、不同尺寸的标准元件及部件组装而成。图 3-47 为被加工盘类零件的工序图,用来钻径向分度孔的组合夹具的立体图及其分解图见图 3-48。

1. 组合夹具的特点

组合夹具一般是为某一工件的某一工序组装的专用夹具,也可以组装成通用可调夹具或成组夹具。组合夹具适用于各类机床,但以钻模和车床夹具用得最多。

组合夹具把专用夹具的设计、制造、使用、报废的单向过程变为组装、拆散、清洗入库、再组装的循环过程。可用几小时的组装周期代替几个月的设计制造周期,从而缩短了生产周期;节省了工时和材料,降低了生产成本;还可减少夹具库房面积,有利于管理。

组合夹具的元件精度高,耐磨性好,并且能实现完全互换,元件精度一般为 IT6~IT7 级。用组合夹具加工的工件,位置精度一般可达 IT8~IT9 级;若精心调整,可以达到 IT7 级。

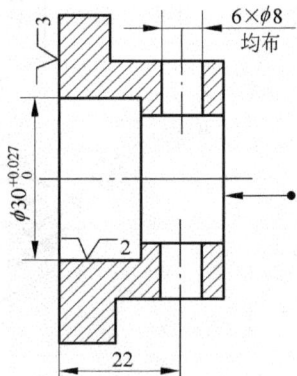

图 3-47　盘类零件钻径向孔工序图

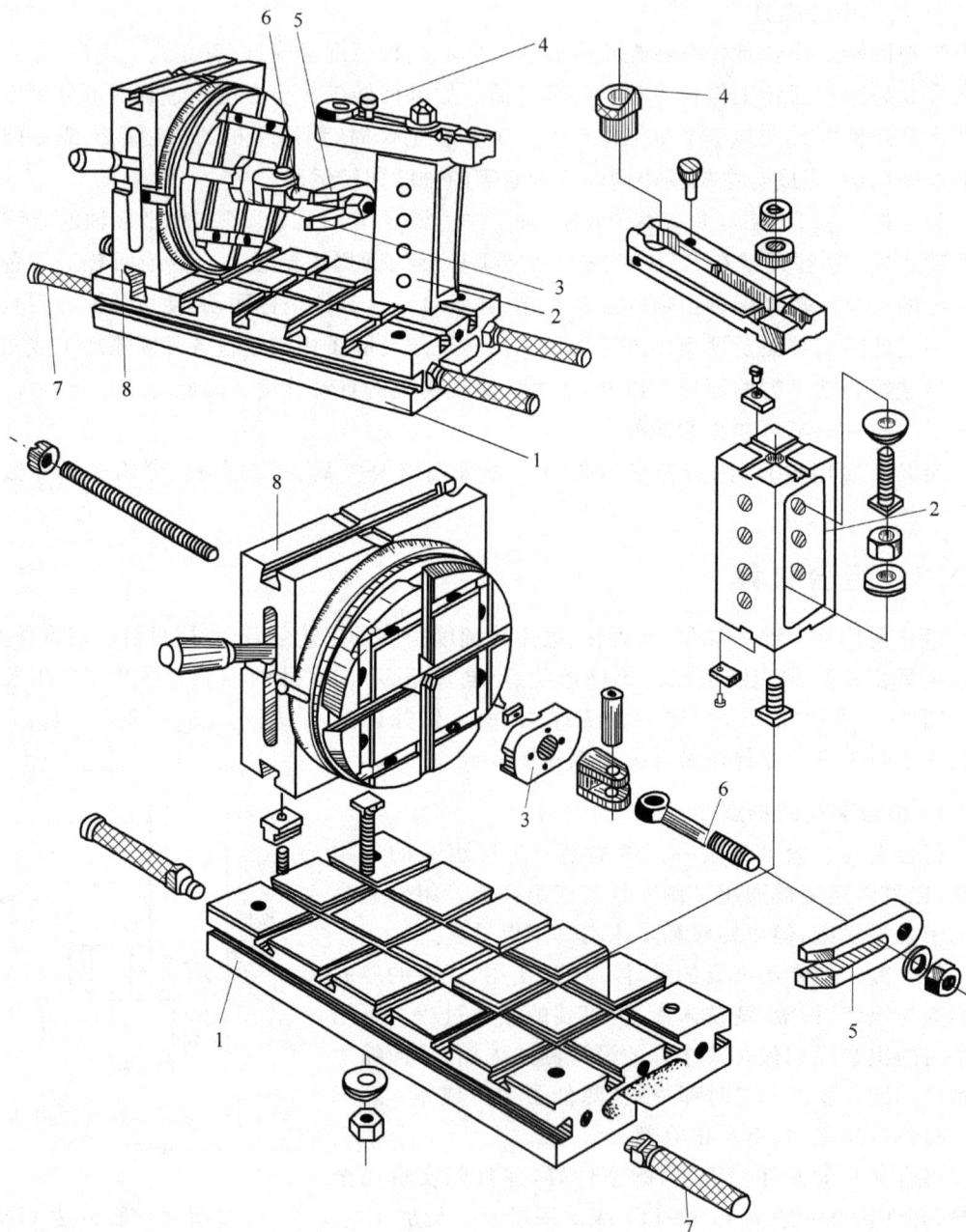

图 3-48 钻盘类零件径向孔的组合夹具

1—基础件 2—支承件 3—定位件 4—导向件 5—夹紧件 6—紧固件 7—其他件 8—合件

　　由于组合夹具有很多优点,又特别适用于新产品试制和多品种小批量生产,所以近年来发展迅速,应用较广。组合夹具的主要缺点是体积较大,刚度较差,一次投资多,成本高,这使组合夹具的推广应用受到一定限制。

　　组合夹具分为槽系和孔系两大类,我国以槽系为主。

2. 槽系组合夹具

(1) 槽系组合夹具的规格

　　为了适应不同工厂、不同产品的需要,槽系组合夹具分大、中、小型三种规格,其主要参数如表 3-2 所示。

表 3-2　槽系组合夹具的主要结构要素及性能

规格	槽宽/mm	槽距/mm	连接螺栓/mm·mm	键用螺钉/mm	支承件截面/mm²	最大载荷/N	工件最大尺寸/mm·mm·mm
大型	$16^{+0.08}_{0}$	75 ± 0.01	M16×1.5	M5	75×75 90×90	200000	2500×2500×1000
中型	$12^{+0.08}_{0}$	60 ± 0.01	M12×1.5	M5	60×60	100000	1500×1000×500
小型	$8^{+0.015}_{0}$ $6^{+0.015}_{0}$	30 ± 0.01	M8、M6	M3、M2.5	30×30 22.5×22.5	50000	500×250×250

(2) 组合夹具的元件

① 基础件

　　图 3-49 所示为长方形、圆形、方形及基础角铁等基础件,它们常作为组合夹具的夹具体。图 3-48 中的基础件 1 为长方形基础板做的夹具体。

图 3-49　基础件

② 支承件

　　图 3-50 所示为 V 形支承、长方支承、加肋角铁和角度支承等支承件。它们是组合夹具中的骨架元件,数量最多,应用最广。它可作为各元件间的连接件,又可作为大型工件的定位件。图 3-48 中支承件 2 将钻模板与基础板连成一体,并保证钻模板的高度和位置。

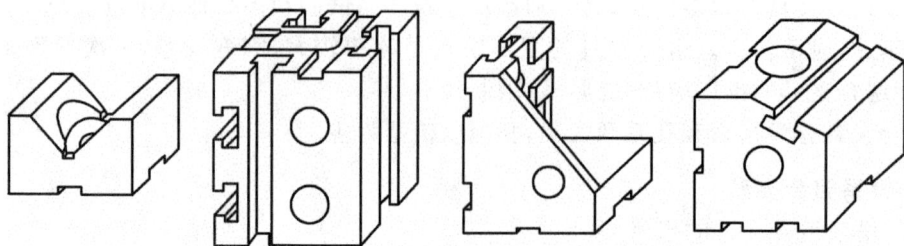

图 3-50　支承件

③ 定位件

图 3-51 所示为平键、T 形键、圆形定位销、菱形定位销、圆形定位盘、定位接头、方形定位支承、六菱定位支承座等定位件,主要用于工件的定位及元件之间的定位。图 3-48 中,定位件 3 为菱形定位盘,用作工件的定位;支承件 2 与基础件 1、钻模板之间的平键、合件(端齿分度盘)8 与基础件 1 之间的 T 形键均用作元件之间的定位。

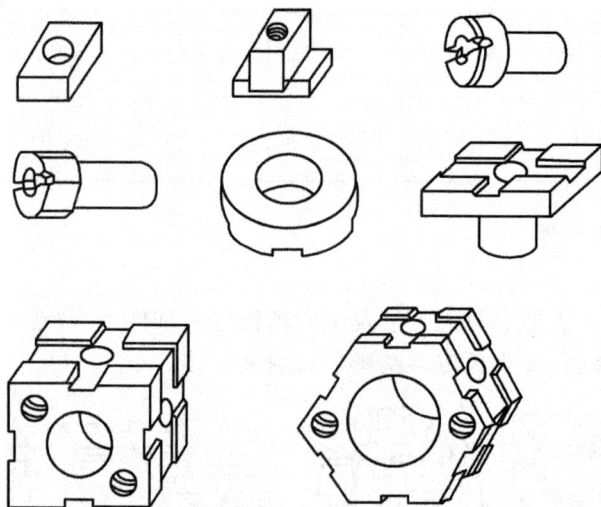

图 3-51　定位件

④ 导向件

图 3-52 所示为固定钻套、快换钻套、钻模板、左偏心钻模板、右偏心钻模板、立式钻模板等导向件。它们主要用于确定刀具与夹具的相对位置,并起引导刀具的作用。图 3-48 中,安装在钻模板上的导向件 4 为快换钻套。

⑤ 夹紧件

图 3-53 所示为弯压板、摇板、U 形压板、叉形压板等夹紧件。它们主要用于压紧工

件,也可用作垫板和挡板。图 3-48 中的夹紧件 5 为 U 形压板。

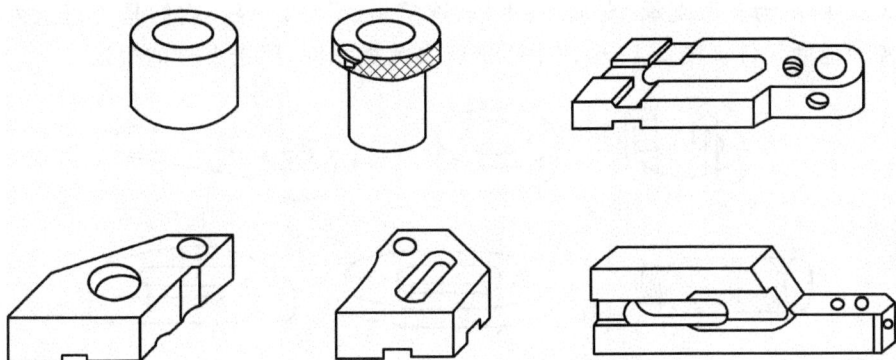

图 3-52　导向件

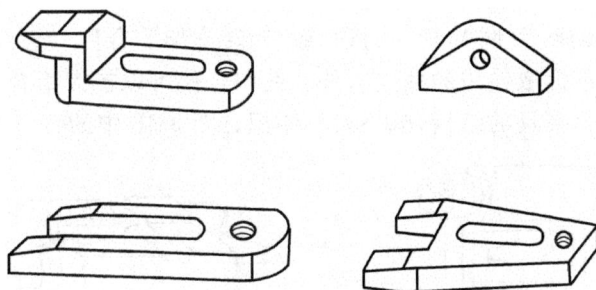

图 3-53　压紧件

⑥ 紧固件

图 3-54 所示为各种螺栓、螺钉、垫圈、螺母等紧固件。它们主要用于紧固组合夹具中的各种元件及压紧被加工件。由于紧固件在一定程度上影响整个夹具的刚性,所以螺纹件均采用细牙螺纹,可增加各元件之间的连接强度。同时所选用的材料、制造精度及热处理等要求均高于一般标准紧固件。图 3-48 中紧固件 6 为关节螺栓,用来压紧工件,且各元件间均采用槽用方头螺栓、螺钉、螺母、垫圈等紧固件紧固。

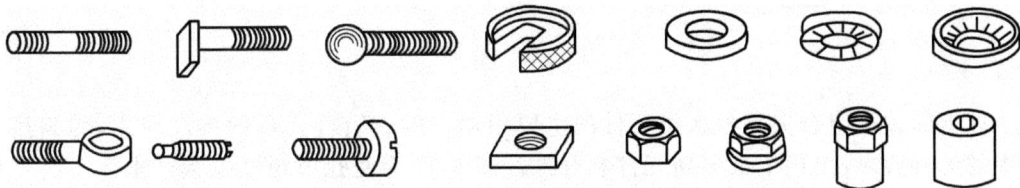

图 3-54　紧固件

⑦ 其他件

图 3-55 所示为三爪支承、支承环、手柄、连接板、平衡块等。它们是指以上六类元件之外的各种辅助元件。图 3-48 中四个手柄就属此类元件,用于夹具的搬运。

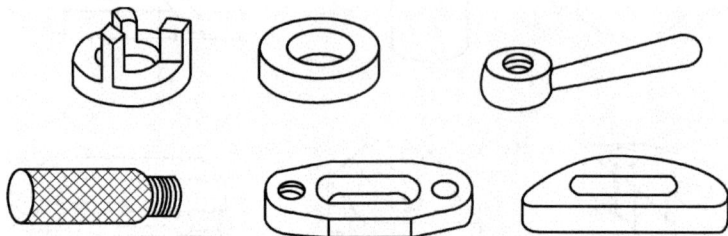

图 3-55　其他件

⑧ 合件

图 3-56 所示为尾座、可调 V 形块、折合板、回转支架等合件。合件由若干零件组合而成,是在组装过程中不拆散使用的独立部件。使用合件可以扩大组合夹具的使用范围,加快组装速度,简化组合夹具的结构,减小夹具体积。图 3-48 中的合件 8 为端齿分度盘。

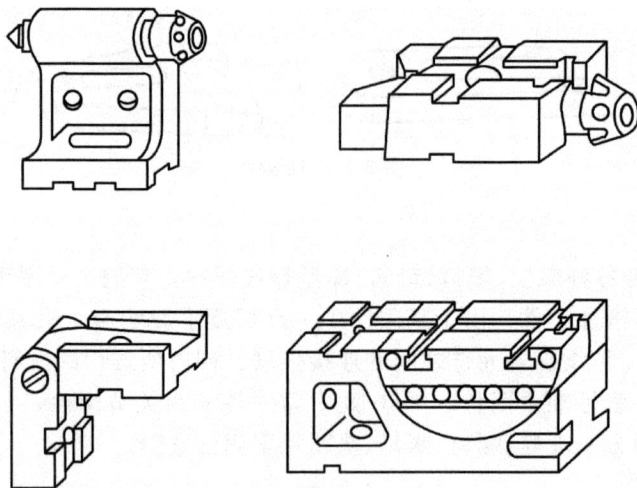

图 3-56　合件

以上简述了组合夹具各大类元件的主要用途。随着组合夹具的推广应用,为满足生产中的各种要求,出现了很多新元件和合件。图 3-57 为密孔节距钻模板。本体 1 与可调钻模板 2 上均有齿距为 1mm 的锯齿,加工孔的中心距可在 15～174mm 范围内调节,并有 I 形、L 形和 T 形等。图 3-58 为带液压缸的基础板。基础板内有油道连通七个液压缸 4,

利用分配器供油,使活塞 6 上、下运动,作为夹紧机构的动力源,活塞通过键 5 与夹紧机构连接。这种基础板结构紧凑,效率高。但需配备液压系统,价格较高。

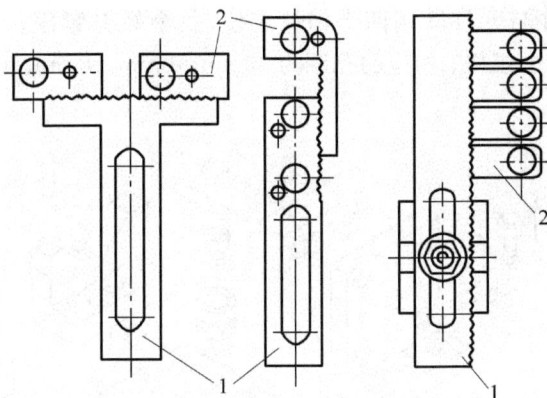

图 3-57　密孔节距钻模板
1—本体　2—可调钻模板

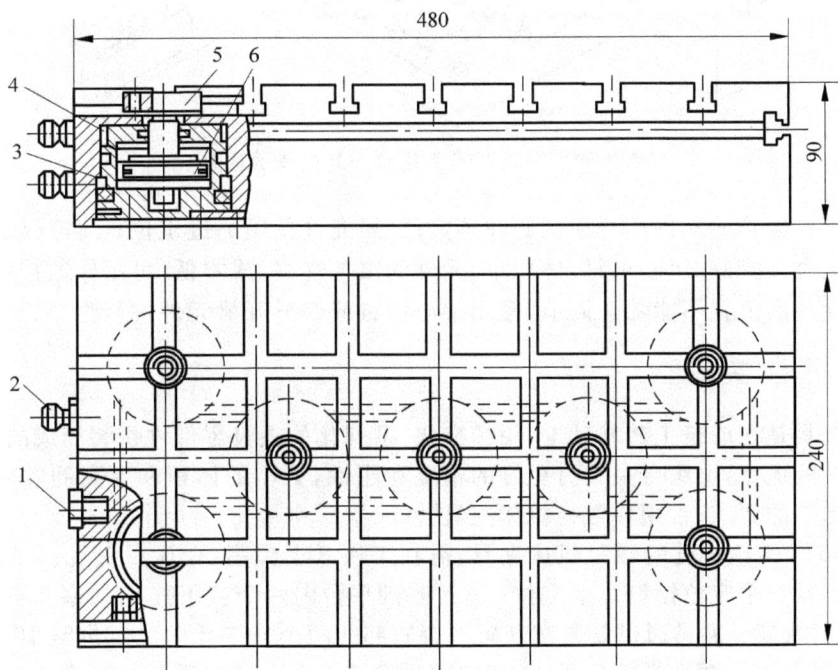

图 3-58　液压缸的基础板
1—螺塞　2—油管接头　3—基础板　4—液压缸　5—键　6—活塞

3. 孔系组合夹具

目前许多发达国家都有自己的孔系组合夹具。图 3-59 为德国 BIUCO 公司的孔系组合夹具组装示意图。元件与元件间用两个销钉定位，一个螺钉紧固。定位孔孔径有 10mm、12mm、16mm、24mm 四个规格；相应的孔距为 30mm、40mm、50mm、80mm；孔径公差为 H7，孔距公差为 ± 0.01mm。

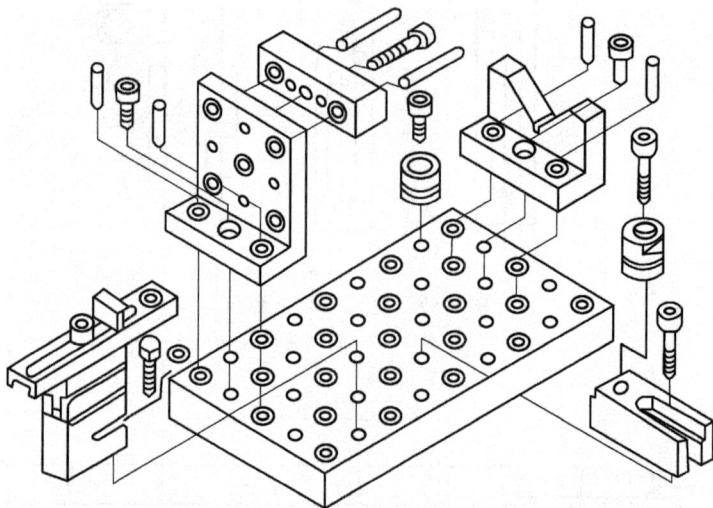

图 3-59   BIUCO 孔系组合夹具组装示意图

孔系组合夹具的元件用一面两圆柱销定位，属允许使用的过定位；其定位精度高，刚性比槽系组合夹具好，组装可靠，体积小，元件的工艺性好，成本低，可用作数控机床夹具。但组装时元件的位置不能随意调节，常用偏心销钉或部分开槽元件进行弥补。

3.3.3   拼装夹具

拼装夹具是在成组工艺基础上，用标准化、系列化的夹具零部件拼装而成的夹具。它有组合夹具的优点，比组合夹具有更好的精度和刚性，更小的体积和更高的效率，因而较适合柔性加工的要求，常用作数控机床夹具。

图 3-60 为镗箱体孔的数控机床夹具，需在工件 6 上镗削 A、B、C 三孔。工件在液压基础平台 5 及三个定位销钉 3 上定位；通过基础平台内两个液压缸 8、活塞 9、拉杆 12、压板 13 将工件夹紧；夹具通过安装在基础平台底部的两个连接孔中的定位键 10 在机床 T 形槽中定位，并通过两个螺旋压板 11 固定在机床工作台上。可选基础平台上的定位孔 2 作夹具的坐标原点，与数控机床工作台上的定位孔 1 的距离分别为 X_0、Y_0。三个加工孔的坐标尺寸可用机床定位孔 1 作为零点进行计算编程，称固定零点编程；也可选夹具上方便的某一定位孔作为零点进行计算编程，称浮动零点编程。

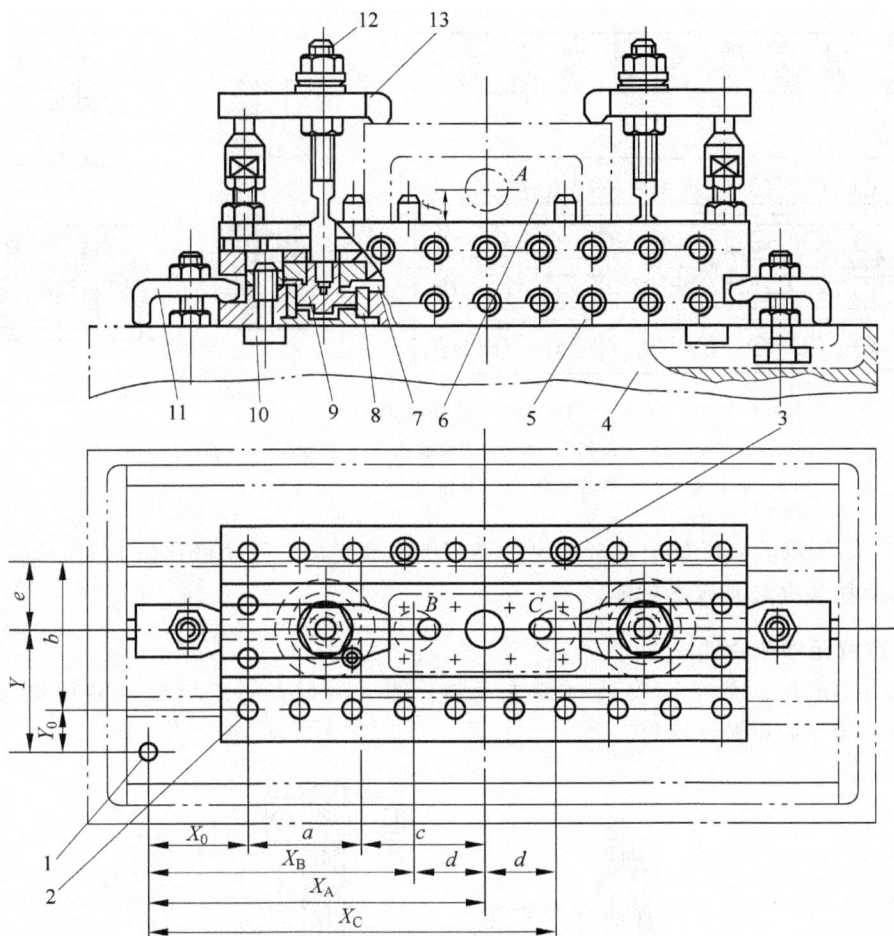

图 3-60　数控机床夹具

1、2—定位孔　3—定位销孔　4—数控机床工作台　5—液压基础平台　6—工件
7—通油孔　8—液压缸　9—活塞　10—定位键　11、13—压板　12—拉杆

拼装夹具主要由以下元件和合件组成。

1. 基础元件和合件

图 3-61 所示为普通矩形平台,只有一个方向的 T 形槽 1,使平台有较好的刚性。平台上布置了定位销孔 2,如 B-B 剖视图所示,可用于工件或夹具元件定位,也可作数控编程的起始孔。D-D 剖面为中央定位孔。基础平台侧面设置紧固螺纹孔系 3,用于拼装元件和合件。两个孔 4(C-C 剖面)为连接孔,用于基础平台和机床工作台的连接定位。

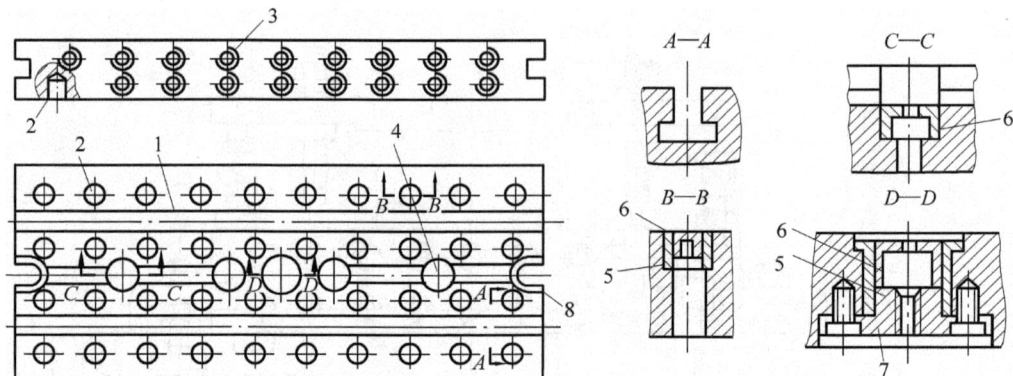

图 3-61 普通矩形平台

1—T 形槽　2—定位销孔　3—紧固螺纹孔　4—连接孔　5—高强度耐磨衬套
6—防尘罩　7—可卸法兰盘　8—耳座

图 3-60 所示的液压基础平台 5 比普通基础平台增加了几个液压缸,用作夹紧机构的动力源,使拼装夹具具有高效能。

2. 定位元件和合件

图 3-62(a)所示为平面安装可调支承钉;图 3-62(b)为 T 形槽安装可调支承钉;图 3-62(c)为侧面可调支承钉。

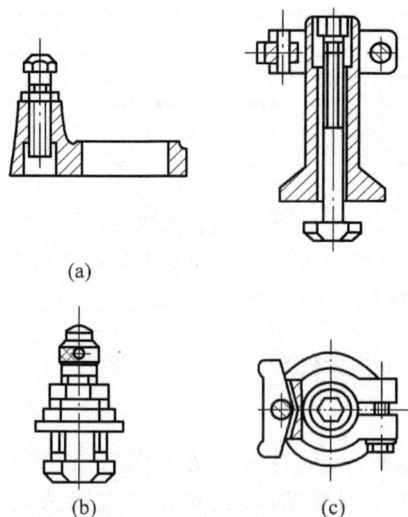

图 3-62　可调定位支承

(a)平面安装;(b)T 形槽安装;(c)侧面可调支承

图 3-63 为定位支承板,可用作定位板或过渡板。

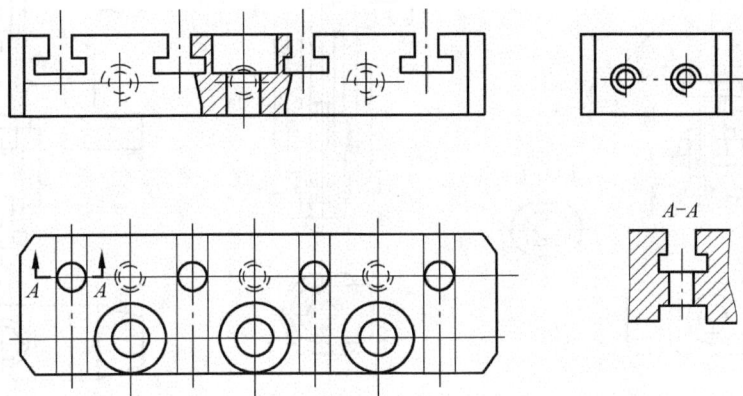

图 3-63　定位支承板

图 3-64 为可调 V 形块,以一面两销在基础平台上定位、紧固,两个 V 形块 4、5 可通过左、右螺纹螺杆 3 调节,以实现不同直径工件 6 的定位。

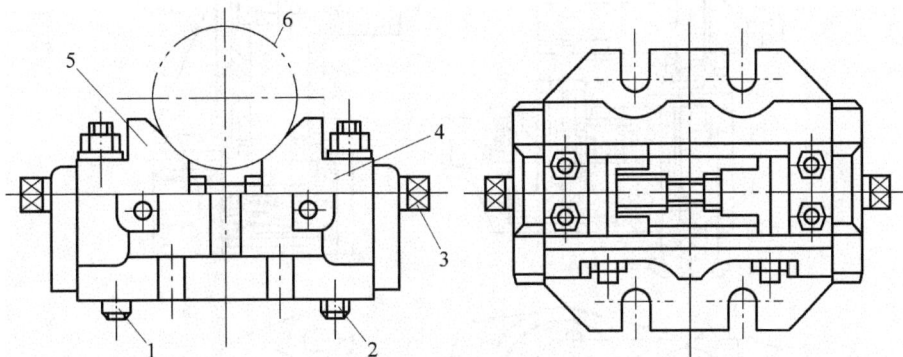

图 3-64　可调 V 形块合件

1—圆柱销　2—菱形销　3—左、右螺纹螺杆　4、5—左、右活动 V 形块　6—工件

3. 夹紧元件和合件

图 3-65 为手动可调夹紧压板,均可用 T 形螺栓在基础平台的 T 形槽内连接。

图 3-66 为液压组合压板,夹紧装置中带有液压缸。

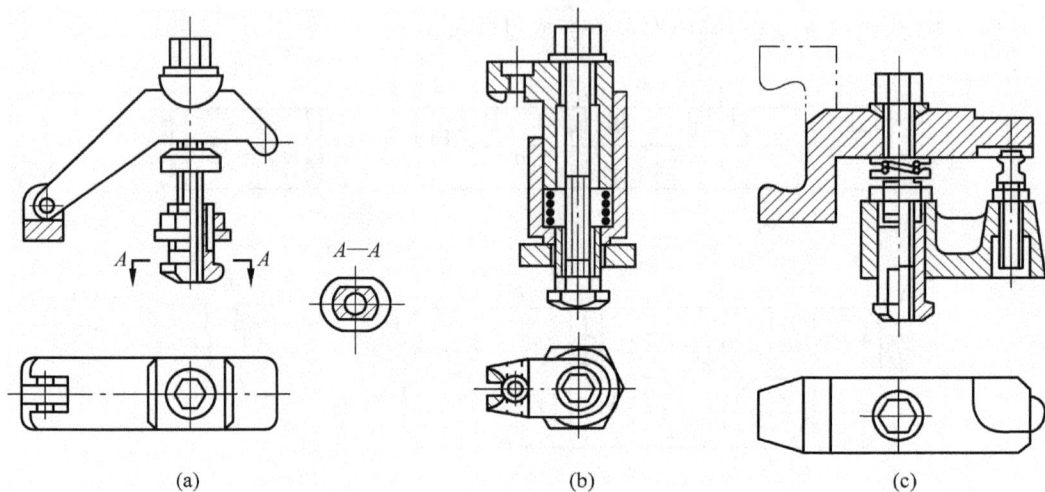

图 3-65　手动可调夹紧压板

(a) 铰链式；(b) 钩头式；(c) 杠杆式

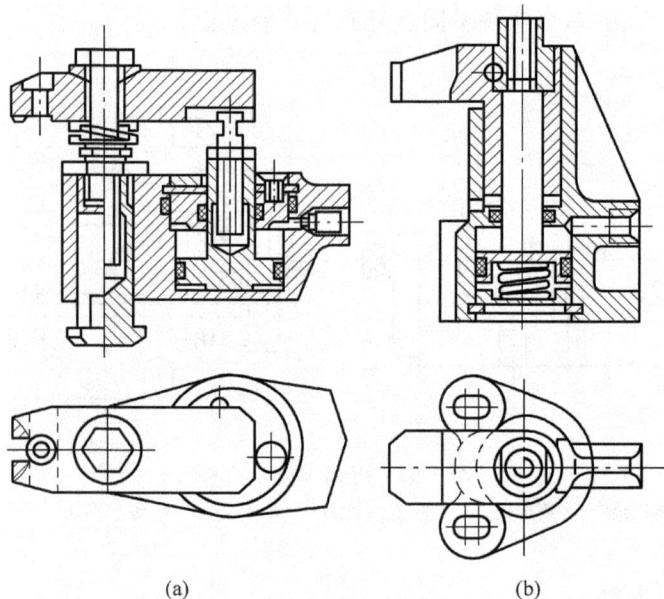

图 3-66　液压组合压板

(a) 杠杆式液压组合压板；(b) 滑柱式液压组合压板

4. 回转过渡花盘

用于车、磨夹具的回转过渡花盘如图 3-67 所示。

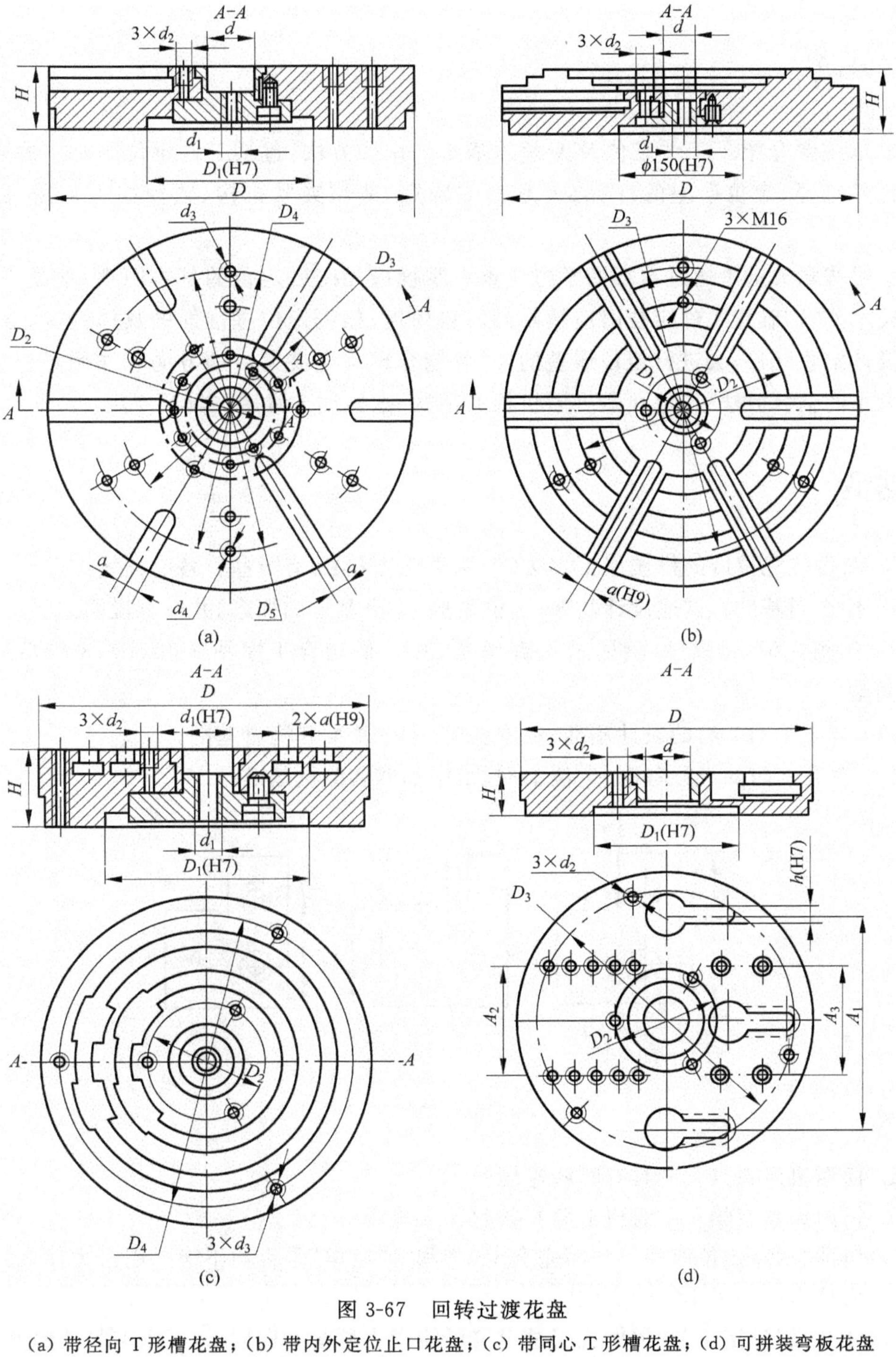

图 3-67　回转过渡花盘

（a）带径向 T 形槽花盘；（b）带内外定位止口花盘；（c）带同心 T 形槽花盘；（d）可拼装弯板花盘

本章小结

本章主要介绍了工件定位及夹紧的基本知识和方法,包括工件定位的基本原理、定位元件的选择、定位误差的计算、夹紧力的确定、典型夹紧机构、数控加工常用夹具等内容。

学习本章关键是通过本章的学习应重点掌握应用工件定位的基本原理,根据工件加工的技术要求,确定工件定位时应被限制的自由度;根据定位基准面的具体情况,合理选择或设计定位元件;会进行定位误差的计算;能合理确定夹紧力的方向和作用点位置;夹紧力大小的估算方法;了解典型夹紧机构的结构、数控加工常用夹具及应用。

习题 3

1. 获得位置精度的机械加工方法(工件的安装方法)有哪些? 各有何特点?

2. 什么叫基准? 试述设计基准、定位基准、工序基准的概念,并举例说明。

3. 如图 3-68(a)所示零件,若按调整法加工,试结合工序图 3-68(b)、3-68(c)分析下列问题:

(1) 加工平面 2 时的设计基准、定位基准、工序基准和测量基准;

(2) 镗孔 4 时的设计基准、定位基准、工序基准和测量基准。

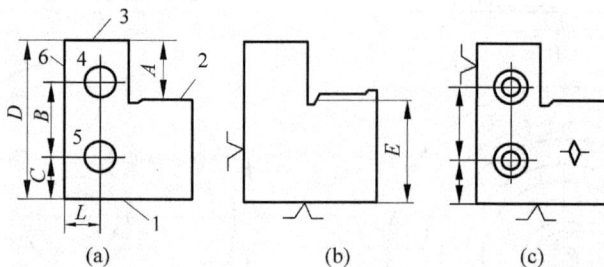

图　3-68

4. 何谓机床夹具? 夹具有哪些作用?

5. 机床夹具有哪几个组成部分? 各起什么作用?

6. 何谓"六点定位原理"? "不完全定位"和"欠定位"是否均不能采用? 为什么?

7. 为什么说夹紧不等于定位?

8. 什么是"过定位"? 举例说明过定位可能产生哪些不良后果,可采取哪些措施?

9．固定支承钉有哪几种形式？各适用于什么场合？

10．自位支承有何特点？

11．什么是可调支承？什么是辅助支承？它们在使用时应注意什么问题？二者有什么区别？

12．工件以平面定位时，常用哪些定位元件？

13．工件以外圆柱面定位时，常用哪些定位元件？

14．根据六点定位原理，试分析图 3-69 所示各定位元件所消除的自由度。

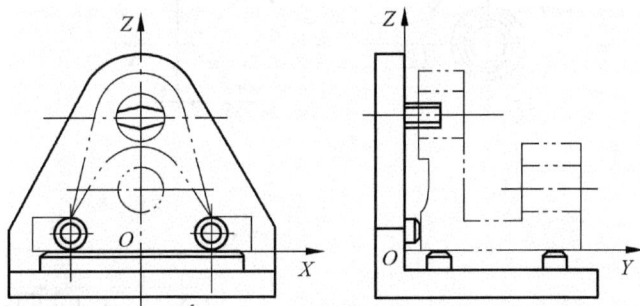

图　3-69

15．根据六点定位原理，试分析图 3-70(a)～3-70(h)各定位方案中定位元件所消除的自由度，有无欠定位或过定位现象？如何改正？

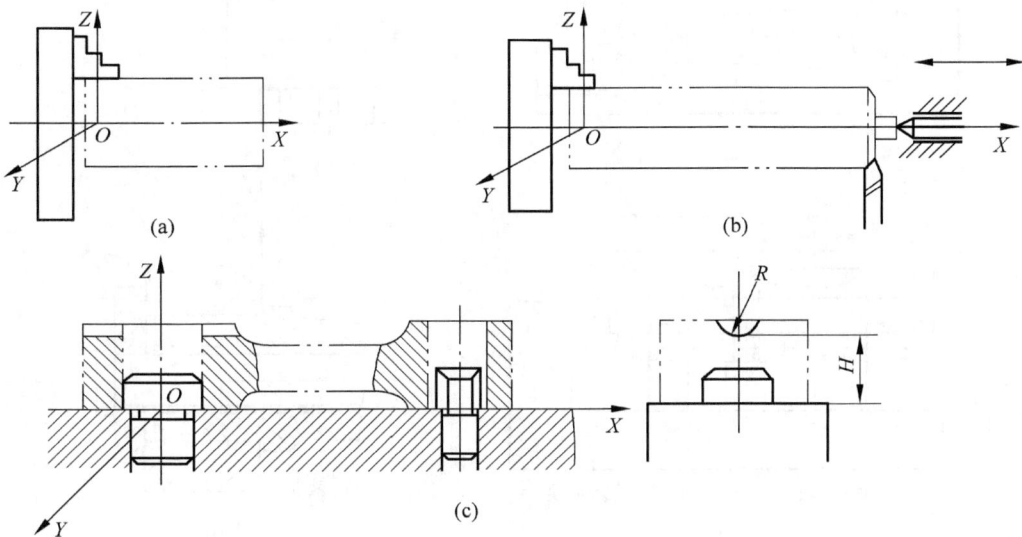

图　3-70

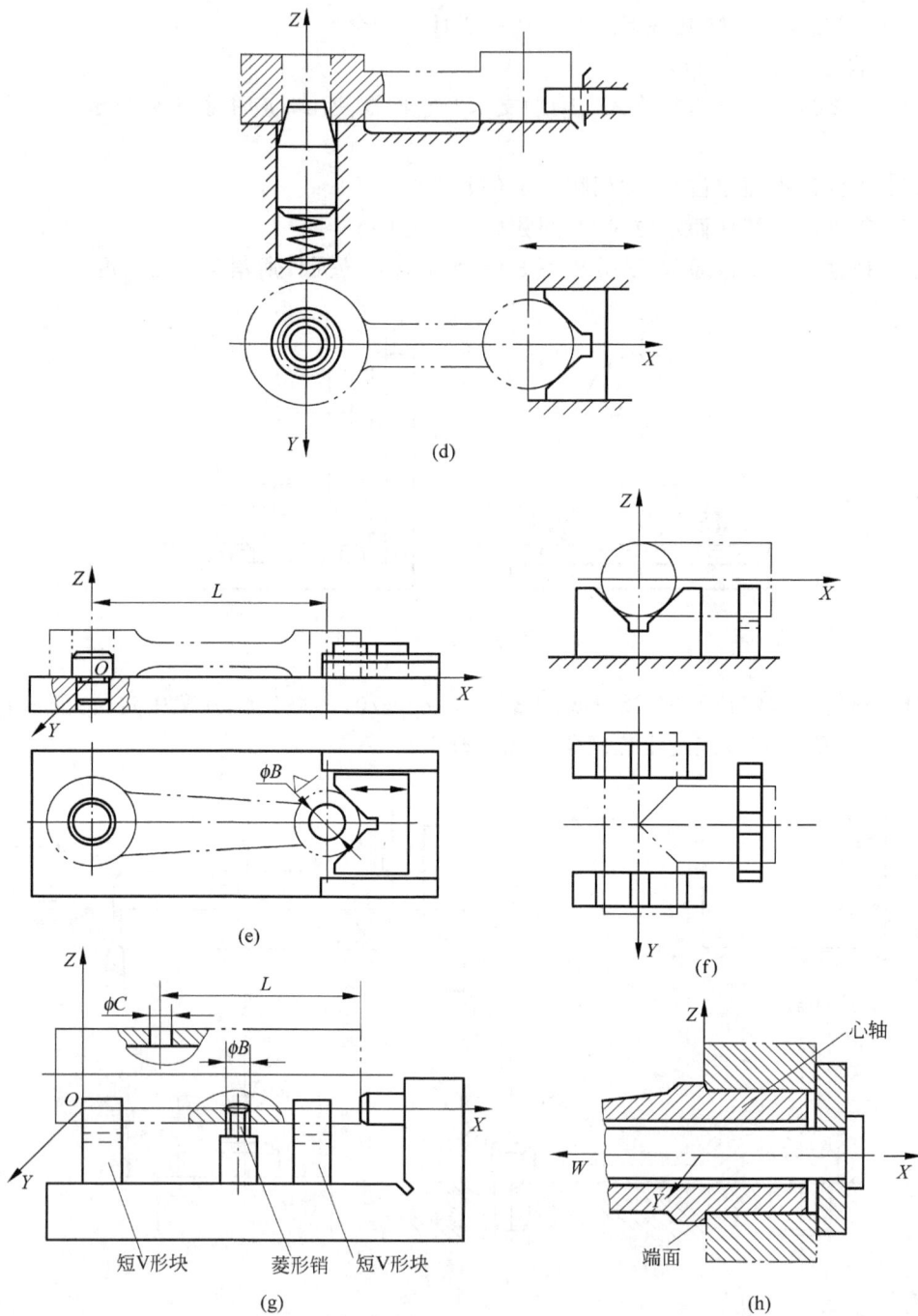

(d)

(e)

(f)

短V形块　　　菱形销　短V形块

(g)

(h)

图　3-70(续)

16. 什么是组合定位？常见的组合定位方式有哪些？

17. 采用"一面两销"定位时，为什么其中一个应为"削边销"？削边销的安装方向如何确定？

18. 对夹紧装置的基本要求有哪些？

19. 试分析图 3-71 中各方案夹紧力的作用点与方向是否合理？为什么？如何改进？

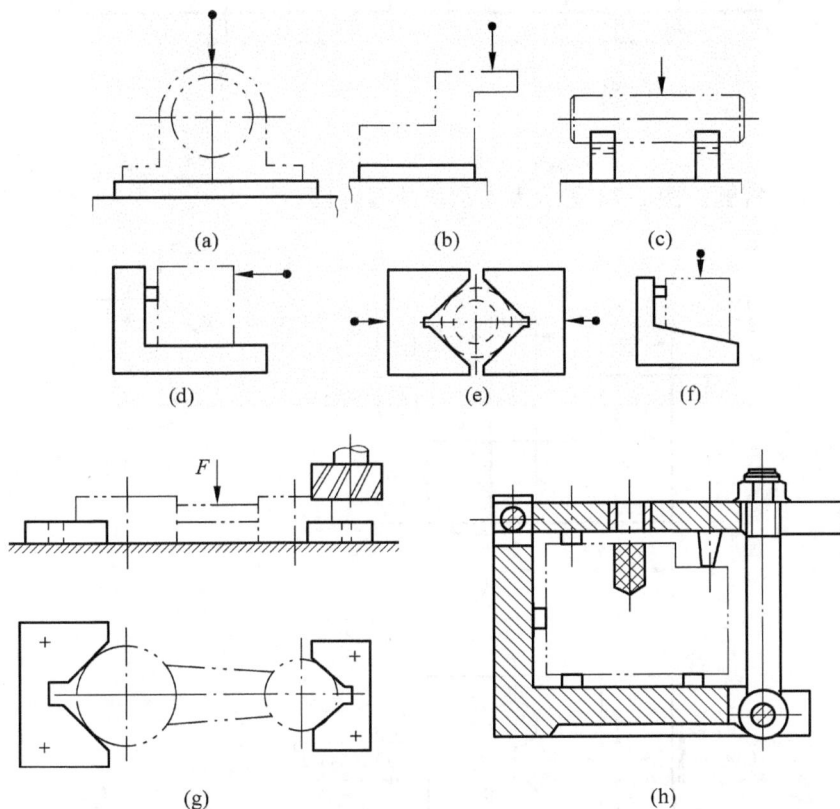

图　3-71

20. 试分析三种典型夹紧机构的优缺点。

21. 何谓联动夹紧机构？设计联动夹紧机构时应注意哪些问题？

22. 何谓定心？定心夹紧机构有什么特点？

23. 图 3-72 所示两种工件，欲钻孔 O_1 和 O_2，尺寸要求分别是距 A 面尺寸为 a_1 和距孔 O 中心尺寸为 a_2，且与 A 面平行。l 为自由尺寸，孔 O 及其他表面均已加工。试确定合理的定位夹紧方案，并分析定位元件所限制的自由度（绘制定位方案草图或用文字说明）。

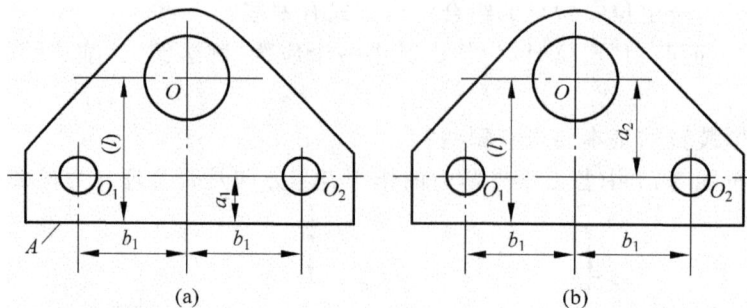

图   3-72

24. 综合分析题。图 3-73 所示为支承块的零件图。

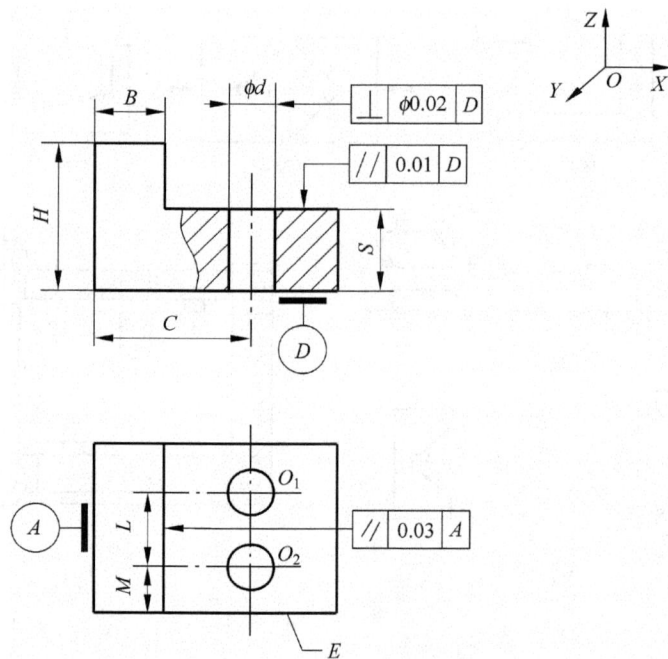

图   3-73

（1）试分析所标注尺寸的设计基准。

H：

S：

B：

C：

L：

M：

三项位置精度：

（2）如果其他表面都已加工，现用调整法钻两个孔，根据零件图的有关尺寸标注，试分析需限制哪几个自由度？请选择该支承块的定位基准和定位元件，并分析定位元件所限制的自由度。

25．现代制造业对机床夹具有何要求？

26．列举用于数控机床的通用夹具。

27．组合夹具有何特点？由哪些元件组成？

28．什么叫拼装夹具？有何特点？由哪些元件组成？

29．什么叫定位误差？

30．基准不重合误差和基准位移误差有何区别？

第 4 章

工艺规程设计

4.1 机械加工工艺规程设计

设计机械加工工艺规程是一项技术性很强的综合性工作,其涉及面很广。下面仅讨论几个主要问题——零件图的审查、毛坯的确定、定位基准的选择和工艺路线的拟订等。

4.1.1 零件图的审查

在制订零件的机械加工工艺规程之前,对零件进行工艺性分析,以及对产品零件图提出修改意见,是制订工艺规程的一项重要工作。

1. 分析零件图

首先应熟悉零件在产品中的作用、位置、装配关系和工作条件,搞清楚各项技术要求对零件装配质量和使用性能的影响,找出主要的和关键的技术要求,然后对零件图样进行分析。

(1)检查零件图的完整性和正确性

在了解零件形状和结构之后,应检查零件视图是否正确、足够,表达是否直观、清楚,绘制是否符合国家标准,尺寸、公差以及技术要求的标注是否齐全、合理等。

(2)零件的技术要求分析

零件的技术要求包括下列几个方面:加工表面的尺寸精度;主要加工表面的形状精度;主要加工表面之间的相互位置精度;加工表面的粗糙度以及表面质量方面的其他要求;热处理要求;其他要求(如动平衡、未注圆角或倒角、去毛刺、毛坯要求等)。

要注意分析这些要求在保证使用性能的前提下是否经济合理,在现有生产条件下能否实现。特别要分析主要表面的技术要求,因为主要表面的加工确定了零件工艺过程的大致轮廓。

（3）零件的材料分析

即分析所提供的毛坯材质本身的机械性能和热处理状态,毛坯的铸造品质和被加工部位的材料硬度,是否有白口、夹砂、疏松等。判断其加工的难易程度,为选择刀具材料和切削用量提供依据。所选的零件材料应经济合理,切削性能好,满足使用性能的要求。

（4）合理的标注尺寸

① 零件图上的重要尺寸应直接标注,而且在加工时应尽量使工艺基准与设计基准重合, 并符合尺寸链最短的原则。如图 4-1 中活塞环槽的尺寸为重要尺寸,其宽度应直接注出。

② 零件图上标注的尺寸应便于测量,不要从轴线、中心线、假想平面等难以测量的基准标注尺寸。如图 4-2 中轮毂键槽的深度,只有尺寸 c 的标注才便于用卡尺或样板测量。

③ 零件图上的尺寸不应标注成封闭式,以免产生矛盾。如图 4-3 所示,已标注了孔距尺寸 $a\pm\delta_a$ 和角度 $\alpha\pm\delta_\alpha$,则 X、Y 轴的坐标尺寸就不能随便标注。有时为了方便加工,可按尺寸链计算出来,并标注在圆括号内,作为加工时的参考尺寸。

④ 零件上非配合的自由尺寸,应按加工顺序尽量从工艺基准注出。如图 4-4 的齿轮轴,图 4-4(a)的表示方法大部分尺寸要经换算,且不能直接测量。而图 4-4(b)的标注方式,与加工顺序一致,又便于加工测量。

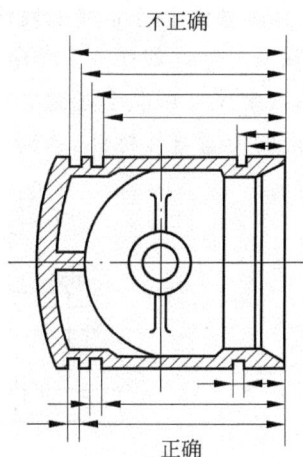

图 4-1　直接标注重要尺寸

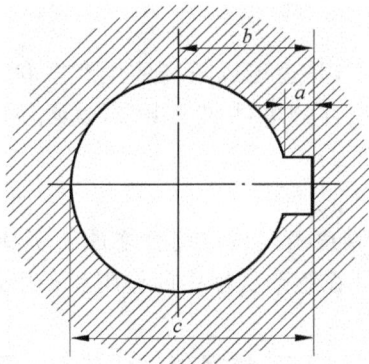

图 4-2　键槽深度的标注

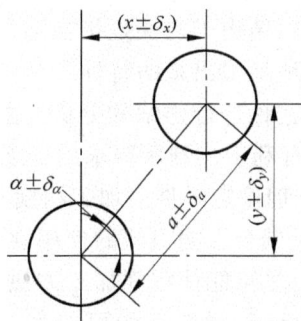

图 4-3　孔中心距的标注

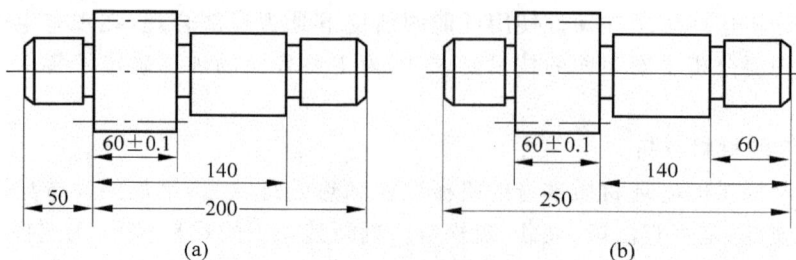

图 4-4　按加工顺序标注自由尺寸
(a) 错误；(b) 正确

⑤ 零件上各非加工表面的位置尺寸应直接标注,而非加工面与加工面之间只能有一个联系尺寸。如图 4-5 中所示,图 4-5(a) 中的注法不合理,只能保证一个尺寸符合图样要求,其余尺寸可能会超差。而图 4-5(b) 中标注尺寸 A 在加工面Ⅳ时予以保证,其他非加工面的位置直接标注,在铸造时保证。

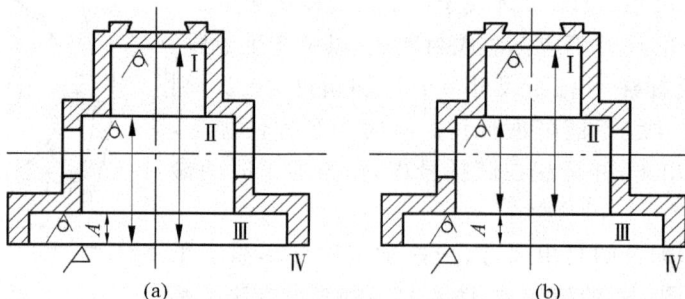

图 4-5　非加工面与加工面之间的尺寸标注
(a) 错误；(b) 正确

2. 零件的结构工艺性分析

零件的结构工艺性是指在满足使用性能的前提下,是否能以较高的生产率和最低的成本方便地加工出来的特性。为了多快好省地把所设计的零件加工出来,就必须对零件的结构工艺性进行详细的分析。主要考虑如下几方面。

(1) 有利于达到所要求的加工质量

① 合理确定零件的加工精度与表面质量。加工精度若定得过高会增加工序,增加制造成本,过低会影响机器的使用性能,故必须根据零件在整个机器中的作用和工作条件合理地确定,尽可能使零件加工方便,制造成本低。

② 保证位置精度的可能性。为保证零件的位置精度,最好使零件能在一次安装中加工出所有相关表面,这样就能依靠机床本身的精度来达到所要求的位置精度。

如图 4-6(a)所示的结构,不能保证 ϕ80mm 与内孔 ϕ60mm 的同轴度。如改成图 4-6(b)所示的结构,就能在一次安装中加工出外圆与内孔,保证二者的同轴度。

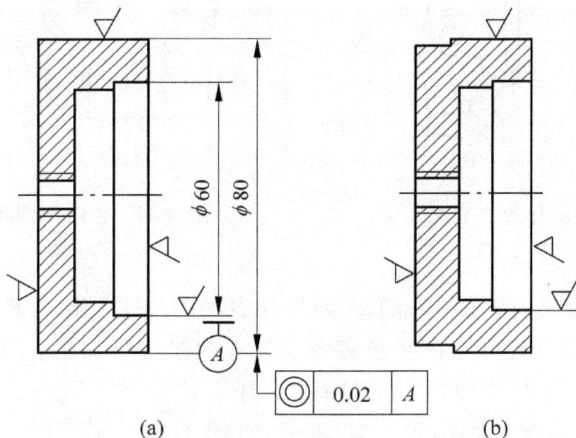

图 4-6 有利于保证位置精度的工艺结构

(a) 错误;(b) 正确

(2) 有利于减少加工劳动量

① 尽量减少不必要的加工面积。减少加工面积不仅可减少机械加工的劳动量,而且还可以减少刀具的损耗,提高装配质量。图 4-7(b)中的轴承座减少了底面的加工面积,降低了修配的工作量,保证配合面的接触。图 4-8(b)中减少了精加工的面积,又避免了深孔加工。

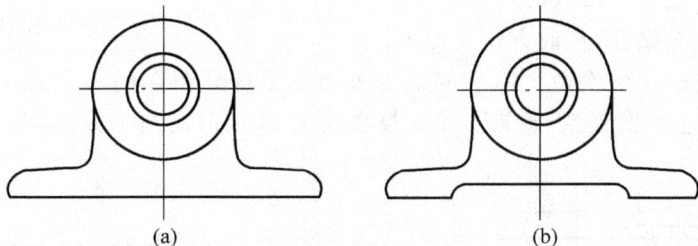

图 4-7 减少轴承座底面加工面积

(a) 错误;(b) 正确

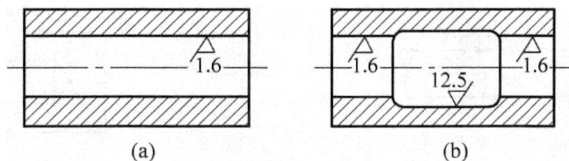

图 4-8 避免深孔加工的方法

(a) 错误;(b) 正确

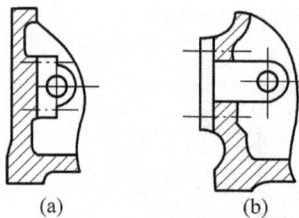

图 4-9　将内表面转化为外表面加工
（a）错误；（b）正确

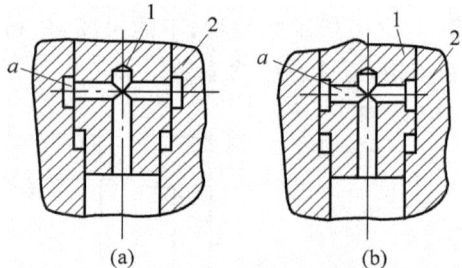

图 4-10　将内沟槽转化为外沟槽加工
（a）错误；（b）正确

② 尽量避免或简化内表面的加工。因为外表面的加工要比内表面加工方便经济，又便于测量。因此，在零件设计时应力求避免在零件内腔进行加工。如图 4-9 所示箱体，将图 4-9（a）的结构改成图 4-9（b）所示的结构，这样不仅加工方便而且还有利于装配。再如图 4-10 所示，将图 4-10（a）中件 2 上的内沟槽 a 加工，改成图 4-10（b）中件 1 的外沟槽加工，这样加工与测量就都很方便。

（3）有利于提高劳动生产率

① 零件的有关尺寸应力求一致，并能用标准刀具加工。如图 4-11（b）中改为退刀槽尺寸一致，则减少了刀具的种类，节省了换刀时间。如图 4-12（b）采用凸台高度等高，则减少了加工过程中刀具的调整。如图 4-13（b）的结构，能采用标准钻头钻孔，从而方便了加工。

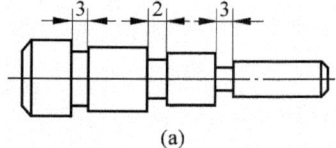

图 4-11　退刀槽尺寸一致
（a）错误；（b）正确

② 减少零件的安装次数。零件的加工表面应尽量分布在同一方向，或互相平行或互相垂直的表面上；次要表面应尽可能与主要表面分布在同一方向上，以便在加工主

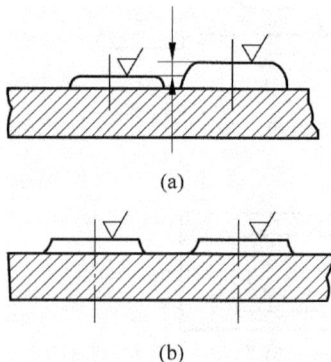

图 4-12　凸台高度相等
（a）错误；（b）正确

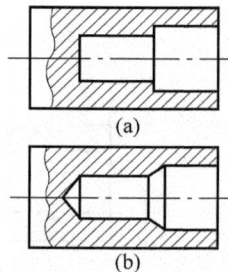

图 4-13　便于采用标准钻头
（a）错误；（b）正确

要表面时,同时将次要表面也加工出来;孔端的加工表面应为圆形凸台或沉孔,以便在加工孔时同时将凸台或沉孔全锪出来。如:图 4-14(b)中的钻孔方向应一致;图 4-15(b)中键槽的方位应一致。

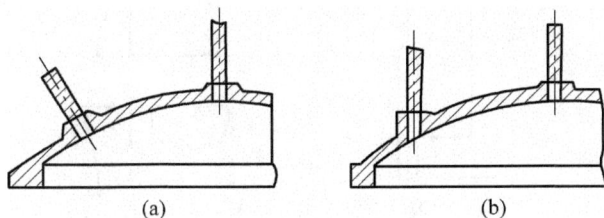

图 4-14　钻孔方向一致
(a) 错误;(b) 正确

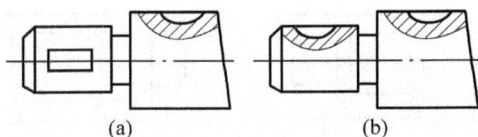

图 4-15　键槽方位一致
(a) 错误;(b) 正确

③ 零件的结构应便于加工。如图 4-16(b)、图 4-17(b)所示,设有退刀槽、越程槽,减少了刀具(砂轮)的磨损。图 4-18(b)的结构,便于引进刀具,从而保证了加工的可能性。

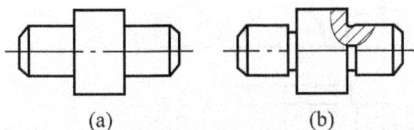

图 4-16　应留有越程槽
(a) 错误;(b) 正确

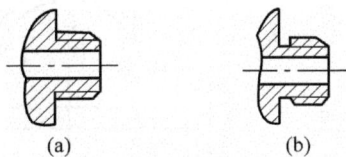

图 4-17　应留有退刀槽
(a) 错误;(b) 正确

④ 避免在斜面上钻孔和钻头单刃切削。如图 4-19(b)所示,避免了因钻头两边切削力不等使钻孔轴线倾斜或折断钻头。

⑤ 便于多刀或多件加工。如图 4-20(b)所示,为适应多刀加工,阶梯轴各段长度应相似或成整数倍;直径尺寸应沿同一方向递增或递减,以便调整刀具。零件设计的结构要便于多件加工,如图 4-21 所示,图 4-21(b)结构可将毛坯排列成行便于多件连续加工。

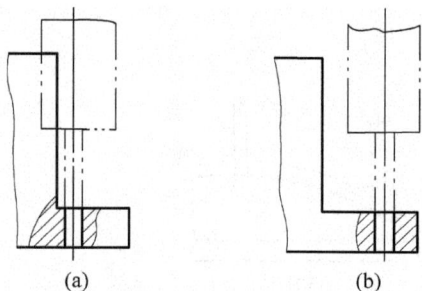

图 4-18   钻头应能接近加工表面
(a) 错误；(b) 正确

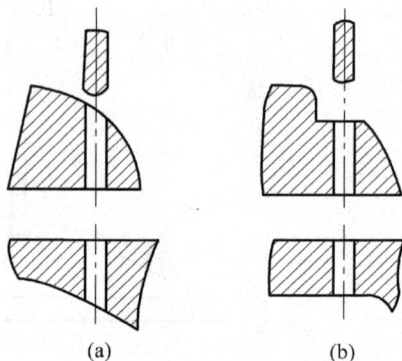

图 4-19   避免在斜面上钻孔和钻头单刃切削
(a) 错误；(b) 正确

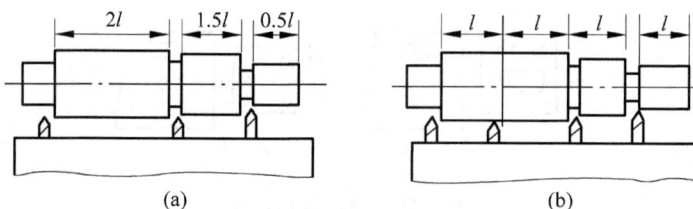

图 4-20   便于多刀加工
(a) 错误；(b) 正确

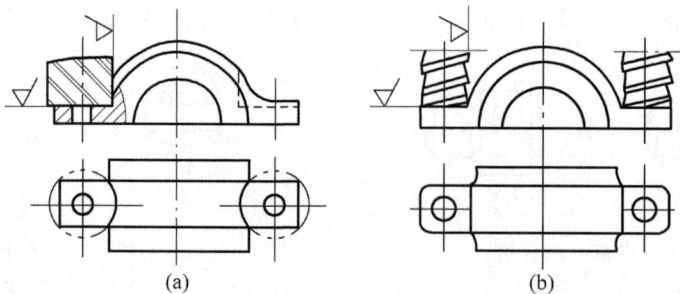

图 4-21   便于多件连续加工
(a) 错误；(b) 正确

4.1.2   毛坯的确定

在制订机械加工工艺规程时,正确选择合适的毛坯,对零件的加工质量、材料消耗和加工工时都有很大的影响。显然毛坯的尺寸和形状越接近成品零件,机械加工的劳动量就越少,但是毛坯的制造成本就越高,所以应根据生产纲领,综合考虑毛坯制造和机械加工的费用来确定毛坯,以求得最好的经济效益。

1．毛坯的种类

（1）铸件

铸件适用于形状较复杂的零件毛坯。其铸造方法有砂型铸造、精密铸造、金属型铸造、压力铸造等,较常用的是砂型铸造。当毛坯精度要求低、生产批量较小时,采用木模手工造型法;当毛坯精度要求高、生产批量很大时,采用金属型机器造型法。铸件材料有铸铁、铸钢及铜、铝等有色金属。

（2）锻件

锻件适用于强度要求高、形状比较简单的零件毛坯。其锻造方法有自由锻和模锻两种。自由锻毛坯精度低、加工余量大、生产率低,适用于单件小批生产以及大型零件毛坯。模锻毛坯精度高、加工余量小、生产率高,但成本也高,适用于中小型零件毛坯的大批大量生产。

（3）型材

型材有热轧和冷拉两种。热轧适用于尺寸较大、精度较低的毛坯;冷拉适用于尺寸较小、精度较高的毛坯。

（4）焊接件

焊接件是根据需要将型材或钢板等焊接而成的毛坯件,它简单方便,生产周期短,但需经时效处理后才能进行机械加工。

（5）冷冲压件

冷冲压件毛坯可以非常接近成品要求,在小型机械、仪表、轻工电子产品方面应用广泛。但因冲压模具昂贵而仅用于大批大量生产。

2．毛坯选择时应考虑的因素

（1）零件的材料及机械性能要求

零件材料的工艺特性和力学性能大致决定了毛坯的种类。例如铸铁零件用铸造毛坯;钢质零件当形状较简单且力学性能要求不高时常用棒料,对于重要的钢质零件,为获得良好的力学性能,应选用锻件,当形状复杂力学性能要求不高时用铸钢件;有色金属零件常用型材或铸造毛坯。

（2）零件的结构形状与外形尺寸

大型且结构较简单的零件毛坯多用砂型铸造或自由锻;结构复杂的毛坯多用铸造;小型零件可用模锻件或压力铸造毛坯;板状钢质零件多用锻件毛坯;轴类零件的毛坯,若台阶直径相差不大,可用棒料;若各台阶尺寸相差较大,则宜选择锻件。

（3）生产纲领

大批大量生产中,应采用精度和生产率都较高的毛坯制造方法。铸件采用金属模机器造型和精密铸造,锻件用模锻或精密锻造。在单件小批生产中用木模手工造型或自由锻来制造毛坯。

（4）现有生产条件

确定毛坯时,必须结合具体的生产条件,如现场毛坯制造的实际水平和能力、外协的可能性等,否则就不现实。

（5）充分利用新工艺、新材料

为节约材料和能源,提高机械加工生产率,应充分考虑精密铸造、精锻、冷轧、冷挤压、粉末冶金、异型钢材及工程塑料等在机械中的应用,这样,可大大减少机械加工量,甚至不需要进行加工,经济效益非常显著。

4.1.3　定位基准的选择

在制订工艺规程时,定位基准选择的正确与否,对能否保证零件的尺寸精度和相互位置精度要求,以及对零件各表面间的加工顺序安排都有很大影响,当用夹具安装工件时,定位基准的选择还会影响到夹具结构的复杂程度。因此,定位基准的选择是一个很重要的工艺问题。

选择定位基准时,是从保证工件加工精度要求出发的,因此,定位基准的选择应先选择精基准,再选择粗基准。

1. 精基准的选择原则

选择精基准时,主要应考虑保证加工精度和工件安装方便可靠。其选择原则如下:

（1）基准重合原则

即选用设计基准作为定位基准,以避免定位基准与设计基准不重合而引起的基准不重合误差。

图 4-22 所示的零件,设计尺寸为 a 和 c,设顶面 B 和底面 A 已加工好（即尺寸 a 已经保证）,现在用调整法铣削一批零件的 C 面。为保证设计尺寸 c,以 A 面定位,则定位基准 A 与设计基准 B 不重合,见图 4-22（b）。由于铣刀是相对于夹具定位面（或机床工作台面）调整的,对于一批零件来说,刀具调整好后位置不再变动。加工后尺寸 c 的大小除受本工序加工误差（Δ_j）的影响外,还与上道工序的加工误差（T_a）有关。这一误差是由于所选的定位基准与设计基准不重合而产生的,这种定位误差称为基准不重合误差。它的大小等于设计（工序）基准与定位基准之间的联系尺寸 a（定位尺寸）的公差 T_a。

从图 4-22（c）中可看出,欲加工尺寸 c 的误差包括 Δ_j 和 T_a,为了保证尺寸 c 的精度,应使:

$$\Delta_j + T_a \leqslant T_c$$

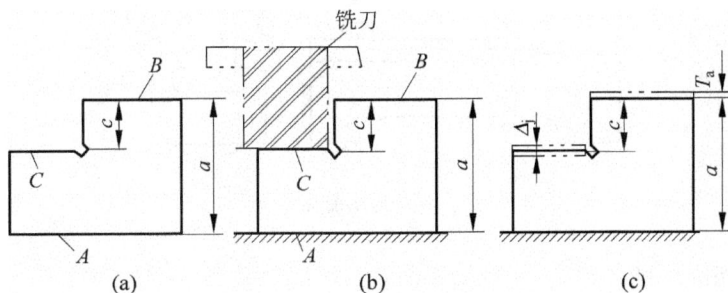

图 4-22　基准不重合误差示例

(a) 工序简图；(b) 加工示意图；(c) 加工误差

显然,采用基准不重合的定位方案,必须控制该工序的加工误差和基准不重合误差的总和不超过尺寸 c 公差 T_c。这样既缩小了本道工序的加工允差,又对前面工序提出了较高的要求,使加工成本提高,当然是应当避免的。所以,在选择定位基准时,应当尽量使定位基准与设计基准相重合。

如图 4-23 所示,以 B 面定位加工 C 面,使得基准重合,此时尺寸 a 的误差对加工尺寸 c 无影响,本工序的加工误差只需满足 $\Delta_j \leqslant T_c$ 即可。

显然,这种基准重合的情况能使本工序允许出现的误差加大,使加工更容易达到精度要求,经济性更好。但是,这样往往会使夹具结构复杂,增加操作的困难。而为了保证加工精度,有时不得不采取这种方案。

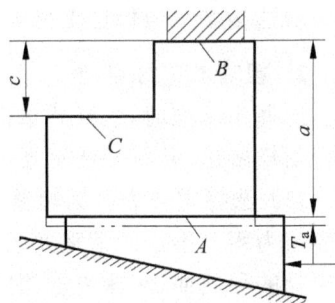

图 4-23　基准重合安装示意图

(2) 基准统一原则

采用同一组基准,定位加工零件上尽可能多的表面,这就是基准统一原则。这样做可以简化工艺规程的制订工作,减少夹具设计、制造工作量和成本,缩短生产准备周期;由于减少了基准转换,便于保证各加工表面的相互位置精度。例如加工轴类零件时,采用两中心孔定位加工各外圆表面,就符合基准统一原则。箱体零件采用一面两孔定位,齿轮的齿坯和齿形加工多采用齿轮的内孔及一端面为定位基准,均属于基准统一原则。

(3) 自为基准原则

某些要求加工余量较小且均匀的精加工工序,选择加工表面本身作为定位基准,称为自为基准原则。如图 4-24 所示,磨削车床导轨面,用可调支承支承床身零件,在导轨磨床上,用百分表找正导轨面相对机床运动方向的正确位置,然后加工导轨面以保证其余量均匀,满足对导轨面的质量要求。还有浮动镗刀镗孔、珩磨孔、拉孔、无心磨外圆等,也都是自为基准的实例。

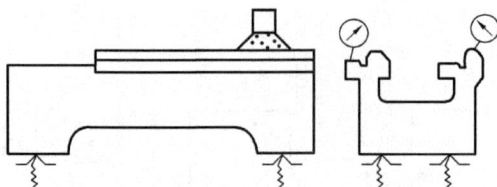

图 4-24　自为基准实例

（4）互为基准原则

当对工件上两个相互位置精度要求很高的表面进行加工时，需要用两个表面互相作为基准，反复进行加工，以保证位置精度要求。例如要保证精密齿轮的齿圈跳动精度，在齿面淬硬后，先以齿面定位磨内孔，再以内孔定位磨齿面，从而保证位置精度。再如车床主轴的前锥孔与主轴支承轴颈间有严格的同轴度要求，加工时就是先以轴颈外圆为定位基准加工锥孔，再以锥孔为定位基准加工外圆，如此反复多次，最终达到加工要求。这都是互为基准的典型实例。

（5）便于装夹原则

所选精基准应保证工件安装可靠，夹具设计简单、操作方便。

2. 粗基准选择原则

选择粗基准时，主要要求保证各加工面有足够的余量，使加工面与不加工面间的位置符合图样要求，并特别注意要尽快获得精基面。具体选择时应考虑下列原则：

（1）选择重要表面为粗基准。为保证工件上重要表面的加工余量小而均匀，应选择该表面为粗基准。所谓重要表面一般是工件上加工精度以及表面质量要求较高的表面，如床身的导轨面、车床主轴箱的主轴孔，都是各自的重要表面。因此，加工床身和主轴箱时，应以导轨面或主轴孔为粗基准。如图 4-25 所示。

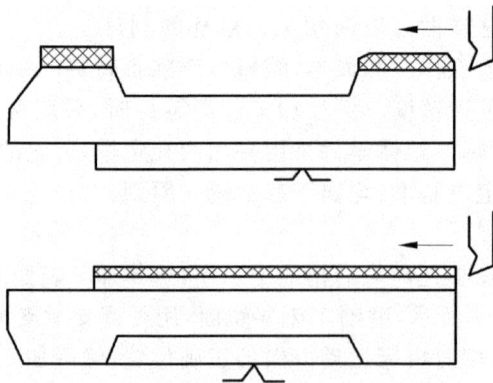

图 4-25　床身加工的粗基准选择

（2）选择不加工表面为粗基准。为了保证加工面与不加工面间的位置要求,一般应选择不加工面为粗基准。如果工件上有多个不加工面,则应选其中与加工面位置要求较高的不加工面为粗基准,以便保证精度要求,使外形对称等。

如图 4-26 所示的工件,毛坯孔与外圆之间偏心较大,应当选择不加工的外圆为粗基准,将工件装夹在三爪自定心卡盘中,把毛坯的同轴度误差在镗孔时切除,从而保证其壁厚均匀。

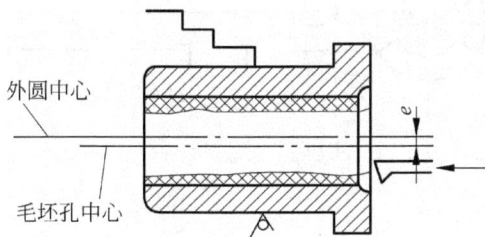

图 4-26　粗基准选择的实例

（3）选择加工余量最小的表面为粗基准。在没有要求保证重要表面加工余量均匀的情况下,如果零件上每个表面都要加工,则应选择其中加工余量最小的表面为粗基准,以避免该表面在加工时因余量不足而留下部分毛坯面,造成工件废品。

（4）选择较为平整光洁、加工面积较大的表面为粗基准。以便工件定位可靠、夹紧方便。

（5）粗基准在同一尺寸方向上只能使用一次。因为粗基准本身都是未经机械加工的毛坯面,其表面粗糙且精度低,若重复使用将产生较大的误差。

实际上,无论精基准还是粗基准的选择,上述原则都不可能同时满足,有时还是互相矛盾的。因此,在选择时应根据具体情况进行分析,权衡利弊,保证其主要的要求。

3. 定位基准选择示例

【例 4-1】　图 4-27 所示为车床进刀轴架零件,若已知其工艺过程为:

（1）划线;

（2）粗精刨底面和凸台;

（3）粗精镗 $\phi32H7$ 孔;

（4）钻、扩、铰 $\phi16H9$ 孔。

试选择各工序的定位基准并确定各限制几个自由度。

解：第一道工序划线。当毛坯误差较大时,采用划线的方法能同时兼顾到几个不加工面对加工面的位置要求。选择不加工面 $R22mm$ 外圆和 $\phi30mm$ 外圆为粗基准,同时兼顾不加工的上平面与底面距离 18mm 的要求,划出底面和凸台的加工线。

第二道工序按划线找正,刨底面和凸台。

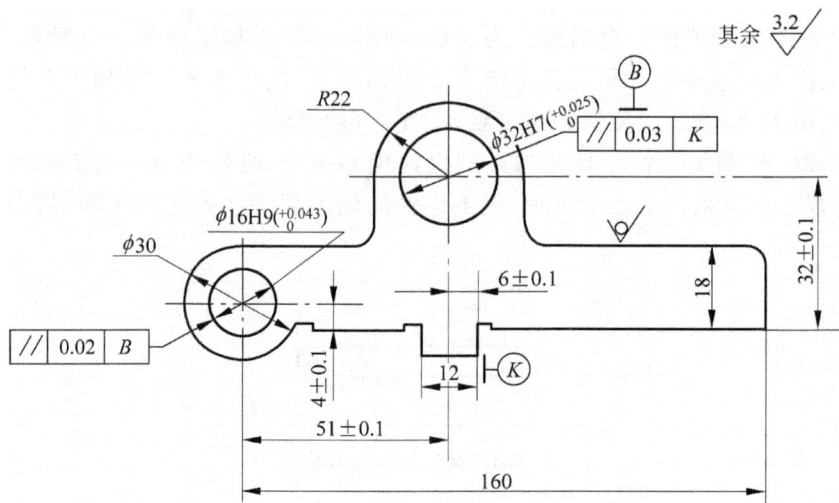

图 4-27   车床进刀轴架

第三道工序粗精镗 $\phi32H7$ 孔。加工要求为尺寸 32 ± 0.1 mm、6 ± 0.1 mm 及凸台侧面 K 的平行度 0.03 mm。根据基准重合的原则选择底面和凸台为定位基准,底面限制三个自由度,凸台限制两个自由度,无基准不重合误差。

第四道工序钻、扩、铰 $\phi16H9$ 孔。除孔本身的精度要求外,本工序应保证的位置要求为尺寸 4 ± 0.1 mm、51 ± 0.1 mm 及两孔的平行度要求 0.02 mm。根据精基准选择原则,可以有三种不同的方案:

(1)底面限制三个自由度,K 面限制两个自由度   此方案加工两孔采用了基准统一原则。夹具比较简单。设计尺寸 4 ± 0.1 mm 基准重合;尺寸 51 ± 0.1 mm 的工序基准是孔 $\phi32H7$ 的中心线,而定位基准是 K 面,定位尺寸为 6 ± 0.1 mm,存在基准不重合误差,其大小等于 0.2 mm;两孔平行度 0.02 mm 也有基准不重合误差,其大小等于 0.03 mm。可见,此方案基准不重合误差已经超过了允许的范围,不可行。

(2)$\phi32H7$ 孔限制四个自由度,底面限制一个自由度   此方案对尺寸 4 ± 0.1 mm 有基准不重合误差,且定位销细长,刚性较差,所以也不好。

(3)底面限制三个自由度,$\phi32H7$ 孔限制两个自由度   此方案可将工件套在一个长的菱形销上来实现,对于三个设计要求均为基准重合,只有 $\phi32H7$ 孔对于底面的平行度误差将会影响两孔在垂直平面内的平行度,应当在镗 $\phi32H7$ 孔时加以限制。

综上所述,第三方案基准基本上重合,夹具结构也不太复杂,装夹方便,故应采用。

4.1.4   加工工艺路线的制定

零件机械加工的工艺路线是指零件生产过程中,由毛坯到成品所经过工序的先后顺序。在拟定工艺路线时,除了首先考虑定位基准的选择外,还应当考虑各表面加工方法的选择,工序集中与分散的程度,加工阶段的划分和工序先后顺序的安排等问题。目前还没有一套通用而完整的工艺路线拟定方法,只总结出一些综合性原则,在具体运用这些原则时,要根据具体条件综合分析。拟定工艺路线的基本过程见图 4-28 所示。

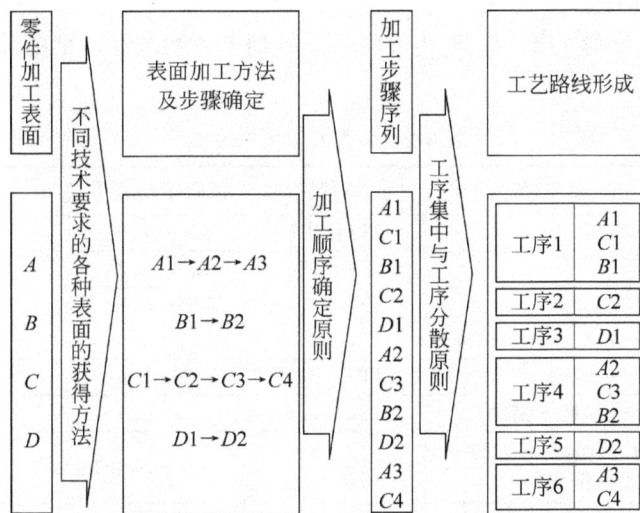

图 4-28　工艺路线拟定的基本过程

1. 表面加工方法的选择

表面加工方法的选择,就是为零件上每一个有质量要求的表面选择一套合理的加工方法。在选择时,一般先根据表面的精度和粗糙度要求选定最终加工方法,然后再确定精加工前准备工序的加工方法,即确定加工方案。由于获得同一精度和粗糙度的加工方法往往有几种,在选择时除了考虑生产率要求和经济效益外,还应考虑下列因素:

(1) 工件材料的性质

例如,淬硬钢零件的精加工要用磨削的方法;有色金属零件的精加工应采用精细车或精细镗等加工方法,而不应采用磨削。

(2) 工件的结构和尺寸

例如,对于 IT7 级精度的孔采用拉削、铰削、镗削和磨削等加工方法都可。但是箱体上的孔一般不用拉或磨,而常常采用铰孔和镗孔,直径大于 60mm 的孔不宜采用钻、扩、铰。

(3) 生产类型

选择加工方法要与生产类型相适应。大批大量生产应选用生产率高和质量稳定的加工方法。例如,平面和孔采用拉削加工。单件小批生产则采用刨削、铣削平面和钻、扩、铰孔。又如为保证质量可靠和稳定,保证较高的成品率,在大批大量生产中采用珩磨和超精加工工艺加工较精密零件。

（4）具体生产条件

应充分利用现有设备和工艺手段，不断引进新技术，对老设备进行技术改造，挖掘企业潜力，提高工艺水平。

表 4-1～表 4-4 分别列出了外圆、内孔和平面的加工方案及经济精度，供选择加工方法时参考。

表 4-1　外圆表面加工方案

序号	加 工 方 案	经济精度级	表面粗糙度 $R_a/\mu m$	适 用 范 围
1	粗车	IT11 以下	50～12.5	适用于淬火钢以外的各种金属
2	粗车→半精车	IT8～10	6.3～3.2	
3	粗车→半精车→精车	IT7～8	1.6～0.8	
4	粗车→半精车→精车→滚压（或抛光）	IT7～8	0.2～0.025	
5	粗车→半精车→磨削	IT7～8	0.8～0.4	主要用于淬火钢，也可用于未淬火钢，但不宜加工有色金属
6	粗车→半精车→粗磨→精磨	IT6～7	0.4～0.1	
7	粗车→半精车→粗磨→精磨→超精加工（或轮式超精磨）	IT5	0.1～R_z0.1	
8	粗车→半精车→精车→金刚石车	IT6～7	0.4～0.025	主要用于要求较高的有色金属加工
9	粗车→半精车→粗磨→精磨→超精磨或镜面磨	IT5 以上	0.025～R_z0.05	极高精度的外圆加工
10	粗车→半精车→粗磨→精磨→研磨	IT5 以上	0.1～R_z0.05	

表 4-2　孔加工方案

序号	加 工 方 案	经济精度级	表面粗糙度 $R_a/\mu m$	适 用 范 围
1	钻	IT11～12	12.5	加工未淬火钢及铸铁的实心毛坯，也可用于加工有色金属（但表面粗糙度稍大，孔径小于 15～20mm）
2	钻→铰	IT9	3.2～1.6	
3	钻→铰→精铰	IT7～8	1.6～0.8	
4	钻→扩	IT10～11	12.5～6.3	同上，但孔径大于 15～20mm
5	钻→扩→铰	IT8～9	3.2～1.6	
6	钻→扩→粗铰→精铰	IT7	1.6～0.8	
7	钻→扩→机铰→手铰	IT6～7	0.4～0.1	

续表

序号	加　工　方　案	经济精度级	表面粗糙度 $R_a/\mu m$	适　用　范　围
8	钻→扩→拉	IT7~9	1.6~0.1	大批大量生产（精度由拉刀的精度而定）
9	粗镗（或扩孔）	IT11~12	12.5~6.3	除淬火钢外各种材料，毛坯有铸出孔或锻出孔
10	粗镗（粗扩）→半精镗（精扩）	IT8~9	3.2~1.6	
11	粗镗（扩）→半精镗（精扩）→精镗（铰）	IT7~8	1.6~0.8	
12	粗镗（扩）→半精镗（精扩）→精镗→浮动镗刀精镗	IT6~7	0.8~0.4	
13	粗镗（扩）→半精镗→磨孔	IT7~8	0.8~0.2	主要用于淬火钢，也可用于未淬火钢，但不宜用于有色金属
14	粗镗（扩）→半精镗→粗磨→精磨	IT6~7	0.2~0.1	
15	粗镗→半精镗→精镗→金刚镗	IT6~7	0.4~0.05	主要用于精度要求高的有色金属加工
16	钻→（扩）→粗铰→精铰→珩磨；钻→（扩）→拉→珩磨；粗镗→半精镗→精镗→珩磨	IT6~7	0.2~0.025	精度要求很高的孔
17	以研磨代替上述方案中的珩磨	IT6 级以上		

表 4-3　平面加工方案

序号	加　工　方　案	经济精度级	表面粗糙度 $R_a/\mu m$	适　用　范　围
1	粗车→半精车	IT9	6.3~3.2	端面
2	粗车→半精车→精车	IT7~8	1.6~0.8	
3	粗车→半精车→磨削	IT8~9	0.8~0.2	
4	粗刨（或粗铣）→精刨（或精铣）	IT8~9	6.3~1.6	一般不淬硬平面（端铣表面粗糙度较细）
5	粗刨（或粗铣）→精刨（或精铣）→刮研	IT6~7	0.8~0.1	精度要求较高的不淬硬平面；批量较大时宜采用宽刃精刨方案
6	以宽刃刨削代替上述方案刮研	IT7	0.8~0.2	
7	粗刨（或粗铣）→精刨（或精铣）→磨削	IT7	0.8~0.2	精度要求高的淬硬平面或不淬硬平面
8	粗刨（或粗铣）→精刨（或精铣）→粗磨→精磨	IT6~7	0.4~0.02	
9	粗铣→拉	IT7~9	0.8~0.2	大量生产，较小的平面（精度视拉刀精度而定）
10	粗铣→精铣→磨削→研磨	IT6 级以上	0.1~R_z0.05	高精度平面

表 4-4　各种加工方法的经济精度和表面粗糙度（中批生产）

被加工表面	加工方法	经济精度级	表面粗糙度 $R_a/\mu m$
外圆和端面	粗车	IT11～13	50～12.5
	半精车	IT8～11	6.3～3.2
	精车	IT7～9	3.2～1.6
	粗磨	IT8～11	3.2～0.8
	精磨	IT6～8	0.8～0.2
	研磨	IT5	0.2～0.012
	超精加工	IT5	0.2～0.012
	精细车（金刚车）	IT5～6	0.8～0.05
孔	钻孔	IT11～13	50～6.3
	铸锻孔的粗扩（镗）	IT11～13	50～12.5
	精扩	IT9～11	6.3～3.2
	粗铰	IT8～9	6.3～1.6
	精铰	IT6～7	3.2～0.8
	半精镗	IT9～11	6.3～3.2
	精镗（浮动镗）	IT7～9	3.2～0.8
	精细镗（金刚镗）	IT6～7	0.8～0.1
	粗磨	IT9～11	6.3～3.2
	精磨	IT7～9	1.6～0.4
	研磨	IT6	0.2～0.012
	珩磨	IT6～7	0.4～0.1
	拉孔	IT7～9	1.6～0.8
平面	粗刨、粗铣	IT11～13	50～12.5
	半精刨、半精铣	IT8～11	6.3～3.2
	精刨、精铣	IT6～8	3.2～0.8
	拉削	IT7～8	1.6～0.8
	粗磨	IT8～11	6.3～1.6
	精磨	IT6～8	0.8～0.2
	研磨	IT5～6	0.2～0.012

2. 加工阶段的划分

对于那些加工质量要求较高或较复杂的零件，通常将整个工艺路线划分为以下几个阶段：

（1）粗加工阶段——主要任务是切除各表面上的大部分余量，其关键问题是提高生产率。

（2）半精加工阶段——完成次要表面的加工，并为主要表面的精加工做准备。

（3）精加工阶段——保证各主要表面达到图样要求，其主要问题是如何保证加工质量。

（4）光整加工阶段——对于表面粗糙度要求很细和尺寸精度要求很高的表面，还需要进行光整加工阶段。这个阶段的主要目的是提高表面质量，一般不能用于提高形状精度和位置精度。常用的加工方法有金刚车（镗）、研磨、珩磨、超精加工、镜面磨、抛光及无屑加工等。

划分加工阶段的原因：

① 保证加工质量。粗加工时，由于加工余量大，所受的切削力、夹紧力也大，将引起较大的变形，如果不划分阶段连续进行粗精加工，上述变形来不及恢复，将影响加工精度。所以，需要划分加工阶段，使粗加工产生的误差和变形，通过半精加工和精加工予以纠正，并逐步提高零件的精度和表面质量。

② 合理使用设备。粗加工要求采用刚性好、效率高而精度较低的机床，精加工则要求机床精度高。划分加工阶段后，可避免以精度高的设备进行粗加工，可以充分发挥机床的性能，延长使用寿命。

③ 便于安排热处理工序，使冷热加工工序配合得更好。粗加工后，一般要安排去应力的时效处理，以消除内应力。精加工前要安排淬火等最终热处理，其变形可以通过精加工予以消除。

④ 有利于及早发现毛坯的缺陷（如铸件的砂眼气孔等）。粗加工时去除了加工表面的大部分余量，若发现了毛坯缺陷，及时予以报废，以免继续加工造成工时的浪费。

应当指出，加工阶段的划分不是绝对的，必须根据工件的加工精度要求和工件的刚性来决定。一般说来，工件精度要求越高、刚性越差，划分阶段应越细；当工件批量小、精度要求不太高、工件刚性较好时也可以不分或少分阶段；重型零件由于输送及装夹困难，一般在一次装夹下完成粗精加工，为了弥补不分阶段带来的弊端，常常在粗加工工步后松开工件，然后以较小的夹紧力重新夹紧，再继续进行精加工工步。

3．加工顺序的安排

（1）切削加工顺序的安排

① 先粗后精　先安排粗加工，中间安排半精加工，最后安排精加工和光整加工。

② 先主后次　先安排零件的装配基面和工作表面等主要表面的加工，后安排如键槽、紧固用的光孔和螺纹孔等次要表面的加工。由于次要表面加工工作量小，又常与主要表面有位置精度要求，所以一般放在主要表面的半精加工之后、精加工之前进行。

③ 先面后孔　对于箱体、支架、连杆、底座等零件，先加工用作定位的平面和孔的端面，然后再加工孔。这样可使工件定位夹紧稳定可靠，利于保证孔与平面的位置精度，减小刀具的磨损，同时也给孔加工带来方便。

④ 基面先行　用作精基准的表面，要首先加工出来。所以，第一道工序一般是进行定位面的粗加工和半精加工（有时包括精加工），然后再以精基面定位加工其他表面。例如，轴类零件顶尖孔的加工。

（2）热处理工序的安排

热处理可以提高材料的力学性能,改善金属的切削性能以及消除残余应力。在制订工艺路线时,应根据零件的技术要求和材料的性质,合理地安排热处理工序。

① 退火与正火　退火或正火的目的是为了消除组织的不均匀,细化晶粒,改善金属的加工性能。对高碳钢零件用退火降低其硬度,对低碳钢零件用正火提高其硬度,以获得适中的较好的可切削性,同时能消除毛坯制造中的应力。退火与正火一般安排在机械加工之前进行。

② 时效处理　以消除内应力、减少工件变形为目的。为了消除残余应力,在工艺过程中需安排时效处理。对于一般铸件,常在粗加工前或粗加工后安排一次时效处理;对于要求较高的零件,在半精加工后尚需再安排一次时效处理;对于一些刚性较差、精度要求特别高的重要零件(如精密丝杠、主轴等),常常在每个加工阶段之间都安排一次时效处理。

③ 调质　对零件淬火后再高温回火,能消除内应力、改善加工性能并能获得较好的综合力学性能,一般安排在粗加工之后进行。对一些性能要求不高的零件,调质也常作为最终热处理。

④ 淬火、渗碳淬火和渗氮　它们的主要目的是提高零件的硬度和耐磨性,常安排在精加工(磨削)之前进行,其中渗氮由于热处理温度较低,零件变形很小,也可以安排在精加工之后。

（3）辅助工序的安排

检验工序是主要的辅助工序,除每道工序由操作者自行检验外,在粗加工之后,精加工之前,零件转换车间时,以及重要工序之后和全部加工完毕、进库之前,一般都要安排检验工序。

除检验外,其他辅助工序有:表面强化和去毛刺、倒棱、清洗、防锈等。正确地安排辅助工序是十分重要的。如果安排不当或遗漏,将会给后续工序和装配带来困难,甚至影响产品的质量,所以必须给予重视。

4. 工序的集中与分散

综上所述,零件加工的工步顺序已经排定。但如何将这些工步组成工序,则需要考虑采用工序集中还是工序分散的原则。

（1）工序集中

就是将零件的加工集中在少数几道工序中完成,每道工序加工内容多,工艺路线短。其主要特点是:

① 可以采用高效机床和工艺装备,生产率高;

② 减少了设备数量以及操作工人人数和占地面积,节省人力、物力;

③ 减少了工件安装次数,利于保证表面间的位置精度;

④ 采用的工装设备结构复杂,调整维修较困难,生产准备工作量大。

（2）工序分散

工序分散就是将零件的加工分散到很多道工序内完成,每道工序加工的内容少,工艺路线很长。其主要特点是:

① 设备和工艺装备比较简单,便于调整,容易适应产品的变换;

② 对工人的技术要求较低;

③ 可以采用最合理的切削用量,减少机动时间;

④ 所需设备和工艺装备的数目多,操作工人多,占地面积大。

在拟定工艺路线时,工序集中或分散的程度,主要取决于生产规模、零件的结构特点和技术要求,有时,还要考虑各工序生产节拍的一致性。一般情况下,单件小批生产时,只能工序集中,在一台普通机床上加工出尽量多的表面;大批大量生产时,既可以采用多刀、多轴等高效自动机床,将工序集中,也可以将工序分散后组织流水生产。批量生产应尽可能采用效率较高的半自动机床,使工序适当集中,从而有效地提高生产率。

对于重型零件,为了减少工件装卸和运输的劳动量,工序应适当集中;对于刚性差且精度高的精密工件,则工序应适当分散。

据统计,在我国的机械产品中,属于中小批量生产性质的企业已超过了企业总数的90％,单件中小批量生产方式占绝对优势。随着数控技术的普及,多品种中小批量生产中,越来越多地使用加工中心机床,从发展趋势来看,倾向于采用工序集中的方法来组织生产。

4.1.5　加工余量的确定

1. 加工余量的概念

加工余量是指加工过程中所切去的金属层厚度。余量有总加工余量和工序余量之分。由毛坯转变为零件的过程中,在某加工表面上切除金属层的总厚度,称为该表面的总加工余量（亦称毛坯余量）。一般情况下,总加工余量并非一次切除,而是分在各工序中逐渐切除,故每道工序所切除的金属层厚度称为该工序加工余量（简称工序余量）。工序余量是相邻两工序的工序尺寸之差,毛坯余量是毛坯尺寸与零件图样的设计尺寸之差。

由于工序尺寸有公差,故实际切除的余量大小不等。

图 4-29 表示工序余量与工序尺寸的关系。由图可知,工序余量的基本尺寸（简称基本余量或公称余量）Z 可按下式计算:

对于被包容面　　　$Z = $ 上工序基本尺寸 $-$ 本工序基本尺寸

对于包容面　　　　$Z = $ 本工序基本尺寸 $-$ 上工序基本尺寸

为了便于加工,工序尺寸都按“入体原则”标注极限偏差,即被包容面的工序尺寸取上

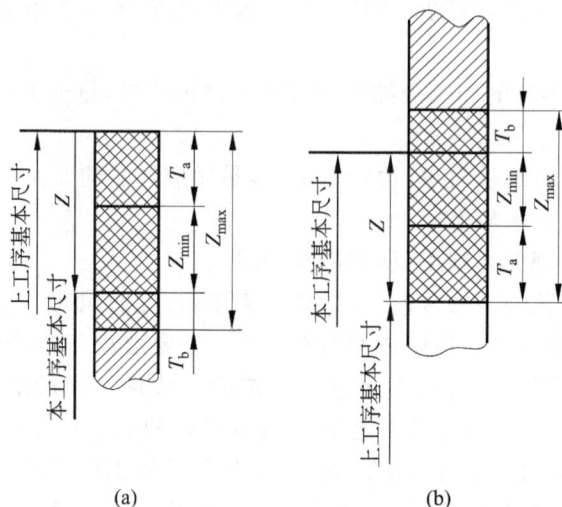

图 4-29　工序余量与工序尺寸及其公差的关系

(a) 被包容面(轴)；(b) 包容面(孔)

偏差为零；包容面的工序尺寸取下偏差为零。毛坯尺寸则按双向布置上、下偏差。

工序余量和工序尺寸及其公差的计算公式：

$$Z = Z_{\min} + T_a \tag{4-1}$$

$$Z_{\max} = Z + T_b = Z_{\min} + T_a + T_b \tag{4-2}$$

式中：$Z_{\min}$——最小工序余量；

　　　$Z_{\max}$——最大工序余量；

　　　T_a——上工序尺寸的公差；

　　　T_b——本工序尺寸的公差。

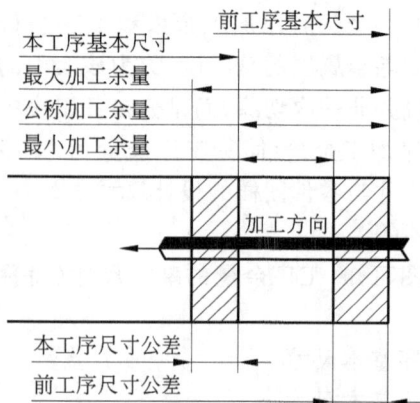

图 4-30　工序加工余量及其公差

由于毛坯尺寸、零件尺寸和各道工序的工序尺寸都存在误差，所以无论是总加工余量，还是工序加工余量都是一个变动值，存在最大和最小加工余量，它们与工序尺寸及其公差的关系如图 4-30 所示。

由图可以看出，公称加工余量为前工序基本尺寸和本工序基本尺寸之差，最小加工余量为前工序尺寸的最小值和本工序尺寸的最大值之差；最大加工余量为前工序尺寸的最大值和本工序尺寸的最小值之差。工序加工余量的变动范围(最大加工余量与最小加工余量之差)等于前工序与本工序的工序尺寸公差之和。

2. 影响加工余量的因素

在确定工序的具体内容时,其工作之一就是合理地确定工序加工余量。加工余量的大小对零件的加工质量和制造的经济性均有较大的影响。加工余量过大,必然增加机械加工的劳动量、降低生产率,也会增加原材料、设备、工具及电力等的消耗。加工余量过小,又不能确保切除上工序形成的各种误差和表面缺陷,影响零件的质量,甚至产生废品。由图 4-30 所示可知,工序加工余量(公称值,以下同)除可用相邻工序的工序尺寸表示外,还可以用另外一种方法表示,即:工序加工余量等于最小加工余量与前工序工序尺寸公差之和。因此,在讨论影响加工余量的因素时,应首先研究影响最小加工余量的因素。

影响最小加工余量的因素较多,现将主要影响因素分单项介绍如下。

(1) 前工序形成的表面粗糙度和缺陷层深度(R_a 和 D_a)

为了使工件的加工质量逐步提高,一般每道工序都应切到待加工表面以下的正常金属组织,将上道工序形成的表面粗糙度和缺陷层切掉。

(2) 前工序形成的形状误差和位置误差(Δ_x 和 Δ_w)

当形状公差、位置公差和尺寸公差之间相互独立,尺寸公差不控制形状公差和位置公差。此时,最小加工余量应保证将前工序形成的形状误差和位置误差切掉。

上述影响因素有时会重叠在一起,如图 4-31 所示,图中的 Δ_x 为平面度误差,Δ_w 为平行度误差,为了保证加工质量,可对各项因素进行简单叠加,以便彻底切除。

上述各项误差和缺陷都是前工序形成的,为能将其全部切除,还要考虑本工序的装夹误差 ε_b 的影响。如图 4-32 所示,由于三爪自定心卡盘定心不准,使工件轴线偏离主轴旋转轴线 e 值,造成加工余量不均匀,为确保将前工序的各项误差和缺陷全部切除,直径上的余量应增加 $2e$。装夹误差 ε_b 的数量,可在求出定位误差、夹紧误差和夹具的对定误差后求得。

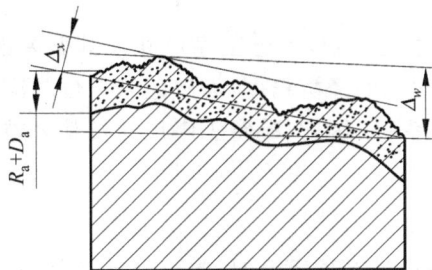

图 4-31　影响最小加工余量的因素　　　　图 4-32　装夹误差对加工余量的影响

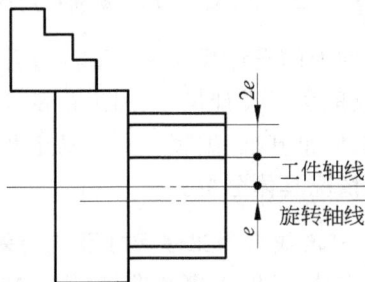

综上所述,影响工序加工余量的因素可归纳为以下几个方面:

(1) 前工序的工序尺寸公差(T_a)。

(2) 前工序形成的表面粗糙度和表面缺陷层深度(R_a+D_a)。

(3) 前工序形成的形状误差和位置误差(Δ_x、Δ_w)。

(4) 本工序的装夹误差(ε_b)。

3. 确定加工余量的方法

确定加工余量的方法有以下三种。

(1) 查表修正法

根据生产实践和试验研究,现在已将毛坯余量和各种工序的工序余量数据收集在手册。确定加工余量时,可从手册中获得所需数据,然后结合工厂的实际情况进行修正。查表时应注意,表中的数据为公称值,对称表面(轴、孔等)的加工余量是双边余量,非对称表面的加工余量是单边的。这种方法目前应用最广。

(2) 经验估计法

此法是根据实践经验确定加工余量。为防止加工余量不足而产生废品,往往估计的数值总是偏大,因而这种方法只适用于单件、小批生产。

(3) 分析计算法

这是根据加工余量计算公式和一定的试验资料,通过计算确定加工余量的一种方法。采用这种方法确定的加工余量比较经济合理,但必须有比较全面可靠的试验资料及先进的计算手段方可进行,故目前应用较少。

在确定加工余量时,总加工余量和工序加工余量要分别确定。总加工余量的大小与选择的毛坯制造精度有关。用查表法确定工序加工余量时,粗加工工序的加工余量不应查表确定,而是用总加工余量减去各工序余量求得。同时要对求得的粗加工工序余量进行分析,如果过小,要增加总加工余量;过大,应适当减少总加工余量,以免造成浪费。

4.1.6　工序尺寸及其偏差的确定

零件上的设计尺寸一般要经过几道加工工序才能得到,每道工序尺寸及其偏差的确定,不仅取决于设计尺寸、加工余量及各工序所能达到的经济精度,而且还与定位基准、工序基准、测量基准、编程原点的确定及基准的转换有关。因此,确定工序尺寸及其公差时,应具体情况具体分析。

1. 基准重合时工序尺寸及其公差的计算

当定位基准、工序基准、测量基准、编程原点与设计基准重合时,工序尺寸及其公差直接由各工序的加工余量和所能达到的精度确定。其计算方法是由最后一道工序开始向前推算,具体步骤如下:

① 确定毛坯的总余量和工序余量。

② 确定工序尺寸公差。最终工序尺寸公差等于零件图上设计尺寸公差,其余工序尺寸公差按经济精度确定。

③ 计算工序基本尺寸。从零件图上的设计尺寸开始向前推算,直至毛坯尺寸。最终工序尺寸等于零件图的基本尺寸,其余工序尺寸等于后道工序基本尺寸加上或减去后道工序余量。

④ 标注工序尺寸公差。最后一道工序的公差按零件图设计尺寸公差标注,中间工序尺寸公差按"人体原则"标柱,毛坯尺寸公差按双向标注。

【例 4-1】 某车床主轴箱主轴孔的设计尺寸为 $\Phi 100_0^{+0.035}$ mm,表面粗糙度为 $R_a = 0.8\mu$m,毛坯为铸铁件。已知其加工工艺过程为粗镗→半精镗→精镗→浮动镗。用查表法或经验估算法确定毛坯总余量和各工序余量,其中粗镗余量由毛坯余量减去其余各工序余量之和确定,各到工序的基本余量为:

浮动镗　　$Z = 0.1$mm

精镗　　　$Z = 0.5$mm

半精镗　　$Z = 2.4$mm

毛坯　　　$Z = 8$mm

粗镗　　　$Z = (8-(2.4+0.5+0.1))$mm$= 5$mm

最后一道工序浮动镗的公差等于设计尺寸公差,其余各工序按所能达到的经济精度查表确定,各尺寸公差分别为:

浮动镗　　$T = 0.035$mm

精镗　　　$T = 0.054$mm

半精镗　　$T = 0.23$mm

粗镗　　　$T = 0.46$mm

毛坯　　　$T = 2.4$mm

各工序的基本尺寸计算如下:

浮动镗　　$D = 100$mm

精镗　　　$D = (100-0.1)$mm$= 99.9$mm

半精镗　　$D = (99.9-0.5)$mm$= 99.4$mm

粗镗　　　$D = (99.4-2.4)$mm$= 97$mm

毛坯　　　$D = (97-5)$mm$= 92$mm

按工艺要求分布公差,最终得到各工序尺寸及其偏差为:毛坯 $\Phi 92_{-1.2}^{+1.2}$;粗镗 $\Phi 97_0^{0.46}$;半精镗 $\Phi 99.4_0^{+0.23}$;精镗 $\Phi 99.9_0^{+0.054}$;浮动镗 $\Phi 100_0^{+0.035}$。

孔加工余量、公差及工序尺寸分布如图 4-33。

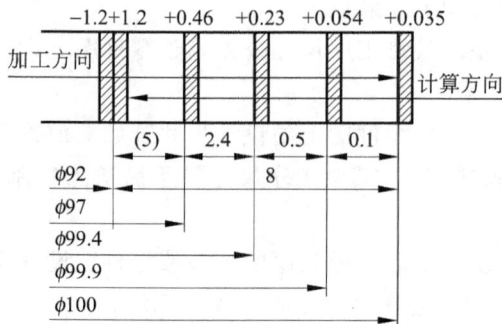

图 4-33　余量公差及工序尺寸分布

2. 基准不重合时工序尺寸及其公差的计算

当工序基准、测量基准、定位基准或编程原点与设计基准不重合时,工序尺寸及其公差的确定,需要借助工艺尺寸链的基本尺寸和计算方法才能确定。

（1）工艺尺寸链的概念

在机器装配或零件加工过程中,由互相联系且按一定顺序排列的尺寸组成的封闭链环,称为尺寸链。图 4-34 所示为用调整法加工凹槽时定位基准与设计基准不重合的工艺尺寸链。图 4-35 为测量基准与设计基准不重合的工艺尺寸链。

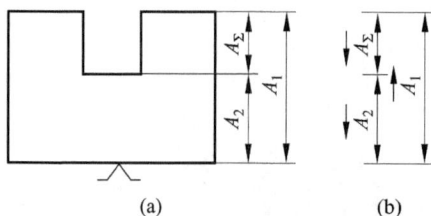

图 4-34　定位基准与设计基准
不重合的工艺尺寸链
（a）加工零件；（b）工艺尺寸链图

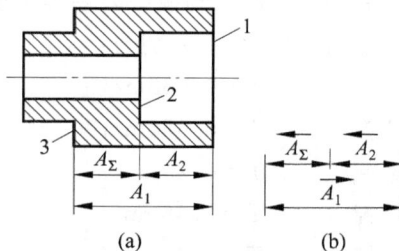

图 4-35　测量基准与设计基准
不重合的工艺尺寸链
（a）测量零件；（b）工艺尺寸链图

（2）工艺尺寸链的特征

① 关联性　任何一个直接保证的尺寸及其精度的变化,必将影响间接保证的尺寸及其精度。

② 封闭性　尺寸链中的各个尺寸首尾相接组成封闭的链环。

（3）工艺尺寸链的组成

尺寸链中的每一个尺寸链称为尺寸链的环,尺寸链的环按性质分为组成环和封闭环两类。组成环是加工过程中直接形成的尺寸,封闭环是由其它尺寸最终间接得到的尺寸。

组成环按其对封闭环的影响可分为增环和减环。当某一组成环增大时,若封闭环也增大,则称该组成环为增环;某一组成环增大时,封闭环减小,则该组成环为减环。一个尺寸链中,只有一个封闭环。

（4）工艺尺寸链的基本计算公式

尺寸链计算的关键是正确判定封闭环,常用计算方法有极值法和概率法。生产中一般用极值法,其计算公式如下。

$$\left.\begin{aligned} A_{\sum} &= \sum_{i=1}^{m} \vec{A} - \sum_{j=m+1}^{n-1} \overleftarrow{A_j} & A_{\sum\max} &= \sum_{i=1}^{m} \overrightarrow{A_{i\max}} - \sum_{j=m+1}^{n-1} \overleftarrow{A_{j\min}} \\ A_{\sum\min} &= \sum_{i=1}^{m} \overrightarrow{A_{i\max}} - \sum_{j=m+1}^{n-1} \overleftarrow{A_{j\max}} & ES_{A_{\sum}} &= \sum_{i=1}^{m} ES_{\overrightarrow{A_i}} - \sum_{j=m+1}^{n-1} EI_{\overleftarrow{A_j}} \\ EI_{A_{\sum}} &= \sum_{i=1}^{m} EI_{\overrightarrow{A_i}} - \sum_{j=m+1}^{n-1} ES_{\overleftarrow{A_j}} & T_{A_{\sum}} &= ES_{A_{\sum}} - EI_{A_{\sum}} = \sum_{i=1}^{n-1} T_i \end{aligned}\right\} \quad (4\text{-}3)$$

式中：$A_{\sum}$——封闭环的基本尺寸,mm;

　　　$\vec{A_i}$——增环的基本尺寸,mm;

　　　$\overleftarrow{A_j}$——减环的基本尺寸,mm;

　　　$A_{\sum\max}$——封闭环的最大极限尺寸,mm;

　　　$A_{\sum\min}$——封闭环的最小极限尺寸,mm;

　　　$ES_{A_{\sum}}$——封闭环的上偏差,mm;

　　　$EI_{A_{\sum}}$——封闭环的下偏差,mm;

　　　$T_{A_{\sum}}$——封闭环的公差,mm;

　　　m——增环的环数;

　　　n——包括封闭环在内的总环数。

在极值算法中,封闭环的公差大于任一组成环的公差。当封闭环的公差一定时,若组成环数目较多,各组成环的公差就会过小,造成加工困难。因此,分析尺寸链时,应使尺寸链的组成环数目为最少,即遵循尺寸链最短原则。

（5）工序尺寸及其公差计算实例

① 数控编程原点与设计基准不重合

设计零件图时,从保证使用性能的角度考虑,尺寸标注多采用局部分散法。而在数控编程中,所有点、线、面的尺寸和位置都是以编程原点为基准的。当编程原点与设计基准不重合时,为方便编程,必须将分散标注的尺寸换算成以编程原点为基准的工序尺寸。

【例 4-2】 图 4-36 为一根阶梯轴简图。图上部的轴向尺寸 Z_1、Z_2、$\cdots$、Z_6 为设计尺寸。编程原点在左端面与中心线的交点上,与尺寸 Z_2、Z_3、Z_4 及 Z_5 的设计基准不重合,编程时须按工序尺寸 Z_1'、Z_2'、$\cdots$、Z_6' 编程。其中工序尺寸 Z_1' 和 Z_6' 就是设计尺寸 Z_1 和 Z_6,

即 $Z_1' = Z_1 = 20_{-0.28}^{0}$ mm；$Z_6' = Z_6 = 230_{-1}^{0}$ mm 直接获得尺寸。其余工序尺寸 Z_2'、Z_3'、Z_4' 和 Z_5' 可分别利用图 4-36(b)、(c)、(d) 和 (e) 所示的工艺尺寸链计算。尺寸链中 Z_2、Z_3、Z_4 和 Z_5 为间接获得尺寸，是封闭环，其余尺寸为组成环。尺寸链的计算过程如下：

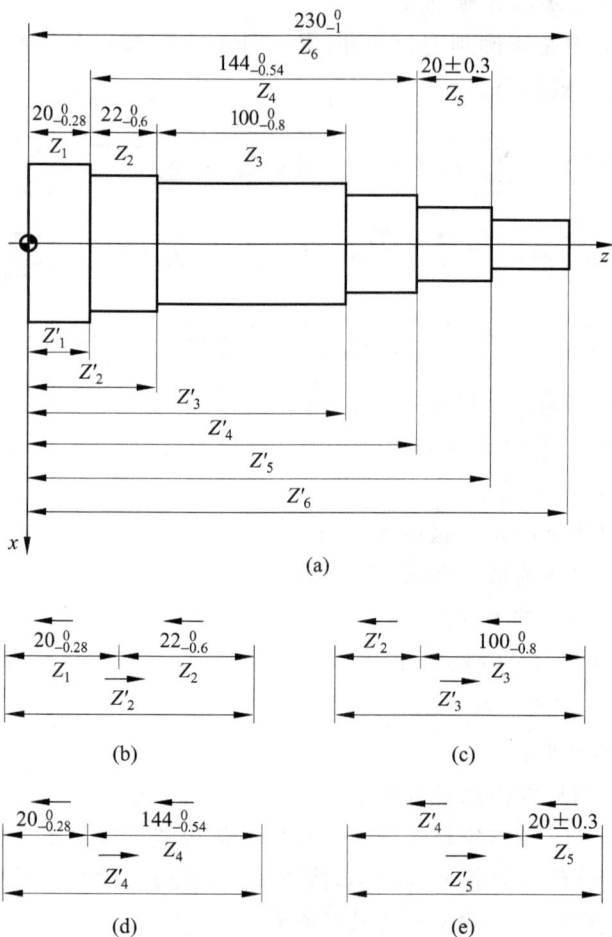

(a)

(b)   (c)

(d)   (e)

图 4-36 编程原点与设计基准不重合时的工序尺寸的换算

(a) 加工零件；(b)、(c)、(d)、(e) 尺寸链图

a. 计算 Z_2' 的工序尺寸及其公差（见图 4-36(b)）

由式(4-3) $Z_2 = Z_2' - Z_1$，即 $Z_2' = 42$ mm

由式(4-3)得 $0 = ES_{Z_2'} - (0.28)$，即 $ES_{Z_2'} = -0.28$ mm

由式(4-3)得 $-0.6 = EI_{Z_2'} - 0$，即 $EI_{Z_2'} = -0.6$ mm

因此，得 Z_2' 的工序尺寸及其公差：

$$Z_2' = 42_{-0.6}^{-0.28} \text{ mm}$$

b. 计算 Z_3' 的工序尺寸及其公差(见图 4-36(c))

由式(4-3)$Z_3 = Z_3' - Z_2' = Z_3' - 42$,即 $Z_3' = 142\text{mm}$

由式(4-3)得 $0 = ES_{Z_3} = EI_{Z_2} = ES_{Z_3'} - (-0.6)$,即 $ES_{Z_3'} = -0.6\text{mm}$

由式(4-3)得 $-0.8 = EI_{Z_3'} - ES_{Z_2'} = EI_{Z_3'} - (0.28)$,即 $EI_{Z_3'} = -1.08\text{mm}$

因此,得 Z_3' 的工序尺寸及其公差:

$$Z_3' = 142_{-1.08}^{-0.6}\text{mm}$$

c. 计算 Z_4' 的工序尺寸及其公差(见图 4-36(d))

由式(4-3)得 $Z_4 = Z_4' - Z_1$,即 $Z_4' = 164\text{mm}$

由式(4-3)得 $0 = ES_{Z_4'} - (-0.28)$,即 $ES_{Z_4'} = -0.28\text{mm}$

由式(4-3)得 $-0.54 = EI_{Z_4'} - 0$,即 $EI_{Z_4'} = -0.54\text{mm}$

因此,得 Z_4' 的工序尺寸及其公差:

$$Z_4' = 164_{-0.54}^{-0.28}\text{mm}$$

d. 计算 Z_5' 的工序尺寸及其公差(见图 4-36(e))

由式(4-3))得 $Z_5 = Z_5' - Z_4' = Z_5' - 164$,即 $Z_5' = 184\text{mm}$

由式(4-3)得 $0.3 = ES_{Z_5'} - EI_{Z_4'} = EI_{Z_5'} - (-0.54)$,即 $ES_{Z_5'} = -0.24\text{mm}$

由式(4-3)得 $-0.3 = EI_{Z_5'} - ES_{Z_4'} = EI_{Z_5'} - (0.28)$,即 $EI_{Z_5'} = -0.58\text{mm}$

因此,得 Z_5' 的工序尺寸及其公差:

$$Z_5' = 184_{-0.58}^{-0.24}\text{mm}$$

② 测量基准与设计基准不重合时尺寸的换算

【例 4-3】 如图 4-37 所示,尺寸 $10_{-0.36}^{0}$ 不便测量,改测量孔深 A_2,通过 $50_{-0.17}^{0}$(A_1)间接保证尺寸 $10_{-0.36}^{0}$(A_0),求工序尺寸 A_2 及偏差。

解:a. 画尺寸链图,如图 4-37(b)所示。

b. 确定封闭环、增环、减环:

封闭环 $A_0 = 10_{-0.36}^{0}$,增环 $A_1 = 50_{-0.17}^{0}$,减环 A_2

c. 计算封闭环基本尺寸:

$$10 = 50 - A_2 \quad A_2 = 40$$

封闭环上偏差:$0 = 0 - EI_{A_2}$,$EI_{A_2} = 0$

封闭环下偏差:$-0.36 = -0.17 - ES_{A_2}$,$ES_{A_2} = 0.19$

因此, $$A_2 = 40_0^{+0.19}\text{mm}$$

d. 验算封闭环公差:

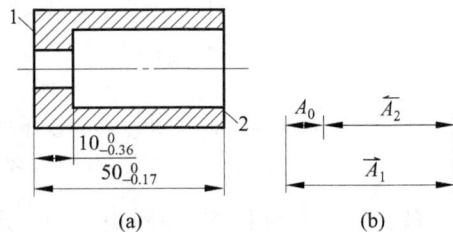

图 4-37 测量基准与设计基准不重合

(a) 测量零件;(b) 工艺尺寸链图

$T_0 = 0.36, T_1 + T_2 = 0.17 + 0.19 = 0.36$,计算正确。

在本例中,若 A_2 为 39.83,按计算判断为不合格,但实际上若 A_1 为 49.83,$A_0 = 49.83 - 39.83 = 10$,该零件应为合格。若 A_2 为 40.36,按计算判断为不合格,但实际上若 A_1 为 50,$A_0 = 50 - 40.36 = 9.64$,该零件应为合格。

由此可见,在实际加工时,当按工艺尺寸链换算出的工艺尺寸的实际值虽然超出了换算出的公差范围,但未超出原设计要求的公差范围,即落在假废品区时,还不能简单地认为该零件不合格,应逐个测量出各组成环的具体值,并算出间接获得的设计尺寸的实际值,才能最终判断零件上要求的设计尺寸是否合格。因此,当出现假废品时,对零件进行最后复检很有必要,可防止将实际上的合格品当作废品处理而造成浪费。

③ 定位基准与设计基准不重合时尺寸的换算

【例 4-4】 如图 4-38 所示零件,镗削零件上的孔。孔的设计基准是 C 面,设计尺寸为 100 ± 0.15mm。为装夹方便,以 A 面定位,按尺寸 A_3 调整机床。若 A、B、C 面已加工,求工序尺寸 A_3 及偏差。

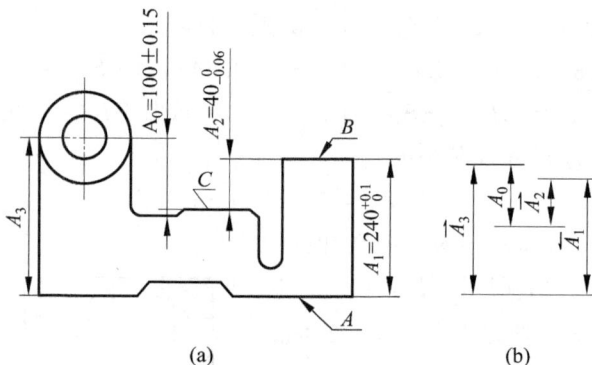

图 4-38 定位基准与设计基准不重合时工艺尺寸链的建立和计算
(a) 加工零件;(b) 工艺尺寸链图

解:a. 画尺寸链图,如图 4-38(b)所示。

b. 确定封闭环、增环、减环:

封闭环 $A_0 = 100 \pm 0.15$,增环 $A_2 = 40_{-0.06}^{0}$、A_3,减环 $A_1 = 240_0^{+0.1}$

c. 计算封闭环基本尺寸:

$$100 = 40 + A_3 - 240, A_3 = 300$$

封闭环上偏差:$0.15 = 0 + ES_{A_3} - 0, ES_{A_3} = 0.15$

封闭环下偏差:$-0.15 = -0.06 + EI_{A_3} - 0.1, EI_{A_3} = 0.01$

因此,
$$A_3 = 300_{+0.01}^{+0.15} = 300.08 \pm 0.07$$

d. 验算封闭环公差：

$T_0 = 0.3$，$T_1 + T_2 + T_3 = 0.10 + 0.06 + 0.14 = 0.30$，计算正确。

④ 从尚需继续加工的表面标注工序尺寸时工艺尺寸链的建立和计算

【例 4-5】 如图 4-39 所示为一齿轮内孔的简图。内孔为 $\phi 85_0^{0.035}$ mm，键槽尺寸深度为 $\phi 90.4_0^{+0.20}$ mm。内孔及键槽的加工顺序如下：

a. 精镗孔至 $\phi 84.8_0^{+0.07}$ mm；

b. 插键槽至尺寸 A（通过工艺计算确定）；

c. 热处理；

d. 磨内孔至 $\phi 85_0^{+0.035}$ mm，同时间接保证键槽深度 $90.4_0^{+0.20}$ mm 要求。

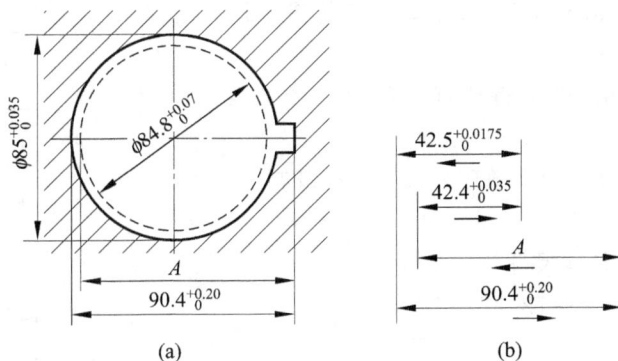

图 4-39 从尚需继续加工的表面标注工序尺寸时工艺尺寸链的建立和计算
(a) 加工零件；(b) 工艺尺寸链图

要求：通过工艺尺寸链计算尺寸 A 的工序尺寸及偏差。

解：根据以上加工顺序可以看出，磨孔后不仅要能保证内孔的尺寸 $\phi 85_0^{+0.035}$ mm，而且要能同时自动获得键槽的深度尺寸 $\phi 90.4_0^{+0.20}$ mm，为此必须正确地算出以镗孔后表面为测量基准的插键槽的工序尺寸 A。由尺寸链简图 4-39 (b) 知，精镗后的半径 $42.4_0^{+0.035}$ mm，磨孔后的半径 $42.5_0^{+0.0175}$ mm 以及键槽尺寸 A 都是直接获得的，是组成环。其中 $42.5_0^{+0.0175}$ mm、A 为增环，$42.4_0^{+0.035}$ mm 为减环。键槽深度 $90.4_0^{+0.20}$ mm 是间接获得的，为封闭环。按照工艺尺寸链的公式 A 值计算如下：

按公式 (4-3) 求基本尺寸：

$$90.4 = A + 42.5 - 42.4$$

得

$$A = 90.4 + 42.4 - 42.5 = 90.3 \text{mm}$$

按公式 (4-3) 求上偏差：

$$0.20 = ES_A + 0.0175 - 0$$

得

$$ES_A = 0.20 - 0.0175 = 0.1825 \text{mm}$$

按公式(4-3)求下偏差：

$$0 = EI_A + 0 - 0.035$$

得

$$EI_A = 0.035\text{mm}$$

插键槽工序尺寸：$A = 90.3^{+0.183}_{+0.035}\text{mm}$

⑤ 保证渗层深度的工艺尺寸计算

【例4-6】 如图4-40所示某零件内孔,孔径为$\phi145^{+0.04}_{0}$,内孔表面需要渗氮,渗氮层深度0.3～0.5mm,令为$0.3^{+0.2}_{0}$。

加工顺序：磨内孔至$\phi144.76^{+0.04}_{0}$→渗氮处理,深度t_1→精磨内孔至$\phi145^{+0.04}_{0}$,并保证渗

氮层深度$t_0 = 0.3～0.5\text{mm}$。试求工艺渗氮层深度t_1。

解：a. 画尺寸链(必须将孔直径化成半径来表示)。

b. 封闭环$t_0 = 0.3^{+0.2}_{0}$,增环t_1、$t_2 = 72.38^{+0.02}_{0}$,减环$t_3 = 72.5^{+0.02}_{0}$。

c. 计算封闭环基本尺寸：

$$0.3 = t_1 + 72.38 - 72.5$$

$$t_1 = 0.42$$

封闭环上偏差：$0.2 = ES_{t_1} + 0.02 - 0$

$$ES_{t1} = 0.18$$

封闭环下偏差：$0 = EI_{t_1} + 0 - 0.02$

$$EI_{t1} = 0.02$$

故$t_1 = 0.42^{+0.18}_{+0.02}$,即工艺渗氮层深度为0.44～0.60mm。

d. 验算封闭环公差：$T_0 = 0.2, T_1 + T_2 + T_3 = 0.16 + 0.02 + 0.02 = 0.20$,计算正确。

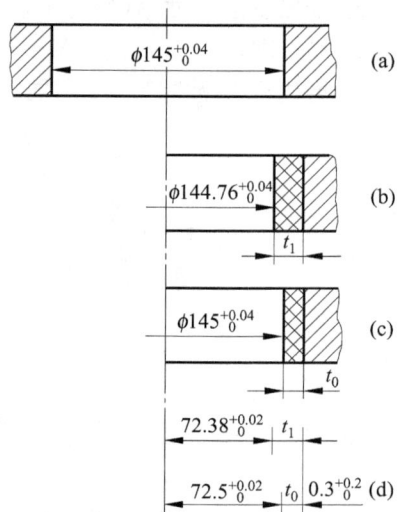

图4-40 保证渗氮层深度的工艺尺寸计算
(a) 加工零件；(b) 磨内孔至$\phi144.76^{+0.04}_{0}$后渗氮处理,深度t_1；(c) 精磨内孔至$\phi145^{+0.04}_{0}$,并保证渗氮层深度t_0；(d) 工艺尺寸链图

4.2 数控加工工艺设计

4.2.1 数控加工的基本过程

数控加工,就是泛指在数控机床上进行零件加工的工艺过程。数控机床是一种用计算机来控制的机床,用来控制机床的计算机,不管是专用计算机还是通用计算机,都统称为数控系统。数控机床的运动和辅助动作均受控于数控系统发出的指令。而数控系统的指令是由程序员根据工件的材质、加工要求、机床的特性和系统所规定的指令格式(数控

语言或符号)编制的。所谓编程,就是把被加工零件的工艺过程、工艺参数、运动要求用数字指令形式(数控语言)记录在介质上,并输入数控系统。数控系统根据程序指令向伺服装置和其他功能部件发出运行或终断信息来控制机床的各种运动。当零件的加工程序结束时,机床便会自动停止。任何一种数控机床,在其数控系统中若没有输入程序指令,数控机床就不能工作。

　　机床的受控动作大致包括机床的启动、停止;主轴的启停、旋转方向和转速的变换;进给运动的方向、速度、方式;刀具的选择、长度和半径的补偿;刀具的更换,冷却液的开启、关闭等。图 4-41 是数控机床加工过程框图。从框图中可以看出在数控机床上加工零件所涉及的范围比较广,与相关的配套技术有密切的关系。合格的编程员首先应该是一个很好的工艺员,应熟练地掌握工艺分析、工艺设计和切削用量的选择,能正确地选择刀辅具并提出零件的装夹方案,了解数控机床的性能和特点,熟悉程序编制方法和程序的输入方式。

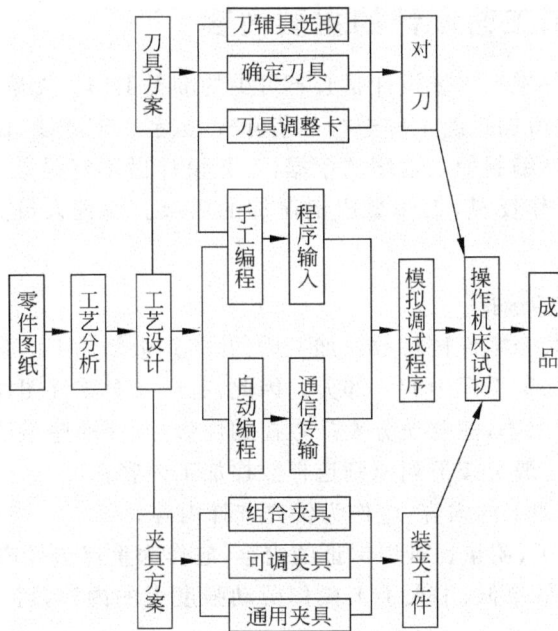

图 4-41　数控机床加工过程框图

　　数控加工程序编制方法有手工(人工)编程和自动编程之分。手工编程,程序的全部内容是由人工按数控系统所规定的指令格式编写的。自动编程即计算机编程,可分为以语言为基础的自动编程方法和以绘画为基础的自动编程方法。无论是采用何种自动编程方法,都需要有相应配套的硬件和软件。

可见,实现数控加工,编程是关键。但光有编程是不行的,数控加工还包括编程前必须要做的一系列准备工作及编程后的善后处理工作。一般来说数控加工工艺主要包括的内容如下:

① 选择并确定进行数控加工的零件及内容;
② 对零件图纸进行数控加工的工艺分析;
③ 数控加工的工艺设计;
④ 对零件图纸的数学处理;
⑤ 编写加工程序单;
⑥ 按程序单制作控制介质;
⑦ 程序的校验与修改;
⑧ 首件试加工与现场问题处理;
⑨ 数控加工工艺文件的定型与归档。

4.2.2　数控加工工艺设计的主要内容

数控加工前对工件进行工艺设计是必不可少的准备工作。无论是手工编程还是自动编程,在编程前都要对所加工的工件进行工艺分析、拟定工艺路线、设计加工工序。因此,合理的工艺设计方案是编制加工程序的依据,工艺设计做不好是数控加工出差错的主要原因之一,往往造成工作反复,工作量成倍增加的后果。编程人员必须首先搞好工艺设计,再考虑编程。

1. 数控加工内容的选择

当选择并决定对某个零件进行数控加工后,并非其全部加工内容都采用数控加工,数控加工可能只是零件加工工序中的一部分。因此,有必要对零件图样进行仔细分析,立足于解决难题、提高生产效率,注意充分发挥数控的优势,选择那些最适合、最需要的内容和工序进行数控加工。一般可按下列原则选择数控加工内容:

① 普通机床无法加工的内容,应作为优先选择内容。
② 普通机床难加工、质量也难以保证的内容,应作为重点选择内容。
③ 普通机床加工效率低、工人手工操作劳动强度大的内容,可在数控机床尚有加工能力的基础上进行选择。

相比之下,下列一些加工内容则不宜选择数控加工:

① 需要用较长时间占机调整的加工内容。
② 加工余量极不稳定,且数控机床上又无法自动调整零件坐标位置的加工内容。
③ 不能在一次安装中加工完成的零星分散部位,采用数控加工很不方便,效果不明显,可以安排普通机床补充加工。

此外,在选择数控加工内容时,还要考虑生产批量、生产周期、工序间周转情况等因素,要尽量合理使用数控机床,达到产品质量、生产率及综合经济效益等指标都明显提高的目的,要防止将数控机床降格为普通机床使用。

2. 数控加工零件的工艺性分析

对数控加工零件的工艺性分析,主要包括产品的零件图样分析和结构工艺性分析两部分。其中 4.1.1 节所述"零件图的审查"内容同样适用于数控加工。

(1) 零件图样分析

① 零件图上尺寸标注方法应适应数控加工的特点,如图 4-42(a)所示,在数控加工零件图上,应以同一基准标注尺寸或直接给出坐标尺寸。这种标注方法既便于编程,也便于尺寸之间的相互协调,又有利于设计基准、工艺基准、测量基准和编程原点的统一。零件设计人员在尺寸标注时,一般总是较多地考虑装配等使用特性,因而常采用如图 4-42(b)所示的局部分散的标注方法,这样就给工序安排和数控加工带来诸多不便。由于数控加工精度和重复定位精度都很高,不会因产生较大的累积误差而破坏零件的使用特性,因此,可将局部的分散标注法改为同一基准标注或直接标注坐标尺寸。

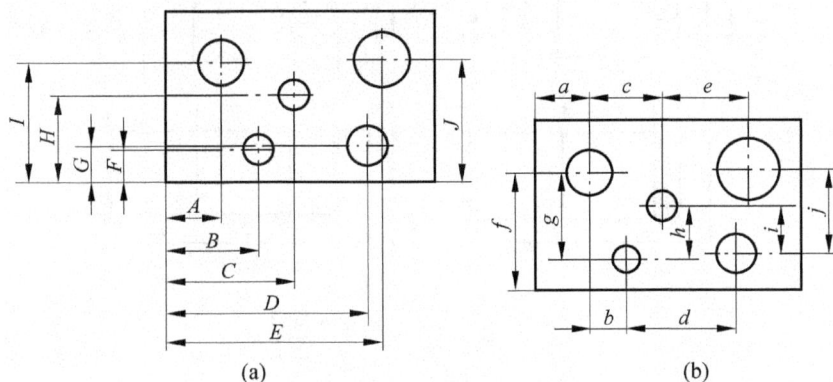

图 4-42　零件尺寸标注分析
(a) 同基准标注;(b) 分散标注

② 分析被加工零件的设计图纸。根据标注的尺寸公差和形位公差等相关信息,将加工表面区分为重要表面和次要表面,并找出其设计基准,进而遵循基准选择的原则,确定加工零件的定位基准,分析零件的毛坯是否便于定位和装夹,夹紧方式和夹紧点的选取是否会有碍刀具的运动,夹紧变形是否对加工质量有影响等,为工件定位、安装和夹具设计提供依据。

③ 构成零件轮廓的几何元素(点、线、面)的条件(如相切、相交、垂直和平行等),是数控编程的重要依据。手工编程时,要依据这些条件计算每一个节点的坐标;自动编程时,则要根据这些条件对构成零件的所有几何元素进行定义,无论哪一个条件不明确,都会导

致编程无法进行。因此,在分析零件图样时,务必要分析几何元素的给定条件是否充分,发现问题及时与设计人员协商解决。

(2) 零件的结构工艺性分析

① 零件的内腔与外形应尽量采用统一的几何类型和尺寸,这样可以减少刀具规格和换刀次数,方便编程,提高生产效益。

② 内槽圆角的大小决定着刀具直径的大小,所以内槽圆角半径不应太小。对于图 4-43 所示零件,其结构工艺性的好坏与被加工轮廓的高低、转角圆弧半径的大小等因素有关。图 4-43(b)与图 4-43(a)相比,转角圆弧半径 R 大,可以采用直径较大的立铣刀来加工;加工平面时,进给次数也相应减少,表面加工质量也会好一些,因而工艺性较好。反之,工艺性较差。通常 $R < 0.2H$(H 为被加工工件轮廓面的最大高度)时,可以判定零件该部位的工艺性不好。

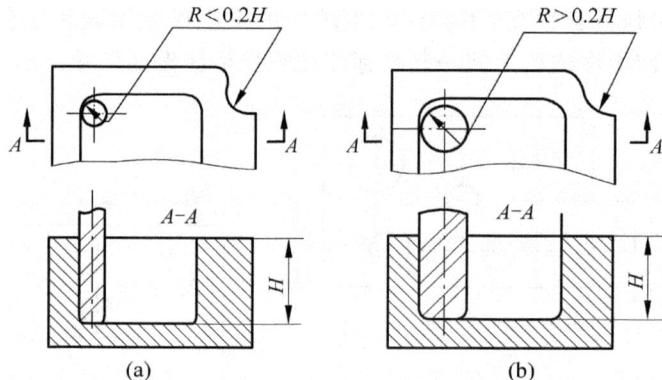

图 4-43　内槽结构工艺性

③ 零件铣槽底平面时,槽底圆角半径 r 不要过大。如图 4-44 所示,铣刀端面刃与铣削平面的最大接触直径 $d = D - 2r$(D 为铣刀直径)。当 D 一定时,r 越大,铣刀端面刃铣削平面的面积越小,加工平面的能力就越差,效率越低,工艺性也越差。当 r 大到一定程度时,甚至必须用球头铣刀加工,这是应该尽量避免的。

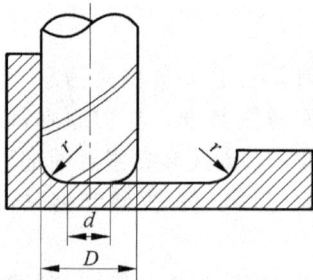

图 4-44　零件底面圆弧半径对工艺性的影响

④ 应尽可能在一次装夹中完成所有能加工表面的加工,为此要选择便于各个表面都能加工的定位方式;若需要二次装夹,应采用统一的基准定位。在数控加工中若没有统一的定位基准,会因工件重新安装产生定位误差,从而使加工后的两个面上的轮廓位置及尺寸不协

调。因此,为保证二次装夹加工后其相对位置的准确性,应采用统一的定位基准。

3. 数控加工的工艺路线设计

与常规工艺路线拟定过程相似,数控加工工艺路线的设计,最初也需要找出零件所有的加工表面,并逐一确定各表面的加工方法,其每一步相当于一个工步。然后将所有工步内容按一定原则排列成先后顺序,再确定哪些相邻工步可以划为一个工序,即进行工序的划分。最后再将所需的其他工序如常规工序、辅助工序、热处理工序等插入,衔接于数控加工工序序列之中,就得到了要求的工艺路线。

数控加工的工艺路线设计与普通机床加工的常规工艺路线拟定的区别主要在于:它仅是几道数控加工工艺过程的概括,而不是指从毛坯到成品的整个工艺过程。由于数控加工工序一般均穿插于零件加工的整个工艺过程之中,因此在工艺路线设计中,一定要兼顾常规工序的安排,使之与整个工艺过程协调吻合。

(1) 工序的划分

在数控机床上加工的零件,一般按工序集中原则划分工序。划分方法如下:

① 按安装次数划分工序　以一次安装完成的那一部分工艺过程为一道工序。该方法一般适合于加工内容不多的工件,加工完毕就能达到待检状态。如图 4-45 所示的凸轮零件,其两端面、R38 外圆以及 $\phi22H7$ 和 $\phi4H7$ 两孔均在普通机床上加工,然后在数控铣床上以加工过的两个孔和一个端面定位安装,在一道工序内铣削凸轮剩余的外表面轮廓。

② 按所用刀具划分工序　以同一把刀具完成的那一部分工艺过程为一道工序。这种方法适用于工件的待加工表面较多,机床连续工作时间过长,加工程序的编制和检查难度较大等情况。在专用数控机床和加工中心上常用这种方法。

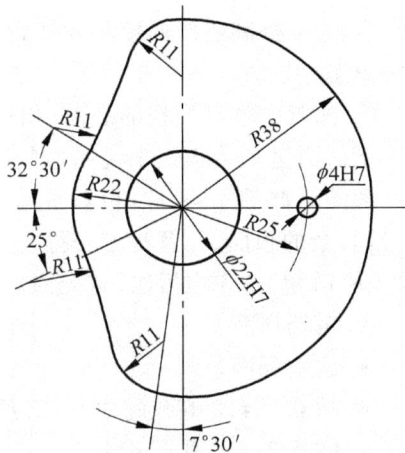

图 4-45　凸轮零件图

③ 按粗、精加工划分工序　考虑工件的加工精度要求、刚度和变形等因素来划分工序时,可按粗、精加工分开的原则来划分工序,即以粗加工中完成的那部分工艺过程为一道工序,精加工中完成的那部分工艺过程为另一道工序。一般来说,在一次安装中不允许将工件的某一表面粗、精不分地加工至精度要求后,再加工工件的其他表面。

④ 按加工部位划分工序　以完成相同型面的那一部分工艺过程为一道工序。有些零件加工表面多而复杂,构成零件轮廓的表面结构差异较大,可按其结构特点(如内型、外形、曲面或平面等) 划分成多道工序。

　　综上所述,在划分工序时,一定要视零件的结构与工艺性、机床的功能、零件数控加工内容的多少、安装次数以及生产组织等实际情况灵活掌握。

　　(2) 加工顺序的安排

　　加工顺序安排得合理与否,将直接影响到零件的加工质量、生产率和加工成本。应根据零件的结构和毛坯状况,结合定位及夹紧的需要综合考虑,重点应保证工件的刚度不被破坏,尽量减少变形。加工顺序的安排除遵循 4.1.4 节中"3.加工顺序的安排"原则外,还应遵循下列原则:

　　① 尽量使工件的装夹次数、工作台转动次数、刀具更换次数及所有空行程时间减至最少,提高加工精度和生产率。

　　② 先内后外原则,即先进行内型内腔加工,后进行外形加工。

　　③ 为了及时发现毛坯的内在缺陷,精度要求较高的主要表面的粗加工一般应安排在次要表面粗加工之前;大表面加工时,因内应力和热变形对工件影响较大,一般也需先加工。

　　④ 在同一次安装中进行的多个工步,应先安排对工件刚性破坏较小的工步。

　　⑤ 为了提高机床的使用效率,在保证加工质量的前提下,可将粗加工和半精加工合为一道工序。

　　⑥ 加工中容易损伤的表面(如螺纹等),应放在加工路线的后面。

　　下面通过一个实例来说明这些原则的应用。

　　如图 4-46 所示零件,可以先在普通机床上把底面和四个轮廓面加工好("基面先行"),其余的顶面、孔及沟槽安排在立式加工中心上完成(工序集中原则),加工中心工序按"先粗后精"、"先主后次"、"先面后孔"等原则可以划分为如下 14 个工步:

- 粗铣顶面。
- 精铣顶面。
- 钻 $\phi 32$、$\phi 12$ 等孔的中心孔(预钻凹坑)。
- 钻 $\phi 32$、$\phi 12$ 孔至 $\phi 11.5$。
- 扩 $\phi 32$ 孔至 $\phi 30$。
- 钻 $3 \times \phi 6$ 的孔至尺寸。
- 粗铣 $\phi 60$ 沉孔及沟槽。
- 钻 $4 \times M8$ 底孔至 $\phi 6.8$。
- 镗 $\phi 32$ 孔至 $\phi 31.7$。
- 铰 $\phi 12$ 孔至尺寸。
- 精镗 $\phi 32$ 孔至尺寸。
- 精铣 $\phi 60$ 沉孔及沟槽至尺寸。
- $\phi 12$ 孔口倒角。

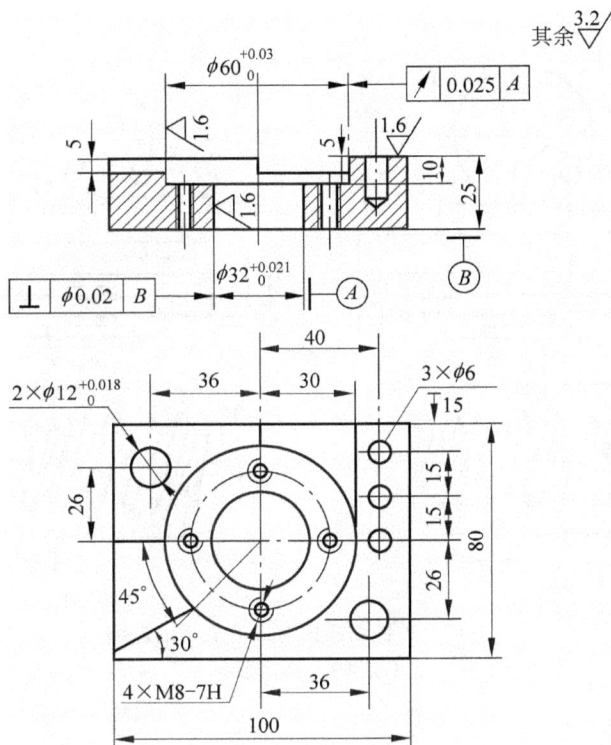

图 4-46　零件简图

- 3×ϕ6、4×M8 孔口倒角。

（3）数控加工工序与普通工序的衔接

这里所说的普通工序是指常规的加工工序、热处理工序和检验等辅助工序。数控工序前后一般都穿插其他普通工序，若衔接不好就容易产生矛盾。较好的解决办法是建立工序间的相互状态联系，在工艺文件中做到互审会签。例如是否预留加工余量，留多少、定位基准的要求、零件的热处理等，这些问题都需要前后衔接，统筹兼顾。

4. 数控加工工序的设计

数控加工工序设计的主要任务是为每一道工序选择机床、夹具、刀具及量具，确定定位夹紧方案、走刀路线、工步顺序、加工余量、工序尺寸及其公差、切削用量和工时定额等，为编制加工程序做好充分准备。

（1）确定走刀路线和工步顺序

在确定走刀路线时，铣削加工走刀路线应考虑铣削方式的选择，下面对铣削方式作简要介绍。

根据铣削时切削层参数的变化规律不同，圆周铣削有逆铣和顺铣两种形式。如

图 4-47 所示。

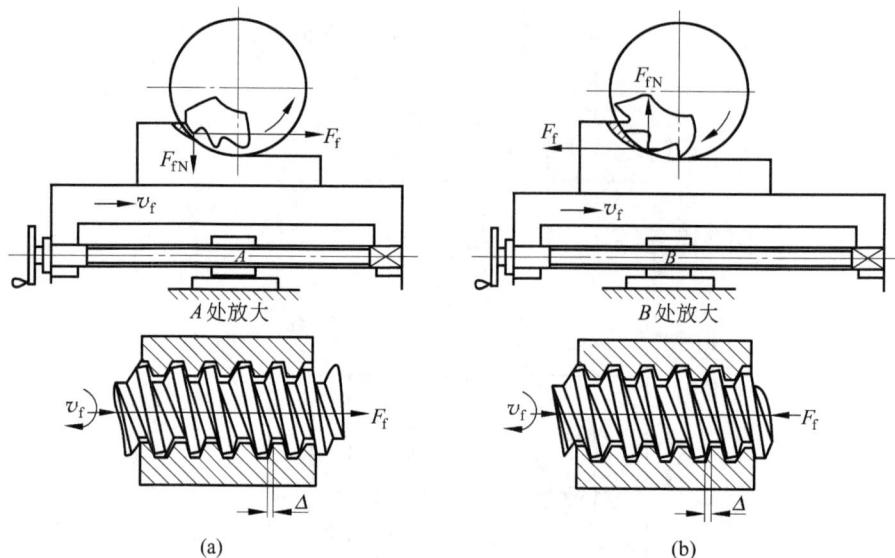

图 4-47　顺铣和逆铣对进给机构的影响
(a) 顺铣；(b) 逆铣

① 逆铣

铣削时,铣刀切入工件时的切削速度方向与工件的进给方向相反,这种铣削方式称为逆铣。逆铣特点如下:

- 接触角大于一定数值时,垂直铣削分力向上易引起振动。
- 丝杠螺母传动面始终紧贴,工作台不会发生窜动现象,铣削过程平稳。
- 刀齿从工件内切入,对铣削硬皮工件有利。
- 逆铣时切削厚度由零逐渐增大,由于切削刃钝圆半径存在,刀齿不能立即切入工件,而是在已加工表面挤压滑行,使该表面硬化现象严重,产生冷硬层,工件表面粗糙度增大,也使刀齿的磨损加剧。

② 顺铣

铣削时,铣刀切入工件时的切削速度方向与工件的进给方向相同,这种铣削方式称为顺铣。顺铣特点如下:

- 垂直方向的切削分力向下始终压向工作台避免了工件的振动。
- 丝杠螺母传动有间隙,工作台会发生窜动现象,进给不均匀。
- 刀齿从待加工表面切入,对铣削硬皮工件不利。
- 切削厚度由最大逐渐为零,避免了表面产生冷硬层,刀齿耐用度提高,工件表面粗糙度降低。

端面铣削时,根据铣刀与工件相对位置的不同,可分为对称铣削、不对称逆铣和不对称顺铣。如图 4-48 所示。

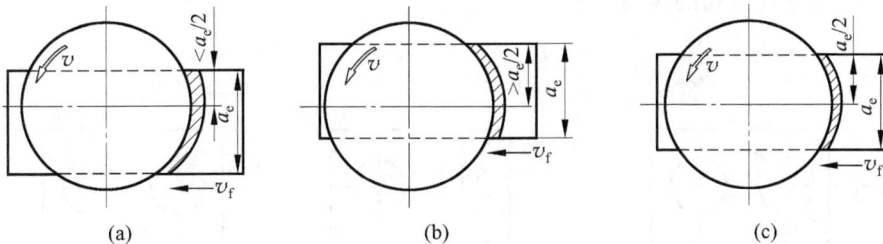

图 4-48　不对称、对称端铣
(a) 不对称逆铣;(b) 不对称顺铣;(c) 对称铣削

铣刀轴线位于铣削弧长的对称中心位置,铣刀每个刀齿切入和切离工件时切削厚度相等,称为对称铣削;否则称之为不对称铣削。

在不对称铣削中,若切入时的切削厚度小于切出时的切削厚度,称为不对称逆铣。这种铣削方式切入冲击较小,适用于端铣普通碳钢和高强度低合金钢。若切入时切削厚度大于切出时的切削厚度,则称之为不对称顺铣。这种铣削方式用于铣削不锈钢和耐热合金时,可减少硬质合金的剥落磨损,提高切削速度 $40\% \sim 60\%$。

走刀路线是刀具在整个加工工序中相对于工件的运动轨迹,不但包括了工步的内容,而且也反映出工步的顺序。走刀路线是编写程序的依据之一。在确定走刀路线时,主要遵循以下原则:

① 保证零件的加工精度和表面粗糙度。

例如在铣床上进行加工时,因刀具的运动轨迹和方向不同,可能是顺铣或逆铣,其不同的加工路线所得到的零件表面的质量就不同。究竟采用哪种铣削方式,应视零件的加工要求、工件材料的特点以及机床刀具等具体条件综合考虑,确定原则与普通机械加工相同。数控机床一般采用滚珠丝杠传动,其运动间隙很小,并且顺铣优点多于逆铣,所以应尽可能采用顺铣。在精铣内外轮廓时,为了改善表面粗糙度,应采用顺铣走刀路线的加工方案。

对于铝镁合金、钛合金和耐热合金等材料,建议也采用顺铣加工,这对于降低表面粗糙度值和提高刀具耐用度都有利。但如果零件毛坯为黑色金属锻件或铸件,表皮硬而且余量较大,这时采用逆铣较为有利。

加工位置精度要求较高的孔系时,应特别注意安排孔的加工顺序。若安排不当,就可能将坐标轴的反向间隙带入,直接影响位置精度。如图 4-49,镗削图 4-49(a)所示零件上六个尺寸相同的孔,有两种走刀路线。按图 4-49(b)所示路线加工时,由于 5、6 孔与 1、2、3、4 孔定位方向相反,X 向反向间隙会使定位误差增加,从而影响 5、6 孔与其他孔的位置精度。按图 4-49(c)所示路线加工时,加工完 4 孔后往上多移动一段距离至 P 点,然后折回来在 5、6 孔处进行定位加工,从而,使各孔的加工进给方向一致,避免反向间隙的引入,提高了 5、6 孔与其他孔的位置精度。

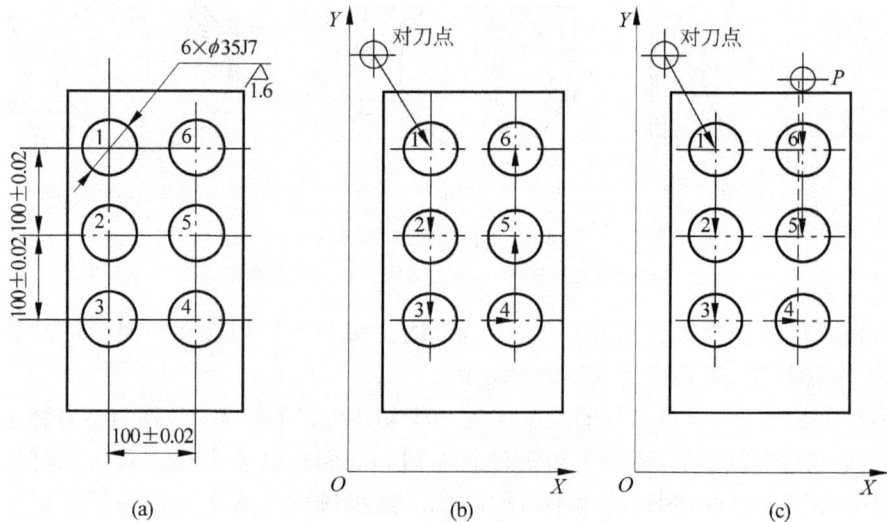

图 4-49　镗削孔系走刀路线比较

(a) 零件图;(b) 差;(c) 好

刀具的进退刀路线要尽量避免在轮廓处停刀或垂直切入切出工件,以免留下刀痕。

② 使走刀路线最短,减少刀具空行程时间,提高加工效率。

图 4-50 所示为正确选择钻孔加工路线的例子。按照一般习惯,总是先加工均布于同一圆周上的一圈孔后,再加工另一圈孔,如图 4-50(a)所示,这不是最好的走刀路线。对点

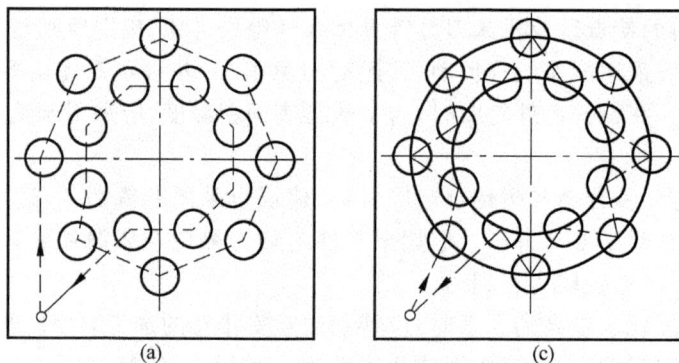

图 4-50　最短加工路线选择

(a) 差;(b) 好

位控制的数控机床而言,要求定位精度高,定位过程尽可能快。若按图 4-50(b)所示的进给路线加工,可使各孔间距的总和最小,空程最短,从而节省定位时间。

③ 最终轮廓一次走刀完成。

图 4-51(a)所示为采用行切法加工内轮廓。加工时不留死角,在减少每次进给重叠量的情况下,走刀路线较短,但两次走刀的起点和终点间留有残余高度,影响表面粗糙度。图 4-51(b)是采用环切法加工,表面粗糙度较小,但刀位计算略为复杂,走刀路线也较行切法长。采用图 4-51(c)所示的走刀路线,先用行切法加工,最后再沿轮廓切削一周,使轮廓表面光整。三种方案中,图 4-51(a)方案最差,图 4-51(c)方案最佳。

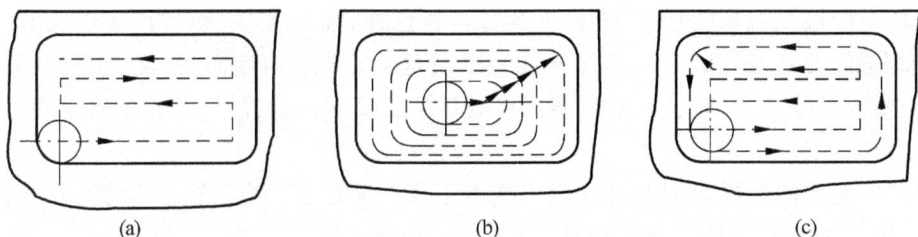

图 4-51　封闭内轮廓加工走刀路线
(a) 行切法;(b) 环切法;(c) 先行切再环切

(2) 工件的定位与夹紧方案的确定

工件的定位基准与夹紧方案的确定,应遵循前面所述有关定位基准的选择原则与工件夹紧的基本要求。此外,还应该注意下列三点:

① 力求设计基准、工艺基准与编程原点统一,以减少基准不重合误差和数控编程中的计算工作量。

② 设法减少装夹次数,尽可能做到在一次定位装夹中,能加工出工件上全部或大部分待加工表面,以减少装夹误差,提高加工表面之间的相互位置精度,充分发挥数控机床的效率。

③ 避免采用占机人工调整方案,以免占机时间太多,影响加工效率。

(3) 夹具的选择

数控加工的特点对夹具提出了两个基本要求:一是保证夹具的坐标方向与机床的坐标方向相对固定;二是要能协调零件与机床坐标系的尺寸。除此之外,重点考虑以下几点:

① 单件小批量生产时,优先选用通用夹具、组合夹具和可调夹具,以缩短生产准备时间和节省生产费用;

② 在成批生产时,才考虑采用专用夹具,并力求结构简单;

③ 零件的装卸要快速、方便、可靠,以缩短机床的停顿时间,减少辅助时间;

④ 为满足数控加工精度,要求夹具定位、夹紧精度高;

⑤ 夹具上各零部件应不妨碍机床对零件各表面的加工,即夹具要敞开,其定位、夹紧元件不能影响加工中的走刀(如产生碰撞等);

⑥ 为提高数控加工的效率,批量较大的零件加工可采用气动或液压夹具、多工位夹具。

(4) 刀具的选择

刀具的选择是数控加工工艺中重要的内容之一,不仅影响机床的加工效率,而且直接影响加工质量。与传统加工方法相比,数控加工对刀具的要求,尤其在刚性和耐用度方面更为严格。应根据机床的加工能力、工件材料的性能、加工工序、切削用量以及其他相关因素正确选用刀具及刀柄。刀具选择总的原则是:既要求精度高、强度大、刚性好、耐用度高,又要求尺寸稳定,安装调整方便。在满足加工要求的前提下,尽量选择较短的刀柄,以提高刀具的刚性。

当前所使用的金属切削刀具材料主要有五类:高速钢、硬质合金、陶瓷、立方氮化硼(CBN)、聚晶金刚石。具体选择情况如下:

① 根据数控加工对刀具的要求,选择刀具材料的一般原则是尽可能选用硬质合金刀具。只要加工情况允许选用硬质合金刀具,就不用高速钢刀具。

② 陶瓷刀具不仅用于加工各种铸铁和不同钢料,也适用于加工有色金属和非金属材料。使用陶瓷刀片,无论什么情况都要用负前角,为了不易崩刃,必要时可将刃口倒钝。陶瓷刀具在下列情况下使用效果欠佳:短零件的加工;冲击大的断续切削和重切削;铍、镁、铝和钛等的单质材料及其合金的加工(易产生亲和力,导致切削刃剥落或崩刃)。

③ 金刚石和立方氮化硼都属于超硬刀具材料,它们可用于加工任何硬度的工件材料,具有很高的切削性能,加工精度高,表面粗糙度值小。一般可用切削液。

聚晶金刚石刀片一般仅用于加工有色金属和非金属材料。

立方氮化硼刀片一般适用加工硬度>450HBS的冷硬铸铁、合金结构钢、工具钢、高速钢、轴承钢,以及硬度≥350HBS的镍基合金、钴基合金和高钴粉末冶金零件。

④ 从刀具的结构应用方面,数控加工应尽可能采用镶块式机夹可转位刀片,以减少刀具磨损后的更换和预调时间。

⑤ 选用涂层刀具以提高耐磨性和耐用度。

(5) 切削用量的确定

切削用量包括主轴转速(切削速度)、背吃刀量和进给量(进给速度)。主轴转速要根据机床和刀具允许的切削速度来确定;背吃刀量主要受机床刚度的制约,在机床刚度允许的情况下,尽可能加大背吃刀量;进给量要根据零件的加工精度、表面粗糙度、刀具和工件材料来选。切削用量的合理选择将直接影响加工精度、表面质量、生产率和经济性,其确定原则与普通加工相似。具体数据应根据机床使用说明书、切削用量手册,并结合实际经验加以修正确定。

切削用量的确定除了遵循 1.5.2 节"切削用量的选择"的有关规定外,还应考虑如下因素:

① 刀具差异　不同厂家生产的刀具质量差异较大,因此切削用量须根据实际所用刀具和现场经验加以修正。

② 机床特性　切削用量受机床电动机的功率和机床刚性的限制,必须在机床说明书规定的范围内选取。避免因功率不够而发生闷车、刚性不足而产生大的机床变形或振动,影响加工精度和表面粗糙度。

③ 数控机床的生产率　如果数控机床的工时费用较高,刀具损耗费用所占比重较低,则应尽量用高的切削用量,通过适当降低刀具耐用度来提高数控机床的生产率。

5. 数控加工工艺守则

数控加工除遵守普通加工通用工艺守则的有关规定外,还应遵守表 4-5"数控加工工艺守则"的规定。

表 4-5　数控加工工艺守则

项　目	要　求　内　容
加工前的准备	① 操作者必须根据机床使用说明书熟悉机床的性能、加工范围和精度,并要熟练地掌握机床及其数控装置或计算机各部分的作用及操作方法 ② 检查各开关、旋钮和手柄是否在正确位置 ③ 启动控制电气部分,按规定进行预热 ④ 开动机床使其空运转,并检查各开关、按钮、旋钮和手柄的灵敏性及润滑系统是否正常等 ⑤ 熟悉被加工件的加工程序和编程原点
刀具与工件的装夹	① 安放刀具时应注意刀具的使用顺序,刀具的安放位置必须与程序要求的顺序和位置一致 ② 工件的装夹除应牢固可靠外,还应注意避免在工作中刀具与工件或刀具与夹具发生干涉
加工	① 进行首件加工前,必须经过程序检查(试走程序)、轨迹检查、单程序段试切及工件尺寸检查等步骤 ② 在加工时,必须正确输入程序,不得擅自更改程序 ③ 在加工过程中操作者应随时监视显示装置,发现报警信号时应及时停车排除故障 ④ 零件加工完后,应将程序纸带、磁带或磁盘等收藏起来妥善保管,以备再用

4.2.3　数控加工程序编制

1. 坐标系统

为了保证数控机床的正确运动,避免工作的不一致性,简化程序的编制方法,并使所编程序有互换性,ISO 标准和我国国家标准都统一规定了数控机床坐标轴及其运动方向,这给数控系统和机床的设计、使用及维修带来了极大的方便。

(1) 机床坐标系与运动方向

为了确定机床的运动方向和移动距离,就要在机床上建立一个坐标系,该坐标系就叫机床坐标系,也叫标准坐标系。

数控机床上的坐标系采用右手直角笛卡儿坐标系,如图 4-52 所示。右手的大拇指、食指和中指保持相互垂直,拇指的方向为 X 轴的正方向,食指为 Y 轴的正方向,中指为 Z 轴的正方向。

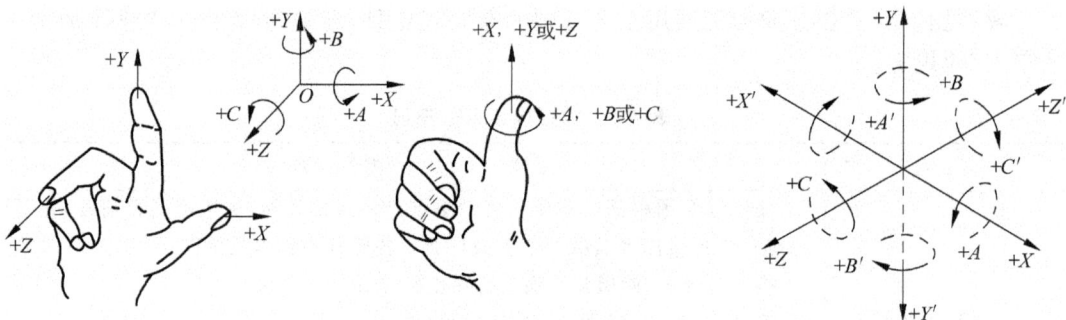

图 4-52　右手直角笛卡儿坐标系

A、B、C 分别表示其轴线平行于 X、Y 和 Z 坐标的旋转运动。根据右手螺旋定则,分别以大拇指指向 $+X$、$+Y$、$+Z$ 方向,其余四指则分别指向 $+A$、$+B$、$+C$ 轴的旋转方向。

Z 轴　通常把传递切削力的主轴定为 Z 轴。对于工件旋转的机床,如车床、磨床等,工件转动的轴为 Z 轴;对于刀具旋转的机床,如镗床、铣床、钻床等,刀具转动的轴为 Z 轴,如图 4-53 所示。Z 轴的正方向取为刀具远离工件的方向。

X 轴　X 轴一般平行于工件装夹面且与 Z 轴垂直。对于工件旋转的机床(如车床、磨床等),X 坐标的方向是在工件的径向上,且平行于横向滑座,刀具远离工件旋转中心的方向为 X 轴的正向;对于刀具旋转的机床(如铣床、镗床、钻床等),若 Z 轴是垂直的,当从刀具主轴向立柱看时,X 轴正向指向右;若 Z 轴是水平的,当从主轴向工件看时,X 轴正向指向右。

Y 轴　当 X 轴与 Z 轴确定之后,Y 轴垂直于 X 轴和 Z 轴,其方向可按右手定则确定。

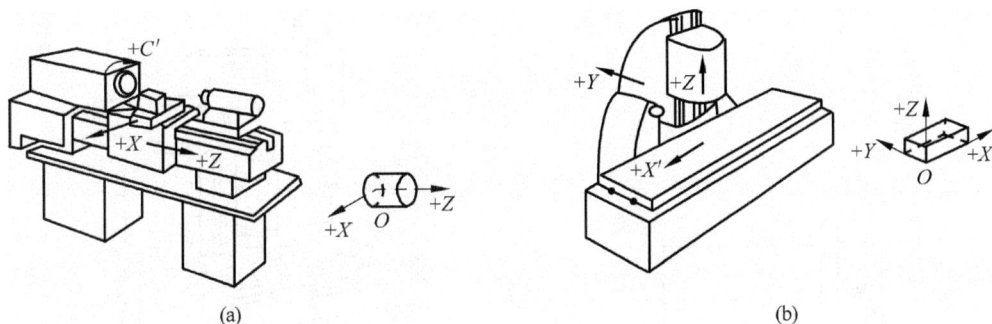

图 4-53　数控机床的标准坐标系
(a) 数控车床；(b) 数控铣床

（2）工件坐标系

工件坐标系是由编程人员根据零件图样及加工工艺，以零件上某一固定点为原点建立的坐标系。又称为编程坐标系或工件坐标系。

工件坐标系一般供编程使用，确定工件坐标系时不必考虑工件在机床上的实际装夹位置。

（3）附加坐标系

为了编程和加工的方便，如果还有平行于 X、Y、Z 坐标轴的坐标，有时还需设置附加坐标系。可以采用的附加坐标系有：第二组 U、V、W 坐标，第三组 P、Q、R 坐标。

2. 几个重要术语

（1）机床原点

机床原点又称为机械原点，是机床坐标系的原点。该点是机床上一个固定的点，其位置是由机床设计和制造单位确定的，通常不允许用户改变。机床原点是工件坐标系、机床参考点的基准点，也是制造和调整机床的基础。数控车床的机床原点一般设在卡盘后端面的中心，如图 4-54(a)所示。数控铣床的机床原点，各生产厂不一致，有的设在机床工作台的中心，有的设在进给行程的终点，如图 4-54(b)所示。

（2）机床参考点

机床参考点是机床上的一个固定点，用于对机床工作台、滑板与刀具相对运动的测量系统进行标定和控制。其位置由机械挡块或行程开关来确定。机床参考点对机床原点的坐标是一个已知定值，也就是说，可以根据机床参考点在机床坐标系中的坐标值间接确定机床原点的位置。在机床接通电源后，通常都要做回零操作，使刀具或工作台退离到机床参考点。当回零操作完成后，显示器即显示出机床参考点在机床坐标系中的坐标值，表明机床坐标系已自动建立。可以说回零操作是对基准的重新核定，可消除由于种种原因产

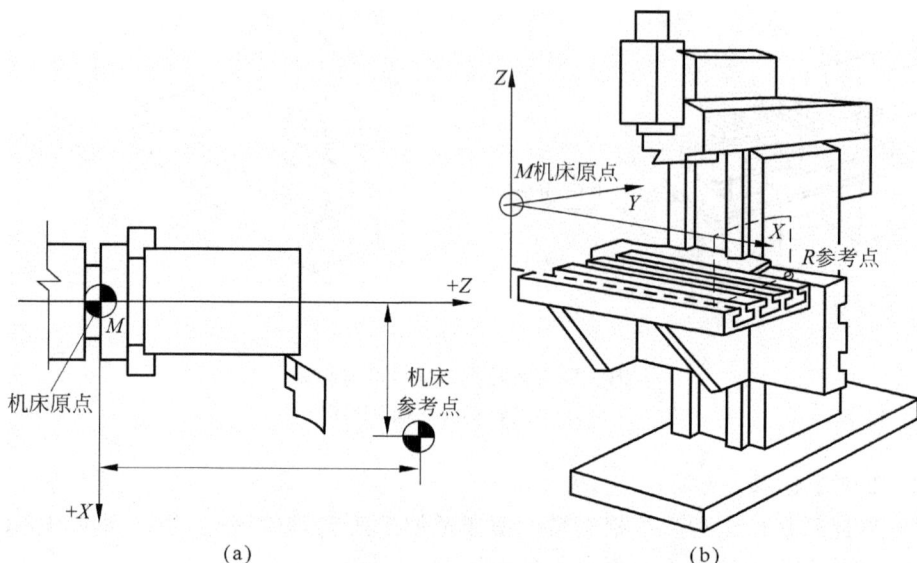

图 4-54 数控机床的机床原点与机床参考点
(a) 数控车床；(b) 数控铣床

生的基准偏差。机床参考点已由机床制造厂测定后输入数控系统，并且记录在机床说明书中，用户不得更改。

一般数控车床、数控铣床的机床原点和机床参考点位置如图 4-54 所示。也有些数控机床的机床原点与机床参考点重合。

（3）工件原点

工件坐标系的原点称为工件原点或编程原点。工件原点在工件上的位置虽可任意选择，但一般应遵循以下原则：

① 工件原点选在工件图样的设计基准或工艺基准上，以利于编程。

② 工件原点尽量选在尺寸精度高、粗糙度值低的工件表面上。

③ 工件原点最好选在工件的对称中心上。

④ 要便于测量和检验。

数控车床上加工工件时，工件原点一般设在主轴中心线与工件右端面（或左端面）的交点处，如图 4-55(a)所示。数控铣床上加工工件时，工件原点一般设在进刀方向一侧工件外轮廓表面的某个角上或对称中心上，如图 4-55(b)所示。

（4）绝对坐标与相对坐标

绝对坐标是指所有点的坐标值都是相对于坐标原点计量的；相对坐标又叫增量坐标，是指运动终点的坐标值是以前一个点的坐标作为起点来计量的。在数控程序中绝对

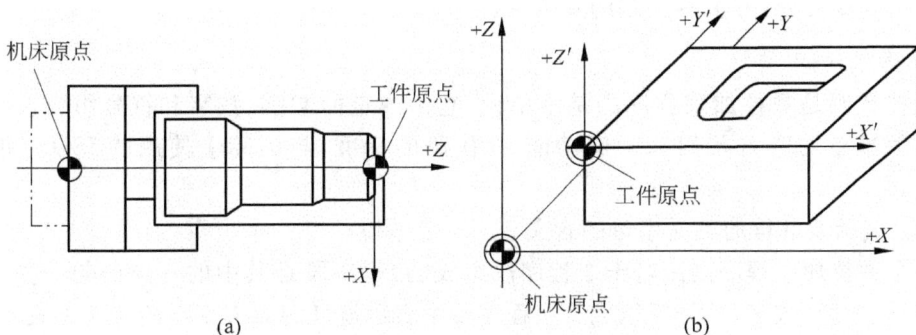

图 4-55 工件原点设置
(a) 数控车床；(b) 数控铣床

坐标与相对坐标可单独使用，也可在不同程序段上交叉使用，数控车床上还可以在同一程序段中混合使用，使用原则主要是看哪种方式编程更方便。

（5）对刀与对刀点

在数控加工中，工件坐标系确定后，还要确定刀尖点在工件坐标系中的位置。每把刀具的半径与长度尺寸都是不同的，刀具装上机床后，应在控制系统中设置刀具的基本位置，即常说的对刀问题。

数控机床的装备不同，所采用的对刀方法也不同。如果数控机床自带对刀仪或配有机外对刀仪，那么对刀问题会比较简单，对刀精度也较高；否则，只能采用手动对刀，对刀过程相对复杂，效率也低。在数控车床上，常用的对刀方法为试切对刀。对于数控铣床来说，通常工件坐标系的确定，是通过对刀的过程来实现的，即使用对刀点来确定工件原点。

对刀点是指通过对刀确定刀具与工件相对位置的基准点。对刀点可以设在工件上，也可以设在与工件的定位基准有一定关系的夹具某一位置上。其选择原则是：

① 所选的对刀点应使程序编制简单；

② 对刀点应选在容易找正、便于确定零件加工原点的位置；

③ 对刀点应选在加工过程中检查方便、可靠的位置；

④ 对刀点的选择应有利于提高加工精度。

当对刀精度要求较高时，对刀点应尽量选在零件的设计基准或工艺基准上，对于以孔定位的工件，一般取孔的中心作为对刀点。对刀点往往与工件原点重合。若二者不重合，在设置机床零点偏置时，应当考虑到两者的差值。

（6）换刀点

换刀点是为加工中心、数控车床等采用多刀加工的机床而设置的，因为这些机床在加工过程中要自动换刀，在编程时应考虑选择合适的换刀位置。对于手动换刀的数控铣床，也应确定相应的换刀位置。为防止换刀时碰伤零件、刀具或夹具，换刀点常常设置在被加工零件的轮廓之外,并留有一定的安全量。

3. 数控代码

数控代码是数控加工程序的基本单元,它由规定的文字、数字和符号组成。我国制定的有关准备功能 G 代码和辅助功能 M 代码的标准,与国际上使用的 ISO 标准基本一致。

(1) 表示地址符的英文字母的含义

一个数控加工程序是由若干个程序段组成的,程序段是其中的一条语句。程序段由程序段号、地址、数字、符号等组成。在程序段中表示地址的英文字母的含义见表 4-6。

表 4-6　表示地址符的英文字母的含义

功　能	地　址　字　母	意　　义
程序号	O、P	程序编号,子程序号的指定
程序段号	N	程序段顺序编号
准备功能	G	指令动作的方式
坐标字	X、Y、Z	坐标轴的移动指令
	A、B、C; U、V、W	附加轴的移动指令
	A、B、C	旋转坐标
	I、J、K	圆弧圆心坐标
进给速度	F	进给速度的指令
主轴功能	S	主轴转速指令($r \cdot min^{-1}$)
刀具功能	T	刀具编号指令
辅助功能	M、B	主轴、冷却液的开关,工作台分度等
补偿功能	H、D	补偿号指令
暂停功能	P、X	暂停时间指定
循环次数	L	子程序及固定循环的重复次数
圆弧半径	R	实际上是一种坐标字

(2) 准备功能 G 代码

准备功能 G 代码是建立机床或控制系统工作方式的一种指令,如插补、刀具补偿、固定循环等。G 代码分为模态代码和非模态代码。模态代表该代码一经在一个程序中指定,直到出现同组的另一个代码时才失效;非模态代码只在写有该代码的程序中才有效。国标中规定 G 代码由字母 G 及其后面的两位数字组成,从 G00 到 G99 共 100 种代码。表 4-7 为数控系统 FANUC 和 SIEMENS 常用 G 代码的对照表。

表 4-7 G 代 码

G 功能字	FANUC 系统	SIEMENS 系统	G 功能字	FANUC 系统	SIEMENS 系统
G00	快速移动点定位	快速移动点定位	G65	用户宏指令	—
G01	直线插补	直线插补	G70	精加工循环	英制
G02	顺时针圆弧插补	顺时针圆弧插补	G71	外圆粗切循环	米制
G03	逆时针圆弧插补	逆时针圆弧插补	G72	端面粗切循环	—
G04	暂停	暂停	G73	封闭切削循环	—
G05	—	通过中间点圆弧插补	G74	深孔钻循环	—
G17	XY 平面选择	XY 平面选择	G75	外径切槽循环	—
G18	ZX 平面选择	ZX 平面选择	G76	复合螺纹切削循环	—
G19	YZ 平面选择	YZ 平面选择	G80	撤销固定循环	撤销固定循环
G32	螺纹切削	—	G81	定点钻孔循环	固定循环
G33	—	恒螺距螺纹切削	G90	绝对值编程	绝对尺寸
G40	刀具补偿注销	刀具补偿注销	G91	增量值编程	增量尺寸
G41	刀具补偿——左	刀具补偿——左	G92	螺纹切削循环	主轴转速极限
G42	刀具补偿——右	刀具补偿——右	G94	每分钟进给量	直线进给率
G43	刀具长度补偿——正	—	G95	每转进给量	旋转进给率
G44	刀具长度补偿——负	—	G96	恒线速控制	恒线速度
G49	刀具长度补偿注销	—	G97	恒线速取消	注销 G96
G50	主轴最高转速限制	—	G98	返回起始平面	—
G54～G59	加工坐标系设定	零点偏置	G99	返回 R 平面	—

（3）辅助功能 M 代码

辅助功能 M 代码用于指定主轴的旋转方向、启动、停止、冷却液的开关、刀具的更换等各种辅助动作及其状态。辅助功能 M 代码由字母 M 及其后面的两位数字组成,也有 M00 到 M99 共 100 种代码。表 4-8 为常用 M 代码及其含义。

表 4-8 M 代 码

M 功能字	含 义
M00	程序停止
M01	计划停止
M02	程序停止
M03	主轴顺时针旋转

M 功能字	含　义
M04	主轴逆时针旋转
M05	主轴旋转停止
M06	换刀
M07	2 号冷却液开
M08	1 号冷却液开
M09	冷却液关
M30	程序停止并返回开始处
M98	调用子程序
M99	返回子程序

4.2.4　数控加工工艺文件编制

数控加工工艺文件不仅是进行数控加工和产品验收的依据,也是操作者遵守和执行的规程,同时还为产品零件重复生产积累了必要的工艺资料,完成了技术储备。这些技术文件是对数控加工的具体说明,目的是让操作者更明确加工程序的内容、装夹方式、各个加工部位所选用的刀具及其他技术问题。该文件包括了编程任务书、数控加工工序卡、数控刀具卡片、数控加工程序单等。以下提供了常用文件格式,文件格式可根据企业实际情况自行设计。

1. 数控加工编程任务书

编程任务书阐明了工艺人员对数控加工工序的技术要求、工序说明和数控加工前应保证的加工余量,是编程人员与工艺人员协调工作和编制数控程序的重要依据之一,见表 4-9。

表 4-9　数控加工编程任务书

单　位	数控编程任务书	产品零件图号		任务书编号	
		零件名称			
		使用数控设备		共　页第　页	

主要工序说明及技术要求:

	编程收到日期	月　日	经手人	

| 编制 | | 审　核 | | 编程 | | 审　核 | | 批　准 | |

2. 数控加工工序卡

数控加工工序卡与普通加工工序卡很相似,所不同的是：工序简图中应注明编程原点与对刀点,要有编程说明及切削参数的选择等,它是操作人员进行数控加工的主要指导性工艺资料。工序卡应按已确定的工步顺序填写,见表 4-10。如果工序加工内容比较简单,也可采用表 4-11 数控加工工艺卡片的形式。

表 4-10 数控加工工序卡片

单 位	数控加工工序卡片	产品名称或代号		零件名称	零件图号
工序简图		车 间		使用设备	
		工艺序号		程序编号	
		夹具名称		夹具编号	

工步号	工步作业内容	加工面	刀具号	刀补量	主轴转速	进给速度	背吃刀量	备 注

编制		审核		批准		年 月 日	共 页	第 页

3. 数控刀具卡片

数控加工刀具卡主要反映刀具名称、编号、规格、长度等内容。它是组装刀具、调整刀具的依据。详见表 4-12。

表 4-11　数控加工工序卡片

单位名称		产品名称或代号		零件名称		零件图号	
工序号	程序编号	夹具名称		使用设备		车　间	

工步号	工步内容	刀具号	刀具规格	主轴转速	进给速度	背吃刀量	备　注

编制		审核		批准		年　月　日		共　页	第　页

表 4-12　数控加工刀具卡片

产品名称或代号			零件名称		零件图号	
序号	刀具号	刀具规格名称	数量	加工表面		备　注

编　制		审　核		批　准		共　页	第　页

4. 数控加工程序单

数控加工程序单是编程员根据工艺分析情况,按照机床特点的指令代码编制的。它是记录数控加工工艺过程、工艺参数的清单,有助于操作员正确理解加工程序内容。格式见表 4-13。

表 4-13 数控加工程序单

零件号			零件名称			编制		审核	
程序号						日期		日期	
N	G	X(U)	Z(W)	F	S	T	M	CR	备注

本章小结

本章第一节按照零件机械加工工艺制订的步骤,介绍了零件的工艺分析、毛坯的选择、定位基准的选择、工艺路线的拟定、加工余量的确定、工序尺寸及其公差的计算等内容。第二节主要介绍了数控加工工艺的设计,包括数控加工的基本过程、数控加工工艺设计的主要内容、数控加工程序编制、数控加工工艺文件编制。

工艺,即产品的制造方法。数控加工工艺是数控编程的核心和灵魂。在掌握普通机械加工工艺知识的基础上,抓住数控加工的特点,加深对数控加工工艺的理解,综合运用所学的知识,编制合理、实用、高效的数控加工程序。

习题 4

1. 应从哪些方面入手对零件图进行审查?

2. 试指出图 4-56(a)~(i)中各图在结构工艺性方面存在的问题,并提出改进意见。

3. 毛坯的种类有哪些? 各适用于什么场合?

4. 什么叫粗基准和精基准? 试述它们的选择原则。

5. 选择精基准时,为什么要遵循"基准统一"的原则? 试举例说明。

6. 图 4-57 所示零件,A、B、C 面,$\phi 10H7$ 及 $\phi 30H7$ 孔均已加工。试分析加工 $\phi 12H7$ 孔时,选用哪些表面定位最合理? 为什么?

7. 试举例说明在不同的生产批量下,各种典型表面(外圆、内孔、平面)的合理加工方案。

8. 通常零件的加工过程划分为哪几个加工阶段？各加工阶段的目的是什么？为什么要划分加工阶段？

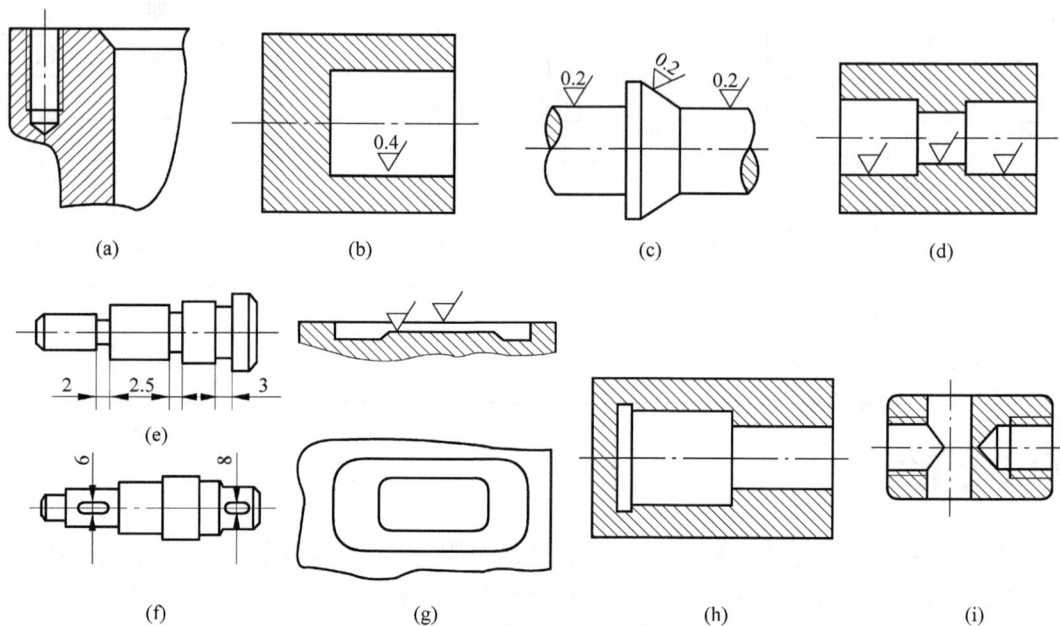

(a)　　　　　　(b)　　　　　　(c)　　　　　　(d)

(e)　　　　　　(f)　　　　　　(g)　　　　　　(h)　　　　　　(i)

图　4-56

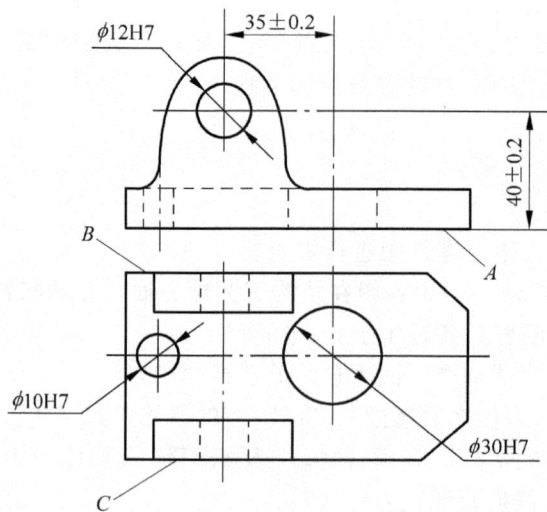

图　4-57

9. 简述安排切削加工顺序的原则。

10. 在机械加工工艺规程中通常有哪些热处理工序？它们各有什么作用？如何安排？

11. 什么叫工序集中？什么叫工序分散？什么情况下采用工序集中？什么情况下采用工序分散？

12. 简述数控加工的基本过程。

13. 数控加工工艺主要包括哪些内容？

14. 结合数控加工的特点和适应性分析：哪些情况下需要选择数控加工，哪些情况下不宜选用数控加工。

15. 应从哪些方面对数控加工的零件进行结构工艺性分析？

16. 数控加工划分工序的原则有哪些？

17. 数控加工安排加工顺序的原则是什么？

18. 数控加工工序设计的主要任务是什么？

19. 数控加工确定走刀路线的原则是什么？

20. 根据数控加工的特点，对夹具的选择提出了什么要求？如何选择夹具？

21. 数控加工选择刀具的原则是什么？

22. 什么是机床坐标系？机床的坐标轴 Z 轴、X 轴、Y 轴如何确定？以数控车床和立式数控铣床为例说明。

23. 何谓机床原点？何谓机床参考点？二者的关系如何？

24. 什么是工件坐标系？选择工件原点的原则是什么？以数控车床和立式数控铣床为例说明其工件坐标系的建立。

25. 何谓对刀点？选择对刀点时应考虑哪些因素？

26. 何谓换刀点？确定换刀点时应注意什么问题？

27. 数控系统中应用的数控代码主要有哪些？各代码有何主要作用？

第 5 章

数控车削和数控车削中心的加工工艺

　　数控车床是目前使用最广泛的数控机床之一。数控车床主要用于加工轴类、盘类等回转体零件。通过数控加工程序的运行,可自动完成内外圆柱面、圆锥面、成形表面、螺纹和端面等工序的切削加工,并能进行车槽、钻孔、扩孔、铰孔等工作。数控车削中心与数控车床的主要区别是车削中心具有动力刀架和 C 轴功能,可在一次装夹中完成更多的加工工序,提高加工精度和生产效率。如法兰盘内外圆、端面及圆周均布的通孔或台阶孔的加工,同时还可以加工变节距变径螺纹、端面凸轮槽、交叉槽等,特别适合于复杂形状回转类零件的加工。工艺分析是数控车削加工的前期工艺准备工作。工艺制定得合理与否,对程序编制、机床的加工效率和零件的加工精度都有重要的影响。因此,应遵循一般的工艺原则并结合数控车床的特点,认真而详细地制订好零件的数控加工工艺。

5.1　数控车削的主要加工对象

5.1.1　要求高的回转体零件

1. 精度要求高的零件

　　由于数控车床的刚性好,制造和对刀精度高,以及能方便和精确地进行人工补偿甚至自动补偿,所以它能够加工尺寸精度要求高的零件。一般来说,车削 IT7 级尺寸精度的零件应该没什么困难。在有些场合可以以车代磨。此外,由于数控车削时刀具运动是通过高精度插补运算和伺服驱动来实现的,再加上机床的刚性好和制造精度高,所以它能加工对母线直线度、圆度、圆柱度要求高的零件。对圆弧以及其他曲线轮廓的形状,加工出的形状与图样上的目标几何形状的接近程度比仿形车床要好。车削曲线母线形状的零件常采用数控线切割加工并稍加修磨的样板来检查。数控车削出来的零件形状精度,不会比这种样板本身的形状精度差。数控车削对提高位置精度特别有效。不少位置精度要求高的零件用传统的车床车削达不到要求,只能用磨削或其他方法弥补。车削零件位置精度的高低主要取决于零件的装夹次数和机床的制造精度。在数控车床上加工如果发现位置精度较高,可以用修改程序内数据的方法来校正,这样可以提高其位置精度。而在传统车床上加工是无法做这种校正的。

2. 表面粗糙度小的回转体

数控车床能加工出表面粗糙度小的零件,不但是因为数控机床的刚性和制造精度高,还由于它具有恒线速度切削功能。在材质、精车留量和刀具已定的情况下,表面粗糙度取决于进刀量和切削速度。在传统的车床上,车削端面时,由于转速在切削过程中恒定,理论上只有某一直径处的表面粗糙度最小。实际上也可发现端面内的表面粗糙度不一致。使用数控车床的恒线速度切削功能,就可选用最佳线速度来切削端面,这样切出的表面粗糙度既小又一致。数控车床还适合于车削各部位表面粗糙度要求不同的零件。粗糙度小的部位可以用减小走刀量的方法来达到,而这在传统车床上是做不到的。

3. 超精密、超低表面粗糙度的零件

磁盘、录像机磁头、激光打印机的多面反射体、复印机的回转鼓、照相机等光学设备的透镜及其模具,以及隐形眼镜等要求超高的轮廓精度和超低的表面粗糙度,它们适于在高精度、多功能的数控车床上加工。以往很难加工的塑料散光用的透镜,现在也可以用数控车床来加工。超精加工的轮廓精度可达 $0.1\mu m$,表面粗糙度可达 $0.02\mu m$,超精加工所用数控系统的最小设定单位应达到 $0.01\mu m$。超精车削零件的材质以前主要是金属,现已扩大到塑料和陶瓷。

5.1.2　表面形状复杂的回转体零件

由于数控车床具有直线和圆弧插补功能,部分车床数控装置还有某些非圆曲线插补功能,所以可以车削由任意直线和平面曲线组成的形状复杂的回转体零件和难以控制尺寸的零件,如具有封闭内成型面的壳体零件。图 5-1 所示壳体零件封闭内腔的成型面,"口小肚大",在普通车床上是无法加工的,而在数控车床上则很容易加工出来。

组成零件轮廓的曲线可以是数学方程式描述的曲线,也可以是列表曲线。对于由直线或圆弧组成的轮廓,直接利用机床的直线或圆弧插补功能。对于由非圆曲线组成的轮廓,可以用非圆曲线插补功能;若所选机床没有曲线插补功能,则应先用直线或圆弧去逼近,然后再用直线或圆弧插补功能进行插补切削。如果说车削圆弧零件和圆锥零件既可选用传统车床也可选用数控车床,那么车削复杂形状回转体零件就只能使用数控车床了。

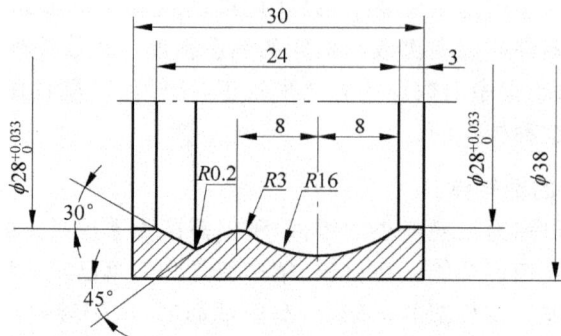

图 5-1　壳体零件封闭内腔成型面示例

5.1.3　带横向加工的回转体零件

　　带有键槽或径向孔,或端面有分布的孔系以及有曲面的盘套或轴类零件。如带法兰的轴套,带有键槽或方头的轴类零件等,这类零件宜选车削加工中心加工。当然端面有分布的孔系,曲面的盘类零件也可选择立式加工中心加工,有径向孔的盘套或轴类零件也常选择卧式加工中心加工。这类零件如果采用普通机床加工,工序分散,工序数目多。采用加工中心加工后,由于有自动换刀系统,使得一次装夹可完成普通机床的多个工序的加工,减少了装夹次数,实现了工序集中的原则,保证了加工质量的稳定性,提高了生产率,降低了生产成本。

5.1.4　带一些特殊类型螺纹的零件

　　传统车床所能切削的螺纹相当有限,它只能车等节距的直螺纹、锥面公制和英制螺纹,而且一台车床只限定加工若干种节距。数控车床不但能车任何等节距的直、锥和端面螺纹,而且能车增节距、减节距,以及要求等节距、变节距之间平滑过渡的螺纹和变径螺纹。数控车床车削螺纹时主轴转向不必像传统车床那样交替变换,它可以一刀接一刀不停地循环,直到完成,所以它车削螺纹的效率很高。数控车床可以配备精密螺纹切削功能,再加上采用机夹硬质合金螺纹车刀,以及可以使用较高的转速,所以车削出来的螺纹精度较高、表面粗糙度小。可以说,包括丝杠在内的螺纹零件很适合于在数控车床上加工。

5.2　数控车削加工工艺的制订

　　在制订数控车削加工工艺的过程中,工艺编制应遵循第 4 章所述的总体原则,在这一章里主要针对数控车削加工常用的原则进行叙述,同时还对数控车削加工的特点进行分析。

5.2.1　零件图工艺分析

在设计零件的加工工艺规程时,首先要对加工对象进行深入分析。对于数控车削加工应考虑以下几方面。

1. 构成零件轮廓的几何条件

在车削加工中手工编程时,要计算每个节点坐标;在自动编程时,要对构成零件轮廓所有几何元素进行定义。因此在分析零件图时应注意:

① 零件图上是否漏掉某尺寸,使其几何条件不充分,影响到零件轮廓的构成。

② 零件图上的图线位置是否模糊或尺寸标注不清,无法编程。

③ 零件图上给定的几何条件是否不合理,造成数学处理困难。

④ 零件图上尺寸标注方法应适应数控车床加工的特点,应以同一基准标注尺寸或直接给出坐标尺寸。

2. 尺寸精度要求

分析零件图样尺寸精度的要求,以判断能否利用车削工艺达到,并确定控制尺寸精度的工艺方法。

在该项分析过程中,还可以同时进行尺寸的换算,如增量尺寸与绝对尺寸及尺寸链计算等。在利用数控车床车削零件时,常常对零件要求的尺寸取最大和最小极限尺寸的平均值作为编程的尺寸依据。

3. 形状和位置精度的要求

零件图样上给定的形状和位置公差是保证零件精度的重要依据。加工时,要按照其要求确定零件的定位基准和测量基准,还可以根据数控车床的特殊需要进行一些技术性处理,以便有效地控制零件的形状和位置精度。

4. 表面粗糙度要求

表面粗糙度是保证零件表面微观精度的重要要求,也是合理选择数控车床、刀具及确定切削用量的依据。

5. 材料与热处理要求

零件图样上给定的材料与热处理要求,是选择刀具、数控车床型号、确定切削用量的依据。

5.2.2　工序和装夹方法的确定

1. 工序的划分

加工工序的划分按 4.2.2 节的要求进行。对于数控车削加工,以下两种原则使用较多:

(1) 按所用刀具划分工序　采用这种方式可提高车削加工的生产效率。

(2) 按粗、精加工划分工序　采用这种方式可保持数控车削加工的精度。如图 5-2 所示的零件,应先粗车整个零件,再将表面精车一遍,以保证加工精度和表面粗糙度的要求。

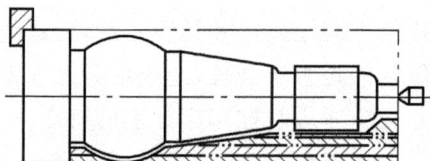

图 5-2　车削加工的零件

2. 确定零件装夹方法和夹具选择

数控车床上零件安装方法与普通车床一样,要尽量选用已有的通用夹具装夹,且应注意减少装夹次数,尽量做到在一次装夹中能把零件上所有要加工的表面都加工出来。零件定位基准应尽量与设计基准重合,以减少定位误差对尺寸精度的影响。

数控车床多采用三爪自定心卡盘夹持工件;轴类工件还可采用尾座顶尖支持工件。由于数控车床主轴转速极高,为便于工件夹紧,多采用液压高速动力卡盘,因它在生产厂已通过了严格平衡,具有高转速(极限转速可达 4000~6000r/min)、高夹紧力(最大推拉力为 2000~8000N)、高精度、调爪方便、通孔、使用寿命长等优点。还可使用软爪夹持工件,软爪弧面由操作者随机配制,可获得理想的夹持精度。通过调整油缸压力,可改变卡盘夹紧力,以满足夹持各种薄壁和易变形工件的特殊需要。为减少细长轴加工时受力变形,提高加工精度,以及在加工带孔轴类工件内孔时,可采用液压自动定心中心架,其定心精度可达 0.03mm。此外,数控车床加工中还有其他相应的夹具,它们主要分为两大类,即用于轴类工件的夹具和用于盘类工件的夹具。

(1) 用于轴类零件的夹具

用于轴类零件的夹具有自动夹紧拨动卡盘、拨齿顶尖、三爪拨动卡盘和快速可调万能卡盘等。

数控车床加工轴类零件时,坯件装夹在主轴顶尖和尾座顶尖之间,由主轴上的拨盘或拨齿顶尖带动旋转。这类夹具在粗车时可以传递足够大的转矩,以适应于主轴的高速旋转车削。

（2）用于盘类零件的夹具

用于盘类零件的夹具主要有可调卡爪式卡盘和快速可调卡盘。这类夹具适用于无尾座的卡盘式数控车床上。

5.2.3　加工顺序和进给路线的确定

1．加工顺序的确定

在数控机床加工过程中，由于加工对象复杂多样，特别是轮廓曲线的形状及位置千变万化，加上材料不同、批量不同等多方面因素的影响，在对具体零件制定加工顺序时，应该进行具体分析和区别对待，灵活处理。只有这样，才能使所制定的加工顺序合理，从而达到质量优、效率高和成本低的目的。

数控车削的加工顺序一般按照 4.1.4 节和 4.2.2 节中叙述的总体原则确定，下面针对数控车削的特点对这些原则进行详细的叙述。

（1）先粗后精

为了提高生产效率并保证零件的精加工质量，在切削加工时，应先安排粗加工工序，在较短的时间内，将精加工前大量的加工余量（如图 5-3 中的虚线内所示部分）去掉，同时尽量满足精加工的余量均匀性要求。

当粗加工工序安排完后，应接着安排换刀后进行的半精加工和精加工。其中，安排半精加工的目的是，当粗加工后所留余量的均匀性满足不了精加工要求时，则可安排半精加工作为过渡性工序，以便使精加工余量小而均匀。

在安排可以一刀或多刀进行的精加工工序时，其零件的最终轮廓应由最后一刀连续加工而成。这时，加工刀具的进退刀位置要考虑妥当，尽量不要在连续的轮廓中安排切入和切出或换刀及停顿，以免因切削力突然变化而造成弹性变形，致使光滑连接轮廓上产生表面划伤、形状突变或滞留刀痕等疵病。

（2）先近后远加工，减少空行程时间

这里所说的远与近，是按加工部位相对于对刀点的距离远近而言。在一般情况下，特别是在粗加工时，通常安排离对刀点近的部位先加工，离对刀点远的部位后加工，以便缩短刀具移动距离，减少空行程时间。对于车削加工，先近后远有利于保持毛坯件或半成品件的刚性，改善其切削条件。

例如，当加工图 5-4 所示零件时，如果按 $\phi38\text{mm} \rightarrow \phi36\text{mm} \rightarrow \phi34\text{mm}$ 的次序安排车削，不仅会增加刀具返回对刀点所需的空行程时间，而且还可能使台阶的外直角处产生毛刺（飞边）。对这类直径相差不大的台阶轴，当第一刀的切削深度（图中最大切削深度可为 3mm 左右）未超限时，应按 $\phi34\text{mm} \rightarrow \phi36\text{mm} \rightarrow \phi38\text{mm}$ 的次序先近后远地安排车削。

（3）内外交叉

对既有内表面（内型腔），又有外表面需加工的零件，安排加工顺序时，应先进行内外表面粗加工，后进行内外表面精加工。切不可将零件上一部分表面（外表面或内表面）完全加工完毕后，再加工其他表面（内表面或外表面）。

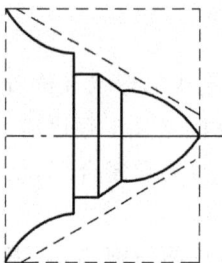

图 5-3 先粗后精示例

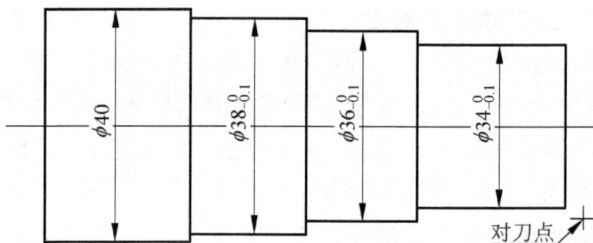

图 5-4 先近后远示例

（4）基面先行原则

用作精基准的表面应优先加工出来。例如，轴类零件加工时，总是先加工中心孔，再以中心孔为精基准加工外圆表面和端面。

上述原则并不是一成不变的，对于某些特殊情况，则需要采取灵活可变的方案。这些都有赖于编程者实际加工经验的不断积累与学习。

2. 加工进给路线的确定

进给路线是刀具在整个加工工序中相对于工件的运动轨迹，它不但包括了工步的内容，而且也反映出工步的顺序。进给路线也是编程的依据之一。

加工路线的确定首先必须保持被加工零件的尺寸精度和表面质量，其次考虑数值计算简单、走刀路线尽量短、效率较高等因素。因精加工的进给路线基本上都是沿其零件轮廓顺序进行的，因此确定进给路线的工作重点是确定粗加工及空行程的进给路线。

（1）加工路线与加工余量的关系

在数控车床还未达到普及使用的条件下，一般应把毛坯件上过多的余量，特别是含有锻、铸硬皮层的余量安排在普通车床上加工。如必须用数控车床加工时，则要注意程序的灵活安排。安排一些子程序对余量过多的部位先作一定的切削加工。

① 对大余量毛坯进行阶梯切削时的加工路线

图 5-5 所示为车削大余量工件的两种加工路线，图 5-5（a）是错误的阶梯切削路线，图 5-5（b）按 1→5 的顺序切削，每次切削所留余量相等，是正确的阶梯切削路线。因为在同样背吃刀量的条件下，按图 5-5（a）方式加工所剩的余量过多。

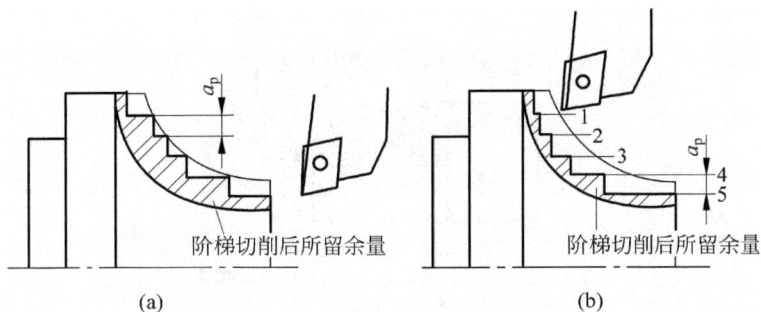

图 5-5　车削大余量毛坯的阶梯路线

根据数控加工的特点,还可以放弃常用的阶梯车削法,改用依次从轴向和径向进刀,顺工件毛坯轮廓走刀的路线(如图 5-6 所示)。

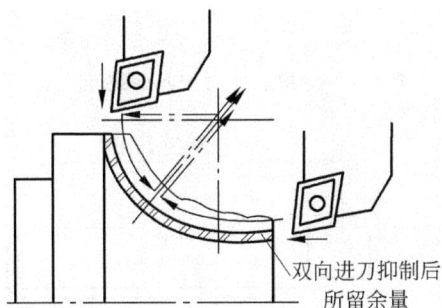

图 5-6　双向进刀走刀路线

② 分层切削时刀具的终止位置

当某表面的余量较多需分层多次走刀切削时,从第二刀开始就要注意防止走刀到终点时切削深度的猛增。如图 5-7 所示,设以 90°主偏角刀分层车削外圆,合理地安排每一刀的切削终点是依次提前一小段距离 e(例如可取 $e=0.05\text{mm}$)。如果 $e=0$,则每一刀都终止在同一轴向位置上,主切削刃就可能受到瞬时的重负荷冲击。当刀具的主偏角大于 90°,但接近 90°时,也宜作出层层递退的安排。经验表明,这对延长粗加工刀具的寿命是有利的。

(2) 刀具的切入、切出

在数控机床上进行加工时,要安排好刀具的切入、切出路线,尽量使刀具沿轮廓的切线方向切入、切出。

尤其是车螺纹时,必须设置升速段 δ_1 和降速段 δ_2(如图 5-8),这样可避免因车刀升降而影响螺距的稳定。

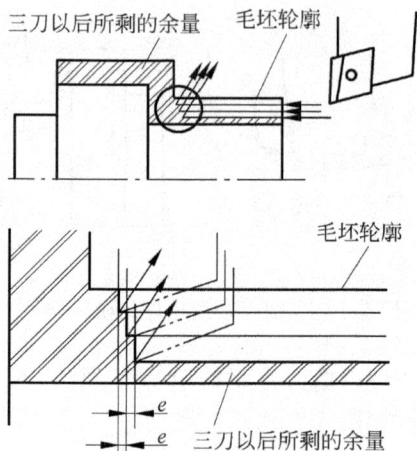

图 5-7　分层切削时刀具的终止位置

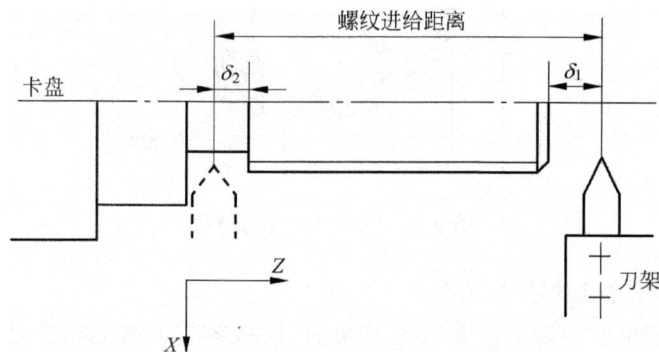

图 5-8　车螺纹时的引入距离和超越距离

（3）确定最短的空行程路线

确定最短的走刀路线，除了依靠大量的实践经验外，还应善于分析，必要时辅以一些简单计算。现将实践中的部分设计方法或思路介绍如下。

① 巧用对刀点　图 5-9(a)为采用矩形循环方式进行粗车的一般情况示例。其起刀点 A 的设定是考虑到精车等加工过程中需方便地换刀，故设置在离坯料较远的位置处，同时将起刀点与其对刀点重合在一起，按三刀粗车的走刀路线安排如下：

第一刀为　$A \rightarrow B \rightarrow C \rightarrow D \rightarrow A$

第二刀为　$A \rightarrow E \rightarrow F \rightarrow G \rightarrow A$

第三刀为　　$A \rightarrow H \rightarrow I \rightarrow J \rightarrow A$

图 5-9(b)则是巧将起刀点与对刀点分离,并设于图示 B 点位置,仍按相同的切削用量进行三刀粗车,其走刀路线安排如下:

起刀点与对刀点分离的空行程为 $A \rightarrow B$

第一刀为　　$B \rightarrow C \rightarrow D \rightarrow E \rightarrow B$

第二刀为　　$B \rightarrow F \rightarrow G \rightarrow H \rightarrow B$

第三刀为　　$B \rightarrow I \rightarrow J \rightarrow K \rightarrow B$

显然,图 5-9(b)所示的走刀路线短。

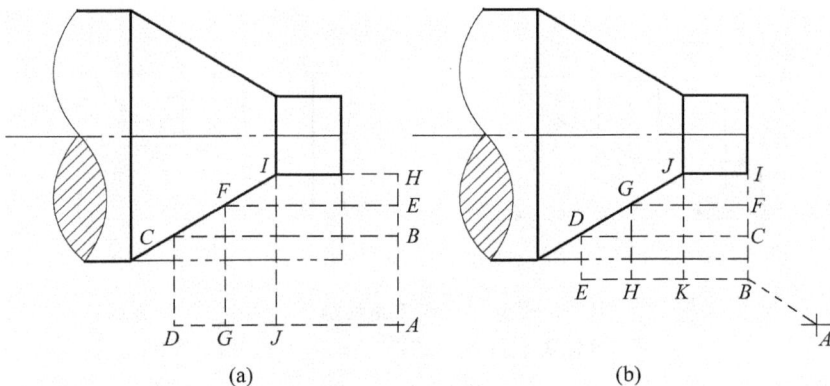

图 5-9　巧用起刀点

(a) 起刀点对刀点重合;(b) 起刀点对刀点分离

② 巧设换刀点　为了考虑换(转)刀的方便和安全,有时将换(转)刀点也设置在离坯件较远的位置处(如图 5-9 中 A 点),那么,当换第二把刀后,进行精车时的空行程路线必然较长;如果将第二把刀的换刀点也设置在图 5-9(b)中的 B 点位置上,则可缩短空行程距离。

③ 合理安排"回零"路线　在手工编制较复杂轮廓的加工程序时,为使其计算过程尽量简化,既不易出错,又便于校核,编程者(特别是初学者)有时将每一刀加工完后的刀具终点通过执行"回零"(即返回对刀点)指令,使其全都返回到对刀点位置,然后再进行后续程序。这样会增加走刀路线的距离,从而大大降低生产效率。因此,在合理安排"回零"路线时,应使其前一刀终点与后一刀起点间的距离尽量减短,或者为零,即可满足走刀路线为最短的要求。

(4) 确定最短的切削进给路线

切削进给路线短,可有效地提高生产效率,降低刀具损耗等。在安排粗加工或半精加工的切削进给路线时,应同时兼顾到被加工零件的刚性及加工的工艺性等要求,不要顾此失彼。

图 5-10 为粗车工件时几种不同切削进给路线的安排示例。其中,图 5-10(a)表示利用数控系统具有的封闭式复合循环功能而控制车刀沿着工件轮廓进行走刀的路线;图 5-10(b)为利用其程序循环功能安排的"三角形"走刀路线;图 5-10(c)为利用其矩形循环功能而安排的"矩形"走刀路线。

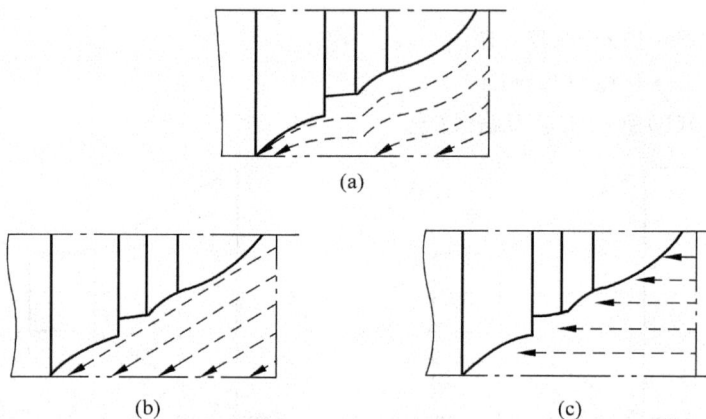

图 5-10　走刀路线示例
(a) 沿工件轮廓走刀;(b) "三角形"走刀;(c) "矩形"走刀

对以上三种切削进给路线,经分析和判断后可知矩形循环进给路线的走刀长度总和为最短。因此,在同等条件下,其切削所需时间(不含空行程)为最短,刀具的损耗小。另外,矩形循环加工的程序段格式较简单,所以这种进给路线的安排,在制定加工方案时应用较多。

5.2.4　数控车削刀具

1. 对刀具的要求

数控车床能兼作粗车削、精车削。为使粗车能大吃刀、大走刀,要求粗车刀具强度高、耐用度好;精车首先是保证加工精度,所以要求刀具的精度高、耐用度好。为减少换刀时间和方便对刀,应尽可能多地采用机夹刀具。使用机夹刀是自动对刀的先决条件。如果说对传统车床上采用机夹刀只是一种倡议,那么在数控车床上采用机夹刀就是一种要求了。机夹刀具的刀体,要求制造精度较高,夹紧刀片的方式要选择得比较合理。由于机夹刀具装上数控车床时,一般不加垫片调整,所以刀尖的高精度在制造时就应得到保证。对于长径比例较大的内径刀杆,最好具有抗振结构。内径刀的冷却液最好先引入刀体,再从刀头附近喷出。对刀片,在多数情况下应采用涂层硬质合金刀片。涂层在较高切削速度(>100m/min)时才能体现出它的优越性。普通车床的切削速度一般不高,所以使用的硬质合金刀片可以不涂层。刀片涂层增加成本近一倍,而在数控车床上使用时耐用度可增加两倍以上。数控车床用了涂层刀片后可提高切削速度,从而就可提高加工效率。涂层材料一般有碳化钛、氮化钛和氧化铝等,在同一刀片上也可以涂几层不同的材料,成为复合涂层。数控车床对刀片的断屑槽有较高的要求。原因很简单:数控车床自动化程度高,切削常常在封闭环境中进行,所以在车削过程中很难对大量切屑进行人工处置。如果切屑断得不好,就会缠绕在刀头上,既可能挤坏刀片,也会把切削表面拉伤。普通车床用的硬质合金刀片一般是两维断屑槽,而数控车削刀片常采用三维断屑槽。三维断屑槽的形式很多,在刀片制造厂内一般是定型成若干种标准。它的共同特点是断屑性能好、断屑范围宽。对于具体材质的零件,在切削参数定下之后,要注意选好刀片的槽形。选择过程中可以作一些理论探讨,但更主要的是进行实切试验。在一些场合,也可以根据已有刀片的槽形来修改切削参数。要求刀片有高的耐用度,这是不容置疑的。

　　数控车床还要求刀片耐用度的一致性好,以便于使用刀具寿命管理功能。在使用刀具寿命管理时,刀片耐用度的设定原则是把该批刀片中耐用度最低的刀片作为依据的。在这种情况下,刀片耐用度的一致性甚至比其平均寿命更重要。至于精度,同样要求各刀片之间精度一致性好。

2. 对刀座(夹)的要求

　　刀(刃)具很少直接装在数控车床的刀架上,它们之间一般用刀座(也称刀夹具)作过渡。刀座的结构主要取决于刀体的形状、刀架的外形和刀架对主轴的配置方式这三个因素。现今刀座的种类繁多,生产厂家各行其是,标准化程度很低。机夹刀体的标准化程度比较高,所以种类和规格并不太多;刀架对机床主轴的配置方式总共只有几种;惟有刀架的外形(主要是指与刀座联接的部分)形式太多。用户在选形时,应尽量减少种类、形式,以利于管理。

3. 数控车刀

　　数控车床刀具种类从 2.2.3 节可以看出,功能互不相同。根据不同的加工条件正确选择刀具是编制程序的重要环节。因此,必须对车刀的种类及特点有一个基本的了解。

　　目前数控机床用刀的主流是可转位刀片的机夹刀具。下面对可转位刀具作简要的介绍。

　　(1) 数控车床可转位刀具特点

　　数控车床所采用的可转位车刀,其几何参数是通过刀片结构形状和刀体上刀片槽座的方位安装组合形成的,与通用车床相比一般无本质的区别,其基本结构、功能特点是相同的。但数控车床的加工工序是自动完成的,因此对可转位车刀的要求又有别于通用车床所使用的刀具,具体要求和特点见表 5-1。

表 5-1　可转位车刀特点

要　求	特　点	目　的
精度	采用 M 级或更高精度等级的刀片；多采用精密级的刀杆；用带微调装置的刀杆在机外预调好	保证刀片重复定位精度，方便坐标设定，保证刀尖位置精度
可靠性	采用断屑可靠性高的断屑槽形或有断屑台和断屑器的车刀；采用结构可靠的车刀，采用复合式夹紧结构和夹紧可靠的其他结构	断屑稳定，不能有紊乱和带状切屑；适应刀架快速移动和换位以及整个自动切削过程中夹紧不得有松动的要求
换刀迅速	采用车削工具系统；采用快换小刀夹	迅速更换不同形式的切削部件，完成多种切削加工，提高生产效率
刀片材料	刀片较多采用涂层刀片	满足生产节拍要求，提高加工效率
刀杆截形	刀杆较多采用正方形刀杆，但因刀架系统结构差异大，有的需采用专用刀杆	刀杆与刀架系统匹配

(2) 可转位车刀的种类　可转位车刀按其用途可分为外圆车刀、仿形车刀、端面车刀、内圆车刀、切槽车刀、切断车刀和螺纹车刀等，见表 5-2。

表 5-2　可转位车刀的种类

类　型	主　偏　角	适用机床
外圆车刀	90°、50°、60°、75°、45°	普通车床和数控车床
仿形车刀	93°、107.5°	仿形车床和数控车床
端面车刀	90°、45°、75°	普通车床和数控车床
内圆车刀	45°、60°、75°、90°、91°、93°、95°、107.5°	普通车床和数控车床
切断车刀		普通车床和数控车床
螺纹车刀		普通车床和数控车床
切槽车刀		普通车床和数控车床

(3) 可转位车刀的结构形式

① 杠杆式

结构如图 5-11 所示，由杠杆、螺钉、刀垫、刀垫销、刀片组成。这种方式依靠螺钉旋紧压靠杠杆，由杠杆的力压紧刀片达到夹固的目的。其特点适合各种正、负前角的刀片，有效的前角范围为 $-6° \sim +18°$；切屑可无阻碍地流过，切削热不影响螺孔和杠杆；两面槽壁给刀片有力的支撑，并确保转位精度。

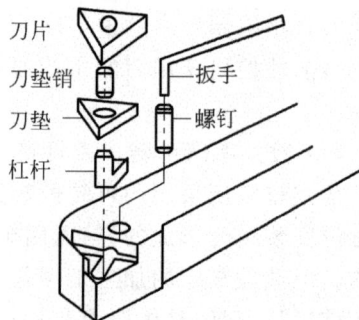

图 5-11　杠杆式

② 楔块式

结构如图 5-12 所示,由紧定螺钉、刀垫、销、楔块、刀片所组成。这种方式依靠销与楔块的挤压力将刀片紧固。其特点适合各种负前角刀片,有效前角的变化范围为 $-6°\sim +18°$。两面无槽壁,便于仿形切削或倒转操作时留有间隙。

③ 楔块夹紧式

结构如图 5-13 所示,由紧定螺钉、刀垫、销、压紧楔块、刀片所组成。这种方式依靠销与楔块的下压力将刀片夹紧。其特点同楔块式,但切屑流畅性不如楔块式。

此外还有螺栓上压式、压孔式、上压式等形式。

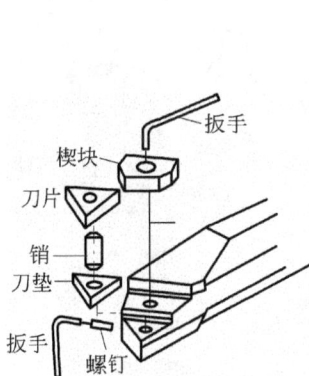

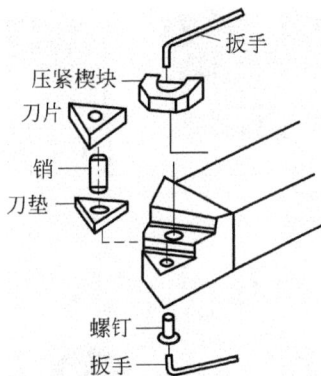

图 5-12　楔块式　　　　图 5-13　楔块夹紧式

4. 合理选择刀具

数控车床刀具的选刀过程,如图 5-14 所示。从对被加工零件图样的分析开始,到选定刀具,共需经过 10 个基本步骤,以图 5-14 中的 10 个图标来表示。选刀工作过程从第 1 图标"零件图样"开始,经箭头所示的两条路径,共同到达最后一个图标"选定刀具",以完成选刀工作。其中,第一条路线为:零件图样、机床影响因素、选择刀杆、刀片夹紧系统、选择刀片形状,主要考虑机床和刀具的情况;第二条路线为:工件影响因素、选择工件材料代码、确定刀片的断屑槽形、选择加工条件脸谱,这条路线主要考虑工件的情况。综合这两条路线的结果,才能确定所选用的刀具。下面将讨论每一图标的内容及选择办法。

(1) 机床影响因素

"机床影响因素"图标如图 5-15 所示。为保证加工方案的可行性、经济性,以获得最佳加工方案,在刀具选择前必须确定与机床有关的如下因素:

① 机床类型:数控车床、车削中心;

② 刀具附件:刀柄的形状和直径,左切刀柄和右切刀柄;

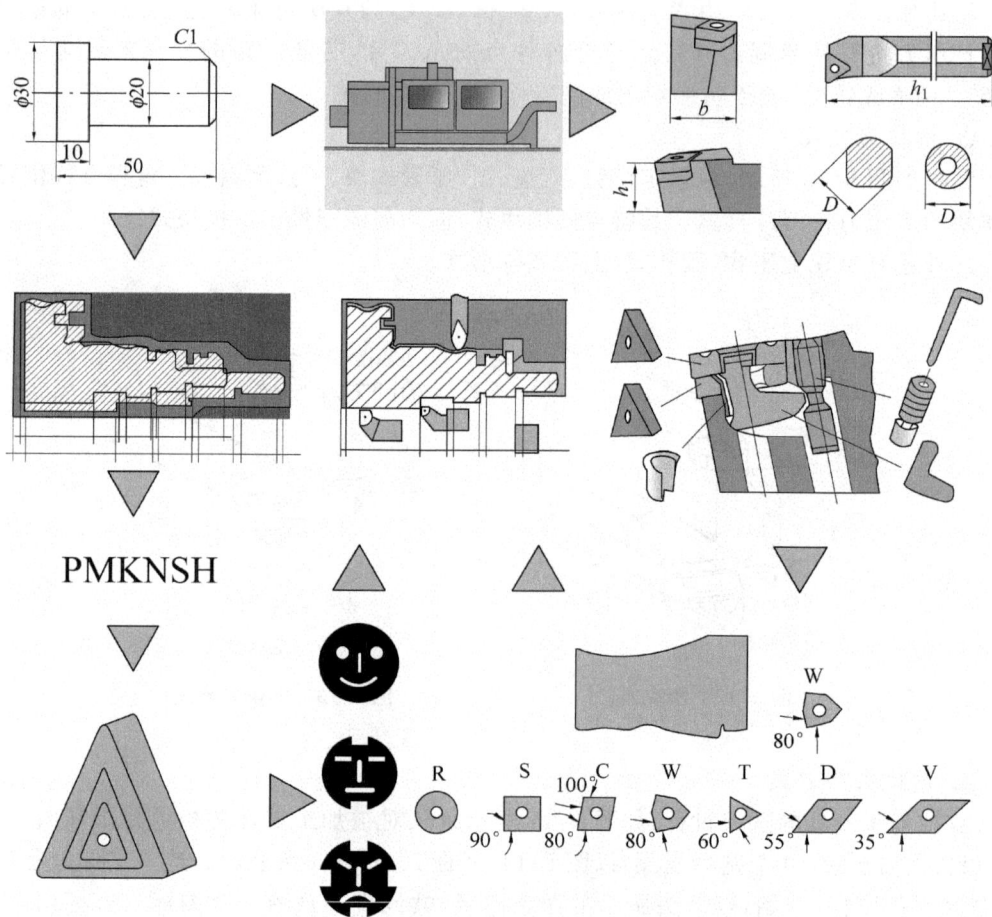

图 5-14　数控车床刀具的选刀过程

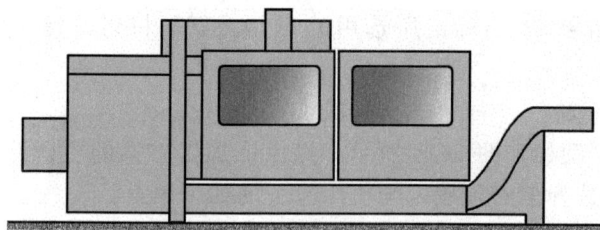

图 5-15　机床影响因素

③ 主轴功率；

④ 工件夹持方式。

（2）选择刀杆

"选择刀杆"图标如图 5-16 所示。其中，刀杆类型及尺寸见表 5-3。

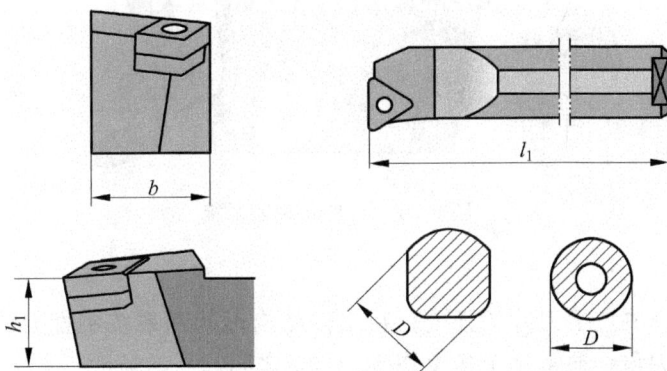

图 5-16　选择刀杆

表 5-3　刀杆类型及尺寸

刀杆类型	外圆加工刀杆	刀杆尺寸	柄部直径 D
	内孔加工刀杆		柄部长度 l_1
	柄部截面形状		主偏角

选用刀杆时，首先应选用尺寸尽可能大的刀杆，同时要考虑以下几个因素：

① 夹持方式；

② 切削层截面形状，即背吃刀量和进给量；

③ 刀柄的悬伸。

（3）刀片夹紧系统

刀片夹紧系统常用杠杆式夹紧系统，"杠杆式夹紧系统"图标如图 5-17 所示。

① 杠杆式夹紧系统

杠杆式夹紧系统是最常用的刀片夹紧方式。其特点为：定位精度高，切屑流畅，操作简便，可与其他系列刀具产品通用。

② 螺钉夹紧系统

特点是适用于小孔径内孔以及长悬伸加工。

（4）选择刀片形状

"选择刀片形状"图标如图 5-18 所示。主要参数选择方法如下：

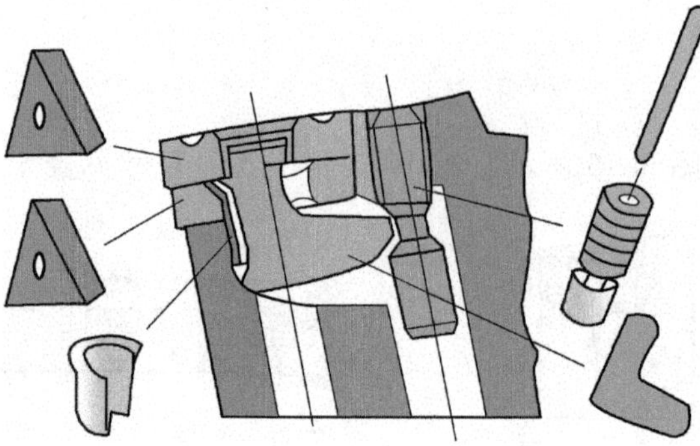

图 5-17　杠杆式夹紧系统

① 刀尖角

刀尖角的大小决定了刀片的强度。在工件结构形状和系统刚性允许的前提下,应选择尽可能大的刀尖角。通常这个角度在 35°～90°之间。

图 5-18 中 R 型圆刀片,在重切削时具有较好的稳定性,但易产生较大的径向力。

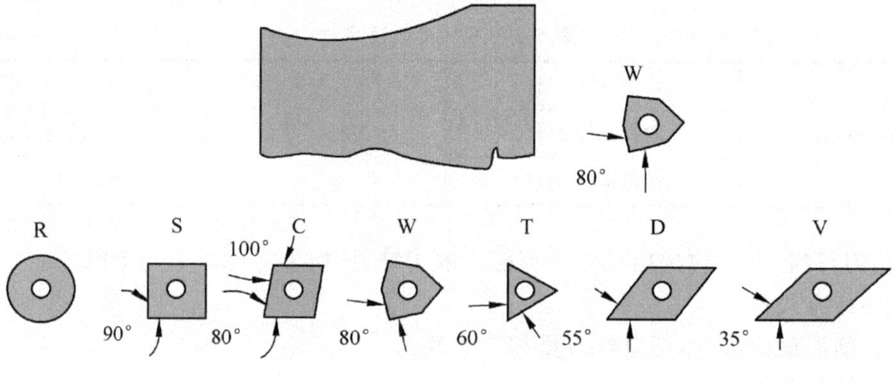

图 5-18　选择刀片形状

② 刀片形状的选择

刀片形状主要依据被加工工件的表面形状、切削方法、刀具寿命和刀片的转位次数等因素选择。

正三角形刀片可用于主偏角为 60°或 90°的外圆车刀、端面车刀和内孔车刀。由于此刀片刀尖角小、强度差、耐用度低、故只适用于较小切削量的工件。

正方形刀片的刀尖角为 90°,比正三角形刀片的 60°要大,因此其强度和散热性能均有所提高。这种刀片通用性较好,主要用于主偏角为 45°、60°、75°等的外圆车刀、端面车刀和镗孔刀。

　　正五边形刀片的刀尖角为 108°,其强度高、耐用性好、散热面积大。但切削时径向力大,只宜在加工系统刚性较好的情况下使用。

　　菱形刀片和圆形刀片主要用于成形表面和圆弧表面的加工,其形状及尺寸可结合加工对象参照国家标准来确定。

　　被加工表面形状与适用的刀片形状可参考表 5-4 选取。

表 5-4　被加工表面与适用的刀片形状

	主偏角	45°	45°	60°	75°	95°
车削外圆表面	刀片形状及加工示意图	45°	45°	60°	75°	95°
	推荐选用刀片	SCMA SPMR SCMM SNMM-8 SPUN SNMM-9	SCMA SPMR SCMM SNMG SPUN SPGR	TCMA TNMM-8 TCMM TPUN	SCMM SPUM SCMA SPMR SNMA	CCMA CCMM CNMM-7
车削端面	主偏角	75°	90°	90°	95°	
	刀片形状及加工示意图	75°	90°	90°	95°	
	推荐选用刀片	SCMA SPMR SCMM SPUR SPUN CNMG	TNUN TNMA TCMA TPUM TCMM TPMR	CCMA	TPUN TPMR	
车削成型面	主偏角	15°	45°	60°	90°	93°
	刀片形状及加工示意图	15°	45°	60°	90°	
	推荐选用刀片	RCMM	RNNG	TNMM-8	TNMG	TNMA

　　(5) 工件影响因素

　　"工件影响因素"图标如图 5-19 所示。选择刀具时,必须考虑以下与工件有关的因素:

　　① 工件形状:稳定性;

　　② 工件材质:硬度、塑性、韧性、可能形成的切屑类型;

　　③ 毛坯类型:锻件、铸件等;

　　④ 工艺系统刚性:机床夹具、工件、刀具等;

　　⑤ 表面质量;

⑥ 加工精度；

⑦ 切削深度；

⑧ 进给量；

⑨ 刀具耐用度。

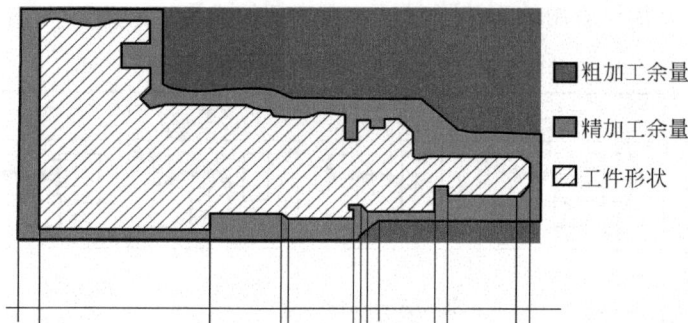

图 5-19　工件影响因素

（6）选择工件材料代码

"选择工件材料代码"图标如图 5-20 所示。

图 5-20　选择工件材料代码

按照不同的机加工性能，加工材料分成 6 个工件材料组，他们分别和一个字母和一种颜色对应，以确定被加工工件的材料组符号代码，见表 5-5。

表 5-5　选择工件材料代码

加工材料组		代　码
钢	碳钢和合金钢 高合金钢 不锈钢，铁素体钢，马氏体钢	P（蓝）
不锈钢和铸钢	奥氏体钢 铁素体——奥氏体钢	M（黄）
铸铁	可锻铸铁，灰口铸铁，球墨铸铁	K（红）
NF 金属	有色金属和非金属材料	N（绿）
难切削材料	以镍或钴为基体的热固性材料 钛，钛合金及难切削加工的高合金钢	S（棕）
硬材料	淬硬钢，淬硬铸件和冷硬模铸件，锰钢	H（白）

（7）确定刀片的断屑槽形

"确定刀片的断屑槽形"图标如图 5-21 所示。按加工的背吃刀量和合适的进给量,根据刀具选用手册来确定刀片的断屑槽形代码。

（8）选择加工条件脸谱

"选择加工条件脸谱"图标如图 5-22 所示,三类脸谱代表了不同的加工条件:很好、好、不足。表 5-6 显示出加工方式取决于机床的稳定性、刀具夹持方式和工件加工表面。

图 5-21　确定刀片断屑槽代码

图 5-22　加工条件脸谱

表 5-6　选择加工条件脸谱

机床、夹具和工件系统的稳定性 加工方式	很好	好	不足
无断续切削加工表面已经过粗加工	☺	☺	😐
带铸件或锻件硬表层,不断变换切深轻微的断续切削	☺	😐	😐
中等断续切屑	😐	😐	☹
严重断续切削	☹	☹	☹

（9）选定刀具

"选定刀具"图标如图 5-23 所示。选定工作分以下两方面:

① 选定刀片材料

根据被加工工件的材料组符号标记、刀片的断屑槽形、加工条件,参考刀具手册就可选出刀片材料代号。

② 选定刀具

根据工件加工表面轮廓,从刀杆订货页码中选择刀杆。

根据选择好的刀杆,从刀片订货页码中选择刀片。

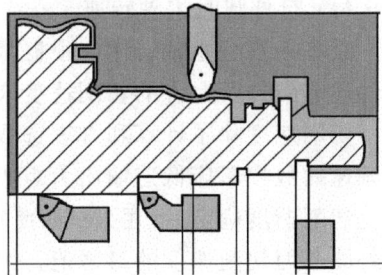

图 5-23　选定刀具

5.2.5　切削用量的选择

切削用量(a_p、f、v)选择是否合理,对于能否充分发挥机床潜力与刀具切削性能,实现优质、高产、低成本和安全操作具有很重要的作用。在 1.5.2 节中,对于切削用量选择的总体原则进行了介绍,在这里主要针对车削用量的选择原则进行论述。粗车时,首先考虑选择一个尽可能大的背吃刀量 a_p,其次选择一个较大的进给量 f,最后确定一个合适的切削速度 v。增大背吃刀量 a_p 可使走刀次数减少;增大进给量 f 有利于断屑。因此,根据以上原则选择粗车切削用量对于提高生产效率,减少刀具消耗,降低加工成本是有利的。

精车时,加工精度和表面粗糙度要求较高,加工余量不大且较均匀,因此选择精车切削用量时,应着重考虑如何保证加工质量,并在此基础上尽量提高生产率。因此精车时应选用较小(但不能太小)的背吃刀量 a_p 和进给量 f,并选用切削性能高的刀具材料和合理的几何参数,以尽可能提高切削速度 v。

1. 背吃刀量 a_p 的确定

在工艺系统刚度和机床功率允许的情况下,尽可能选取较大的背吃刀量,以减少进给次数。当零件精度要求较高时,则应考虑留出精车余量,其所留的精车余量一般比普通车削时所留余量小,常取 0.1~0.5mm。

2. 进给量 f(有些数控机床选用进给速度 v_f)

进给量 f 的选取应该与背吃刀量和主轴转速相适应。在保证工件加工质量的前提下,可以选择较高的进给速度(2000mm/min 以下)。在切断、车削深孔或精车时,应选择较低的进给速度。当刀具空行程特别是远距离"回零"时,可以设定尽量高的进给速度。

粗车时,一般取 $f=0.3\sim0.8$mm/r,精车时常取 $f=0.1\sim0.3$mm/r,切断时 $f=0.05\sim0.2$mm/r。

3. 主轴转速的确定

(1)车外圆时主轴转速

只车外圆时主轴转速应根据零件上被加工部位的直径,并按零件和刀具材料以及加工性质等条件所允许的切削速度来确定。

切削速度除了计算和查表选取外,还可以根据实践经验确定。需要注意的是,交流变频调速的数控车床低速输出力矩小,因而切削速度不能太低。

切削速度确定后,用公式 $n=1000v_c/\pi d$ 计算主轴转速 n(r/min)。表 5-7 为硬质合金外圆车刀切削速度的参考值。

如何确定加工时的切削速度,除了可参考表 5-7 列出的数值外,主要根据实践经验进行确定。

表 5-7　硬质合金外圆车刀切削速度的参考值

工件材料	热处理状态	a_p/mm		
		(0.3,2]	(2,6]	(6,10]
		$f/\text{mm} \cdot \text{r}^{-1}$		
		(0.08,0.3]	(0.3,0.6]	(0.6,1)
		$v_c/\text{m} \cdot \text{min}^{-1}$		
低碳钢(易切钢)	热轧	140～180	100～120	70～90
中碳钢	热轧	130～160	90～110	60～80
	调质	100～130	70～90	50～70
合金结构钢	热轧	100～130	70～90	50～70
	调质	80～110	50～70	40～60
工具钢	退火	90～120	60～80	50～70
灰铸铁	HBS＜190	90～120	60～80	50～70
	HBS＝190～225	80～110	50～70	40～60
高锰钢		10～20		
铜及铜合金		200～250	120～180	90～120
铝及铝合金		300～600	200～400	150～200
铸铝合金(W$_{si}$13％)		100～180	80～150	60～100

注：切削钢及灰铸铁时刀具耐用度约为 60min。

（2）车螺纹时主轴的转速

在车削螺纹时,车床的主轴转速将受到螺纹的螺距 P(或导程)大小、驱动电机的升降频特性,以及螺纹插补运算速度等多种因素影响,故对于不同的数控系统,推荐不同的主轴转速选择范围。大多数经济型数控车床推荐车螺纹时的主轴转速 n(r/min)为：

$$n \leqslant 1200/P - k \tag{5-1}$$

式中：P——被加工螺纹螺距,mm；

k——保险系数,一般取为 80。

此外,在安排粗车削、精车削用量时,应注意机床说明书给定的允许切削用量范围。对于主轴采用交流变频调速的数控车床,由于主轴在低转速时扭矩降低,尤其应注意此时切削用量的选择。

5.2.6　数控车削加工中的对刀

对刀是数控机床加工中极其重要并十分棘手的一项基本工作。对刀的好与差,将直接影响到加工程序的编制及零件的尺寸精度。通过对刀或刀具预调,还可同时测定其各号刀的刀位偏差,有利于设定刀具补偿量。

1. 刀位点

刀位点是指在加工程序编制中,用以表示刀具特征的点,也是对刀和加工的基准点。对于车刀,各类车刀的刀位点如图 5-24 所示。

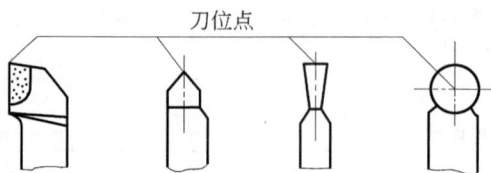

图 5-24　车刀的刀位点

2. 对刀

在加工程序执行前,调整每把刀的刀位点,使其尽量重合于某一理想基准点,这一过程称为对刀。理想基准点可以设在基准刀的刀尖上,也可以设定在对刀仪的定位中心(如光学对刀镜内的十字刻线交点)上。

对刀一般分为手动对刀和自动对刀两大类。

(1) 手动对刀

目前,绝大多数的数控机床(特别是车床)采用手动,其基本方法有定位刀学法、光学对刀法、ATC 对刀法和试切对刀法。在前 3 种手动对刀方法中,均因可能受到手动和目测等多种误差的影响,其对刀精度十分有限,往往通过试切对刀,以得到更加准确和可靠的结果。数控车床常用的试切对刀方法如图 5-25 所示。

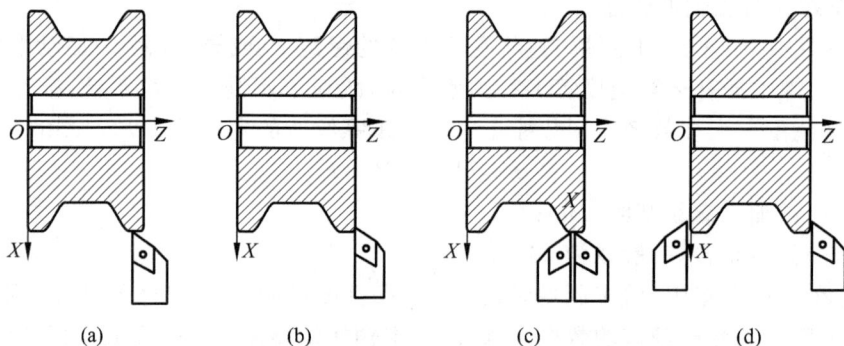

图 5-25　数控车床常用试切对刀方法
(a) 93°,X 方向;(b) 93°,Z 方向;(c) 两把刀 X 方向对刀;(d) 两把刀 Z 方向对刀

下面以 Z 向对刀为例说明对刀方法,见图 5-26。

刀具安装后,先移动刀具手动切削工件右端面,再沿 X 向退刀,将右端面与加工原点距离 N 输入数控系统,即完成这把刀具 Z 向对刀过程。

(2) 机外对刀仪对刀

机外对刀的本质是测量出刀具假想刀尖点到刀具台基准之间 X 及 Z 方向的距离。利用机外对刀仪可将刀具预先在机床外校对好,以便装上机床后将对刀长度输入相应刀具补偿号即可以使用,如图 5-27 所示。

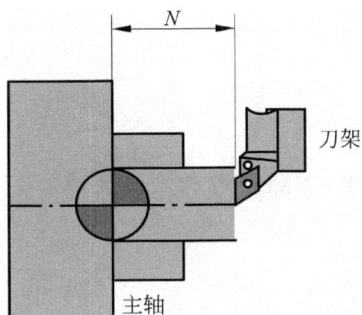

图 5-26　相对位置检测对刀

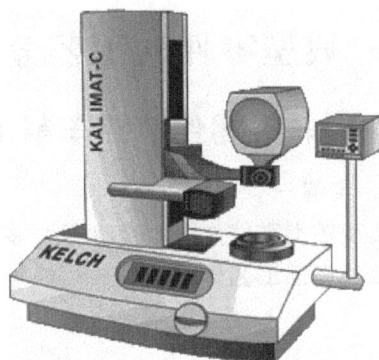

图 5-27　机外对刀仪对刀

（3）自动对刀

自动对刀是通过刀尖检测系统实现的,刀尖以设定的速度向接触式传感器接近,当刀尖与传感器接触并发出信号,数控系统立即记下该瞬间的坐标值,并自动修正刀具补偿值。自动对刀过程如图 5-28 所示。

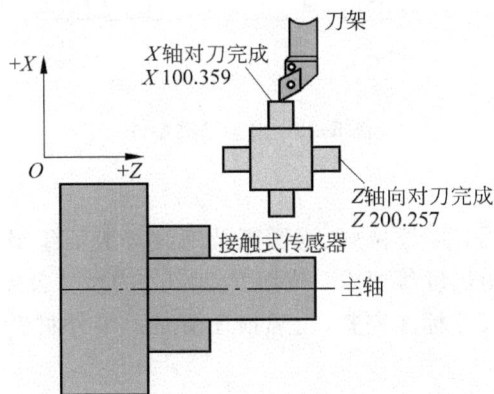

图 5-28　自动对刀

（4）换刀点位置的确定

换刀点是指在编制加工中心、数控车床等多刀加工的各种数控机床所需加工程序时,相对于机床固定原点而设置的一个自动换刀或换工作台的位置。换刀的位置可设定在程序原点、机床固定原点或浮动原点上,其具体的位置应根据工序内容而定。

为了防止在换（转）刀时碰撞到被加工零件或夹具,除特殊情况外,其换刀点都设置在被加工零件的外面,并留有一定的安全区。

5.3　典型零件的工艺分析

5.3.1　轴类零件数控车削工艺分析

1. 实例一

典型轴类零件如图 5-29 所示,零件材料为 45 钢,无热处理和硬度要求,试对该零件进行数控车削工艺分析。

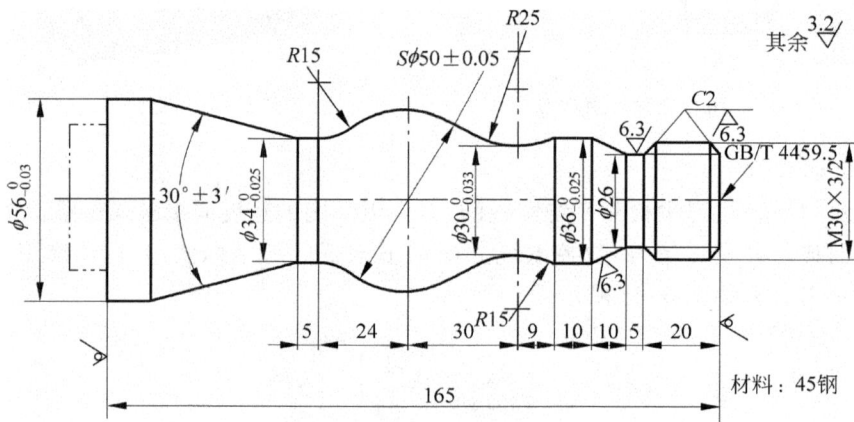

图 5-29　典型轴类零件

（1）零件图工艺分析

该零件表面由圆柱、圆锥、顺圆弧、逆圆弧及螺纹等表面组成。其中多个直径尺寸有较严的尺寸精度和表面粗糙度等要求；球面 $S\phi50$mm 的尺寸公差还兼有控制该球面形状（线轮廓）误差的作用。尺寸标注完整,轮廓描述清楚。零件材料为 45 钢,无热处理和硬度要求。

通过上述分析,可采用以下几点工艺措施。

① 对图样上给定的几个精度要求较高的尺寸,因其公差数值较小,故编程时不必取平均值,而全部取其基本尺寸即可。

② 在轮廓曲线上,有三处为圆弧,其中两处为既过象限又改变进给方向的轮廓曲线,因此在加工时应进行机械间隙补偿,以保证轮廓曲线的准确性。

③ 为便于装夹,坯件左端应预先车出夹持部分（双点画线部分）,右端面也应先粗车出并钻好中心孔。毛坯选 $\phi60$mm 棒料。

（2）选择设备

根据被加工零件的外形和材料等条件,选用 TND360 数控车床。

（3）确定零件的定位基准和装夹方式

① 定位基准　确定坯料轴线和左端大端面（设计基准）为定位基准。

② 装夹方法　左端采用三爪自定心卡盘定心夹紧,右端采用活动顶尖支承的装夹方式。

（4）确定加工顺序及进给路线

加工顺序按由粗到精、由近到远（由右到左）的原则确定。即先从右到左进行粗车（留 0.25mm 精车余量）,然后从右到左进行精车,最后车削螺纹。

TND360 数控车床具有粗车循环和车螺纹循环功能,只要正确使用编程指令,机床数控系统就会自动确定其进给路线,因此,该零件的粗车循环和车螺纹循环不需要人为确定其进给路线（但精车的进给路线需要人为确定）。该零件从右到左沿零件表面轮廓精车进给,如图 5-30 所示。

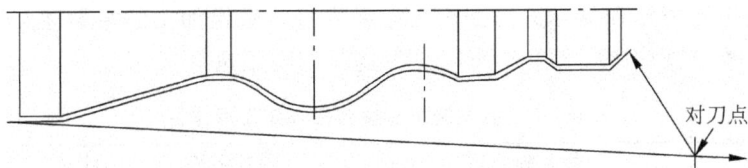

图 5-30　精车轮廓进给路线

（5）刀具选择

① 选用 $\phi5$mm 中心钻钻削中心孔。

② 粗车及平端面选用 90°硬质合金右偏刀,为防止副后刀面与工件轮廓干涉（可用作图法检验）,副偏角 κ_r' 不宜太小,选 $\kappa_r'=35°$。

③ 精车选用 90°硬质合金右偏刀,车螺纹选用硬质合金 60°外螺纹车刀,刀尖圆弧半径应小于轮廓最小圆角半径 r_ε,取 $r_\varepsilon=0.15\sim0.2$mm。

将所选定的刀具参数填入数控加工刀具卡片中（见表 5-8）,以便编程和操作管理。

表 5-8　数控加工刀具卡片

产品名称或代号		×××	零件名称	典型轴	零件图号	×××
序号	刀具号	刀具规格名称	数量	加工表面		备注
1	T01	$\phi5$ 中心钻	1	钻 $\phi5$mm 中心孔		
2	T02	硬质合金 90°外圆车刀	1	车端面及粗车轮廓		右偏刀
3	T03	硬质合金 90°外圆车刀	1	精车轮廓		右偏刀
4	T04	硬质合金 60°外螺纹车刀	1	车螺纹		
编制		×××	审核	×××	批准	×××	共　页	第　页

（6）切削用量选择

① 背吃刀量的选择　轮廓粗车循环时选 $a_p=3\text{mm}$，精车 $a_p=0.25\text{mm}$；螺纹粗车时选 $a_p=0.4\text{mm}$，逐刀减少，精车 $a_p=0.1\text{mm}$。

② 主轴转速的选择　车直线和圆弧时，查表 5-7 选粗车切削速度 $v_c=90\text{m/min}$、精车切削速度 $v_c=120\text{m/min}$，然后利用公式 $v_c=\pi dn/1000$ 计算主轴转速 n（粗车直径 $d=60\text{mm}$，精车工件直径取平均值）：粗车 500r/min、精车 1200r/min。车螺纹时，参照式（5-1）计算主轴转速 $n=320\text{r/min}$。

③ 进给速度的选择　查表 1-8、表 1-9 选择粗车、精车每转进给量，再根据加工的实际情况确定粗车每转进给量为 0.4mm/r，精车每转进给量为 0.15mm/r，最后根据公式 $v_f=nf$ 计算粗车、精车进给速度分别为 200mm/min 和 180mm/min。

综合前面分析的各项内容，并将其填入表 5-9 所示的数控加工工序卡片。此表是编制加工程序的主要依据和操作人员配合数控程序进行数控加工的指导性文件。主要内容包括：工步顺序、工步内容、各工步所用的刀具及切削用量等。

表 5-9　典型轴类零件数控加工工序卡片

单位名称	×××	产品名称或代号		零件名称		零件图号	
		×××		典型轴		×××	
工序号	程序编号	夹具名称		使用设备		车间	
001	×××	三爪卡盘和活动顶尖		TND360 数控车床		数控中心	
工步号	工步内容	刀具号	刀具规格/mm	主轴转速 /r·min⁻¹	进给速度 /mm·min⁻¹	背吃刀量 /mm	备注
1	平端面	T02	25×25	500			手动
2	钻中心孔	T01	φ5	950			手动
3	粗车轮廓	T02	25×25	500	200	3	自动
4	精车轮廓	T03	25×25	1200	180	0.25	自动
5	粗车螺纹	T04	25×25	320	960	0.4	自动
6	精车螺纹	T04	25×25	320	960	0.1	自动
编制	×××	审核	×××	批准	×××	年　月　日	共　页　第　页

2. 实例二

如图 5-31 为典型轴类零件，该零件材料为 LY12，毛坯尺寸为 φ22mm×95mm，无热处理和硬度要求，试对该零件进行数控车削工艺分析。

（1）零件图工艺分析

该零件表面由圆柱、圆锥、凸圆弧、凹圆弧及螺纹等表面组成。零件材料为 LY12，毛坯尺寸为 φ22mm×95mm，无热处理和硬度要求。

（2）选择设备

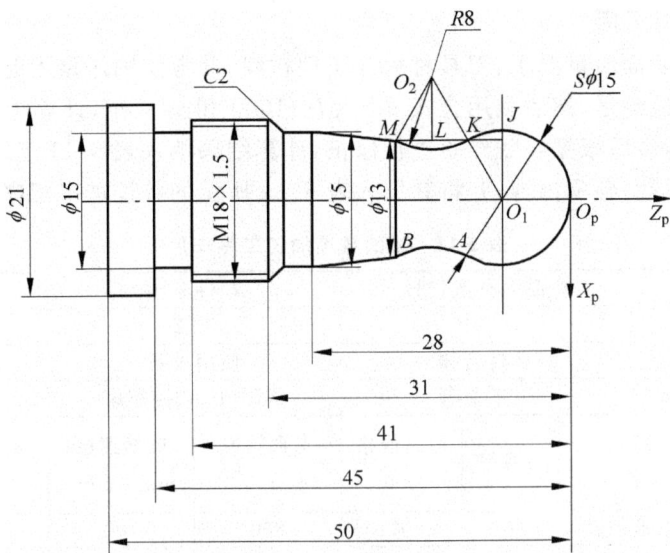

图 5-31　典型轴类零件

根据被加工零件的外形和材料等条件,选用 CK6140 数控车床。

(3) 确定零件的定位基准和装夹方式

① 定位基准　确定坯料轴线和左端面为定位基准。

② 装夹方法　采用三爪自定心卡盘自定心夹紧。

(4) 确定加工顺序及进给路线

加工顺序按先车端面,然后遵循由粗到精、由近到远(由右到左)的原则。即先从右到左粗车各面(留 0.5mm 精车余量),然后从右到左精车各面,最后切槽、车削螺纹、切断。

(5) 刀具选择

刀具材料为 W18Cr4V。

将所选定的刀具参数填入数控加工刀具卡片中(见表 5-10)。

表 5-10　数控加工刀具卡片

产品名称或代号		×××	零件名称	典型轴	零件图号	×××
序号	刀具号	刀具规格名称	数量	加工表面		备注
1	T01	右手外圆偏刀	1	粗车外轮廓表面		20×20
2	T02	右手外圆偏刀	1	精车外轮廓表面		20×20
3	T03	60°外螺纹车刀	1	精车轮廓及螺纹		20×20
4	T04	切槽刀	1	切 4mm 槽、切断		$B=4\text{mm}$ 20×20
编制	×××	审核	×××	批准	×××	共　页　第　页

（6）确定切削用量

根据被加工表面质量要求、刀具材料和工件材料,参考切削用量手册或有关资料选取切削速度与每转进给量,然后利用公式 $v_c = \pi d n / 1000$ 和 $v_f = nf$,计算主轴转速与进给速度（计算过程略）,最后根据实践经验进行修正,计算结果填入表 5-11 工序卡中。

综合前面分析的各项内容,并将其填入表 5-11 所示的数控加工工序卡片。

表 5-11 轴的数控加工工序卡片

单位名称	×××	产品名称或代号		零件名称		零件图号	
		×××		轴 2		×××	
工序号	程序编号	夹具名称		使用设备		车间	
001	×××	三爪卡盘		CK6140 数控车床		数控中心	
工步号	工步内容 （尺寸单位：mm）	刀具号	刀具规格 /mm	主轴转速 /r·min⁻¹	进给速度 /mm·min⁻¹	背吃刀量 /mm	备注
1	从右至左粗车各面	T01	20×20	800	100	2	
2	从右至左精车各面	T02	20×20	1500	80	0.5	
3	切槽	T04	20×20	400	30		
4	车 M18×1.5 螺纹	T03	20×20	300	1.5mm/r		
5	切断	T04	20×20	400	30		
编制	×××	审核	×××	批准	×××	年 月 日	共 页	第 页

5.3.2 套类零件数控车削工艺分析

1. 在一般数控车床上加工的套类零件

如图 5-32 为典型轴套类零件,该零件材料为 45 钢,无热处理和硬度要求,试对该零件进行数控车削工艺分析（单件小批量生产）。

（1）零件图工艺分析

该零件表面由内外圆柱面、内圆锥面、顺圆弧、逆圆弧及外螺纹等表面组成,其中多个直径尺寸与轴向尺寸有较高的尺寸精度和表面粗糙度要求。零件图尺寸标注完整,符合数控加工尺寸标注要求;轮廓描述清楚完整;零件材料为 45 钢,加工切削性能较好,无热处理和硬度要求。

通过上述分析,采用以下几点工艺措施。

① 对图样上带公差的尺寸,因公差值较小,故编程时不必取平均值,而取基本尺寸即可。

② 左右端面均为多个尺寸的设计基准,相应工序加工前,应该先将左右端面车出来。

③ 内孔尺寸较小,镗 1：20 锥孔与镗 ϕ32 孔及 15° 锥面时需掉头装夹。

（2）选择设备

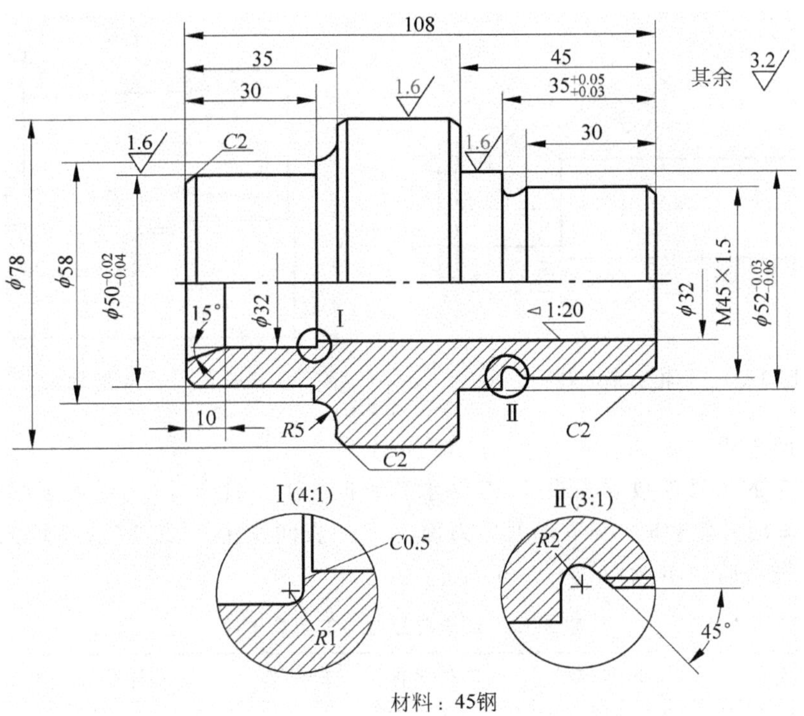

材料: 45钢

图 5-32　轴承套零件

根据被加工零件的外形和材料等条件,选用 CJK6240 数控车床。

(3) 确定零件的定位基准和装夹方式

① 内孔加工

定位基准:内孔加工时以外圆定位。

装夹方式:用三爪自动定心卡盘夹紧。

② 外轮廓加工

定位基准:确定零件轴线为定位基准。

装夹方式:加工外轮廓时,为保证一次安装加工出全部外轮廓,需要设一圆锥心轴装置(如图 5-33 所示粗实线部分),用三爪卡盘夹持心轴左端,心轴右端留有中心孔并用尾座顶尖顶紧以提高工艺系统的刚性。

(4) 确定加工顺序及进给路线

加工顺序的确定按由内到外、由粗到精、由近到远的原则确定,在一次装夹中尽可能加工出较多的工件表面。结合本零件的结构特征,可先加工内孔各表面,然后加工外轮廓表面。由于该零件为单件小批量生产,走刀路线设计不必考虑最短进给路线或最短空行程路线,外轮廓表面车削走刀路线可沿零件轮廓顺序进行(如图 5-34 所示)。

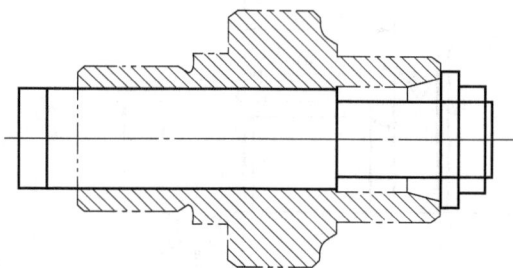

图 5-33　外轮廓车削装夹方案　　　　图 5-34　外轮廓加工走刀路线

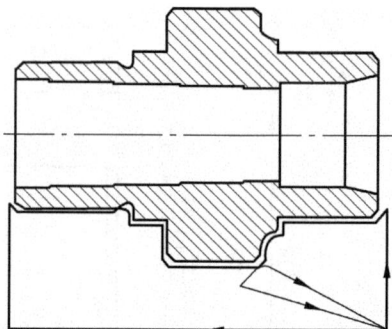

（5）刀具选择

将所选定的刀具参数填入表 5-12 轴承套数控加工刀具卡片中，以便于编程和操作管理。注意：车削外轮廓时，为防止副后刀面与工件表面发生干涉，应选择较大的副偏角，必要时可作图检验。本例中选 $\kappa'_r=55°$。

表 5-12　轴承套数控加工刀具卡片

产品名称或代号		×××	零件名称	轴承套	零件图号	×××
序号	刀具号	刀具规格名称	数量	加工表面		备注
1	T01	45°硬质合金端面车刀	1	车端面		
2	T02	ϕ5mm 中心钻	1	钻 ϕ5mm 中心孔		
3	T03	ϕ26mm 钻头	1	钻底孔		
4	T04	镗刀	1	镗内孔各表面		
5	T05	93°右手偏刀	1	从右至左车外表面		
6	T06	93°左手偏刀	1	从左至右车外表面		
7	T07	60°外螺纹车刀	1	车 M45 螺纹		
编制	×××	审核	×××	批准	×××　年　月　日	共　页　　第　页

（6）切削用量选择

根据被加工表面质量要求、刀具材料和工件材料，参考切削用量手册或有关资料选取切削速度与每转进给量，然后利用公式 $v_c=\pi dn/1000$ 和 $v_f=nf$，计算主轴转速与进给速度（计算过程略），计算结果填入表 5-13 工序卡中。

背吃刀量的选择因粗、精加工而有所不同。粗加工时，在工艺系统刚性和机床功率允许的情况下，尽可能取较大的背吃刀量，以减少进给次数；精加工时，为保证零件表面粗糙度要求，背吃刀量一般取 0.1～0.4mm 较为合适。

（7）数控加工工序卡片拟订

将前面分析的各项内容综合成表 5-13 所示的数控加工工序卡片。

表 5-13　轴承套数控加工工序卡片

单位名称	×××	产品名称或代号		零件名称		零件图号	
		×××		轴承套		×××	
工序号	程序编号	夹具名称		使用设备		车间	
001	×××	三爪卡盘和自制心轴		CJK6240 数控车床		数控中心	
工步号	工步内容 （尺寸单位：mm）	刀具号	刀具、刀柄 规格/mm	主轴转速 /r·min⁻¹	进给速度 /mm·min⁻¹	背吃刀量 /mm	备注
1	平端面	T01	25×25	320		1	手动
2	钻 φ5 中心孔	T02	φ5	950		2.5	手动
3	钻 φ32 孔的底孔 φ26	T03	φ26	200		13	手动
4	粗镗 φ32 内孔、 15°斜面及 C0.5 倒角	T04	20×20	320	40	0.8	自动
5	精镗 φ32 内孔、 15°斜面及 C0.5 倒角	T04	20×20	400	25	0.2	自动
6	掉头装夹粗镗 1∶20 锥孔	T04	20×20	320	40	0.8	自动
7	精镗 1∶20 锥孔	T04	20×20	400	20	0.2	自动
8	心轴装夹从右至 左粗车外轮廓	T05	25×25	320	40	1	自动
9	从左至右粗车外轮廓	T06	25×25	320	40	1	自动
10	从右至左精车外轮廓	T05	25×25	400	20	0.1	自动
11	从左至右精车外轮廓	T06	25×25	400	20	0.1	自动
12	卸心轴，改为三爪装夹， 粗车 M45 螺纹	T07	25×25	320	1.5mm/r	0.4	自动
13	精车 M45 螺纹	T07	25×25	320	1.5mm/r	0.1	自动
编制	×××	审核	×××	批准	×××		
				年　月　日		共　页	第　页

2. 在加工中心上加工的轴套类零件

如图 5-35 为升降台铣床的支承套，零件材料为 45 钢，无热处理和硬度要求。分析其数控加工工艺。

（1）零件图工艺分析

为便于定位装夹，φ100f9 外圆、$80^{+0.5}_{0}$ 尺寸两面、$78^{0}_{-0.5}$ 尺寸上面均在前面工序中用普通机床完成。数控加工的主要内容是：$2\times\phi15H7$ 孔，$\phi35H7$ 孔、$\phi60\times12$ 窝，$2\times\phi11\times\phi17$、$2\times M6-6H$ 螺孔。

（2）选择设备

根据被加工零件的外形和材料等条件，选用的卧式加工中心，其主要参数是：

工作台尺寸：400mm×400mm、工作台左右行程（X 轴）500mm、工作台前后行程（Z 轴）400mm，主轴箱上下行程（Y 轴）400mm，主轴中心线至工作台面距离 100～500mm，主轴端面至工作台中心线距离 150～500mm，主轴锥孔 BT-40，刀库容量 30 把。

（3）确定零件的定位基准和装夹方式

以 φ100f9 外圆、$80^{+0.5}_{0}$ 尺寸左端面及上平面定位。外圆用V形块与上平面的压板夹

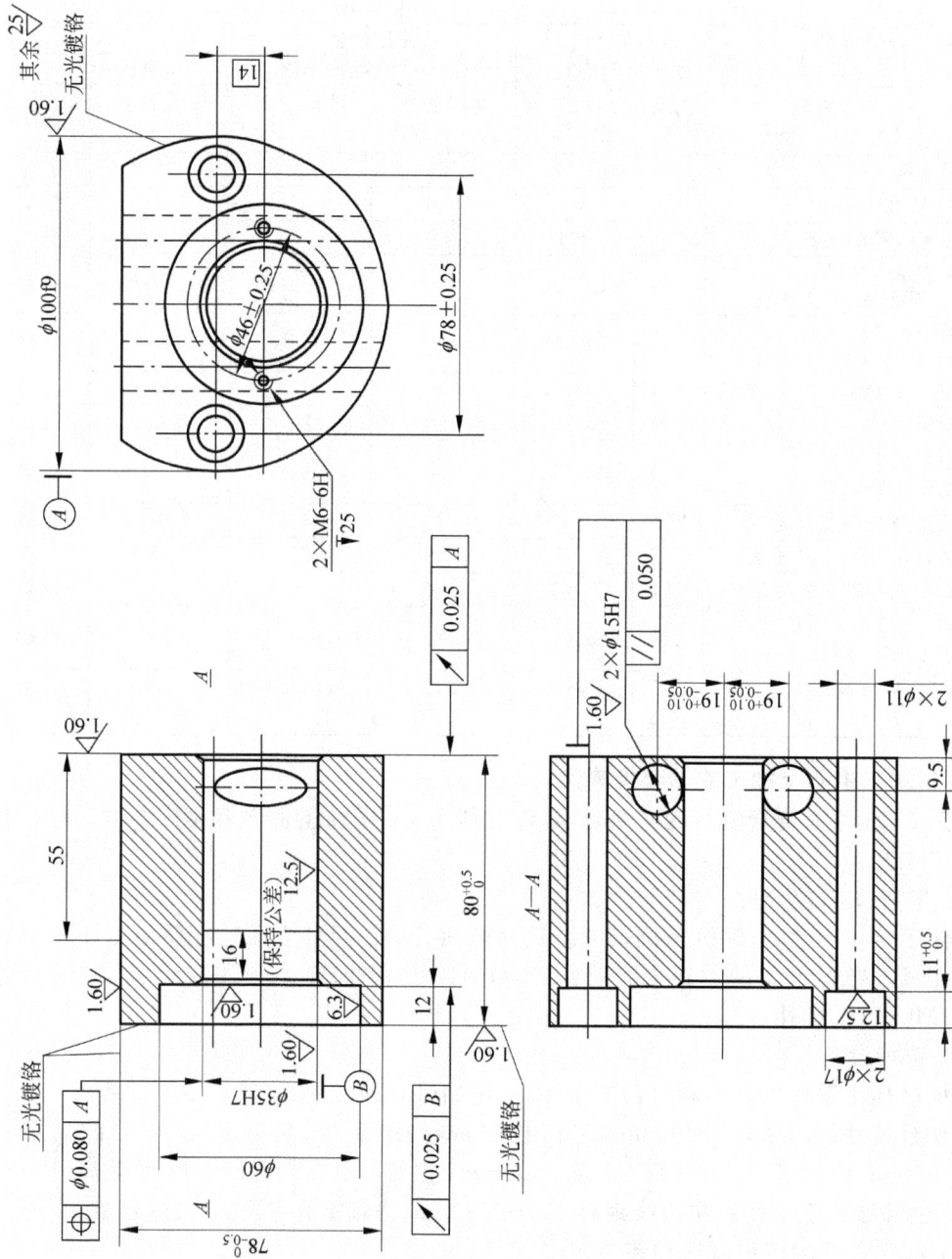

图 5-35　支承套筒图

紧。支承套装夹示意图见图 5-36。

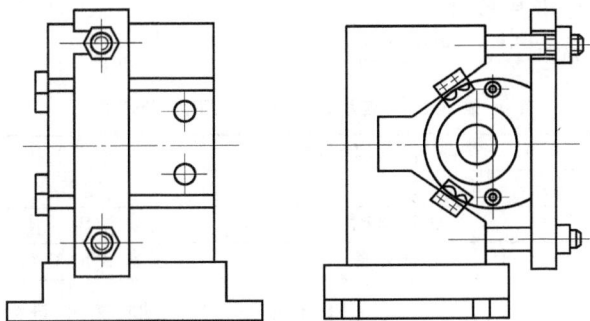

图 5-36　支承套装夹示意图

（4）工件坐标系设定

B0°、G54、X0、Y0 设在 ϕ35H7 孔中心上, Z0 设在 $80^{+0.5}_{0}$ 尺寸左面。

B90°、G55、X0 设在 $80^{+0.5}_{0}$ 尺寸左面。Y0 设在 ϕ35H7 孔中心上, Z0 设在 $78^{0}_{-0.5}$ 尺寸上面。

（5）确定加工顺序及进给路线（分析略）

（6）刀具选择

将所选定的刀具参数填入表 5-14 支承套数控加工刀具卡片中。

表 5-14　数控加工刀具卡片

产品名称或代号		×××		零件名称	支承套	零件图号	×××
序号	刀具号	刀具规格名称(尺寸单位: mm)	数量	加工表面(尺寸单位: mm)			备注
1	T01	中心钻 ϕ3	1	钻 ϕ35H7 孔、2×ϕ17×ϕ11 中心孔、钻 2×M6－6H 螺孔中心孔、钻 2×ϕ15H7 孔中心孔			
2	T02	锥柄麻花钻 ϕ11	1	钻 2×ϕ11 孔、2×M6－6H 孔端倒角			
3	T03	锥柄埋头钻 17×11	1	锪 2×ϕ17			
4	T04	粗镗刀 ϕ34	1	粗镗 ϕ35H7 至 ϕ34			
5	T05	合金立铣刀 ϕ32T	1	粗铣 ϕ60×12 至 ϕ59×11.5			
6	T06	合金立铣刀 ϕ32T	1	精铣 ϕ60×12			
7	T07	镗刀 ϕ34.85	1	半精镗 ϕ35H7 至 ϕ34.85			
8	T08	直柄麻花钻 ϕ5	1	钻 2×M6－6H 底孔至 ϕ5			
9	T09	机用丝锥、中锥 M6	1	攻 2×M6－6H 螺纹			
10	T10	套式铰刀 35AH7	1	铰 ϕ35H7 孔			
11	T11	锥柄麻花钻 ϕ14	1	钻 2×ϕ15H7 孔至 ϕ14			
12	T12	锥柄端刃扩孔钻 ϕ14.85	1	扩 2×ϕ15H7 孔至 ϕ14.85			
13	T13	锥柄长刃铰刀 ϕ15AH7	1	铰 ϕ15H7 孔			
14	T14	锥柄麻花钻 ϕ31	1	钻 ϕ35H7 孔至 ϕ31			
编制		×××	审核	×××	批准	×××	共　页　第　页

（7）切削用量选择（分析略）

（8）数控加工工序卡片拟订

通过分析可得出加工工艺过程，见表 5-15。

表 5-15　支承套数控加工工序卡片

单位名称	×××	产品名称或代号			零件名称		零件图号
		×××			支承套		×××
工序号	程序编号	夹具名称			使用设备		车间
×××	×××	组合夹具			卧式加工中心		数控中心
工步号	工步内容 （尺寸单位：mm）	刀具号	刀具规格 （尺寸单位：mm）	主轴转速 /r·min^{-1}	进给速度 /mm·min^{-1}	背吃刀量 /mm	备注
1	B0、G45						
2	钻 $\phi35$H7 孔、$2\times\phi17\times\phi11$ 中心孔	T01	中心钻 $\phi3$	1200	80		
3	钻 $\phi35$H7 孔至 $\phi31$	T14	锥柄麻花钻 $\phi31$	300	30		
4	钻 $2\times\phi11$ 孔	T02	锥柄麻花钻 $\phi11$	600	60		
5	锪 $2\times\phi17$	T03	锥柄埋头钻 17×11	150	15		
6	粗镗 $\phi35$H7 至 $\phi34$	T04	粗镗刀 $\phi34$	400	30		
7	粗铣 $\phi60\times12$ 至 $\phi59\times11.5$	T05	合金立铣刀 $\phi32$T	400	35		
8	精铣 $\phi60\times12$	T06	合金立铣刀 $\phi32$T	600	45		
9	半精镗 $\phi35$H7 至 $\phi34.85$	T07	镗刀 $\phi34.85$	450	35		
10	钻 $2\times$M6—6H 螺孔中心孔	T01		1000	40		
11	钻 $2\times$M6—6H 底孔至 $\phi5$	T08	直柄麻花钻 $\phi5$	650	35		
12	$2\times$M6—6H 孔端倒角	T02		500	20		
13	攻 $2\times$M6—6H 螺纹	T09	机用丝锥、中锥 M6	100	100		
14	铰 $\phi35$H7 孔	T10	套式铰刀 35AH7	100	50		
15	M01（程序任选停止）						
16	在 $\phi35$H7 孔中手动装入工艺堵		专用工艺堵Ⅱ29-54				
17	B90°、G55						
18	钻 $2\times\phi15$H7 孔中心孔	T01		1200	80		
19	钻 $2\times\phi15$H7 孔至 $\phi14$	T11	锥柄麻花钻 $\phi14$	450	50		
20	扩 $2\times\phi15$H7 孔至 $\phi14.85$	T12	锥柄端刃扩孔钻 $\phi14.85$	400	40		
21	铰 $\phi15$H7 孔	T13	锥柄长刃铰刀 $\phi15$AH7	60	30		
编制	×××	审核	×××	批准	×××	年　月　日	共　页　第　页

5.3.3　盘类零件数控车削工艺分析

如图 5-37 所示带孔圆盘零件,材料为 45 钢,分析其数控车削工艺。

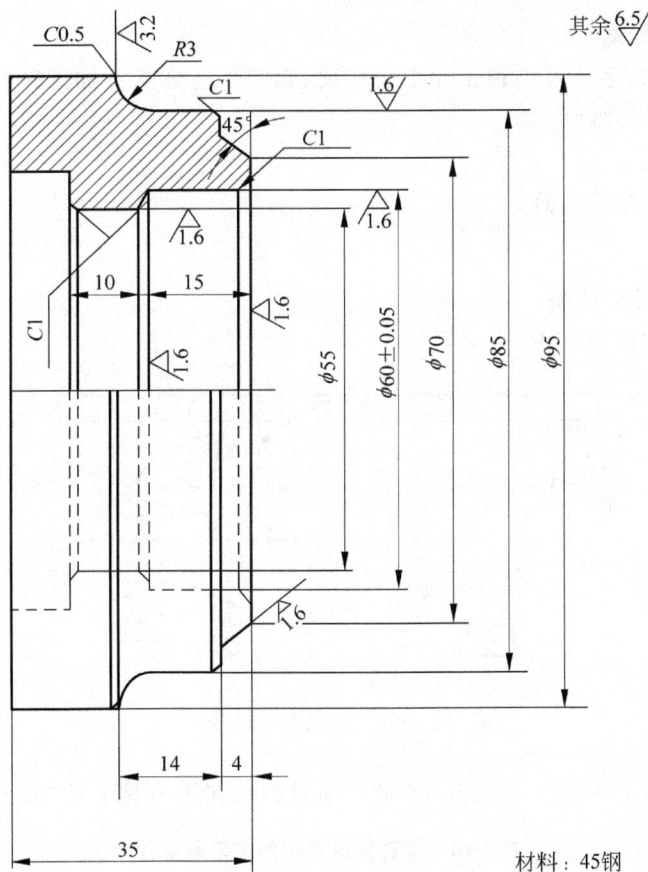

图 5-37　带孔圆盘

1. 零件图工艺分析

如图 5-37 所示零件,该零件属于典型的盘类零件,材料为 45 钢,可选用圆钢为毛坯,为保证在进行数控加工时工件能可靠地定位,可在数控加工前将左侧端面、$\phi95$mm 外圆加工,同时将 $\phi55$mm 内孔钻 $\phi53$mm 孔。

2. 选择设备

根据被加工零件的外形和材料等条件,选定 Vturn-20 型数控车床。

3. 确定零件的定位基准和装夹方式

(1) 定位基准。以已加工出的 ϕ95mm 外圆及左端面为工艺基准。

(2) 装夹方法。采用三爪自定心卡盘自定心夹紧。

4. 制定加工方案

根据图样要求、毛坯及前道工序加工情况,确定工艺方案及加工路线。

(1) 粗车外圆及端面。

(2) 粗车内孔。

(3) 精车外轮廓及端面。

(4) 精车内孔。

5. 刀具选择及刀位号

选择刀具及刀位号如图 5-38 所示。

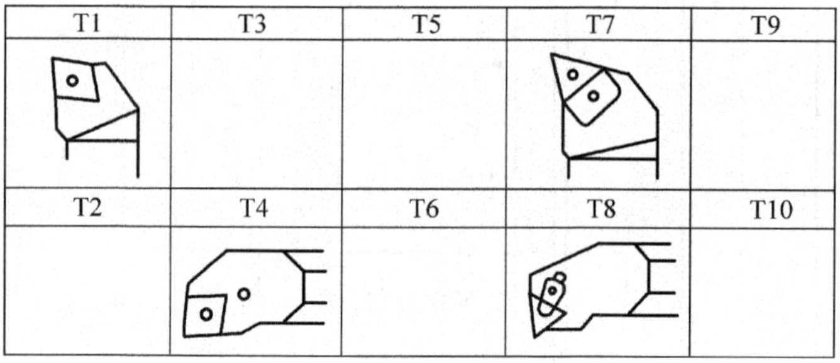

T1	T3	T5	T7	T9
T2	T4	T6	T8	T10

图 5-38　刀具及刀位号

将所选定的刀具参数填入表 5-16 带孔圆盘数控加工刀具卡片中。

表 5-16　带孔圆盘数控加工刀具卡片

产品名称或代号		×××		零件名称	带孔圆盘	零件图号	×××
序号	刀具号	刀具规格名称		数量	加工表面		备注
1	T01	硬质合金外圆车刀		1	粗车端面、外圆		
2	T04	硬质合金内孔车刀		1	粗车内孔		
3	T07	硬质合金外圆车刀		1	精车端面、外轮廓		
4	T08	硬质合金内孔车刀		1	精车内孔		
编制		×××	审核	×××	批准	×××	共　页　第　页

6.确定切削用量(略)

7.数控加工工序卡片拟订

以工件右端面为工件原点,换刀点定为 X200、Z200。数控加工工序卡片见表 5-17。

表 5-17　带孔圆盘的数控加工工序卡片

单位名称	×××	产品名称或代号		零件名称		零件图号	
		×××		带孔圆盘		×××	
工序号	程序编号	夹具名称		使用设备		车间	
001	×××	三爪卡盘		Vturn-20 数控车床		数控中心	
工步号	工步内容		刀具号	刀柄规格/mm	主轴转速/r·min⁻¹	进给速度/mm·min⁻¹	背吃刀量/mm	备注
1	粗车端面		T01	20×20	400	80		
2	粗车外圆		T01	20×20	400	80		
3	粗车内孔		T04	φ20	400	60		
4	精车外轮廓及端面		T07	20×20	1100	110		
5	精车内孔		T08	φ32	1000	100		
编制	×××	审核	×××	批准	×××	年　月　日	共　页	第　页

本章小结

本章主要介绍了编制数控车削与数控车削中心加工工艺的方法。首先是分析数控车削的主要加工对象,然后对这些加工对象的数控车削加工工艺的制订方法进行了详细的阐述。

在制订数控车削加工工艺的过程中,工艺编制应遵循第 4 章所述的总体原则,在这一章里主要针对数控车削加工常规原则进行叙述,同时还对数控车削加工的特点进行了分析。

设计零件的加工工艺规程时,按以下步骤进行:

先要对加工对象进行深入分析,即零件图工艺分析,对于数控车削加工来说主要应考虑以下几方面:构成零件轮廓的几何条件、尺寸精度要求、形状和位置精度的要求、表面粗糙度要求、材料与热处理要求。

第二是划分加工工序,在数控车削加工中以下两种原则使用较多:按所用刀具划分工序和按粗加工、精加工划分工序。

第三确定零件装夹方法和夹具选择,数控车床上零件安装方法与普通车床一样,要尽量选用已有的通用夹具装夹,且应注意减少装夹次数,尽量做到在一次装夹中能把零件上所有要加工表面都加工出来。零件定位基准应尽量与设计基准重合,以减少定位误差对尺寸精度的影响。

第四是加工顺序的确定,制定加工顺序的一般原则为:先粗后精,先近后远,先内后外,程序段最少,走刀路线最短以及特殊情况特殊处理。

第五是加工进给路线的确定,加工路线的确定首先必须保持被加工零件的尺寸精度和表面质量,其次考虑数值计算简单、走刀路线尽量短、效率较高等。因精加工的进给路线基本上都是沿其零件轮廓顺序进行的,因此确定进给路线的工作重点是确定粗加工及空行程的进给路线。

第六是数控车削刀具的选择,数控车床刀具种类繁多,功能互不相同。根据不同的加工条件正确选择刀具是编制程序的重要环节,因此必须对车刀的种类及特点有一个基本的了解。目前数控机床使用刀具的主流是可转位刀片的机夹刀具,本章对可转位刀具作了简要的介绍。合理选择刀具有两条路线,第一条路线为:零件图样、机床影响因素、选择刀杆、刀片夹紧系统、选择刀片形状,主要考虑机床和刀具的情况;第二条路线为:工件影响因素、选择工件材料代码、确定刀片的断屑槽形、选择加工条件脸谱,这条路线主要考虑工件的情况。综合这两条路线的结果,才能确定所选用的刀具。

第七是切削用量的选择,掌握背吃刀量、进给量、主轴转速的确定。车削用量的选择原则是:粗车时,首先考虑选择一个尽可能大的背吃刀量,其次选择一个较大的进给量,最后确定一个合适的切削速度。精车时,加工精度和表面粗糙度要求较高,加工余量不大且较均匀,因此选择精车切削用量时,应着重考虑如何保证加工质量,并在此基础上尽量提高生产率。

通过本章对数控车削加工工艺的制订方法和轴类、套类、盘类等典型零件的数控工艺分析的学习,掌握如何编制中等复杂程度零件的数控车削与数控车削中心加工工艺。

习题 5

1. 数控车削的主要加工对象有哪些?

2. 数控车削对刀具有哪些要求? 如何合理选择数控车床刀具?

3. 在数控车床上加工零件,分析零件图样主要考虑哪些方面?

4. 如何确定数控车削的加工顺序?

5. 在数控车床上加工时,选择粗车切削、精车切削用量的原则是什么?

6. 加工轴类零件如图 5-39 所示,毛坯为 $\phi85mm \times 340mm$ 棒材,零件材料为 45 钢,无热处理和硬度要求,图中 $\phi85mm$ 外圆不加工。对该零件进行精加工。根据图样要求和毛坯情况,编制该零件数控车削工艺。

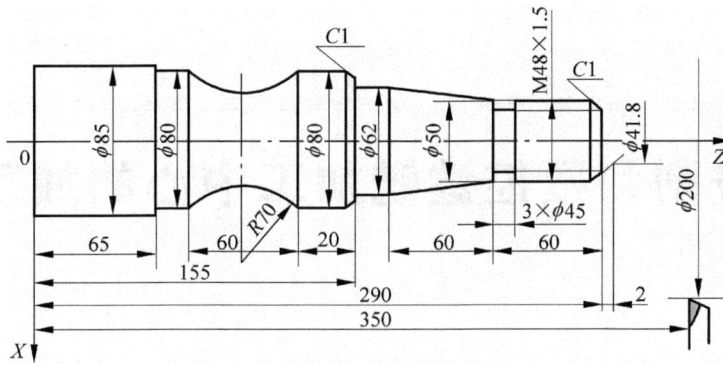

图 5-39 车削轴类零件

第 6 章

数控铣削和数控镗铣加工中心的加工工艺

6.1　数控铣削的主要加工对象

铣削加工是机械加工中最常用的加工方法之一,它主要包括平面铣削和轮廓铣削,也可以对零件进行钻、扩、铰、镗、锪加工及螺纹加工等。数控铣削主要适合于下列几类零件的加工。

6.1.1　平面类零件

平面类零件是指加工面平行或垂直于水平面,以及加工面与水平面的夹角为一定值的零件,这类加工面可展开为平面。

图 6-1 所示的三个零件均为平面类零件。其中,图 6-1(a)中曲线轮廓面 A 垂直于水平面,可采用圆柱立铣刀加工。图 6-1(b)中凸台侧面 B 与水平面成一定角度,这类加工面可以采用专用的角度成型铣刀来加工。对于图 6-1(c)中的斜面 C,当工件尺寸不大时,可用斜板垫平后加工;当工件尺寸很大,斜面坡度又较小时,也常用行切加工法加工,这时会在加工面上留下进刀时的刀锋残留痕迹,要用钳修方法加以清除。

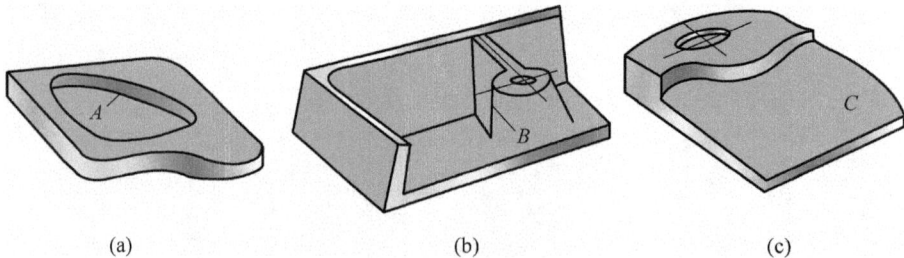

图 6-1　平面类零件

(a) 轮廓面 A；(b) 轮廓面 B；(c) 轮廓面 C

6.1.2　曲面类零件

1. 直纹曲面类零件

直纹曲面类零件是指由直线依某种规律移动所产生的曲面类零件。如图 6-2 所示零件的加工面就是一种直纹曲面,当直纹曲面从截面(1)至截面(2)变化时,它与水平面间的夹角从 $3°10'$ 均匀变化为 $2°32'$;从截面(2)到截面(3)时,又均匀变化为 $1°20'$,最后到截面(4),斜角均匀变化为 $0°$。直纹曲面类零件的加工面不能展开为平面。

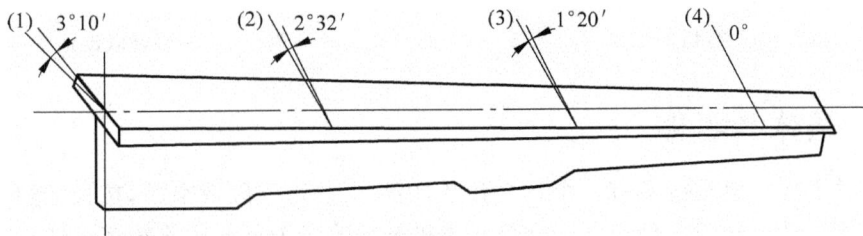

图 6-2　直纹曲面类零件

当采用四维坐标或五维坐标数控铣床加工直纹曲面类零件时,加工面与铣刀圆周接触的瞬间为一条直线。这类零件也可在三维坐标数控铣床上采用行切加工法实现近似加工。

2. 立体曲面类零件

加工面为空间曲面的零件称为立体曲面类零件。这类零件的加工面不能展成平面,一般使用球头铣刀切削,加工面与铣刀始终为点接触,若采用其他刀具加工,易于产生干涉而铣伤邻近表面。加工立体曲面类零件一般使用三维坐标数控铣床,采用以下两种加工方法。

(1) 行切加工法

第 4 章讲的行切法是以切平底内轮廓为例,只需 X 轴、Y 轴联动,Z 坐标为常值,这里需三坐标联动或 $2\frac{1}{2}$ 轴联动,行切法的加工方案和走刀路线见 6.2.3 节之直纹面加工和曲面轮廓加工的相关叙述,如图 6-3 所示。

(2) 三坐标联动加工

采用三维坐标数控铣床三轴联动加工,即进行空间直线插补。如半球形,可用行切加工法加工,也可用三坐标联动的方法加工。这时,数控铣床用 X、Y、Z 三坐标联动的空间直线插补,实现球面加工,如图 6-4 所示。

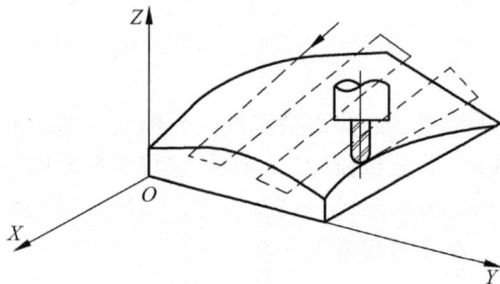

图 6-3　行切加工法

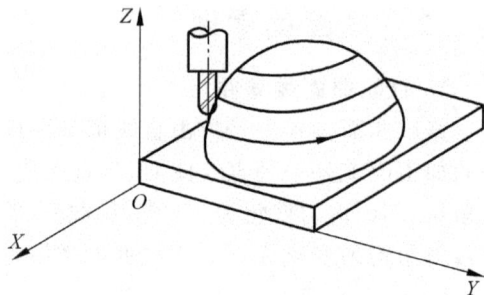

图 6-4　三坐标联动加工

6.1.3　箱体类零件

箱体类零件一般是指具有一个以上孔系,内部有一定型腔或空腔,在长、宽、高方向有一定比例的零件。这类零件在机械、汽车、飞机制造等各个行业用得较多。如汽车的发动机缸体,变速箱体;机床的床头箱、主轴箱;柴油机缸体、齿轮泵壳体等。图 6-5 所示为控制阀壳体,图 6-6 所示为热力机车主轴箱体。

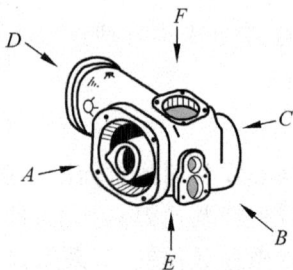

图 6-5　控制阀壳体

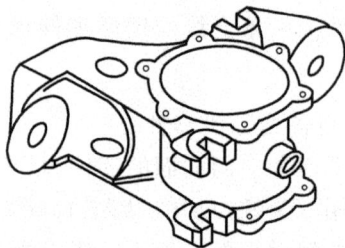

图 6-6　热力机车主轴箱体

箱体类零件一般都需要进行多工位孔系、轮廓及平面加工,公差要求较高,特别是形位公差要求较为严格,通常要经过铣、钻、扩、镗、铰、锪、攻丝等工序,需要刀具较多,在普通机床上加工难度大,工装套数多,费用高,加工周期长,需多次装夹、找正,手工测量次数多,加工时必需频繁地更换刀具,工艺难制定,更重要的是精度难保证。这类零件在加工中心上加工,一次装夹可完成普通机床 60%～95% 的工序内容,零件各项精度一致性好,质量稳定,同时节省费用,缩短生产周期。

加工箱体类零件的加工中心,当加工工位较多,需工作台多次旋转角度才能完成的零件,一般选卧式镗铣类加工中心。当加工的工位较少,且跨距不大时,可选立式加工中心,从一端进行加工。

箱体类零件的加工方法,主要有以下几种:

(1) 当既有面又有孔时,应先铣面,后加工孔。

(2) 所有孔系都先完成全部孔的粗加工,再进行精加工。

(3) 一般情况下,直径大于 $\phi30mm$ 的孔都应铸造出毛坯孔。在普通机床上先完成毛坯的粗加工,给加工中心加工工序的留量为 $4\sim6mm$(直径),再上加工中心进行面和孔的粗、精加工。通常分"粗镗—半精镗—孔端倒角—精镗"四个工步完成。

(4) 直径小于 $\phi30mm$ 的孔可以不铸出毛坯孔,孔和孔的端面全部加工都在加工中心上完成。可分为"锪平端面—打中心孔—钻—扩—孔端倒角—铰"等工步。有同轴度要求的小孔(小于 $\phi30mm$),须采用"锪平端面—打中心孔—钻—半精镗—孔端倒角—精镗(或铰)"工步来完成,其中打中心孔需视具体情况而定。

(5) 在孔系加工中,先加工大孔,再加工小孔,特别是在大小孔相距很近的情况下,更要采取这一措施。

(6) 对于跨距较大的箱体的同轴孔加工,尽量采取调头加工的方法,以缩短刀辅具的长径比,增加刀具刚性,提高加工质量。

(7) 螺纹加工,一般情况下,M6mm 以上、M20mm 以下的螺纹孔可在加工中心上完成攻螺纹。M6mm 以下、M20mm 以上的螺纹可在加工中心上完成底孔加工,攻螺纹可通过其他手段加工。因加工中心的自动加工方式在攻小螺纹时,不能随机控制加工状态,小丝锥容易折断,从而产生废品,由于刀具、辅具等因素影响,在加工中心上攻 M20mm 以上大螺纹有一定困难。但这也不是绝对的,可视具体情况而定,在某些机床上可用镗刀片完成螺纹切削(用 G33 代码)。

6.2　数控铣削加工工艺的制订

在制订数控铣削加工工艺的过程中,工艺编制同样应遵循第 4 章所述的总原则,这一章里主要是针对数控铣削加工的特点对数控铣削加工工艺编制常用的原则进行叙述。

6.2.1　零件图工艺分析

关于数控加工的零件图和结构工艺性分析,在前面 4.2.2 节已做介绍,下面结合数控铣削加工的特点进一步说明。

针对数控铣削加工的特点,下面列举出一些经常遇到的工艺性问题作为对零件图进行工艺性分析的要点进行分析。

(1) 图样尺寸的标注方法是否方便编程? 构成工件轮廓图形的各种几何元素的条件是否充要? 各几何元素的相互关系(如相切、相交、垂直和平行等)是否明确? 有无引起矛盾的多余尺寸或影响工序安排的封闭尺寸？

（2）零件尺寸所要求的加工精度、尺寸公差是否都可以得到保证？不要因数控机床加工精度高而放弃这种分析。特别要注意过薄的腹板与缘板的厚度公差，数控铣削也是一样，因为加工时产生的切削拉力及薄板的弹性退让，极易产生切削面的振动，使薄板厚度尺寸公差难以保证，其表面粗糙度也将恶化或变坏。根据实践经验，当面积较大的薄板厚度小于 3mm 时就应充分重视这一问题。

（3）内槽及缘板之间的内转接圆弧是否过小？如图 4-43 所示。

（4）零件铣削面的槽底圆角或腹板与缘板相交处的圆角半径 r 是否太大？见图 4-44。

（5）零件图中各加工面的凹圆弧（R 与 r）是否过于零乱，是否可以统一？因为在数控铣床上多换一次刀要增加不少新问题，如增加铣刀规格，计划停车次数和对刀次数等，不但给编程带来许多麻烦，增加生产准备时间而降低生产效率，而且也会因频繁换刀增加了工件加工面上的接刀阶差而降低了表面质量。所以，在一个零件上的这种凹圆弧半径在数值上的一致性问题对数控铣削的工艺性显得相当重要。一般来说，即使不能寻求完全统一，也要力求将数值相近的圆弧半径分组靠拢，达到局部统一，以尽量减少铣刀规格与换刀次数。

（6）零件上有无统一基准以保证两次装夹加工后其相对位置的正确性？有些工件需要在铣完一面后再重新安装铣削另一面，如图 6-7 所示。由于数控铣削时不能使用通用铣床加工时常用的试削方法来接刀，往往会因为工件的重新安装而接不好刀（即与上道工序加工的面接不齐或造成本来要求一致的两对应面上的轮廓错位）。为了避免上述问题的产生，减小两次装夹误差，最好采用统一基准定位。因此，零件上最好有合适的孔作为定位基准孔。如果零件上没有基准孔，也可以专门设置工艺孔作为定位基准（如在毛坯上增加工艺凸耳或在后续工序要铣去的余量上设基准孔）。如实在无法制出基准孔，也要用经过精加工的面作为统一基准。如果还是办不到，则最好只加工其中一个最复杂的面，另一面放弃数控铣削而改由通用铣床加工。

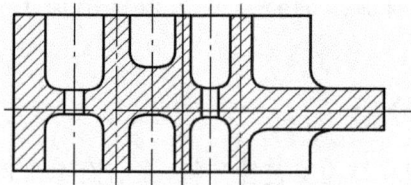

图 6-7　必须两次安装加工的零件

（7）分析零件的形状及原材料的热处理状态，是否会在加工过程中变形，哪些部位最容易变形。因为数控铣削最忌讳工件在加工时变形，这种变形不但无法保证加工的质量，而且经常造成加工不能继续进行。这时就应当考虑采取一些必要的工艺措施预防，如对钢件进行调质处理,对铸铝件进行退火处理,对不能用热处理方法解决的问题,也可考虑粗加工、精加工及对称去余量等常规方法。此外,还要分析加工后的变形问题,采取相应工艺措施来解决。

6.2.2　工序和装夹方法的确定

1. 加工工序的划分

数控铣床的加工对象根据机床的不同而不同。立式数控铣床一般适用于加工平面凸轮、样板、形状复杂的平面或立体零件,以及模具的内外型腔等。卧式数控铣床适用于加工箱体、泵体、壳体等零件。

在数控铣床上加工零件,工序比较集中,一般只需一次装夹即可完成全部工序的加工。根据数控机床的特点,为了提高数控机床的使用寿命,保持数控铣床的精度,降低零件的加工成本,通常是把零件的粗加工,特别是零件的基准面、定位面在普通机床上加工。加工工序的划分通常参照 4.2.2 节中工序划分原则和方法。经常使用的几种方法有:按所用刀具划分工序,按粗加工、精加工划分工序,按加工部位划分工序。

2. 零件装夹和夹具的选择

在数控机床加工中,既要保证加工质量,又要减少辅助时间,提高加工效率。因此要注意选用能准确和迅速定位并夹紧工件的装夹方法和夹具。零件的定位基准应尽量与设计基准及测量基准重合,以减少定位误差。在数控铣床上的工件装夹方法与普通铣床一样,所使用的夹具往往并不很复杂,只要有简单的定位、夹紧机构即可。为了不影响进给和切削加工,在装夹工件时一定要将加工部位敞开。选择夹具时应尽量做到在一次装夹中将零件要求加工表面都加工出来。零件的定位、夹紧方式及夹具的选择参照 4.2.2 节,常用铣床夹具见 3.3.1 节。

6.2.3　加工顺序和进给路线的确定

1. 加工顺序的安排

在确定了某个工序的加工内容后,要进行详细的工步设计,即安排这些工序内容的加工顺序,同时考虑程序编制时刀具运动轨迹的设计。一般将一个工步编制为一个加工程序,因此,工步顺序实际上也就是加工程序的执行顺序。

一般数控铣削采用工序集中的方式,这时工步的顺序就是工序分散时的工序顺序,可以按一般切削加工顺序安排的原则进行。通常按照从简单到复杂的原则,先加工平面、沟槽、孔,再加工内腔、外形,最后加工曲面,先加工精度要求低的表面,再加工精度要求高的部位等。可以参照前面 4.2.2 节中的原则进行。在安排数控铣削加工工序的顺序时还应注意以下问题:

(1) 上道工序的加工不能影响下道工序的定位与夹紧,中间穿插有通用机床加工工序的也要综合考虑。

（2）一般先进行内形内腔加工工序，后进行外形加工工序。

（3）以相同定位、夹紧方式或同一把刀具加工的工序，最好连续进行，以减少重复定位次数与换刀次数。

（4）在同一次安装中进行的多道工序，应先安排对工件刚性破坏较小的工序。

总之，顺序的安排应根据零件的结构和毛坯状况，以及定位安装与夹紧的需要综合考虑。

2. 进给路线的确定

合理地选择进给路线不但可以提高切削效率，还可以提高零件的表面精度，在确定进给路线时，首先应遵循 4.2.2 节中所要求的原则。对于数控铣床，还应重点考虑几个方面：能保证零件的加工精度和表面粗糙度的要求；使走刀路线最短，既可简化程序段，又可减少刀具空行程时间，提高加工效率；应使数值计算简单，程序段数量少，以减少编程工作量。

（1）铣削平面类零件的进给路线

铣削平面类零件外轮廓时，一般采用立铣刀侧刃进行切削。为减少接刀痕迹，保证零件表面质量，对刀具的切入和切出程序需要精心设计。

铣削外表面轮廓时，如图 6-8 所示，铣刀的切入和切出点应沿零件轮廓曲线的延长线上切入和切出零件表面，而不应沿法向直接切入零件，以避免加工表面产生划痕，保证零件轮廓光滑。

铣削封闭的内轮廓表面时，若内轮廓曲线允许外延，则应沿切线方向切入切出。若内轮廓曲线不允许外延（如图 6-9 所示），则刀具只能沿内轮廓曲线的法向切入切出，并将其切入、切出点选在零件轮廓两几何元素的交点处。当内部几何元素相切无交点时（如图 6-10 所示），为防止刀补取消时在轮廓拐角处留下凹口（如图 6-10(a) 所示），刀具切入切出点应远离拐角（如图 6-10(b) 所示）。

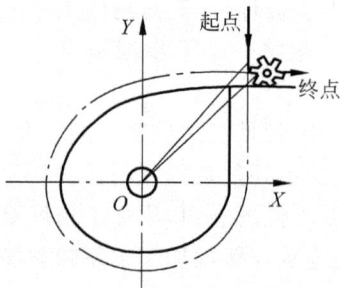

图 6-8　刀具切入和切出时的外延

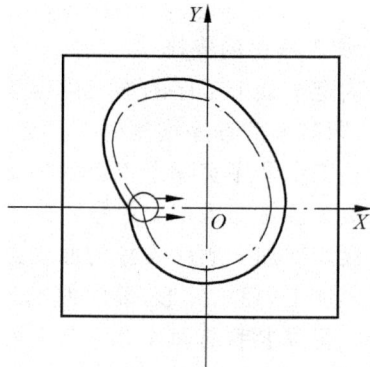

图 6-9　内轮廓加工刀具的切入和切出

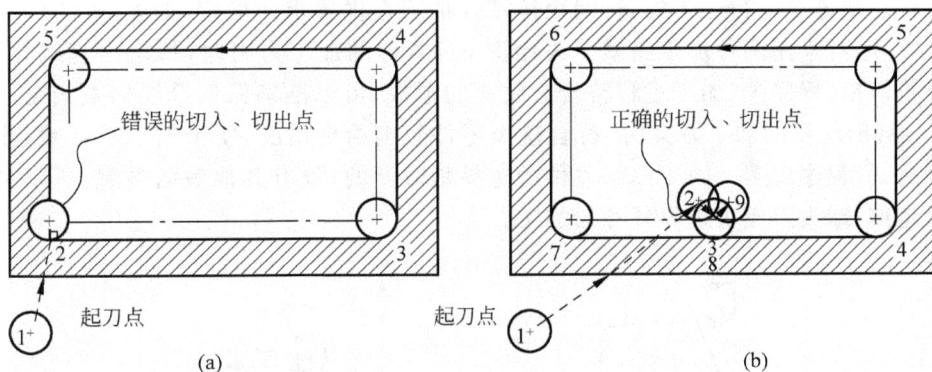

图 6-10　无交点内轮廓加工刀具的切入和切出

图 6-11 所示为圆弧插补方式铣削外整圆时的走刀路线。当整圆加工完毕时,不要在切点 2 处退刀,而应让刀具沿切线方向多行进一段距离,以免取消刀补时,刀具与工件表面相碰,造成工件报废。铣削内圆弧时也要遵循从切向切入的原则,最好安排从圆弧过渡到圆弧的加工路线(如图 6-12 所示),这样可以提高内孔表面的加工精度和加工质量。

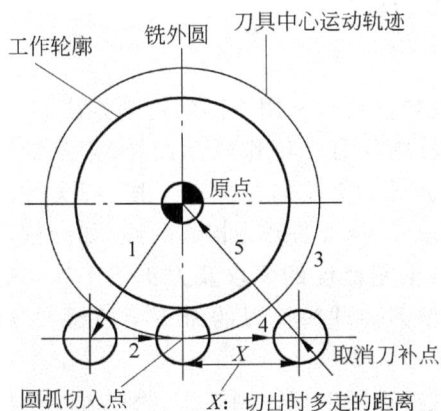

图 6-11　外圆铣削

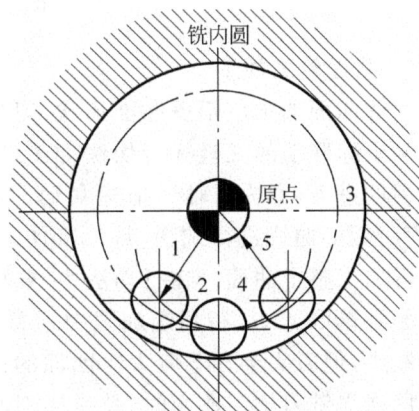

图 6-12　内圆铣削

(2) 铣削曲面类零件的加工路线

在机械加工中,常会遇到各种曲面类零件,如模具、叶片螺旋桨等。由于这类零件形面复杂,需用多坐标联动加工,因此多采用数控铣床、数控加工中心进行加工。

① 直纹面加工

对于边界敞开的直纹曲面,加工时常采用球头刀进行,"行切法"加工,即刀具与零件轮廓的切点轨迹是一行一行的,行间距按零件加工精度要求而确定,如图 6-13 所示的发动机大叶片,可采用两种加工路线。采用图 6-13(a)的加工方案时,每次沿直线加工,刀位点计算简单,程序少,加工过程符合直纹面的形成,可以准确保证母线的直线度。当采用图 6-13(b)所示的加工方案时,符合这类零件数据给出情况,便于加工后检验,叶形的准确度高,但程序较多。由于曲面零件的边界是敞开的,没有其他表面限制,所以曲面边界可以延伸,球头刀应由边界外开始加工。

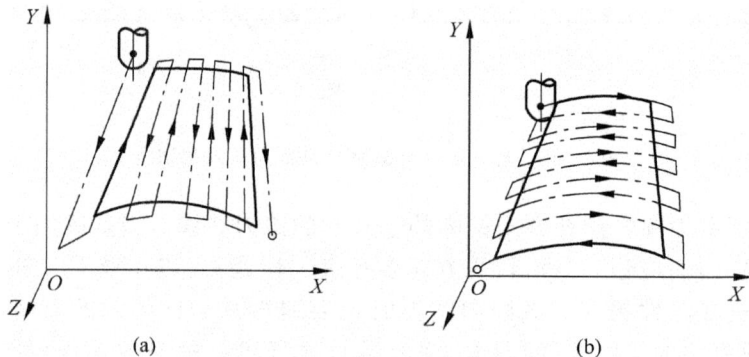

图 6-13 直纹曲面的加工路线
(a)沿直线进给;(b)沿曲线进给

② 曲面轮廓加工

立体曲面加工应根据曲面形状、刀具形状以及精度要求采用不同的铣削方法。

两坐标联动的三坐标行切法加工 X、Y、Z 三轴中任意二轴作联动插补,第三轴做单独的周期进刀,称为二轴半坐标联动。如图 6-14 所示,将 X 向分成若干段,圆头铣刀沿 YZ 面所截的曲线进行铣削,每一段加工完成进给 ΔX,再加工另一相邻曲线,如此依次切削即可加工整个曲面。在行切法中,要根据轮廓表面粗糙度的要求及刀头不干涉相邻表面的原则选取 ΔX。行切法加工中通常采用球头铣刀。球头铣刀的刀头半径越大,越有利于散热,但刀头半径不应大于曲面的最小曲率半径。

用球头铣刀加工曲面时,总是用刀心轨迹的数据进行编程。图 6-15 为二轴半坐标加工的刀心轨迹与切削点轨迹示意图。$ABCD$ 为被加工曲面,P_{YZ} 平面为平行于 YZ 坐标平面的一个行切面,其刀心轨迹 O_1O_2 为曲面 $ABCD$ 的等距面 $IJKL$ 与平面 P_{YZ} 的交线,显然 O_1O_2 是一条平面曲线。在此情况下,曲面的曲率变化会导致球头刀与曲面切削点的位置改变,因此切削点的连线 ab 是一条空间曲线,从而在曲面上形成扭曲的残留沟纹。

由于二轴半坐标加工的刀心轨迹为平面曲线,故编程计算比较简单,数控逻辑装置并不复杂,常在曲率变化不大及精度要求不高的粗加工中使用。

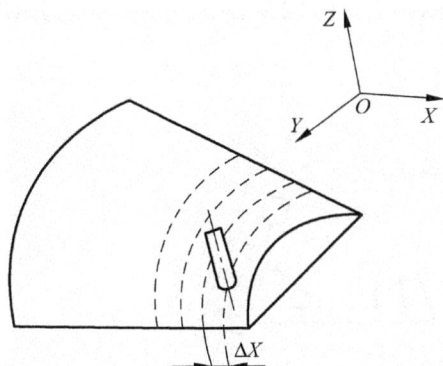

图 6-14 曲面行切法

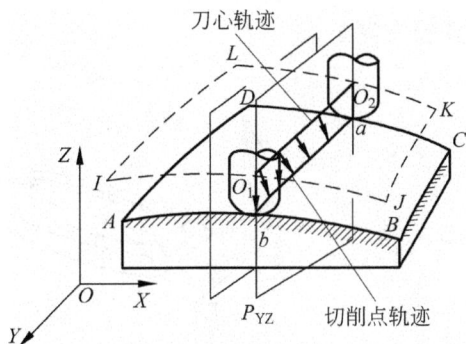

图 6-15 二轴半坐标加工

三坐标联动加工中，X、Y、Z 三轴可同时插补联动。用三坐标联动加工曲面时，通常也用行切方法。如图 6-16 所示，P_{YZ} 平面为平行于 YZ 坐标平面的一个行切面，它与曲面的交线为 ab，若要求 ab 为一条平面曲线，则应使球头刀与曲面的切削点总是处于平面曲线 ab 上（即沿 ab 切削），以获得规则的残留沟纹。显然，这时的刀心轨迹 O_1O_2 不在 P_{YZ} 平面上，而是一条空间曲面（实际是空间折线），因此需要 X、Y、Z 三轴联动。

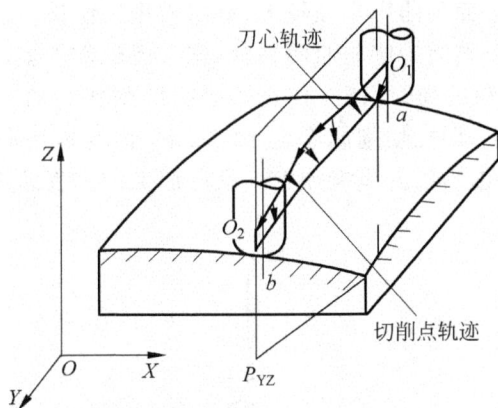

图 6-16 三坐标加工

三轴联动加工常用于复杂空间曲面的精确加工（如精密锻模），但编程计算较为复杂，所用机床的数控装置还必须具备三轴联动功能。

四坐标加工如图 6-17 所示的四轴半坐标加工，就是四坐标加工的一种。该工件侧面为直纹扭曲面。若在三坐标联动的机床上用圆头铣刀按行切法加工时，不但生产效率低，而且表面粗糙度大。为此，采用圆柱铣刀周边切削，并用四坐标铣床加工。即除三个直角坐标运动外，为保证刀具与工件形面在全长上始终贴合，刀具还应绕 O_1（或

O_2)作摆角运动。由于摆角运动导致直角坐标(图中 Y 轴)需做附加运动,所以其编程计算较为复杂。

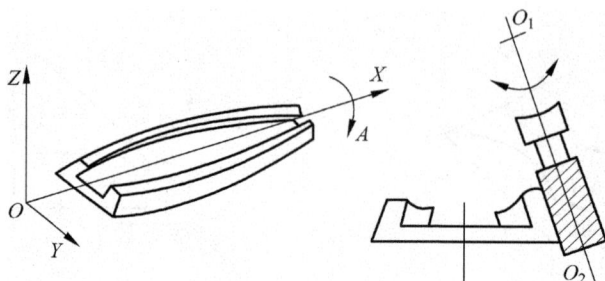

图 6-17　四轴半坐标加工

　　五坐标加工。螺旋桨是五坐标加工的典型零件之一,其叶片的形状和加工原理如图 6-18 所示。在半径为 R_1 的圆柱面上与叶面的交线 AB 为螺旋线的一部分,螺旋升角为 ψ_i,叶片的径向叶形线(轴向割线)EF 的倾角 α 为后倾角。螺旋线 AB 用极坐标加工方法,并且以折线段逼近。逼近段 mn 是由 C 坐标旋转 $\Delta\theta$ 与 Z 坐标位移 ΔZ 的合成。当 AB 加工完成后,刀具径向位移 ΔX(改变 R_1),再加工相邻的另一条叶形线,依次加工即可形成整个叶面。由于叶面的曲率半径较大,所以常采用面铣刀加工,以提高生产率并简化程序。因此为保证铣刀端面始终与曲面贴合,铣刀还应作由坐标 A 和坐标 B 形成的 θ_1 和 α_1 的摆角运动。在摆角的同时,还应作直角坐标的附加运动,以保证铣刀端面始终位于编程值所规定的位置上,即在切削成形点,铣刀端平面与被切曲面相切,铣刀轴心线与曲面该点的法线一致,所以需要五坐标加工。这种加工的编程计算相当复杂,一般采用自动编程。

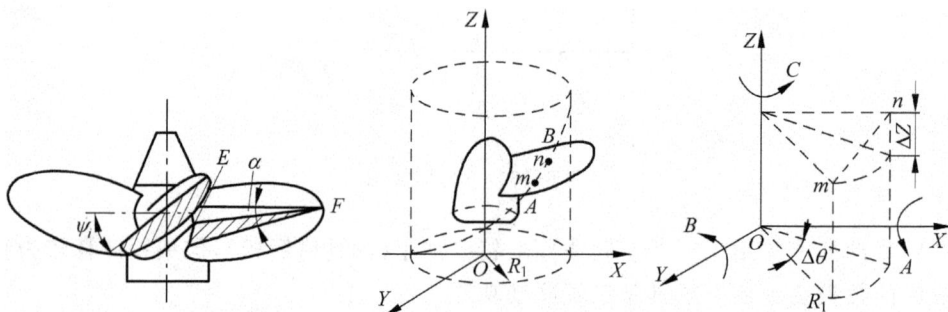

图 6-18　螺旋桨是五坐标加工

6.2.4　数控铣削刀具

1. 数控铣削刀具的基本要求

（1）铣刀刚性要好

铣刀的刚性一是为提高生产效率而采用大切削用量的需要；二是为适应数控铣床加工过程中难以调整切削用量的特点。例如，当工件各处的加工余量相差悬殊时，通用铣床遇到这种情况很容易采取分层铣削方法加以解决，而数控铣削就必须按程序规定的走刀路线前进，遇到余量大时无法像通用铣床那样"随机应变"，除非在编程时能够预先考虑到，否则铣刀必须返回原点，用改变切削面高度或加大刀具半径补偿值的方法从头开始加工，多次走刀。但这样势必造成余量少的地方经常走空刀，降低了生产效率。刀具刚性较好就不必如此。再者，在通用铣床上加工时，若遇到刚性不强的刀具，也比较容易从振动、手感等方面及时发现并及时调整切削用量加以弥补，而数控铣削时则很难办到。在数控铣削中，因铣刀刚性较差而断刀并造成工件损伤的事例是常有的，所以解决数控铣刀的刚性问题是至关重要的。

（2）铣刀的寿命要长

当一把铣刀加工的内容很多时，如刀具不耐用而磨损较快，就会影响工件的表面质量与加工精度，而且会增加换刀引起的调刀与对刀次数，也会使工作表面留下因对刀误差而形成的接刀台阶，降低了工件的表面质量。

除上述两点之外，铣刀切削刃的几何角度参数的选择及排屑性能等也非常重要，在数控铣削中是十分忌讳切屑粘刀形成积屑瘤。总之，根据被加工工件材料的热处理状态、切削性能及加工余量，选择刚性好，寿命长的铣刀，是充分发挥数控铣床的生产效率和获得满意的加工质量的前提。

2. 数控铣刀的选择

数控铣床上所采用的刀具要根据被加工零件的材料、几何形状、表面质量要求、热处理状态、切削性能及加工余量等，选择刚性好、寿命长的刀具。应用于数控铣削加工的刀具主要有平底立铣刀、面铣刀、球头刀、环形刀、鼓形刀和锥形刀等。常用刀具如图 6-19 所示。

（1）铣刀类型选择

被加工零件的几何形状是选择刀具类型的主要依据。

① 加工曲面类零件时，为了保证刀具切削刃与加工轮廓在切削点相切，而避免刀刃与工件轮廓发生干涉，一般采用球头刀，粗加工用两刃铣刀，半精加工和精加工用

图 6-19　常用刀具

四刃铣刀,刀刃数还与铣刀直径有关,如图 6-20 所示。

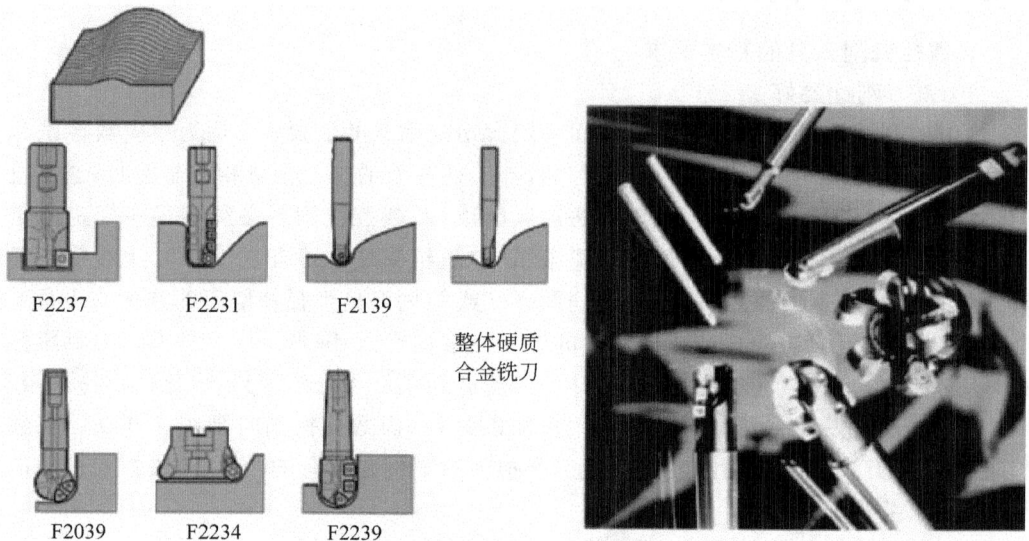

F2237 F2231 F2139

整体硬质
合金铣刀

F2039 F2234 F2239

图 6-20 加工曲面类铣刀

② 铣较大平面时,为了提高生产效率和降低工件表面粗糙度,一般采用刀片镶嵌式盘形面铣刀,如图 6-21 所示。

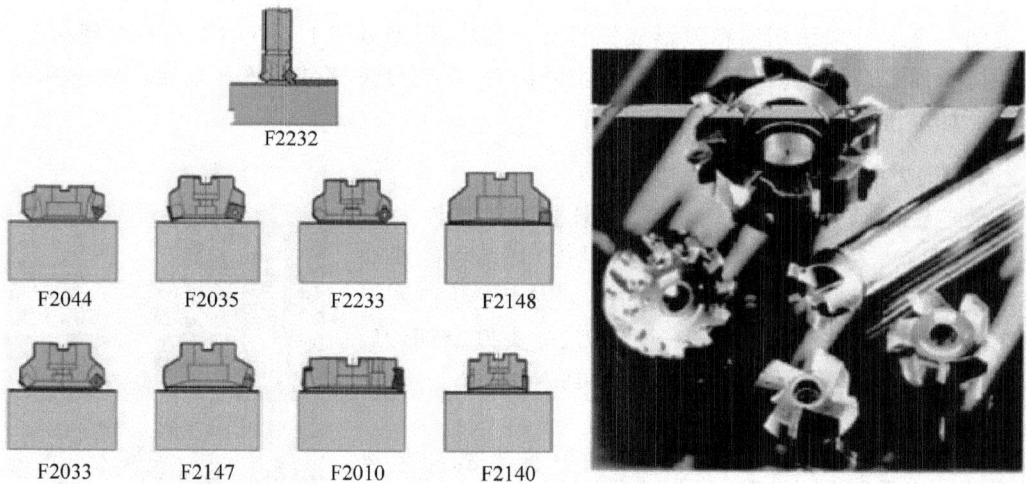

F2232

F2044 F2035 F2233 F2148

F2033 F2147 F2010 F2140

图 6-21 加工大平面铣刀

③ 铣小平面或台阶面时一般采用通用铣刀,如图 6-22 所示。

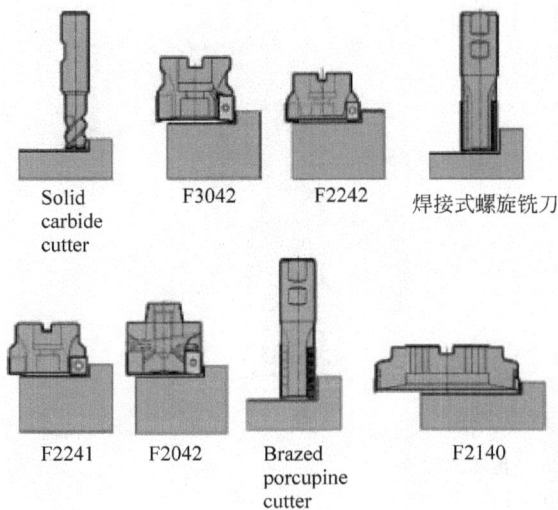

图 6-22　加工台阶面铣刀

④ 铣键槽时,为了保证槽的尺寸精度、一般用两刃键槽铣刀,如图 6-23 所示。

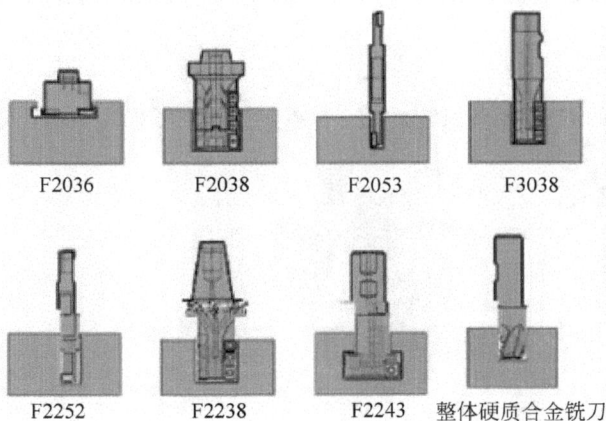

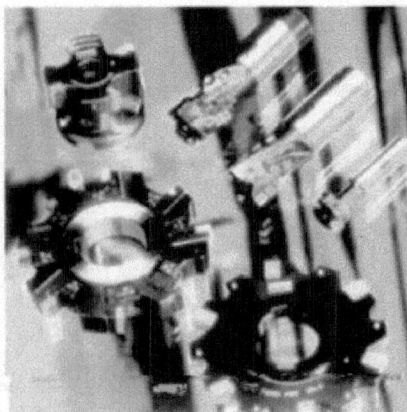

图 6-23　加工槽类铣刀

⑤ 孔加工时,可采用钻头、镗刀等孔加工刀具,如图 6-24 所示。

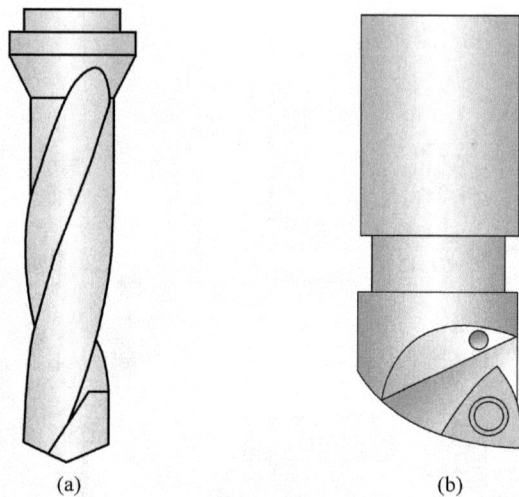

图 6-24 孔加工刀具

（a）钻头；（b）镗刀

（2）铣刀结构选择

铣刀一般由刀片、定位元件、夹紧元件和刀体组成。由于刀片在刀体上有多种定位与夹紧方式，刀片定位元件的结构又有不同类型，因此铣刀的结构形式有多种，分类方法也较多。选用时，主要可根据刀片排列方式。刀片排列方式可分为平装结构和立装结构两大类。

① 平装结构（刀片径向排列）

平装结构铣刀（如图 6-25 所示）的刀体结构工艺性好，容易加工，并可采用无孔刀片

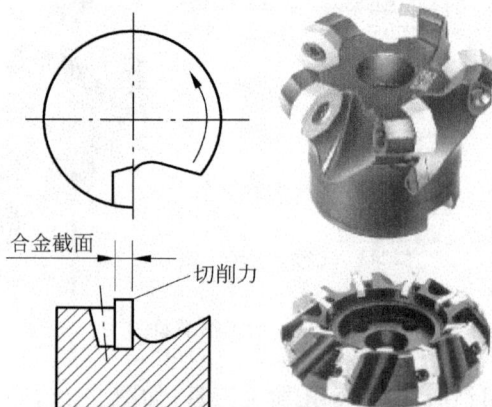

图 6-25 平装结构面铣刀

（刀片价格较低，可重磨）。由于需要夹紧元件，刀片的一部分被覆盖，容屑空间较小，且在切削力方向上的硬质合金截面较小，故平装结构的铣刀一般用于轻型和中量型的铣削加工。

②　立装结构（刀片切向排列）

立装结构铣刀（如图 6-26 所示）的刀片只用一个螺钉固定在刀槽上，结构简单，转位方便。虽然刀具零件较少，但刀体的加工难度较大，一般需用五坐标加工中心进行加工。由于刀片采用切削力夹紧，夹紧力随切削力的增大而增大，因此可省去夹紧元件，增大了容屑空间。由于刀片切向安装，在切削力方向的硬质合金截面较大，因而可进行大切深、大走刀量切削，这种铣刀适用于重型和中量型的铣削加工。

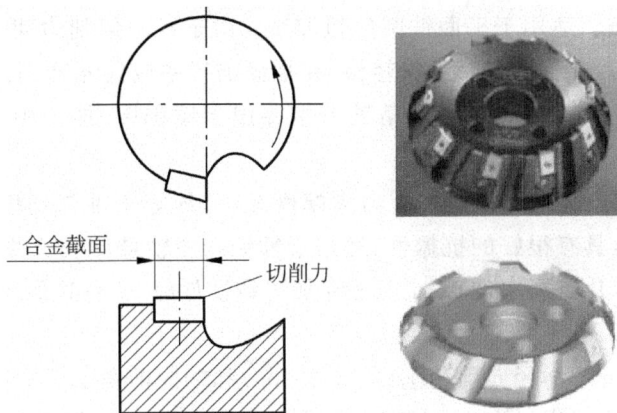

图 6-26　立装结构面铣刀

（3）铣刀角度的选择

铣刀的角度有前角、后角、主偏角、副偏角、刃倾角等。为满足不同的加工需要，有多种角度组合形式。各种角度中最主要的是主偏角和前角（制造厂的产品样本中对刀具的主偏角和前角一般都有明确说明）。

①　主偏角 κ_r

主偏角为切削刃与切削平面的夹角，如图 6-27 所示。铣刀的主偏角有 90°、88°、75°、

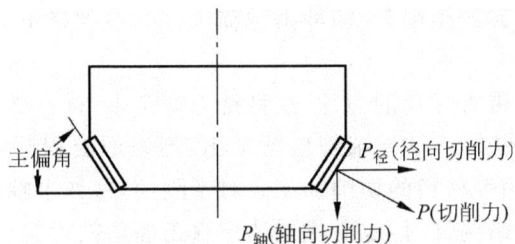

图 6-27　面铣刀的主偏角

70°、60°、45°等多种。

主偏角对径向切削力和切削深度影响很大。径向切削力的大小直接影响切削功率和刀具的抗振性能。铣刀的主偏角越小,其径向切削力越小,抗振性也越好,但切削深度也随之减小。

90°主偏角。在铣削带凸肩的平面时选用,一般不用于单纯的平面加工。该类刀具通用性好(即可加工台阶面,又可加工平面),在单件、小批量加工中选用。由于该类刀具的径向切削力等于切削力,进给抗力大,易振动,因而要求机床具有较大功率和足够的刚性。在加工带凸肩的平面时,也可选用88°主偏角的铣刀,较90°主偏角铣刀,其切削性能有一定改善。

60°~75°主偏角。适用于平面铣削的粗加工。由于径向切削力明显减小(特别是60°时),其抗振性有较大改善,切削平稳、轻快,在平面加工中应优先选用。75°主偏角铣刀为通用型刀具,适用范围较广;60°主偏角铣刀主要用于镗铣床、加工中心上的粗铣和半精铣加工。

45°主偏角。此类铣刀的径向切削力大幅度减小,约等于轴向切削力,切削载荷分布在较长的切削刃上,具有很好的抗振性,适用于镗铣床主轴悬伸较长的加工场合。用该类刀具加工平面时,刀片破损率低,寿命长;在加工铸铁件时,工件边缘不易产生崩刃。

② 前角 γ

铣刀的前角可分解为径向前角 γ_f(图 6-28(a))和轴向前角 γ_p(图 6-28(b)),径向前角 γ_f 主要影响切削功率;轴向前角 γ_p 则影响切屑的形成和轴向力的方向,当 γ_p 为正值时切屑即飞离加工面。

径向前角 γ_f 和轴向前角 γ_p 正负的判别如图 6-28 所示。常用的前角组合形式如下:

双负前角的铣刀通常均采用方形(或长方形)无后角的刀片,刀具切削刃多(一般为8个),且强度高、抗冲击性好,适用于铸钢、铸铁的粗加工。由于切屑收缩比大,需要较大的切削力,因此要求机床具有较大功率和较高刚性。由于轴向前角为负值,切屑不能自动流出,当切削韧性材料时易出现积屑瘤和刀具振动。

凡能采用双负前角刀具加工时,建议优先选用双负前角铣刀,以便充分利用和节省刀片。当采用双正前角铣刀产生崩刃(即冲击载荷大)时,在机床允许的条件下亦应优先选用双负前角铣刀。

双正前角铣刀采用带有后角的刀片,这种铣刀楔角小,具有锋利的切削刃。由于切屑收缩比小,所耗切削功率较小,切屑成螺旋状排出,不易形成积屑瘤。这种铣刀最宜用于软材料和不锈钢、耐热钢等材料的切削加工。对于刚性差(如主轴悬伸较长的镗铣床)、功率小的机床和加工焊接结构件时,也应优先选用双正前角铣刀。

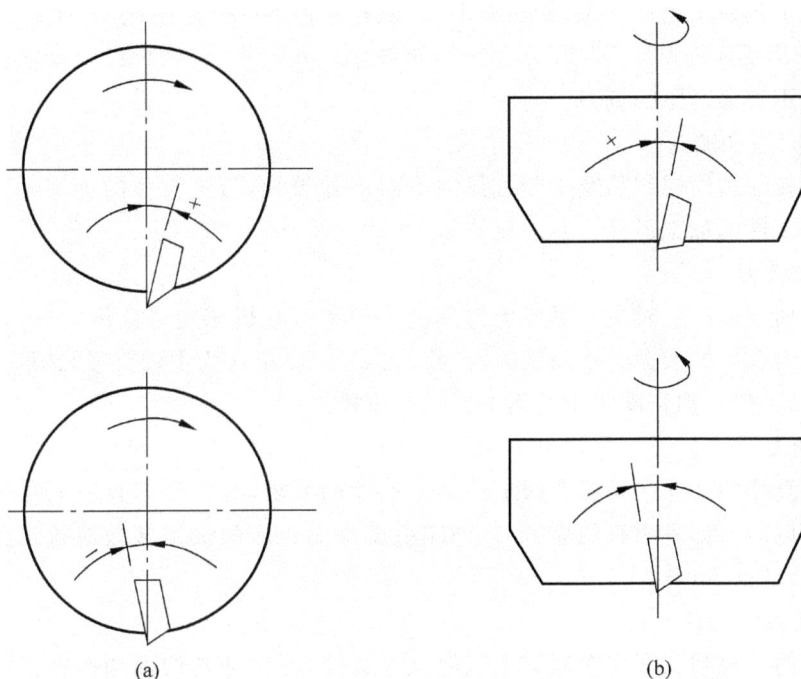

图 6-28　面铣刀的前角

(a) 径向前角 γ_f；(b) 轴向前角 γ_p

正负前角(轴向正前角、径向负前角)这种铣刀综合了双正前角和双负前角铣刀的优点,轴向正前角有利于切屑的形成和排出;径向负前角可提高刀刃强度,改善抗冲击性能。此种铣刀切削平稳,排屑顺利,金属切除率高,适用于大余量铣削加工。WALTER公司的切向布齿重切削铣刀 F2265 就是采用轴向正前角、径向负前角结构的铣刀。

(4) 铣刀的齿数(齿距)选择

铣刀齿数多,可提高生产效率,但受容屑空间、刀齿强度、机床功率及刚性等性能的限制,不同直径的铣刀的齿数均有相应规定。为满足不同用户的需要,同一直径的铣刀一般有粗齿、中齿、密齿三种类型。

粗齿铣刀,适用于普通机床的大余量粗加工和软材料或切削宽度较大的铣削加工;当机床功率较小时,为使切削稳定,也常选用粗齿铣刀。

中齿铣刀,是通用系列,使用范围广泛,具有较高的金属切除率和切削稳定性。

密齿铣刀,主要用于铸铁、铝合金和有色金属的大进给速度切削加工。在专业化生产(如流水线加工)中,为充分利用设备功率和满足生产节奏要求,也常选用密齿铣刀(此时多为专用非标铣刀)。

为防止工艺系统出现共振,使切削平稳,还有一种不等分齿距铣刀。如 WALTER 公司的 NOVEX 系列铣刀均采用了不等分齿距技术。在铸钢、铸铁件的大余量粗加工中建议优先选用不等分齿距的铣刀。

(5) 铣刀直径的选择

铣刀直径的选用视产品及生产批量的不同差异较大,刀具直径的选用主要取决于设备的规格和工件的加工尺寸。

① 平面铣刀

选择平面铣刀直径时主要需考虑刀具所需功率应在机床功率范围之内,也可将机床主轴直径作为选取的依据。平面铣刀直径可按 $D=1.5d$(d 为主轴直径)选取。在批量生产时,也可按工件切削宽度的 1.6 倍选择刀具直径。

② 立铣刀

立铣刀直径的选择主要应考虑工件加工尺寸的要求,并保证刀具所需功率在机床额定功率范围以内。如是小直径立铣刀,则应主要考虑机床的最高转数能否达到刀具的最低切削速度(60m/min)。

③ 槽铣刀

槽铣刀的直径和宽度应根据加工工件尺寸选择,并保证其切削功率在机床允许的功率范围之内。

(6) 铣刀的最大背吃刀量

不同系列的可转位面铣刀有不同的最大背吃刀量。最大背吃刀量越大的刀具所用刀片的尺寸越大,价格也越高,因此从节约费用、降低成本的角度考虑,选择刀具时一般应按加工的最大余量和刀具的最大背吃刀量选择合适的规格。当然,还需要考虑机床的额定功率和刚性应能满足刀具使用最大背吃刀量时的需要。

(7) 刀片牌号的选择

合理选择刀片硬质合金牌号的主要依据是被加工材料的性能和硬质合金的性能。一般选用铣刀时,可按刀具制造厂提供加工的材料及加工条件来配备相应牌号的硬质合金刀片。

由于各厂生产的同类用途硬质合金的成分及性能各不相同,硬质合金牌号的表示方法也不同,为方便用户,国际标准化组织规定,切削加工用硬质合金按其排屑类型和被加工材料分为三大类:P 类、M 类和 K 类。在 1.6.2 节已有详细的叙述。根据被加工材料及适用的加工条件,每大类中又分为若干组,用两位阿拉伯数字表示,每类中数字越大,其耐磨性越低、韧性越高。

上述三类牌号的选择原则见表 6-1。

表 6-1 P、M、K 类合金切削用量的选择

P 类合金	P01	P05	P10	P15	P20	P25	P30	P40	P50
M 类合金	M10	M20	M30	M40					
K 类合金	K01	K10	K20	K30	K40				
进给量					增大 →				
背吃刀量					增大 →				
切削速度			增大 ←						

各厂生产的硬质合金虽然有各自编制的牌号,但都有对应国际标准的分类号,选用十分方便。

6.2.5 切削用量的选择

在数控机床上加工零件时,切削用量都预先编入程序中,在正常加工情况下,人工不许改变。只有在试加工或出现异常情况时,才可通过速率调节旋钮或电手轮调整切削用量。因此程序中选用的切削用量应是最佳的、合理的切削用量。只有这样才能提高数控机床的加工精度、刀具寿命和生产效率,降低加工成本。

影响切削用量的因素如下:

① 机床。切削用量的选择必须在机床主传动功率、进给传动功率以及主轴转速范围、进给速度范围之内。机床—刀具—工件系统的刚性是限制切削用量的重要因素。切削用量的选择应使机床—刀具—工件系统不发生较大的"振颤"。如果机床的热稳定性好,热变形小,可适当加大切削用量。

② 刀具。刀具材料是影响切削用量的重要因素。表 6-2 是常用刀具材料的性能比较。

表 6-2 常用刀具材料的性能比较

刀具材料	切削速度	耐磨性	硬度	硬度随温度变化
高速钢	最低	最差	最低	最大
硬质合金	低	差	低	大
陶瓷刀片	中	中	中	中
金刚石	高	好	高	小

数控机床所用的刀具多采用可转位刀片(机夹刀片)并具有一定的寿命。机夹刀片的材料和形状尺寸必须与程序中的切削速度和进给量相适应并存入刀具参数中去。标准刀

片的参数请参阅有关手册及产品样本。

③ 工件。不同的工件材料要采用与之适应的刀具材料、刀片类型,要注意可切削性。可切削性良好的标志是,在高速切削下有效地形成切屑,同时具有较小的刀具磨损和较好的表面加工质量。较高的切削速度、较小的背吃刀量和进给量,可以获得较好的表面粗糙度。合理的恒切削速度、较小的背吃刀量和进给量可以得到较高的加工精度。

④ 冷却液。冷却液同时具有冷却和润滑作用。带走切削过程产生的切削热,降低工件、刀具、夹具和机床的温升,减少刀具与工件的摩擦和磨损,提高刀具寿命和工件表面加工质量。使用冷却液后,通常可以提高切削量。冷却液必须定期更换,以防因其老化而腐蚀机床导轨或其他零件,特别是水溶性冷却液。

以上讲述了机床、刀具、工件、冷却液对切削用量的影响。切削用量的选择原则参考1.5.2 节和 4.2.2 节的内容,下面主要论述铣削加工的切削用量选择原则。

铣削加工的切削用量包括:切削速度、进给速度、背吃刀量和侧吃刀量。从刀具寿命出发,切削用量的选择方法是:先选择背吃刀量或侧吃刀量,其次选择进给速度,最后确定切削速度。

1. 背吃刀量 a_p 或侧吃刀量 a_e

背吃刀量 a_p 为平行于铣刀轴线测量的切削层尺寸,单位为 mm。端铣时,a_p 为切削层深度;而圆周铣削时,为被加工表面的宽度。侧吃刀量 a_e 为垂直于铣刀轴线测量的切削层尺寸,单位为 mm。端铣时,a_e 为被加工表面宽度;而圆周铣削时,a_e 为切削层深度,如图 6-29 所示。

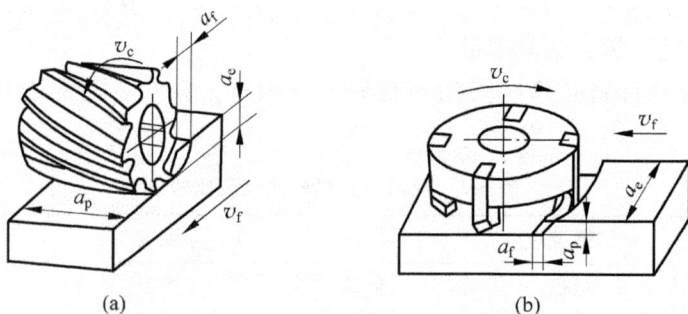

(a)　　　　　　　　　　(b)

图 6-29　铣削加工的切削用量

背吃刀量或侧吃刀量的选取主要由加工余量和对表面质量的要求决定。

① 当工件表面粗糙度值要求为 $R_a = 12.5 \sim 25 \mu m$ 时,如果圆周铣削加工余量小于 5mm,端面铣削加工余量小于 6mm,粗铣一次进给就可以达到要求。但是在余量较大,工艺系统刚性较差或机床动力不足时,可分为两次进给完成。

② 当工件表面粗糙度值要求为 $R_a=3.2\sim12.5\mu m$ 时,应分为粗铣和半精铣两步进行。粗铣时背吃刀量或侧吃刀量选取同前。粗铣后留 0.5~1.0mm 余量,在半精铣时切除。

③ 当工件表面粗糙度值要求为 $R_a=0.8\sim3.2\mu m$ 时,应分为粗铣、半精铣、精铣三步进行。半精铣时背吃刀量或侧吃刀量取 1.5~2mm;精铣时,圆周铣侧吃刀量取 0.3~0.5mm,面铣刀背吃刀量取 0.5~1mm。

2. 进给量 f 与进给速度 v_f 的选择

铣削加工的进给量 f(mm/r)是指刀具转一周,工件与刀具沿进给运动方向的相对位移量;进给速度 v_f(mm/min)是单位时间内工件与铣刀沿进给方向的相对位移量。进给速度与进给量的关系为 $v_f=nf$(n 为铣刀转速,单位 r/min)。进给量与进给速度是数控铣床加工切削用量中的重要参数,根据零件的表面粗糙度、加工精度要求、刀具及工件材料等因素,参考切削用量手册选取或通过选取每齿进给量 f_z,再根据公式 $f=Zf_z$(Z 为铣刀齿数)计算。

每齿进给量 f_z 的选取主要依据工件材料的力学性能、刀具材料、工件表面粗糙度等因素。工件材料强度和硬度越高,f_z 越小;反之则越大。硬质合金铣刀的每齿进给量高于同类高速钢铣刀。工件表面粗糙度要求越高,f_z 就越小。每齿进给量的确定可参考表 6-3 选取。工件刚性差或刀具强度低时,应取较小值。

表 6-3　铣刀每齿进给量参考值　　　　　　　　　　　　　　　mm

刀具材料 工件材料	粗　　铣		精　　铣	
	高速钢铣刀	硬质合金铣刀	高速钢铣刀	硬质合金铣刀
钢	0.10~0.15	0.10~0.25	0.02~0.05	0.10~0.15
铸铁	0.12~0.20	0.15~0.30		

3. 切削速度 v_c

铣削的切削速度 v_c 与刀具的寿命、每齿进给量、背吃刀量、侧吃刀量以及铣刀齿数成反比,而与铣刀直径成正比。其原因是当 f_z、a_p、a_e 和 Z 增大时,刀刃负荷增加,而且同时工作的齿数也增多,使切削热增加,刀具磨损加快,从而限制了切削速度的提高。为提高刀具寿命允许使用较低的切削速度。但是加大铣刀直径则可改善散热条件,可以提高切削速度。

铣削加工的切削速度 v_c 可参考表 6-4 选取,也可参考有关切削用量手册中的经验公式通过计算选取。

表 6-4　铣削加工的切削速度参考值

工件材料	硬度/HBS	$v_c/\text{m}\cdot\text{min}^{-1}$	
		高速钢铣刀	硬质合金铣刀
钢	<225	18～42	66～150
	225～325	12～36	54～120
	325～425	6～21	36～75
铸铁	<190	21～36	66～150
	190～260	9～18	45～90
	260～320	4.5～10	21～30

6.2.6　数控铣削加工中的对刀

对刀点和换刀点的选择主要根据加工操作的实际情况,考虑如何在保证加工精度的同时,使操作简便。

1. 对刀点的选择

在加工时,工件在机床加工尺寸范围内的安装位置是任意的,要正确执行加工程序,必须确定工件在机床坐标系中的确切位置。对刀点是工件在机床上定位装夹后,设置在工件坐标系中,用于确定工件坐标系与机床坐标系空间位置关系的参考点。在工艺设计和程序编制时,应以操作简单、对刀误差小为原则,合理设置对刀点。

对刀点可以设置在工件上,也可以设置在夹具上,但都必须在编程坐标系中有确定的位置,如图 6-30 中的 x_1 和 y_1。对刀点既可以与编程原点重合,也可以不重合,这主要取决于加工精度和对刀的方便性。当对刀点与编程原点重合时,$x_1=0$,$y_1=0$。

为了保证零件的加工精度要求,对刀点应尽可能选在零件的设计基准或工艺基准上。

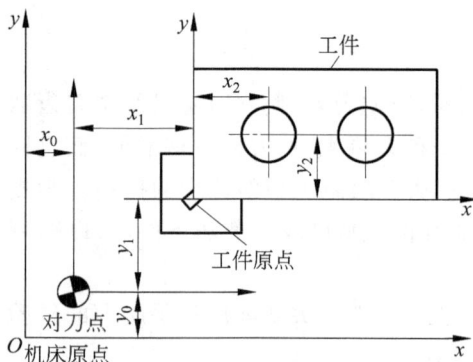

如以零件上孔的中心点或两条相互垂直的轮廓边的交点作为对刀点较为合适,但应根据加工精度对这些孔或轮廓面提出相应的精度要求,并在对刀之前准备好。有时零件上没有合适的部位,也可以加工出工艺孔用来对刀。

确定对刀点在机床坐标系中位置的操作称为对刀。对刀的准确程度将直接影响零件加工的位置精度,因此,对刀是数控机床操作中的一项重要且关键的工作。对刀操作一定要仔细,对刀方法一定要与零件的加工精度

图 6-30　对刀点的选择

要求相适应,生产中常使用百分表、中心规及寻边器等工具。寻边器如图 6-31 所示。

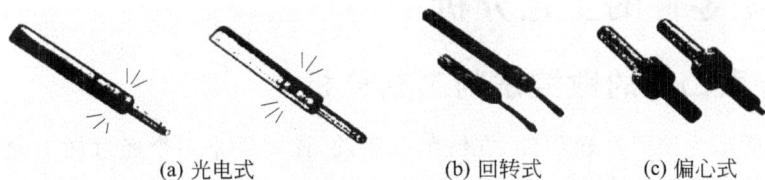

(a) 光电式　　　(b) 回转式　　　(c) 偏心式

图 6-31　寻边器

无论采用哪种工具,都是使数控铣床主轴中心与对刀点重合,利用机床的坐标显示确定对刀点在机床坐标系中的位置,从而确定工件坐标系在机床坐标系中的位置。简单地说,对刀就是告诉机床工件装夹在机床工作台的什么地方。

2. 对刀方法

对刀方法如图 6-32 所示,对刀点与工件坐标系原点如果不重合(在确定编程坐标系时,最好考虑到使得对刀点与工件坐标系重合),在设置机床零点偏置时($G54$ 对应的值),应当考虑到二者的差值。

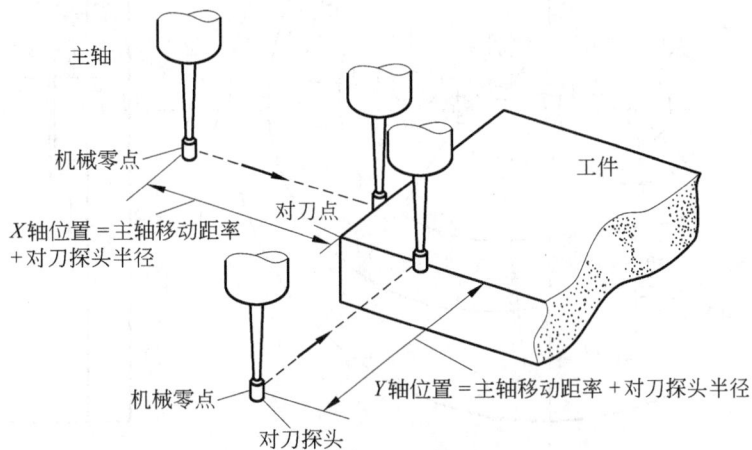

图 6-32　对刀方法

3. 换刀点的选择

数控铣床:由于数控铣床采用手动换刀,换刀时操作人员的主动性较高,换刀点只要设在零件外面,不发生换刀阻碍即可。

加工中心:由于加工中心采用自动换刀,换刀点应根据机床的加工空间大小、工件大小及在工作台上的装夹位置、被更换刀具的尺寸以及换刀动作的最大空间范围等进行合理选择。原则上是避免相关部件在换刀时产生干涉,同时使刀具在换刀前后运动的空行程最小。

6.3 典型零件的工艺分析

6.3.1 平面凸轮的数控铣削工艺分析

图 6-33 所示为槽形凸轮零件,在铣削加工前,该零件是一个经过加工的圆盘,圆盘直径为 $\phi280\text{mm}$,带有两个基准孔 $\phi35\text{mm}$ 及 $\phi12\text{mm}$。$\phi35\text{mm}$ 及 $\phi12\text{mm}$ 两个定位孔,X 面已在前面加工完毕,本工序是在铣床上加工槽。该零件的材料为 HT200,试分析其数控铣削加工工艺。

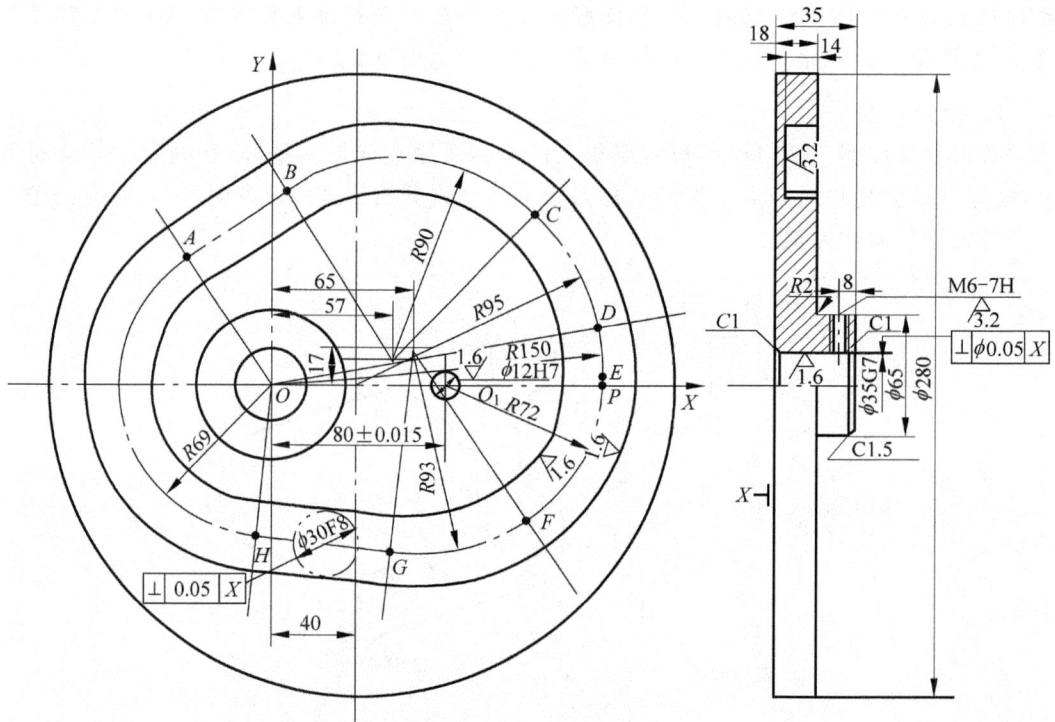

图 6-33　槽形凸轮零件

1. 零件图工艺分析

该零件凸轮轮廓由 HA、BC、DE、FG 和直线 AB、HG 以及过渡圆弧 CD、EF 所组成。组成轮廓的各几何元素关系清楚,条件充分,所需要基点坐标容易求得。凸轮内外轮廓面对 X 面有垂直度要求。材料为铸铁,切削工艺性较好。

根据分析,采取以下工艺措施:

凸轮内外轮廓面对 X 面有垂直度要求,只要提高装夹精度,使 X 面与铣刀轴线垂直,即可保证。

2. 选择设备

加工平面凸轮的数控铣削,一般采用两轴以上联动的数控铣床,因此首先要考虑的是零件的外形尺寸和重量,使其在机床的允许范围内。其次考虑数控机床的精度是否能满足凸轮的设计要求。第三,凸轮的最大圆弧半径应在数控系统允许的范围内。根据以上三条即可确定所要使用的数控机床为两轴以上联动的数控铣床。

3. 确定零件的定位基准和装夹方式

① 定位基准。采用"一面两孔"定位,即用圆盘 X 面和两个基准孔作为定位基准。

② 根据工件特点,用一块 320mm × 320mm × 40mm 的垫块,在垫块上分别精镗 ϕ35mm 及 ϕ12mm 两个定位孔(要配定位销),垫块平面度为 0.05mm,该零件在加工前,先固定夹具的平面,使两定位销孔的中心连线与机床 X 轴平行,夹具平面要保证与工作台面平行,并用百分表检查,如图 6-34 所示。

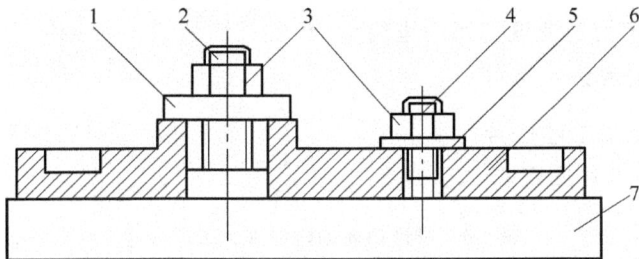

图 6-34　凸轮加工装夹示意图

1—开口垫圈　2—带螺纹圆柱销　3—压紧螺母　4—带螺纹削边销　5—垫圈　6—工件　7—垫块

4. 确定加工顺序及走刀路线

整个零件的加工顺序的拟订按照基面先行、先粗后精的原则确定。因此,应先加工用作定位基准的 ϕ35mm 及 ϕ12mm 两个定位孔、X 面,然后再加工凸轮槽内外轮廓表面。由于该零件的 ϕ35mm 及 ϕ12mm 两个定位孔、X 面已在前面工序加工完毕,在这里只分析加工槽的走刀路线,走刀路线包括平面内进给走刀和深度,进给走刀两部分路线。平面内的进给走刀,对外轮廓是从切线方向切入;对内轮廓是从过渡圆弧切入。在数控铣床上加工时,对铣削平面槽形凸轮,深度进给有两种方法:一种是在 XZ(或 YZ)平面内来回铣削逐渐进刀到既定深度;另一种是先打一个工艺孔,然后从工艺孔进刀至既定深度。

进刀点选在 P(150,0)点,刀具往返铣削,逐渐加深铣削深度,当达到要求深度后,刀具在 XY 平面内运动,铣削凸轮轮廓。为了保证凸轮的轮廓表面有较高的表面质量,采用顺铣方式,即从 P 点开始,对外轮廓按顺时针方向铣削,对内轮廓按逆时针方向铣削。

5. 刀具的选择

根据零件结构特点,铣削凸轮槽内、外轮廓(即凸轮槽两侧面)时,铣刀直径受槽宽限制,同时考虑铸铁属于一般材料,加工性能较好,选用 $\phi18$mm 硬质合金立铣刀,见表 6-5。

表 6-5　数控加工刀具卡片

产品名称或代号		×××		零件名称	槽形凸轮	零件图号	×××
序号	刀具号	刀具规格名称/mm	数量		加工表面		备注
1	T01	$\phi18$ 硬质合金立铣刀	1		粗铣凸轮槽内外轮廓		
2	T02	$\phi18$ 硬质合金立铣刀	1		精铣凸轮槽内外轮廓		
编制		×××	审核	×××	批准	×××	共 页 第 页

6. 切削用量的选择

凸轮槽内、外轮廓精加工时留 0.2mm 铣削量,确定主轴转速与进给速度时,先查阅切削用量手册,确定切削速度与每齿进给量,然后利用公式 $v_c = \pi d n/1000$ 计算主轴转速 n,利用 $v_f = nZf_z$ 计算进给速度。

7. 填写数控加工工序卡片

数控加工工序卡片见表 6-6。

表 6-6　槽形凸轮的数控加工工序卡片

单位名称		×××	产品名称或代号		零件名称		零件图号	
			×××		槽形凸轮		×××	
工序号		程序编号	夹具名称		使用设备		车间	
×××		×××	螺旋压板		XK5025		数控中心	
工步号	工步内容		刀具号	刀具规格/mm	主轴转速/r·min⁻¹	进给速度/mm·min⁻¹	背吃刀量/mm	备注
1	来回铣削,逐渐加深铣削深度		T01	$\phi18$	800	60		分两层铣削
2	粗铣凸轮槽内轮廓		T01	$\phi18$	700	60		
3	粗铣凸轮槽外轮廓		T01	$\phi18$	700	60		
4	精铣凸轮槽内轮廓		T02	$\phi18$	1000	100		
5	精铣凸轮槽外轮廓		T02	$\phi18$	1000	100		
编制	×××	审核	×××	批准	×××	年 月 日	共 页	第 页

6.3.2　异形件的数控铣削工艺分析

　　图 6-35 为某机床变速箱体中操纵机构上的拨动杆,用作把转动变为拨动,实现操纵机构的变速功能。材料为 HT200,该零件的生产类型为中批量生产。分析其数控加工工艺。

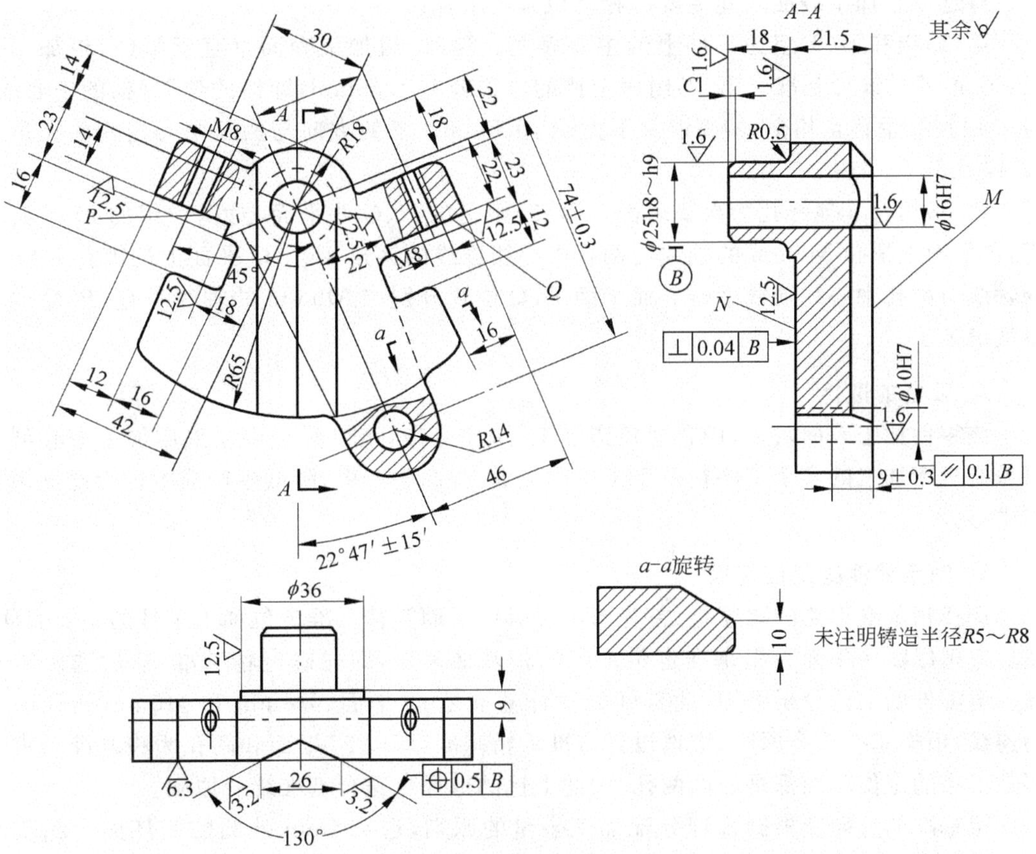

图 6-35　拨动杆零件简图

1. 零件图工艺分析

　　先对拨动杆零件进行精度分析。对于形状和尺寸较复杂(包括形状公差、位置公差)的零件,一般采用化整体为部分的分析方法,即把一个零件看作由若干组表面及相应的若干组尺寸组成。然后分别分析每组表面的结构及其尺寸、精度要求,最后再分析这几组表面之间的位置关系。由零件图样可以看出,该零件上有三组加工表面,这三组加工表面之间有相互位置要求,三组加工表面中每组的技术要求是:

(1) 以尺寸 $\phi16H7$ 为主的加工表面,包括 $\phi25h8$ 外圆、端面以及与之相距 $74mm\pm0.3mm$ 的孔 $\phi10H7$。其中 $\phi16H7$ 孔中心与 $\phi10H7$ 孔中心的连线,是确定其他各表面方位的设计基准,以下简称为两孔中心连线。

(2) 表面粗糙度 $R_a6.3\mu m$ 平面 M,以及平面 M 上的角度为 $130°$ 槽。

(3) P、Q 两平面,及相应的 $2\times M8mm$ 螺纹孔。

对这三组加工表面之间主要的相互位置要求是:

第(1)组和第(2)组为零件上的主要表面。第(1)组加工表面垂直于第(2)组加工表面,平面 M 是设计基准。第(2)组面上槽的位置公差 $\phi0.5mm$,即槽的位置(槽的中心线)与 B 面轴线垂直且相交,偏离误差不大于 $\phi0.5mm$。槽的方向与两孔中心连线的夹角为 $22°47'\pm15'$。

第(3)组及其他螺孔为次要表面。第(3)组上的 P、Q 两平面与第(1)组的 M 平面垂直,P 平面上螺孔 $M8mm$ 的轴线与两孔中心线连线的夹角 $45°$。Q 平面上的螺孔 $M8mm$ 的轴线与两孔中心线连线平行。而平面 P、Q 位置分别与 $M8mm$ 的轴线垂直,P、Q 位置也就确定了。

2. 设备的选择

该零件加工表面较多,用普通机床加工,工序分散,工序数目多。采用加工中心可以将普通机床加工的多个工序在一个工序中完成,提高生产率,降低生产成本。因此选用加工中心。

3. 确定零件的定位基准

选择精基准思路的顺序是,首先考虑以哪一平面为精基准定位加工工件的主要表面,然后考虑以哪一平面为粗基准定位加工出精基准表面,即先确定精基准,然后选出粗基准。由零件的工艺分析可知,此零件的设计基准是 M 平面、$\phi16mm$ 和 $\phi10mm$ 两孔中心的连线,根据基准重合原则,应选设计基准为精基准,即以 M 平面和两孔为精基准。由于多数工序的定位基准都是一面两孔,因此上述的选择也符合基准统一原则。

粗基准的选择应根据合理分配加工余量的原则,选 $\phi25mm$ 外圆的毛坯面为粗基准(限制四个自由度),以保证其加工余量均匀;选平面 N 为粗基准(限制一个自由度),以保证其有足够的余量;根据要保证零件上加工表面与不加工表面相互位置的原则,应选 $R14mm$ 圆弧面为粗基准(限制一个自由度),以保证 $\phi10mm$ 孔轴线在 $R14mm$ 圆心上,使 $R14mm$ 处壁厚均匀。

4. 工艺路线的拟定

加工工艺路线安排如下:

(1) 工序 1:以 $\phi25mm$ 外圆(四个自由度)、N 面(一个自由度)、$R14mm$(一个自由度)为粗基准定位,采用立式加工中心加工,工步内容为:铣 M 面;"粗铣—精铣"尺寸为

130°的槽；铣 P、Q 面到尺寸；"钻—扩—铰"加工 $\phi16H7$、$\phi10H7$ 两孔。为消除粗加工(钻孔)所产生的力变形及热变形对精加工的影响,在钻孔后,插入铣 P、Q 面的工步,以使钻孔后的表面有短暂的散热时间,最后安排孔的半精加工(扩孔)、精加工(铰孔)工步,以保证加工精度。

(2) 工序 2：以 M 平面、$\phi16H7$ 和 $\phi10H7$(一面两孔)定位,车 $\phi25mm$ 外圆到尺寸,车 N 平面到尺寸。

(3) 工序 3：以 M 平面、$\phi16H7$ 和 $\phi10H7$(一面两孔)定位,"钻—攻螺纹"加工 $2\times M8mm$ 螺孔。

由以上分析可以看到,只需要三道工序就可以完成零件的加工,工序集中,极大提高了生产率,充分地反映了采用数控加工的优越性、先进性。下面针对工序 1 的数控加工工艺进行分析。工序 2、3 分析省略。

5. 刀具选择

刀具选择见表 6-7。

表 6-7　数控加工刀具卡片

产品名称或代号		×××		零件名称	拨动杆	零件图号	×××
序号	刀具号	刀具规格名称/mm	数量	加工表面(尺寸单位 mm)		刀长/mm	备注
1	T01	面铣刀 $\phi120$	1	铣 M 平面		实测	
2	T02	成形铣刀	1	粗、精铣 130°槽,		实测	
3	T03	中心钻 I34-4	1	钻 $\phi10$、$\phi16$ 中心孔		实测	
4	T04	麻花钻 $\phi15$	1	钻 $\phi16$ 孔至尺寸 $\phi15$		实测	
5	T05	麻花钻 $\phi9$	1	钻 $\phi10$ 孔至尺寸 $\phi9$		实测	
6	T06	立铣刀 $\phi15$	1	铣 P、Q 面到尺寸		实测	
7	T07	扩孔钻 $\phi15.85$	1	扩 $\phi16$ 孔至尺寸 $\phi15.85$		实测	
8	T08	扩孔钻 $\phi9.8$	1	扩 $\phi10$ 孔至尺寸 $\phi9.8$		实测	
9	T09	铰刀 $\phi16H7$	1	铰 $\phi16H7$ 孔成		实测	
10	T10	铰刀 $\phi10H7$	1	铰 $\phi10H7$ 孔成		实测	
编制		×××	审核	×××	批准	×××	共　页　第　页

6. 确定切削用量(略)

7. 数控加工工序卡片拟订

数控加工工序卡片见表 6-8。

表 6-8 拨动杆数控加工工序卡片

单位名称	×××	产品名称或代号		零件名称		零件图号	
		×××		拨动杆		×××	
工序号	程序编号	夹具名称		使用设备		车间	
×××	×××	组合夹具		立式加工中心		数控中心	
工步号	工步内容 (尺寸单位 mm)	刀具号	刀具规格 /mm	主轴转速 /r·min⁻¹	进给速度 /mm·min⁻¹	背吃刀量 /mm	备注
1	铣 M 平面	T01	面铣刀 $\phi120$	600	60	2	
2	粗铣 130°槽,留余量 0.5	T02	成形铣刀	600	60		
3	精铣 130°槽成	T02	成形铣刀	800	50		
4	钻 $\phi16$ 中心孔	T03	中心钻 I34-4	1000	80		
5	钻 $\phi10$ 中心孔	T03	中心钻 I34-4	1000	80		
6	钻 $\phi16$ 孔至尺寸 $\phi15$	T04	麻花钻 $\phi15$	500	60		
7	钻 $\phi10$ 孔至尺寸 $\phi9$	T05	麻花钻 $\phi9$	800	60		
8	铣 P 面到尺寸	T06	立铣刀 $\phi15$	800	60		
9	铣 Q 面到尺寸	T06	立铣刀 $\phi15$	800	60		
10	扩 $\phi16$ 孔至尺寸 $\phi15.85$	T07	扩孔钻 $\phi15.85$	800	60		
11	扩 $\phi10$ 孔至尺寸 $\phi9.8$	T08	扩孔钻 $\phi9.8$	800	60		
12	铰 $\phi16H7$ 孔成	T09	铰刀 $\phi16H7$	100	50		
13	铰 $\phi10H7$ 孔成	T10	铰刀 $\phi10H7$	100	50		
编制	×××	审核 ×××	批准	×××	年 月 日	共 页	第 页

6.3.3 箱体的数控铣削工艺分析

图 6-36 所示为铣床变速箱体图。工件材料为 HT200,中批量生产,其加工工艺分析如下。

1. 工件图工艺分析

该工件由平面、型腔以及孔系组成。工件结构较复杂,尺寸精度要求较高。工件上需要加工的孔较多,虽然绝大部分配合孔的尺寸精度最高仅为 IT7 级,但孔系内各孔之间的相互位置精度要求较高,除一处垂直度允差为 0.03mm 外,其余各处同轴度、平行度允差为 0.02mm。

2. 设备的选择

为确保孔加工精度的实现,提高生产率,本例选择日本一家公司生产的卧式加工中心加工该件。机床配有 MAZATAL CAM-2 数控系统,具有三坐标联动,双工作台自动交

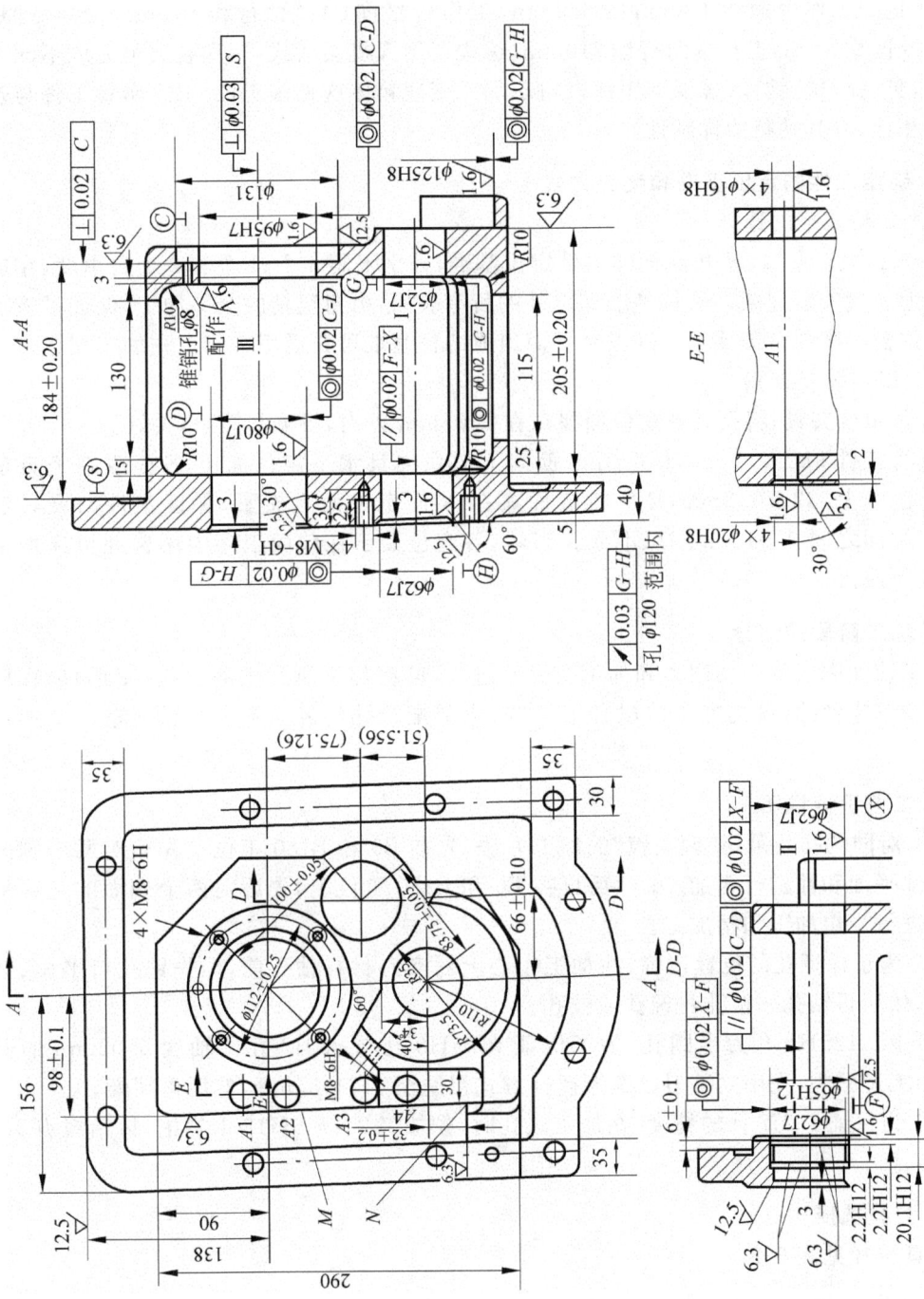

图 6-36　铣床变速箱体

换,由机械手自动换刀,传感器自动测量工件坐标系和自动测量刀具长度等功能。刀库容量为 60 把。工作台面积 630mm×630mm,工作台横向(X 轴)行程 910mm,纵向行程(Z 向)行程 635mm,主轴垂向行程 710mm,编程可用人机会话式,一次装夹可完成不同工位的钻、扩、铰、镗、铣、攻螺纹等工序。对于加工变速箱体这种多工位、工序密集工件与普通机床相比,有其独特的优越性。

3. 确定工件的定位基准和装夹方式

(1) 定位基准的选择

选择工件上的 M、N 和 S 面作为精定位基准,分别限制 3 个、1 个和 2 个自由度,在加工中心上一次安装完成。除精基准面以外的所有表面,由粗至精的全部加工,保证了该工件相互位置精度的全部项目。这三个平面组成的精基准可在通用机床上先加工完成。

(2) 确定装夹方案

- 装组合夹具,将夹具各定位面找正在 0.01mm 以内,将夹具擦净,夹好。
- 将工件 98±0.1mm,$R_a 6.3 \mu m$ 面向下放在夹具水平定位面上,S 面靠在竖直定位面上,32±0.2mm,$R_a 6.3 \mu m$ 面靠在 X 向定位面上夹紧,保证工件与夹具定位面之间 0.01mm 塞尺不入。当然,各定位面已在前面工序中用普通机床加工完成。

4. 加工阶段的划分

为了使切削过程中切削力和加工变形不过大,前次加工所产生的误差(变形)能在后续加工中基本消除,可把加工阶段分细一些,全部配合孔均经过粗—半精—精三个加工阶段。

5. 工艺设计说明

(1) 对同轴孔系采用"调头镗"的加工方法,先在 B0 和 B180 工位上先后对两个侧面上的全部平面和孔进行粗加工;然后再在 B0 和 B180 工位上,先后对两个侧面的全部平面和孔进行半精加工和精加工。

(2) 为了保证孔的位置正确,在加工中心上对实心材料钻孔前,均先锪孔口平面、钻中心孔,然后再钻孔—扩孔—镗孔或铰孔。

(3) 因 $\phi 125H8$ 孔为半圆孔,为了保证 $\phi 125H8$ 孔与 $\phi 52J7$ 孔同轴度 0.02mm 的要求,在加工过程中,先用立铣刀以圆弧插补方式粗铣至 $\phi 124.85mm$,然后再精镗。

(4) 为保证 $\phi 62J7$ 孔的精度,在加工该孔时,先加工 $2\times\phi 65H12$ 卡簧槽,再精镗 $\phi 62J7$ 孔成。

6. 刀具选择

刀具选择见表 6-9。

表 6-9　数控加工刀具卡片

产品名称或代号		×××		零件名称	铣床变速箱体	零件图号	×××
序号	刀具号	刀具规格名称/mm	数量	加工表面(尺寸单位 mm)			备注
1	T01	粗齿立铣刀 φ45	1	铣Ⅰ孔中 φ125H8 孔,粗铣Ⅲ孔中 φ131 台,精铣 φ131 孔			
2	T02	镗刀 φ94.2	1	粗镗 φ95H7 孔			
3	T03	镗刀 φ61.2	1	粗镗 φ62J7 孔			
4	T05	镗刀 φ51.2	1	粗镗 φ52J7 孔至 φ51.2			
5	T07	专用铣刀Ⅰ24-24	1	锪平 4×φ16 孔端面,锪平 4×φ20H7 孔端面			
6	T09	中心钻Ⅰ34-4	1	钻 4×φ16 孔,钻 4×φ20H7 孔,2×M8 孔的中心孔			
7	T10	专用镗刀 φ15.85	1	镗 4×φ16H8 孔至 φ15.85			
8	T11	锥柄麻花钻 φ15	1	钻 4×φ16 孔			
9	T13	镗刀 φ79.2	1	粗镗 φ80J7 孔			
10	T16	镗刀 φ94.85	1	半精镗 φ95H7 孔至 φ94.85			
11	T18	镗刀 φ95H7	1	精镗 φ95H7 孔			
12	T20	镗刀 φ61.85	1	半精镗 φ62J7 孔			
13	T22	镗刀 φ62J7	1	精镗 φ62J7 孔成			
14	T24	镗刀 φ51.85	1	半精镗 φ52J7 孔			
15	T26	铰刀 φ52J7	1	铰 φ52J7 孔			
16	T32	铰刀 φ16H8	1	铰 4×φ16H8 孔成			
17	T34	镗刀 φ79.85	1	半精镗 φ80J7 孔			
18	T36	倒角刀 φ89	1	φ80J7 孔端倒角			
19	T38	镗刀 φ80J7	1	精镗 φ80J7 孔成			
20	T40	倒角镗刀 φ69	1	φ62J7 孔端倒角			
21	T42	专用切槽刀Ⅰ22-28	1	圆弧插补方式切二卡簧槽			
22	T45	面铣刀 φ120	1	铣 40 尺寸左面			
23	T50	专用镗刀 φ19.85	1	半精镗 4×φ20H7 孔			
24	T52	铰刀 φ20H7	1	铰 4×φ20H7 孔			
25	T57	锥柄麻花钻 φ18.5	1	钻 4×φ20H7 孔底孔 φ18.5			
26	T60	镗刀 φ125H8	1	精镗 φ125H8 孔			
编制	×××	审核	×××	批准	×××	共　页	第　页

7. 确定切削用量(略)

8. 数控加工工序卡片拟订

铣床变速箱体数控加工工序见表 6-10。

表 6-10 铣床变速箱体数控加工工序卡片

单位名称	×××	产品名称或代号		零件名称		零件图号	
		×××		铣床变速箱体		×××	
工序号	程序编号	夹具名称		使用设备		车间	
×××	×××	组合夹具		卧式加工中心		数控中心	
工步号	工步内容 (尺寸单位 mm)	刀具号	刀具规格 /mm	主轴转速 /r·min^{-1}	进给速度 /mm·min^{-1}	背吃刀量 /mm	备注
1	B0						
2	铣 I 孔中 ϕ125H8 孔至 ϕ124.85	T01	粗齿立铣刀 ϕ45	300	40		
3	粗铣 III 孔中 ϕ131 台、Z 向留 0.1mm	T01		300	40		
4	粗镗 ϕ95H7 孔至 ϕ94.2	T02	镗刀 ϕ94.2	150	30		
5	粗镗 ϕ62J7 孔至 ϕ61.2	T03	镗刀 ϕ61.2	180	30		
6	粗镗 ϕ52J7 孔至 ϕ51.2	T05	镗刀 ϕ51.2	180	30		
7	锪平 4×ϕ16 孔端面	T07	专用铣刀 I 24-24	600	60		
8	钻 4×ϕ16 孔中心孔	T09	中心钻 I 34-4	1000	80		
9	钻 4×ϕ16 孔 ϕ15	T011	锥柄麻花钻 ϕ15	400	40		
10	B180°						
11	铣 40 尺寸左面	T45	面铣刀 ϕ120	600	60		
12	粗镗 ϕ80J7 至 ϕ79.2	T13	镗刀 ϕ79.2	150	30		
13	粗镗 ϕ62J7 孔至 ϕ61.2	T03		180	30		
14	锪平 4×ϕ20H7 孔端面	T07		600	60		
15	钻 4×ϕ20H7 孔中心孔	T09		1000	80		
16	钻 4×ϕ20H7 孔至 ϕ18.5	T57	锥柄麻花钻 ϕ18.5	350	40		
17	B0						
18	精镗 ϕ125H8 孔成	T60	镗刀 ϕ125H8	200	20		
19	精铣 ϕ131 孔成	T01		400	40		
20	半精镗 ϕ95H7 孔至 ϕ94.85	T16	镗刀 ϕ94.85	200	20		
21	精镗 ϕ95H7 孔成	T18	镗刀 ϕ95H7	200	20		
22	半精镗 ϕ62J7 孔至 ϕ61.85	T20	镗刀 ϕ61.85H7	200	20		
23	精镗 ϕ62J7 孔成	T22	镗刀 ϕ62J7	200	20		
24	半精镗 ϕ52J7 孔	T24	镗刀 ϕ51.85	260	20		
25	铰 ϕ52J7 孔成	T26	铰刀 ϕ52J7	100	20		
26	镗 4×ϕ16H8 孔至 ϕ15.85	T10	专用镗刀 ϕ15.85	200	30		
27	铰 4×ϕ16H8 孔成	T32	铰刀 ϕ16H8	100	20		
28	B180°						
29	半精镗 ϕ80J7 孔至 ϕ79.85	T34	镗刀 ϕ79.85	200	20		
30	ϕ80J7 孔端倒角	T36	倒角刀 ϕ89	300	30		
31	精镗 ϕ80J7 孔成	T38	镗刀 ϕ80J7	200	20		
32	半精镗 ϕ62J7 孔至 ϕ61.85	T20		200	20		
33	ϕ62J7 孔端倒角	T40	倒角镗刀 ϕ69	300	30		
34	圆弧插补方式切二卡簧槽	T42	专用切槽刀 I 22-28	400	20		
35	精镗 ϕ62J7 孔	T22		200	20		
36	镗 4×ϕ20H7 孔至 ϕ19.85	T50	专用镗刀 ϕ19.85	300	30		
37	铰 4×ϕ20H8 孔成	T52	铰刀 ϕ20H7	100	20		
编制	×××	审核	×××	批准	×××	年 月 日	共 页 第 页

6.3.4　模具的数控铣削工艺分析

1. 模具加工的基本特点

（1）加工精度要求高。一副模具一般是由凹模、凸模和模架组成，有些还可能是多件拼合模块。于是上、下模的组合，镶块与型腔的组合，模块之间的拼合均要求有很高的加工精度。精密模具的尺寸精度往往达微米级。

（2）形面复杂。有些产品如汽车覆盖件、飞机零件、玩具、家用电器，其形状的表面是由多种曲面组合而成，因此，模具型腔面就很复杂。有些曲面必须用数学计算方法进行处理。

（3）批量小。模具的生产不是大批量成批生产，在很多情况下往往只生产一副。

（4）工序多。模具加工中总要用到铣、镗、钻、铰和攻螺纹等多种工序。

（5）重复性投产。模具的使用寿命是有限的。当一副模具的使用超过其寿命时，就要更换新的模具，所以模具的生产往往有重复性。

（6）仿形加工。模具生产中有时既没有图样，也没有数据，要根据实物进行仿形加工。

（7）模具材料优异，硬度高。模具的主要材料多采用优质合金钢制造，特别是寿命长的模具，常采用 Cr12，CrWMn 等莱氏体钢制造。这类钢材从毛坯锻造、加工到热处理均有严格要求。因此加工工艺的编制就更不容忽视，热处理技术参数更需严格制定。

根据上述诸多特点，在选用机床上要尽可能满足加工要求。如数控系统的功能要强，机床精度高，刚性好，热稳定性好，具有仿形加工功能等。

2. 建议采取的技术措施

根据模具加工的特点，以及数控机床新工艺的要求，建议在加工工艺上采取一些措施，以便发挥机床的高精度、高效率的特点，保证模具加工质量。

（1）精选材料，毛坯材质均匀。目前有些材料可以做到在粗加工后变形量较小。铸锻件应经过高温时效，消除内应力，使材料经过多工序加工之后变形小。

（2）合理安排工序，精化工件毛坯。在模具的生产过程中不止依靠一两台数控铣床即可完成工件的全部加工工序，而需与普通铣床、车床等通用设备配合使用。在保证高精度、高效率以及数控加工和通用设备加工各自特长的前提下，数控加工前的毛坯应尽量精化，除去铸锻、热处理产生的氧化硬层，只留少量加工余量，加工出基准面、基准孔等。

（3）数控机床的刚性强、热稳定性好，功率大，在加工中尽可能选择较大的切削用量，这样既可满足加工精度要求又提高了效率。

（4）有些工件由于易产生切削内应力、热变形，再考虑到装夹位置的合理性，夹具夹紧变形等因素,必须多次装夹才能完成装夹工序。

(5)加工工序的顺序建议为:

① 重切削、粗加工、去除零件毛坯上大部分余量。如粗铣大平面、粗铣曲面、粗镗孔等。

② 加工发热量小,精度要求不高的内容。如半精铣平面,半精镗孔等。

③ 在模具加工中精铣曲面。

④ 打中心孔、钻小孔、攻螺纹。

⑤ 精镗孔、精铣平面、铰孔。

注意在重切削、精加工时要有充分的冷却液,粗加工后至精加工之前要有充分的冷却时间,在加工中尽量减少换刀次数,减少空行程移动量。

3.刀具的选择

数控机床在加工模具时所采用的刀具多数与通用刀具相同。经常也使用机夹不重磨可转位硬质合金刀片的铣刀。由于模具中有许多是由曲面构成的型腔,所以经常需要采用球头刀以及环形刀(即立铣刀刀尖呈圆弧倒角状)。

4.铣削曲面时应注意的问题

(1)粗铣。粗铣时应根据被加工曲面给出的余量,用立铣刀按等高面一层一层地铣削,这种粗铣效率高。粗铣后的曲面类似于山坡上的梯田。台阶的高度视粗铣精度而定。

(2)半精铣。半精铣的目的是铣掉"梯田"的台阶,使被加工表面更接近于理论曲面,采用球头铣刀一般为精加工工序留出 0.5mm 左右的加工余量。半精加工的行距和步距可比精加工大。

(3)精加工。最终加工出理论曲面。用球头铣刀精加工曲面时,一般用行切法。对于开敞性比较好的工件而言,行切的折返点应选在曲表的外面,即在编程时,应把曲面向外延伸一些。对开敞性不好的工件表面,由于折返时切削速度的变化,很容易在已加工表面上留下由停顿和振动产生的刀痕。所以在加工和编程时,一是要在折返时降低进给速度;二是在编程时,被加工曲面折返点应稍离开阻挡面。对曲面与阻挡面相贯线应单作一个清根程序另外加工,这样就会使被加工曲面与阻挡面光滑连接,而不致产生很大的刀痕。

(4)球头铣刀在铣削曲面时,其刀尖处的切削速度很低,如果用球刀垂直于被加工面铣削比较平缓的曲面,球刀刀尖切出的表面质量较差,所以应适当地提高主轴转速,另外还应避免用刀尖切削。

(5)避免垂直下刀。平底圆柱铣刀有两种,一种是端面有顶尖孔,其端刃不过中心。另一种是端面无顶尖孔,端刃相连且过中心。在铣削曲面时,有顶尖孔的端铣刀绝对不能像钻头一样向下垂直进刀,除非预先钻有工艺孔,否则会把铣刀顶断。如果用无顶尖孔的端刀时可以垂直向下进刀,最好的办法是向斜下方进刀至一定深度后,再用侧刃横向切削。在铣削凹槽面时,可以预钻出工艺孔以便下刀。用球头铣刀垂直进刀的效果虽然比平底的端铣刀好,但也因轴向力过大、影响切削效果,最好不使用这种下刀方式。

(6)铣削曲面零件中,如果发现零件材料热处理不好、有裂纹、组织不均匀等现象,应及时停止加工。

(7)在铣削模具型腔比较复杂的曲面时,一般需要较长的周期,因此,在每次开机铣削前应对机床、夹具、刀具进行适当的检查,以免中途发生故障,影响加工精度,甚至造成废品。

(8)在模具型腔铣削时,应根据工件表面的粗糙度掌握修锉余量。对于铣削比较困难的部位,如果工件表面粗糙度高,应适当多留些修锉余量;而对于平面、直角沟槽等容易加工的部位,应尽量降低工件表面粗糙度值,减少修锉工作量,避免因大面积修锉而影响型腔曲面的精度。

5. 实例

图 6-37 为盒形模具的凹模工件图,该盒形模具为单件生产,工件材料为 T8A,分析其数控加工工艺。

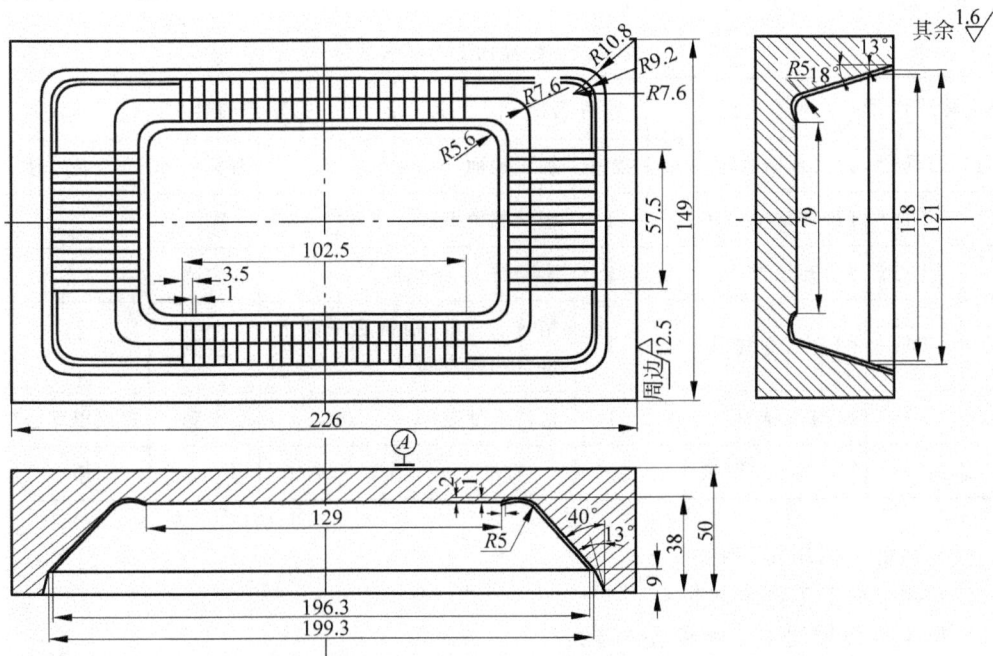

图 6-37　盒形模具

（1）零件图工艺性分析

该盒形模具为单件生产，工件材料为 T8A，外形为六面体，内腔型面复杂。主要结构是由多个曲面组成的凹形型腔，型腔四周的斜平面之间采用半径为 7.6mm 的圆弧面过渡，斜平面与底平面之间采用半径为 5mm 的圆弧面过渡，在模具的底平面上有一个四周也为斜平面的锥台。模具的外部结构是一个标准的长方体。因此零件的加工以凹形型腔为重点。

（2）选择设备

根据被加工工件的外形和材料等条件，选用 VP1050 立式镗铣加工中心。

（3）确定工件的定位基准和装夹方式

工件直接安装在机床工作台面上，用两块压板压紧。

（4）确定加工顺序及进给路线

① 粗加工整个型腔，去除大部分加工余量。

② 半精加工和精加工上型腔。

③ 半精加工和精加工下型腔。

④ 对底平面上的锥台四周表面进行精加工。

（5）刀具选择

数控加工刀具选择见表 6-11。

表 6-11　数控加工刀具卡片

产品名称或代号		×××	零件名称	盒　形	零件图号		×××
序号	刀具号	刀具规格名称/mm	数量	加工表面		刀长/mm	备　注
1	T01	φ20 平底立铣刀	1	粗铣整个型腔		实测	
2	T02	φ12 球头铣刀	1	半精铣上、下型腔		实测	
3	T03	φ6 平底立铣刀	1	精铣上型腔、精铣底平面上锥台四周表面		实测	
4	T04	φ6 球头铣刀	1	精铣下型腔		实测	建议以球心对刀
编制		×××	审核	×××	批准	×××	共　页　　第　页

（6）确定切削用量（略）

（7）数控加工工序卡片拟订

盒形工件数控加工工序见表 6-12。

表 6-12　盒形工件数控加工工序卡片

单位名称	×××	产品名称或代号			工件名称		工件图号	
		×××			盒 形		×××	
工序号	程序编号	夹具名称			使用设备		车间	
×××	×××	压板			VP1050 立式镗铣加工中心		数控中心	
工步号	工步内容	刀具号	刀具规格 /mm		主轴转速 $/r \cdot min^{-1}$	进给速度 $/mm \cdot min^{-1}$	背吃刀量 /mm	备注
1	粗铣整个型腔	T01	ϕ20 平底立铣刀		600	60		
2	半精铣上型腔	T02	ϕ12 球头铣刀		700	40		
3	精铣上型腔	T03	ϕ6 平底立铣刀		1000	30		
4	半精铣下型腔	T02	ϕ12 球头铣刀		700	40		
5	精铣下型腔	T04	ϕ6 球头铣刀		1000	30		
6	精铣底平面上锥台四周表面	T03	ϕ6 平底立铣刀		1000	30		
编制	×××	审核	×××	批准	×××	年　月　日	共　页	第　页

本章小结

本章主要介绍了编制数控铣削与数控铣削中心加工工艺的方法。首先，分析数控铣削的主要加工对象，然后对这些加工对象的数控铣削加工工艺的制订方法进行了详细的阐述。

铣削加工是机械加工中最常用的加工方法之一，它主要包括平面铣削和轮廓铣削，也可以对零件进行钻、扩、铰、镗、锪加工及螺纹加工等。数控铣削主要适合于平面类工件、曲面类工件、箱体类工件的加工。

设计工件的加工工艺规程时，首先要对加工对象进行深入分析，即工件图工艺分析，关于数控加工工件图和结构工艺性分析，在第 4 章已作介绍，本章主要是结合数控铣削加工的特点作进一步说明，列举出一些经常遇到的工艺性问题作为对工件图进行工艺性分析的要点来分析。

对于数控铣削加工工序的划分，主要考虑在数控铣床上加工零件，工序比较集中，一般只需一次装夹即可完成全部工序的加工。根据数控铣床的特点，为了提高数控铣床的使用寿命，保持数控铣床的精度、降低工件的加工成本，通常是把工件的粗加工，特别是工件的基准面、定位面在普通机床上加工。加工工序的划分通常参照 4.2.2 节中工序划分原则和方法，经常使用的方法有：刀具集中分序法；粗、精加工分序法；加工部位分序法。

工件装夹和夹具的选择应考虑的问题有：在数控铣床上的工件装夹方法与普通铣床一样，所使用的夹具并不复杂，只要有简单的定位、夹紧机构即可。为不影响进给和切削加工，在装夹工件时一定要将加工部位敞开。选择夹具时应尽量做到在一次装夹中将工件要求加工的表面都可加工完成。

在确定了某个工序的加工内容后，要进行详细的工步设计，即安排这些工序内容的加工顺序，同时考虑程序编制时刀具运动轨迹的设计。一般将一个工步编制为一个加工程序，因此，工步顺序实际上也就是加工程序的执行顺序。一般数控铣削采用工序集中的方式，这时工步的顺序就是工序分散时的工序顺序，可以按一般切削加工顺序安排的原则进行。即基面先行、先粗后精、先主后次、先面后孔的原则进行安排，通常按照从简单到复杂的原则，先加工平面、沟槽、孔，再加工内腔、外形，最后加工曲面。在安排数控铣削加工工序的顺序时还应注意几个问题：上道工序的加工不能影响下道工序的定位与夹紧，中间穿插有通用机床加工工序的也要综合考虑；先进行内形内腔加工工序，后进行外形加工工序；以相同定位、夹紧方式或同一把刀具加工的工序，最好连续进行，以减少重复定位次数与换刀次数；在同一次安装中进行的多道工序，应先安排对工件刚性破坏较小的工序。

数控铣削刀具的选择：首先应根据被加工零件的几何形状选择刀具类型，然后再选择铣刀结构、铣刀角度、铣刀的齿数（齿距）、铣刀直径、铣刀的最大切削深度、刀片牌号。

铣削加工的切削用量包括：切削速度、进给速度、背吃刀量和侧吃刀量。切削用量的选择方法是：从刀具耐用度出发，先选择背吃刀量或侧吃刀量，其次选择进给速度或进给量，最后确定切削速度。

通过本章对平面凸轮、异形件、箱体、模具等典型工件的数控工艺分析，希望能加深对数控铣削加工工艺的理解，掌握编制加工中等复杂程度工件的数控铣削与数控铣削中心加工工艺。

习题 6

1. 数控铣床的主要加工对象有哪些？
2. 如何对数控铣削加工零件的零件图进行工艺分析？
3. 数控铣削加工零件的加工工序是如何划分的？
4. 试述数控铣削加工工序的加工顺序安排原则。
5. 如何选用数控铣削刀具？
6. 如图 6-38 支架工件材料为 HT200，试编制其数控加工工艺卡片。

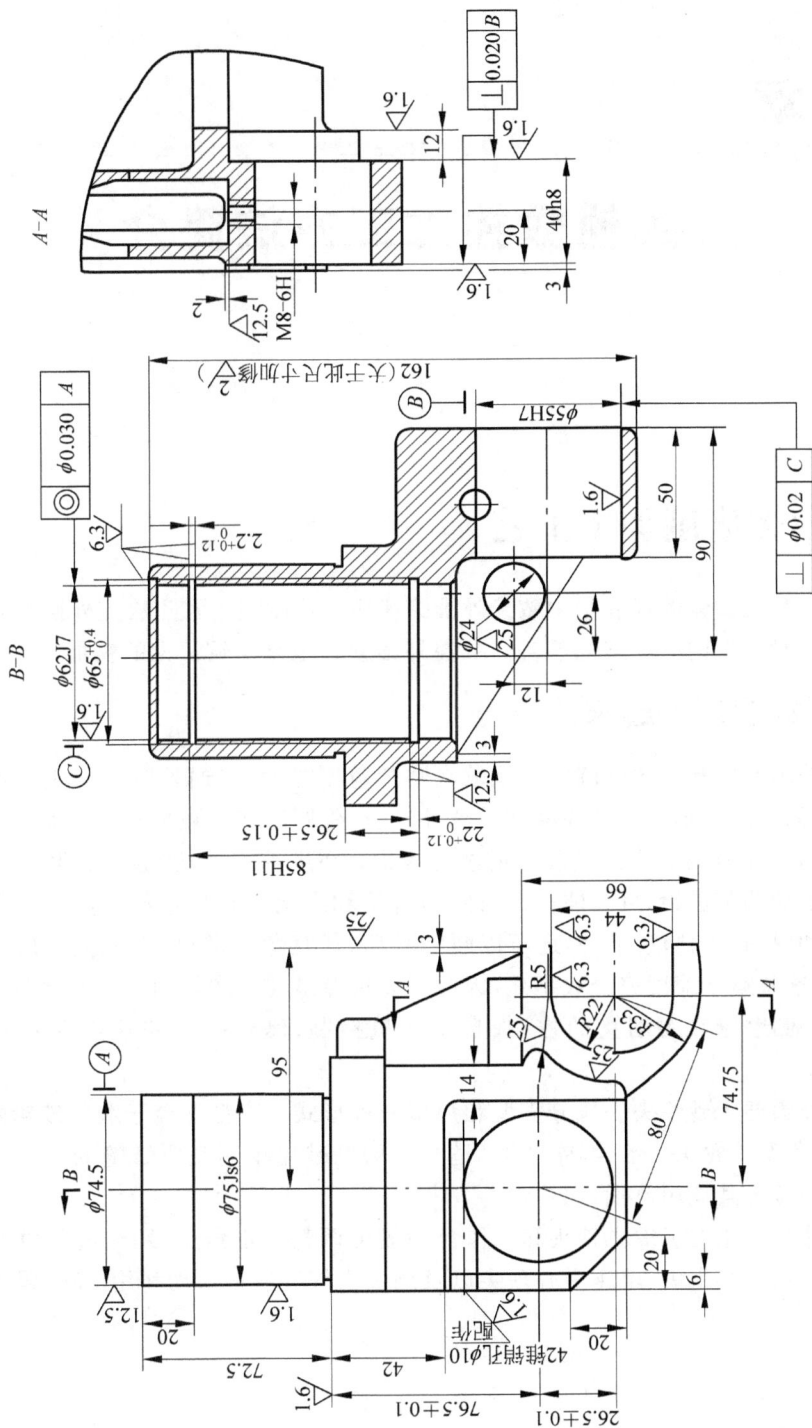

图 6-38　支架工件简图

第 7 章

其他数控加工方法简介

7.1 数控磨削加工工艺

由于在数控磨床的拥有量中数控外圆磨床占 50％以上,因此数控外圆磨床是用户考虑数控磨削时首选的一类工艺装备。数控外圆磨削也是比较常见的精加工工艺。

7.1.1 数控外圆磨床的特点

数控外圆磨床与普通外圆磨床比较在磨削范围方面,普通外圆磨床主要用于磨削圆柱面、圆锥面或阶梯轴肩的端面磨削。此外,数控外圆磨床还可磨削圆环面(包括凸 R 和凹 R 面),以及上述各种形式的复杂的组合表面;在进给方面,普通外圆磨床一般采用液压和手轮手动调节进给,且只能横向(径向)进给和纵向(轴向)进给。数控外圆磨床除横向(X 轴)和纵向(Z 轴)进给外,还可以两轴联动,任意角度进给(切入或退出),以及作圆弧运动等,这些运动速度完全数字化,因此可以选择最佳的磨削加工工艺参数。

数控外圆磨床在磨削量的控制、自动测量控制、修正砂轮和补偿等方面都有独到之处。

数控外圆磨床砂轮头一般分直型和角型两种形式。直型适合于磨削砂轮两侧需要修整的工件,角型砂轮头一般偏转 30°角,适合于磨削砂轮单侧需要修整的工件,因此,在机床选型时要考虑其适用范围。

数控外圆磨床的工件主轴头和工作台一般可调整一定角度,用于磨削锥面或校正磨削锥度。主轴中心顶尖、尾座中心顶尖以及测量头等一般可手动和用 M 代码控制前进和后退。

7.1.2 数控外圆磨削方式

1. 一般直轴外圆及轴肩端面的磨削

（1）横向磨削

在需要磨削部分轴向尺寸小于砂轮宽度时，采用横向磨削的方法，一次切入完成粗磨、半精磨和精磨，整个磨削过程只有 X 轴运动，如图 7-1 所示，其横向磨削部分程序如下：

N10　　GO X20.6（快速趋近定位）

N20　　G1 G99 X20.35 P0.1（空磨，P0.1 表示切入速度）

N30　　X20.18 F0.01（粗磨）

N40　　X20.02 F0.006（半精磨）

N50　　X20.0 F0.002（精磨）

N60　　G4 U3.0（无进给磨削）

N70　　GO X30.0（快速退回）

其中 GO 快速趋近定位取值方法如下：

$$公称直径＋磨削余量＋黑皮厚＋(0.2～0.3)mm$$

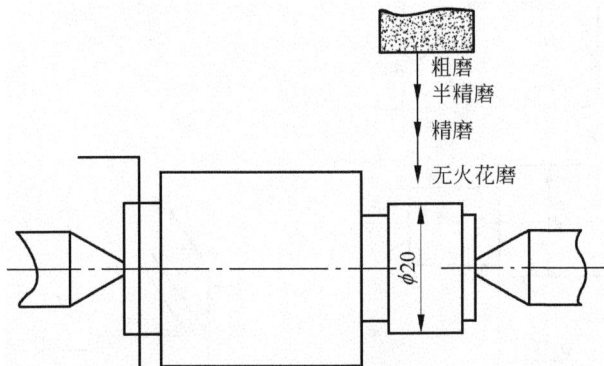

图 7-1　横向磨削

（2）纵向磨削

在工件需要磨削部分轴向尺寸大于砂轮宽度时，采用 Z 轴移动纵向磨削的方法。

在磨削余量较大的情况下，一般先分几次进行横向切入磨削，以提高磨削效率。

纵向磨削时，在工件两端砂轮不产生干涉时，一般砂轮应走出砂轮厚度的 1/3 左右。在单边发生干涉时，如果工件前一道加工工序未切出空刀槽，采用单边切入纵向磨削效果比较好，利于清除根部，如图 7-2 所示。

（3）端面磨削

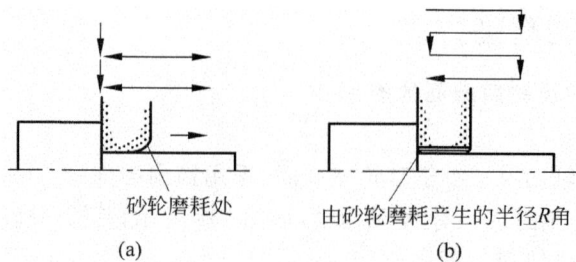

图 7-2　纵向磨削

(a) 单边切入；(b) 双边切入

端面磨削一般采用角型砂轮。磨削方式一般与横向磨削方式相同。端面与外圆都需要磨削时，可采用 X、Z 轴联动斜向切入的方法，以提高磨削效率。但端面磨削接触面积较大，要注意磨削条件，防止发生烧伤。

图 7-3 所示为一个端面和外圆需要磨削的零件，图 7-4(a) 的磨削方式根部 R 较大；改用图 7-4(b) 的方式进行加工，可使根部 R 最小。

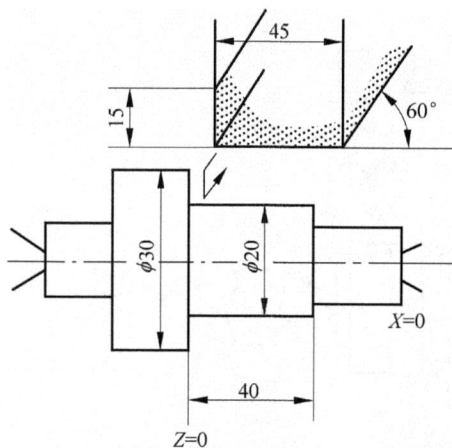

图 7-3　端面磨削

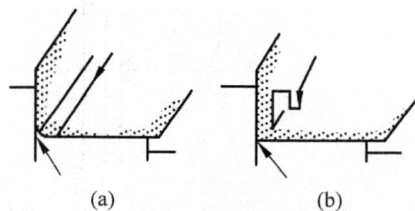

图 7-4　端面磨削

(a) 根部 R 大；(b) 根部 R 小

2. 复杂外圆形面的磨削

对于复杂形状外圆的磨削，在普通外圆磨床上加工，一种方法是分别磨削外圆柱面、圆锥面、圆弧等表面，但这样很难达到所要求的同轴度和位置度。另一种方法是成形磨削，但在普通磨床上砂轮要修整出精确的轮廓形面很困难。数控外圆磨床既有直线插补功能（可用于磨削圆柱面和圆锥面），又有圆弧插补功能（可磨削圆环面），因此在磨削复杂外圆形面时，这种数控磨床可充分显示和发挥其功能。其磨削加工方式主要有以下三种。

（1）砂轮沿工件表面走出轮廓形状。如图 7-5 所示，这种方式可用来加工各种复杂形状的外圆表面，但这种方式必须使砂轮修得很尖，磨削时砂轮消耗快，尺寸精度不稳定。

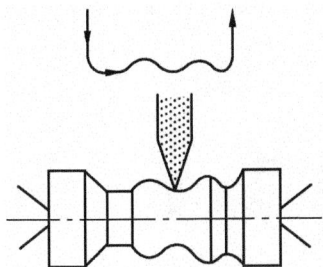

图 7-5　磨削加工

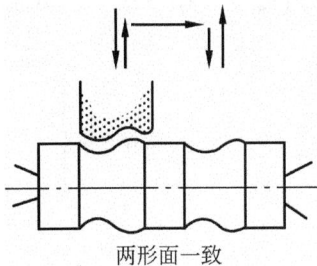

两形面一致

图 7-6　成形磨削

（2）成形砂轮磨削。如图 7-6 所示，这种方式是将砂轮修出零件轮廓形状，用成形砂轮趋近工件靠磨成形。这种方式适合于小于磨削砂轮宽度的各种形状的外圆表面磨削，砂轮磨削较均匀，各部分精度易于控制。

（3）复合磨削既有成形磨削又有沿工件表面轮廓形状进给磨削。如图 7-7 所示，这种方式适用于形状不一、表面距离大于砂轮宽度时的磨削，要求相邻磨削表面加工时互不干涉。可根据不同精度要求来选择各部分的磨削方式。

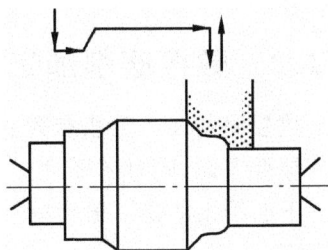

图 7-7　复合磨削

3．测量磨削

测量磨削，也称定尺寸磨削。它的特点是，考虑编程所设原点与实际磨削原点，通过选定的测量部分直径的坐标值，使每个工件测量部分磨削后的直径基本保持一致，可有效地防止间接测量产生的累积误差。

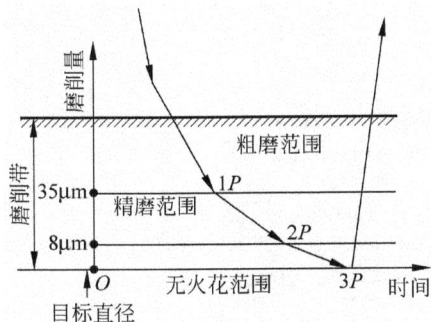

图 7-8　测量磨削过程

（1）测量磨削装置

外径测量装置是在磨削过程中对工件尺寸进行的直接测量，并将结果转变为电信号，当达到设定尺寸时，发出电信号来控制砂轮头的退出。在磨削开始前应精确地设定外径尺寸到 0 点，并设定好发出信号的尺寸位置。图 7-8 表示的是测量磨削过程，1P、2P 信号点为进给率控制点，3P 信号点为 0 点，即精确尺寸点。

该图中进给过程线的斜率越大，进给速率越大。

对于测量磨削,编制进给率的转换位置,由测量仪表发出的信号控制,所以编制的切削深度可以不是很精确。图 7-9 表示出粗磨、精磨和无火花磨削的切入量和剩余行程量。各测量设定信号应在各指令切入值的中途发出,这样下一个程序段才能被启动。

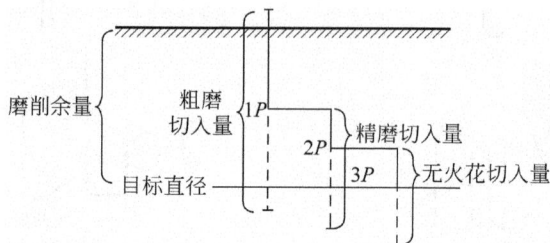

图 7-9　磨削余量与切入量

（2）实际"测量磨削"程序

一般采用跳跃机能（G31），或（/）来编程。测量头在工件氧化皮打磨后再进到测量位置较好。

7.1.3　数控磨削加工工艺参数

数控磨削加工工艺参数的设定应从工件形状、硬度、刚性及夹具等工艺系统各部分的因素综合考虑,同时还要注意砂轮、修整器金刚石的选择,以及考虑编程方式,修整条件等。下面给出的是一般磨削加工情况下的参考值,实际加工中的工艺参数要根据具体条件设定。

1. 外径横向磨削条件设定

（1）间接测量部分　如图 7-10 标注。

$R_a80\sim5\mu m$：粗磨，$R_a3.2\sim2.5\mu m$：半精磨，$R_a0.32\sim0.02\mu m$：精磨；
G98：mm/min，G99：mm/s。

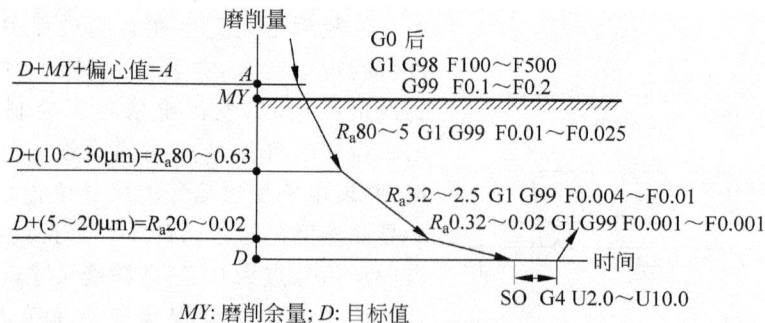

MY：磨削余量；D：目标值

图 7-10　间接测量部分标注

（2）直接测量部分 如图 7-11 所示。

$1P$：为测量设定 1 信号，是 $R_a80\sim5\mu m$ 与 $R_a3.2\sim2.5\mu m$ 的交换点；

$2P$：为测量设定 2 信号，是 $R_a3.2\sim2.5\mu m$ 与 $R_a0.32\sim0.02\mu m$ 的交换点；

$3P$：为测量设定 3 信号，是磨削的结束点。

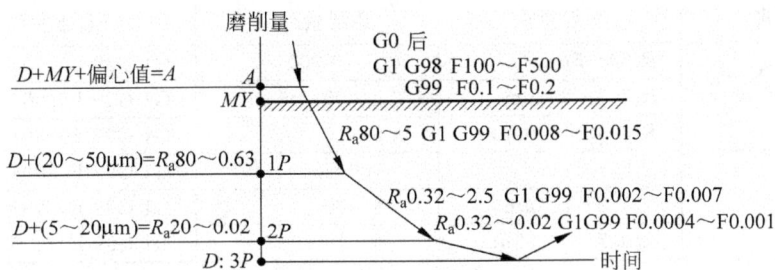

图 7-11 直接测量部分示意

2. 外径纵向磨削条件设定

纵向磨削余量一般在 $\phi(0.002\sim0.03mm)$，外径纵向磨削条件设定和切入方式如表 7-1 所示。

表 7-1 外径纵向磨削的切入方式和磨削条件

磨削要求	切入方式	一回切入量	切入速度 /mm·s⁻¹	暂停 /s	纵向磨削速度 /mm·min⁻¹
$R_a80\sim5\mu m$	两端切入	$\phi1mm\sim\phi20\mu m$	G1 G99	0.1~2.0	G1 G98
$R_a3.2\sim2.5\mu m$	单端切入		F0.002~	0.1~1.0	F100~F2000
$R_a0.32\sim0.02\mu m$	无切入	（无进给）			G1 G98 F50~ F1500

3. 端面磨削条件设定

端面磨削的切入方式和磨削条件设定如表 7-2 所示。

磨削条件设定要注意以下两点：

① 端面磨削与外圆磨削比，砂轮接触面积大，发热多，容易发生烧伤，因此切入速度

要尽量注意小些；

② 斜向切入时,X 轴、Z 轴同时运动达到指令点,因此要注意分配 X、Z 的切入量,也就是切入角度要适当。

表 7-2 端面磨削的切入方式和磨削条件

切入方式	磨削要求	磨削量/μm	切入速度/mm·s^{-1}
斜向切入	$R_a 80 \sim 5\mu m$	$100 \sim 200$	G1 G99 F0.005~F0.01
	$R_a 3.2 \sim 2.5\mu m$	$8 \sim 20$	G1 G99 F0.002~F0.005
	$R_a 0.32 \sim 0.02\mu m$	$5 \sim 10$	G1 G99 F0.001~F0.003
Z 轴切入	$R_a 80 \sim 5\mu m$	$100 \sim 200$	G1 G99 F0.003~F0.005
	$R_a 3.2 \sim 2.5\mu m$	$8 \sim 20$	G1 G99 F0.002~F0.004
	$R_a 0.32 \sim 0.02\mu m$	$5 \sim 10$	G1 G99 F0.0005~F0.002

4. 工件主轴转速设定

主轴转速 $n = 1000v/\pi d$,v 为工件线速度,d 为工件直径。

根据上面的公式求出的主轴转速 n,选择适当的 S 代码值,随着工件线速度的增加,磨削效率提高,但砂轮磨耗增大,表面粗糙度变差。

7.1.4 典型零件的加工实例

喷嘴阀(如图 7-12 所示),是在数控外圆磨床上加工的一个较典型的工件。该工件要磨削圆柱面(ϕ10h5mm),圆锥面($\triangleright$ 1 : 8)和圆弧面(R2.5mm),各处单边磨削余量 0.1mm,试分析其数控磨削加工工艺。

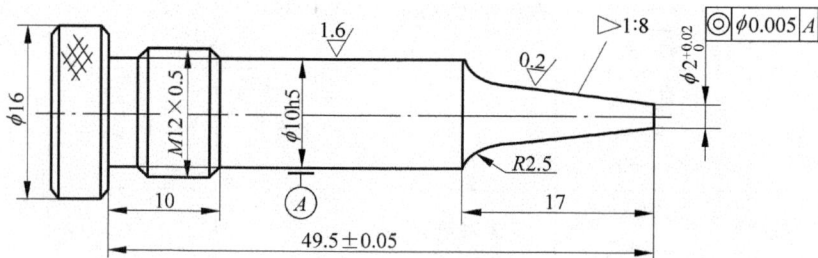

图 7-12 喷嘴阀

1. 零件图工艺分析

该工件外圆 ϕ10h5($^{\ 0}_{-0.006}$)mm 和锥面粗糙度 $R_a 0.2\mu m$,以及同轴度 ϕ0.005mm 是磨削加工要达到的重点。

2．选择设备

根据被加工工件的外形和材料等条件，选用 GA5N 型数控外圆磨床。数控系统为FANUC-10T，并配有自动测量装置。

3．工艺方案的确定

因有同轴度的要求，所以要一次装夹完成外圆与锥面的磨削。根据喷嘴阀的结构形状，采用 M12×0.5mm 螺纹与 φ16mm 侧面拧紧定位。磨削方法既可用平砂轮控制磨出圆柱面，再用圆弧、直线插补走出圆弧面及锥面（如图 7-13 所示），也可将砂轮修整成喷嘴阀标准轮廓形状，进行成形磨削（如图 7-14 所示）。

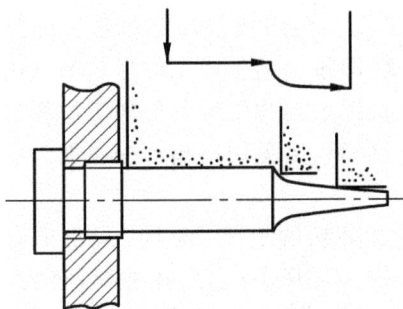

图 7-13　利用插补功能磨削　　　　　　图 7-14　成形磨削

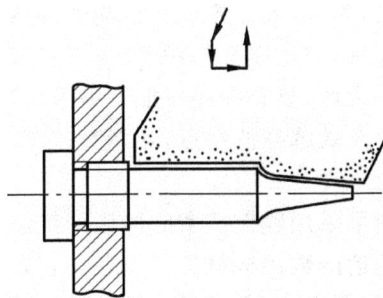

两种方案比较，用平砂轮磨圆弧和锥面，只有尖端磨削，接触面小，砂轮磨损快，锥面精度低，粗糙度差，因此不宜采用此方案。由于要磨削部分的长度不大，可以采用成形磨削的方式，各部分同时磨削效率高且尺寸精度较一致，锥面部分的粗糙度值也会小。但由于砂轮尺寸随着磨削过程的不断变化，在批量加工中产生较大的累积误差，不能保证工件的尺寸公差。无疑，采用直接测量磨削可以解决上述问题。该机床配备了自动测量装置，当被磨削工件测量部分尺寸达到测量仪某设定值时，测量仪发出信号，正在执行的带 G31的程序段则结束，跳跃到下一程序段。因此，可以在程序段中给一个较大的相对值，在该程序段运动指令未执行完之前达到设定值，该段剩余运动被忽略，进到执行下一程序段。采用这种方法可以使各工件间的公差控制在±0.001mm 之内。

4．数控磨削加工工艺参数

外径横向磨削条件的设定：直接测量部分 $1P=0.04,2P=0.005,3P=0$。

7.2　数控冲压加工工艺

众所周知,加工设备、模具和材料这三大要素构成了用来改变工件形状和尺寸的冲压工艺系统。冲压工艺的传统加工设备主要有三类:压力机、剪板机和折弯机;加工的原材料主要是卷料和板材;模具主要包括冲压模、剪切模和折弯模。因此,冲压加工的特点就是用这些加工设备,通过模具对材料进行冲压、剪切和折弯等工序,完成工件的加工过程。

传统的冲压工艺是按模具生成工件的形状。工件的几何形状是通过采用与工件最终形状相同的模具来完成的,即用整体模具一次冲压成形。因模具结构复杂,容易磨损,价格昂贵,为此,人们希望尽量简化冲压加工的模具,采用不包络或仅局部包络工件几何形状的模具,通过模具相对于工件的运动形成工件形状,即按运动生成工件形状的方法进行加工。为此,只有在冲压加工中采用数控技术,充分发挥数控冲压设备的加工过程自动控制和生产效率高的特点,才能对传统的冲压工艺进行变革,实现用小模具冲压加工形状复杂的大工件。

最早采用数控技术的冲压加工设备是进行步冲和剪切的工艺,逐步发展到适合各种工艺用途的数控板材加工设备。目前常用的有:数控步冲压力机、数控冲模回转头压力机、数控剪板机、数控直角剪板机、数控折弯机、数控三点折弯机和数控四边折边机等设备。

考虑了以上因素,本节将重点介绍数控板材加工工艺所涉及的有关知识。

7.2.1　数控冲模回转头式压力机冲压工艺

1. 模座及模具的选择

数控压力机模座及模具的选择是否得当直接影响着工艺实施质量的好坏。合理正确使用模座及模具,对提高机床生产率、延长模具和机床的使用寿命有着重要意义,若使用不当,将影响机床的正常工作。

模座是用来安装模具的,它装在转盘上,上模座装在上转盘上,下模座装在下转盘上。根据板件加工要求,考虑模座及模具的使用。

(1) 模座及模具的规格

国内外数控压力机对不同型号规格的机器向用户所推荐的模座数及规格不同,一般为9~72个模座,即可装9~72套模具或更多。模座及模具的规格和数量按表7-3选用。选用时最大冲孔尺寸不得超过该类模座冲孔尺寸范围,并不得超过机器公称压力。

表7-3是一般数控压力机可以提供的模具规格和数量。

表 7-3　模座及模具的规格和数量

模座号	1	2	3	4	5	6
冲孔尺寸范围/mm	$\phi80\sim110$	$\phi50\sim80$	$\phi30\sim50$	$\phi12\sim30$	$\phi3\sim12$	中心孔
模座数	2(2)	2(2)	4(2)	8(4)	8(4)	1

注：括号内是冲方孔及异形孔的模座数。

(2) 模具间隙

冲孔时，上模和下模之间的间隙根据板厚和材料性质，按表 7-4 选用。

表 7-4　模具间隙　　　　　　　　　　　　　　　　mm

板　厚	材　料		
	低碳钢	铝	不锈钢
0.8～1.6	0.2～0.3	0.2～0.3	0.2～0.35
1.6～2.3	0.3～0.4	0.3～0.4	0.4～0.5
2.3～3.2	0.4～0.6	0.4～0.5	0.5～0.7
3.2～4.5	0.6～0.9	0.5～0.7	0.7～1.2
4.6～6	0.9～1.2	0.7～0.9	—

(3) 冲孔力的计算

选择模具时，要求每个模具的冲孔力不得超过数控压力机公称力。

冲孔力 P 可由下式求得：

$$P = 100At\tau \qquad\qquad (7-1)$$

式中：P——冲孔力(N)；

　　　A——模具刃口周长(mm)；

　　　t——板材厚度(mm)；

　　　τ——板材剪切强度 MPa。

冲孔时，模具最小冲孔直径根据板材材质按表 7-5 确定。

表 7-5　模具最小冲孔直径

材　料	直径/mm
低碳钢	$1.0\times t$
铝	$1.0\times t$
不锈钢	$2.0\times t$

数控压力机不仅能完成冲孔工艺，而且能完成浅拉伸、百叶窗、切口、压印等加工工艺。与一般正拉伸工艺相反，浅拉伸工艺的凹模装在上模座上，凸模装在下模座上。

2. 加工举例

数控冲压工艺的程序编制是根据板件零件图，按照数控系统规定采用的代码和程序格式,编制成计算机能识别的语言输入计算机,控制机床自动加工出符合零件图要求的合格工件,因此,编制程序前,应了解数控压力机的规格、性能、数控系统所具备的各种功能及编制程序的指令格式等。同时要对加工零件图的技术要求、孔的尺寸、形状、位置和距离进行分析,并进行数值计算以确定加工方法和加工路线。然后,根据数控系统所采用的代码和程序格式,将板件所要求的孔距、运动轨迹、位移量、模具号、速度以及辅助功能(程序结束、开关量控制等)编制成加工程序单。将此加工程序记录在控制介质(如穿孔纸带、磁盘等)上,输入数控系统进行加工。

图 7-15 为一仪表盘零件展开图,图中排列着用于电压表、电流表、按键开关、指示灯及调节手柄安装的各种圆孔、方孔及异形孔。零件外廓尺寸较大,若按传统的机械加工工艺加工该零件,需经板料剪裁、冲压、钻孔等工序,需配备大型剪板机、冲床及大型摇臂钻床,涉及的加工设备多,且要多次重复定位,这样,各孔相对位置精度很难保证。从工装上看,该工件在普通冲床上加工,需配备圆孔模、方孔模、异形孔模等 10 套模具,这些模具设计、生产准备周期至少 3 个月,费用约 2 万元。

现在,我们考虑用数控压力机加工此零件,它只需编出程序,一次装夹定位,即可完成全部加工。其编程时间最多两三个小时,加工时间仅几分钟,且加工精度高。

(1) 零件图工艺分析

该零件冲形有圆孔、方孔、菱形孔、异形孔等,且零件外廓尺寸较大,零件材料为低碳钢,板厚为 3mm。

(2) 机床的选择

由于此零件的异形孔具有不规则角度(非直角),应考虑选用具有 C 轴功能的机床。另外零件外廓尺寸较大,选用的机床工作台面应大于工件尺寸,或具有再定位功能的机床。通过 $P=100At\tau$ 公式计算,$P<300kN$,考虑上述因素,选用 AMADA PEGA30 冲床,该机床为数控转盘式,最大冲裁力为 300kN。模具库中有 44 个模位,其中有两个 C 轴(动力轴)工位。该机床具有再定位功能,可扩展 X 轴向行程 500mm,故此机床工作台行程 1830mm×1270mm 也是够用的。机床所配控制系统为 FANUC-6MEP 系统。

(3) 模具的选择

选定机床后,按零件加工孔形要求,在转盘中配备所需模具。配模具时,应根据零件冲裁的厚度和材质选定模具间隙,以便确定合适的间隙。图 7-15 所示工件是厚 3mm 的低碳钢,查表 7-4 选用模具间隙为 0.5mm。最后,根据模具在转盘中的位置,确定相应的代号。如该机床数控系统规定用代号 T000 代表模座号,则模座、模具所对应的加工孔的尺寸规定表示为:T108—ϕ42mm、T253—ϕ6mm、T326—ϕ8mm、T225—ϕ10mm、T130—ϕ14mm、T141—ϕ15mm、T102—ϕ20mm、T303—ϕ24mm、T331—ϕ25mm、T223—ϕ13mm、T251—ϕ37mm、T207—ϕ50mm、T216—5mm×30mm、T235—30mm×30mm。

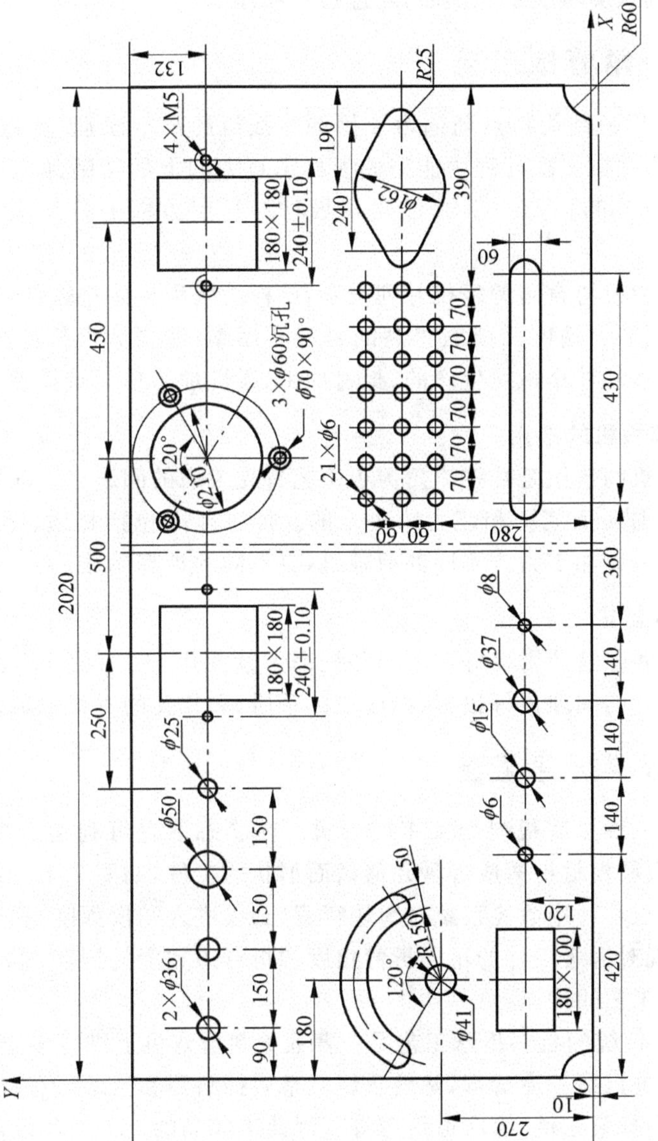

图 6-38 支架工件简图

（4）编辑工件的加工程序（略）

程序编好后，可通过编程机的计算机屏幕显示按此程序冲出的工件图形，初步判断程序是否存在错误，确认屏幕显示无误后，才进行实物冲压。

7.2.2 数控直角剪板工艺

数控直角剪板机的结构特点与通常使用的剪板机的根本区别，就是前者有互成90°角的上下两组刀片，并在一次行程中能完成板材垂直方向上的切断加工。在数控直角剪板机上还设有半剪切和再定位机构，能实现板材沿长度方向的任意剪切，扩大其使用范围。

冲模回转头压力机与直角剪板机并列设置，排样中采用一体化软件，实现先冲后剪的自动加工，既能保证加工精度又能获得高的材料利用率，能更大发挥两种设备的加工能力。由此组成适合多品种小批量生产的、板材加工、柔性加工单元或柔性制造系统。

1. 数控直角剪板机的选用

数控直角剪板机的选用是数控直角剪板工艺首先考虑的问题。一般情况下数控直角剪板机的选取是根据加工范围和能力来决定的。加工范围包括材质、厚度和加工尺寸。加工能力是指设备最大加工力。不同的剪板机，有不同的计算参数。

2. 刀片间隙的确定

正确选择刀片间隙是获得良好切断面和提高刀片使用寿命的保证，也是必须考虑的工艺因素之一。刀片的间隙最好根据《冲压工艺手册》和相关的资料选取。

7.2.3 数控板料折弯工艺

板料折弯机是一种金属板料冷加工成形机。在冷态下它可利用所配备的通用模具（或专用模具），将金属板材折弯成各种几何截面形状的工件，如图7-16所示。

数控板料折弯机是利用数控系统对滑块行程（凸模进入凹模深度）和后挡料器位置进行自动控制，以实现对折弯工件的不同折弯角度和折弯边宽度的折弯成形。

数控板料折弯工艺的优点：

① 生产率高。传统的板料折弯工艺是在普通板料折弯机上进行多道折弯，即先对一批工件的全部坯料进行第一道折弯，然后重新调整后挡料器和滑块行程挡块，再进行第二道折弯，依此类推进行第三道、第四道折弯等。因此半成品的上下料和堆垛时间在全部工作时间中占了主要部分，而且折弯件越接近最终形状时，搬运和堆垛越困难。而数控折弯工艺即使对复杂的工件，也能在一次操作中完成全部弯曲工序，减少了工序间的上下料和堆垛时间。

② 可以提高折弯件精度。这是因为开发数控折弯机时，已考虑了各种提高折弯精度

的措施。

③ 调整简单。操作者只需编好程序,就能自动实现机器的全部调整工作。

④ 节省中间堆放面积。

⑤ 减轻劳动强度。

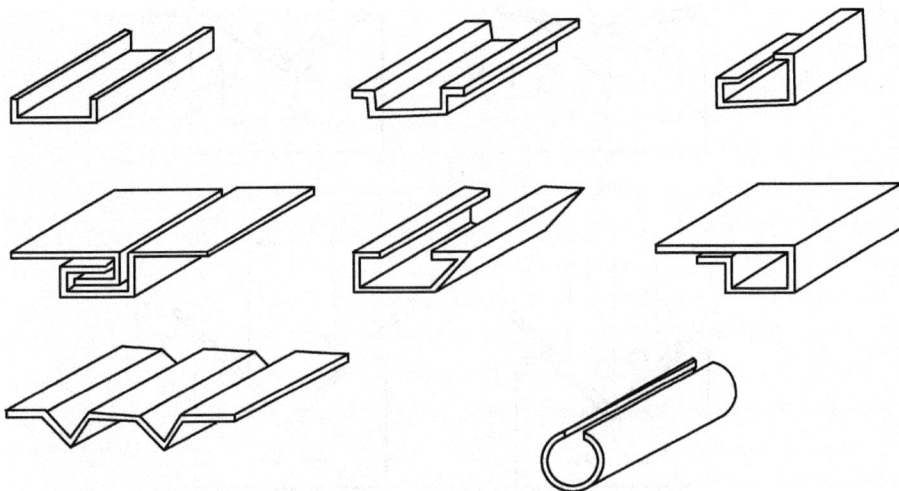

图 7-16　各种成形工件截面

1. 板料折弯方法

(1) 自由折弯

自由折弯法是最普遍使用的方法。自由折弯是利用凹模开口处的两棱边和凸模顶端的棱边进行折弯,由凸模进入凹模的深度确定折弯角度(参看图 7-17(a)、7-17(b))。自由折弯所需折弯力较小,模具受力较缓和,能延长模具使用寿命;其缺点是板料的厚度和力学性能的不一致性以及钢板轧制方向等都会造成折弯角度的变化。

板料厚度不大时,自由折弯角度误差为$\pm(1°\sim\pm1.5°)$,弯曲半径 $R \geqslant t$(板厚)。

(2) 校正折弯

校正折弯是凸模对工件的圆角和直边进行精压。在凸模向下运动过程中,毛坯角度会小于凹模角度而产生负回弹(参看图 7-17(c));到了行程终了时,凸凹模对毛坯进行校正,使其圆角、直边、弯曲半径全部与凸模靠紧(图 7-17(d))。可见,校正折弯能有效地克服回弹作用,从而获得很高的折弯精度。校正折弯角误差为$\pm15'$;可得到很小的折弯半径,即 $R < t$(板厚)。校正折弯所需的折弯力为自由折弯力的 $3\sim5$ 倍。这就要求模具有足够的强度和避免超载,同时还要求模具精密加工;在安装模具时,要求凸凹模精确地对中定位。可见,这种折弯法是一种较为昂贵的加工方法,因此,它通常只有在加工精度作为优先考虑因素时才被采用。

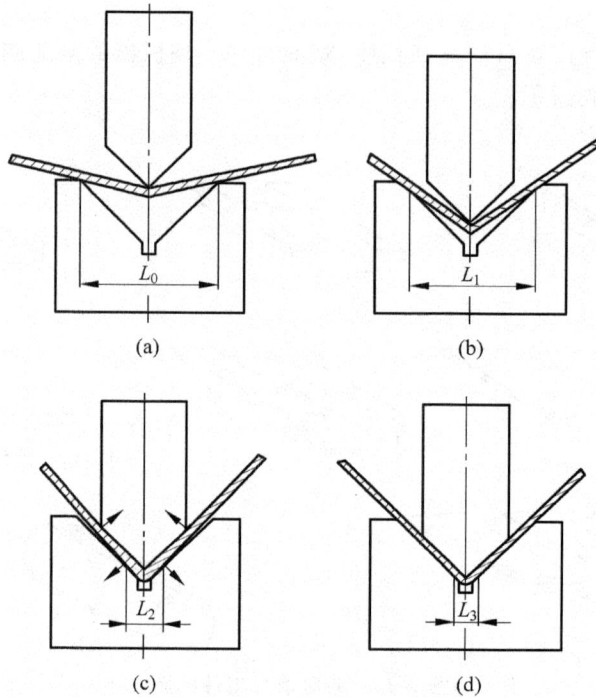

图 7-17　板料弯曲过程

(a) 自由折弯；(b) 自由折弯角度由凹模深度确定；
(c) 校正折弯的负回弹；(d) 校正折弯行程终了时板料形状

　　采用校正折弯时，凹模开口距对折弯板料厚度的合适比例为 6∶1。折弯板厚一般小于 2mm。否则将增加很大的折弯力。比如，板厚 $t=3$mm，$\sigma_b=4500$MPa，凹模开口宽度为 15mm 时，自由折弯力为 350kN/m。校正折弯力为 1050～1750kN/m，而模具允许的压力一般为 1000～1200kN/m。

　　(3) 三点折弯

　　三点折弯的工作原理如图 7-18 所示，在图示剖面内，凹模入口处的圆角与其柱销表面组成(1,2,3)三点，由这三点精确地确定折弯角度 γ。若改变可调节的柱销 Z 的高度，就可以得到不同的折弯角度。位于凸模 S 和滑块之间的液压垫 F 是为了补偿滑块和工作台的挠曲变形，使板料在冲弯过程中沿着凹模全长接触到这三个点。液压垫压力在整个折弯长度上均匀分布，使凸模的折弯力在折弯全长上也是均布的。整个凸凹模由若干 100mm 和 50mm 宽的分块模具组成。每块

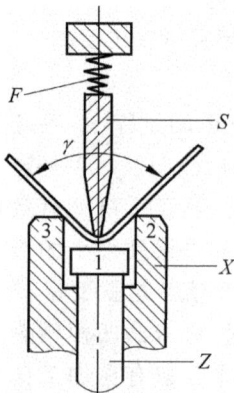

图 7-18　三点折弯法示意图

凸模为弹性支承,因此能自动适应凹模的折弯直线度和保证恒定的压力分布,这样就提高了折弯角度的精度和折弯角棱边的直线度。

三点折弯法的折弯角度误差为 $\pm 15'$,相当于校正折弯的精度。折弯厚度可达 20mm。当板厚超过 3mm 时,三点折弯法是得到精确折弯的惟一方法。这是因为除此之外,要想获得同样的折弯精度只有采用校正折弯,但其折弯力将超过模具所能承受的压力极限。

2. 板料折弯机的选择

若采用数控板料折弯工艺,首先应解决如何选用理想设备的问题。国内外数控板料折弯机几乎都是液压传动的。常用的有以下三种结构形式。

上动式即滑块带动凸模向下运动。为了保证滑块工作行程和回程时,不因滑块承受偏载和左右油缸管道阻力的差异造成滑块相对于工作台倾斜,从而影响工件成形质量,通常都配备滑块运动同步控制系统。上动式易于配备机械或液压同步控制系统。机械同步装置结构简单、造价低,且能获得一定的同步精度,但承受偏载能力较差,因此只适合于中小型液压板料折弯机。液压同步系统有机械液压伺服同步系统、电液伺服同步系统以及电子数字阀控制同步系统。这类同步系统的同步精度高,适合于要求高折弯精度的板料折弯机。但技术复杂,造价高。

下动式即滑块安装在机床下部,并带动凹模向上运动。工作油缸安置于滑块中央位置,公称力小时为单缸,公称力大时为三缸。由于工作油缸集中于滑块中部,使滑块与横梁变形一致,凸凹模具之间的间隙在滑块全长上比较均匀,故工件折弯精度较高。滑块回程靠自重,因而液压系统简单。下动式的优点是重量轻、结构紧凑、便于维修;缺点是同步精度不高;单作用缸解决滑块倾斜问题有困难;精确控制凸模进入凹模深度较难;不适用于冲切;且工作台上的凹模带着工件向上运行,操作者不易操作。

三点折弯式是根据上述三点折弯法工作原理工作的,三点折弯机优点在于折弯精度高,工艺用途广,并具备有四边成形机的功能。但机床结构复杂、成本高,目前售价相当于上动式二轴数控板料折弯机的两倍。

目前数控板料折弯机的坐标轴已从单轴发展到 12 轴。

3. 模具

数控板料折弯工艺中第二个要考虑的是模具问题。

板料折弯和模具形状各异,主要是根据折弯工件的形状设计模具。

(1) 通用模具

在自由折弯或校正折弯中普遍常用的模具称为通用模具。参看图 7-19 所示,凸模安装在滑块上,凹模连同模座安装在工作台上。

　　多数凹模四面都开有不同规格的槽口,以适应不同板厚的折弯。如图 7-20 所示,
V 形槽口的宽度从 4～48mm 不等。各 V 形槽口角度为 88°,由于钢板折弯后存在着回弹
现象,折弯 90°时,V 形槽口应小于 90°。凸模常用的有尖头形,直角头形、鹅颈形等,如
图 7-21 所示。

　　凹模材料多采用 5CrMnMo,CrWMn;凸模材料有 70 钢,9SiCr 等。

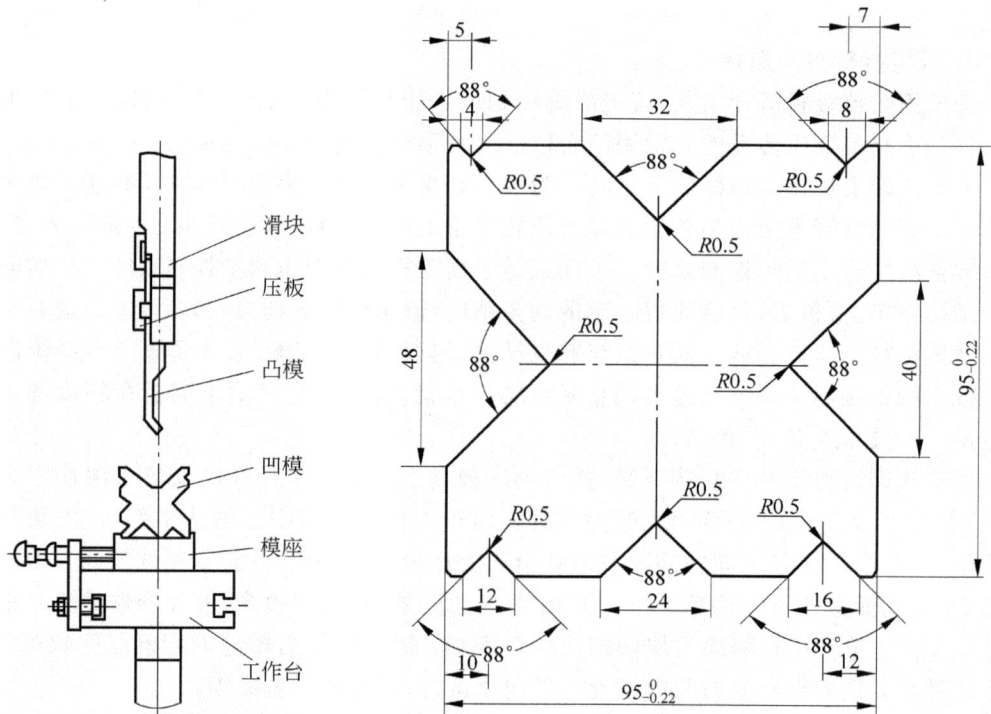

图 7-19　模具安装图

图 7-20　凹模实例

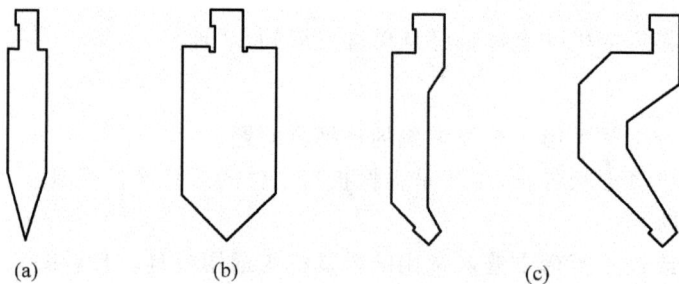

图 7-21　通用上模

(a)尖头凸模;(b)直角头凸模;(c)鹅颈凸模

（2）三点板料折弯机的模具

三点折弯机模具与传统折弯机模具有很大区别，前者是根据三点折弯法原理设计的。凸凹模基本模块宽度为 100mm，还有若干块宽度为 50～95mm，每块宽度尺寸相差 5mm 的标准中间块。

凸模种类繁多，可归为三类，一是尖头形，如图 7-22(g) 中⑤所示，适用于折弯板厚小于 2mm；二是鹅颈形，如图 7-22(g) 中⑥⑦⑧⑨⑩用于折弯中厚钢板；三是平端形，如图 7-22(g) 中⑪所示，主要用于压扁、校正折弯工艺。图 7-22(d) 用于四边双弯边左边带角的工件，凸模宽度 75～80mm；图 7-22(e) 用于四边双弯边右边带角的工件，凸模宽度 75～175mm；其中有宽度为 50mm 的中间模块；图 7-22(f) 是利用凸模夹持器校正折弯边的工艺状态；图 7-22(g) 中，夹持器①②、凸模⑤⑥⑦为标准件，其余为专用件。

凹模开口尺寸是重要的折弯参数，它与折弯板厚和折弯力有密切关系。在相同的板厚前提下，开口尺寸愈大，所需折弯力愈小；板厚愈厚，所需开口尺寸愈大。图 7-23(e) 是各种不同开口尺寸的凹模，适用于不同的板厚和折弯角度，其适用范围参看表 7-6。

4. 折弯精度

板料折弯精度是使用厂家尤为重视的一个方面内容，也是数控板料折弯工艺中需要考虑的问题。

（1）影响折弯精度的因素

数控板料折弯机的工作精度不仅包括设备本身的静态精度和动态精度，同时还与模具的形状、加工误差、折弯件坯料尺寸的误差及弯曲弹性恢复等都有很大关系。

板料折弯件的精度除受机床工作精度影响外，还受钢板弯曲回弹的影响。材料的弯曲变形是由弹性变形过渡到塑性变形，在塑性变形中不可避免地有弹性变形存在，致使工件的弯曲半径和折弯角度与所要求的尺寸不一致，称之回弹。例如，90°的折弯角，采用凸模将折弯钢板压于凹模底的所谓压底折弯，其回弹角 $\Delta\alpha$ 约为 1°～1.5°之多。影响回弹的因素很多，诸如：

① 材料的力学性能。回弹角与材料的屈服极限 σ_s 成正比，和弹性模数 E 成反比。

② 材料的相对弯曲半径。弯曲半径 R 与板厚 t 的比值为相对弯曲半径。R/t 表示弯曲带内的材料变形程度，当其他条件相同时，回弹角随 R/t 值的增大而增大。

③ 折弯件的形状。一般 U 形件回弹量小于 V 形件的。

④ 折弯方法。自由折弯回弹量最大，校正折弯回弹量最小，压底折弯处于两者之间。

⑤ 材料轧制后的纤维组织。当折弯线与材料的轧制纤维方向垂直时，回弹量小；当折弯线与材料碾压纤维方向平行时，回弹量大。

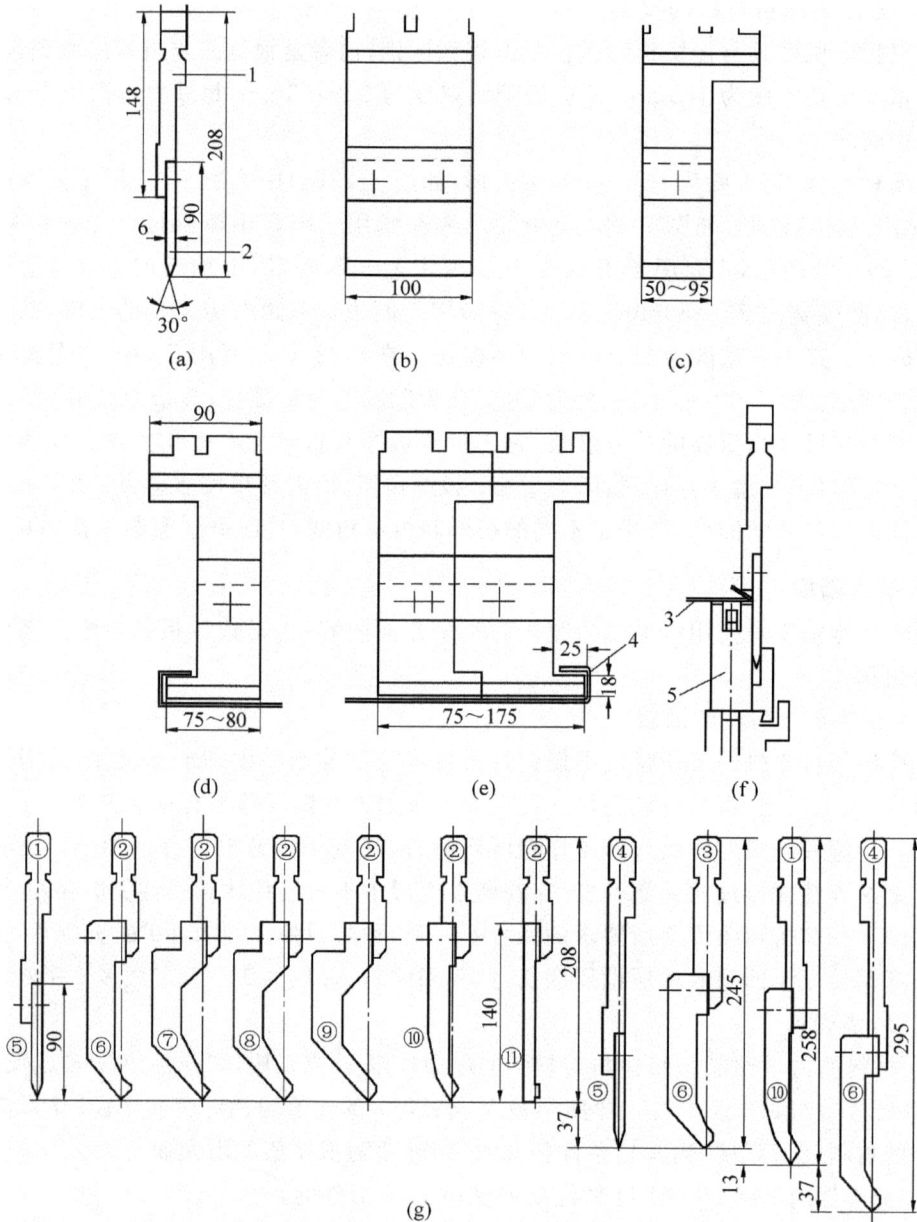

图 7-22 凸模及其夹持器

(a) 凸模截面图；(b) 基本模块；(c) 中间模块；(d) 左边带角模块；

(e) 右边带角模块和中间块；(f) 校正、压边工艺；(g) 标准和专用凸模

1—夹持器 2—凸模 3、4—工件 5—凹模

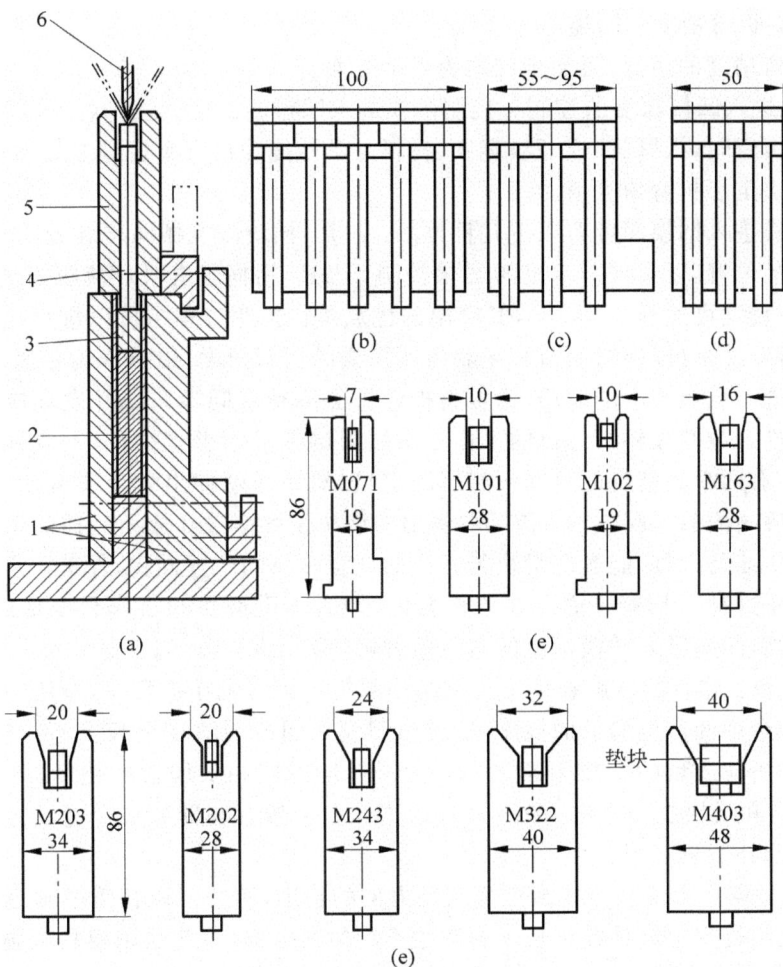

图 7-23 凹模及其适用范围

(a) 凹模总成；(b) 基本模块；(c) 中间模块；(d) 终止模块；(e) 各种规格凹模

1—模座 2—斜块机构 3—中间板 4—柱销

表 7-6 凹模开口及其使用范围

模具号	M071	M101	M102	M163	M203	M202	M243	M322	M403
凹模开口/mm	7	10	10	16	20	20	24	32	40
板料厚度/mm	0.5~1	0.7~2	0.7~2	2~3	2~3.5	2~3.5	2.5~4	3.5~5	4~6
折弯角度(°)	30~180	30~180	85~180	45~150	60~160	85~180	60~140	85~170	70~115[①] 115~180[②]

① 无垫块时折弯角度；

② 有垫块时折弯角度。

（2）提高折弯精度的措施

提高折弯精度的措施,可初步归纳为 6 个方面:

① 凸模进入凹模深度的控制。控制凸模进入凹模的深度,是板料折弯机最重要的控制。在自由折弯时,板厚、凹模开口宽度、材料力学性能和折弯半径等参数确定后,凸模进入凹模深度决定了折弯角度值。

控制凸模进入凹模深度有以下几种方法:一是,挡块与机械同步装置结合,用伺服电机控制挡块的位置,以实现折弯机的 Y 轴控制;二是,用伺服电机对液压挡块进行位置控制,重复定位精度可达到 0.05mm,其突出的优点是在折弯过程中可以进行挡块位置的调节,尤其试折弯时,可以连续调节直至获得所需要的折弯角度,给操作者带来方便;三是,液压同步系统。数控技术的应用,为板料折弯机的高精度同步系统开发和应用提供了极为有利的条件。数控板料折弯机的工作台两端固定有 C 形臂,它具有与立柱相同的喉口深度,上面装有两根高精度的直线传感器的定尺,滑块两端伸出臂上装有动尺,两个油缸各有一个伺服阀或数字阀供油;传感器测出的滑块位移信号经放大后控制伺服阀或数字阀向油缸的供油量,因此能实现滑块行程中的任意一点的位置同步,保证了滑块与工作台的平行。由于这种 C 形臂是固定在工作台的两端,不受滑块和工作台变形的影响,因此同步精度很高,凸模进入凹模深度的定位精度可达到 ±0.01mm。

② 滑块和工作台的挠度补偿。传统结构的板料折弯机在折弯时,滑块中间产生向上的挠度,工作台中间产生向下的挠度,造成凸凹模之间的间隙在全长上不一致,中间大两端小,是影响折弯质量的主要因素之一。为了补偿滑块和工作台的挠度,可采用以下措施:使工作台和滑块挠度方向一致;滑块或工作台上布置辅助油缸产生反方向挠度或工作台中间凸起补偿挠度等。

③ 模具微调。滑块和工作台产生相反方向的挠度,即使采取补偿措施也难以完全消除,而且在使用过程中模具在全长上会产生不均匀的磨损,因此采用模具微调机构能有效地提高折弯精度。

④ 折弯角度的自动测量。在折弯过程中,对折弯角度进行连续测量,并与给定值进行比较,达到预定角度时,滑块停止运动,这将大大提高折弯角的精度。

⑤ 钢板厚度自动测量。无论热轧或冷轧钢板都存在厚度偏差,当凸模进入凹模深度及凹模开口宽度等参数确定后,板厚的变化就会引起折弯角的变化。输入数控系统的板厚参数也只是名义值,因此实现板料厚度自动测量,并将所测出的偏差值反馈给 CNC,对凸模进入凹模的深度作修正,是提高折弯角度精度的好办法。

⑥ 采用三点折弯法可有效地提高折弯精度。

5. 折弯工艺力的确定

折弯工艺力分为以自由折弯为基础的工艺力和三点折弯工艺力。

（1）自由折弯和校正折弯工艺力

在确定工艺力之前需了解如下几个概念和参数：

① 模具比 i。凹模开口宽度 W 与板料厚度 t 的比值称为模具比，即 $i=\dfrac{W}{t}$。

当折弯板料为低碳钢（材料抗拉强度为 4400MPa），在自由折弯时，经验证明采用模具比会获得最佳的折弯效果。对板厚为 12.7mm 以下的板料，一般选择模具开口尺寸为 8 倍于板料的厚度即模具比为 8∶1；板厚 12.7～19.2mm 的模具比为 10∶1；板厚在 19.2mm 以上的模具比为 12∶1。这三种比例称为标准模具比。

当然，根据具体情况也可采用其他的模具比。如机床在没有用足额定工艺力，或折弯有特殊折弯半径板材时，就可以采用非标准模具比，但将出现模具比增大时，所需工艺力小，折弯半径增大；模具比减小时，工艺力增大，折弯半径减小。假如凹模开口距过小，则由于弯曲半径减小，可能会使折弯层断裂。此外还应注意避免机床超负荷。

② 折弯半径（内半径）。在自由折弯时，不管板料厚度如何，最适宜的折弯半径约等于凹模开口距的 0.156 倍。折弯半径小于或等于板料厚度时，弯曲层很容易断裂，因此要得到较小的折弯半径，就应采用校正折弯法。校正折弯时，板料的折弯角度与凸模的角度形状相同，所以根据凸模头部圆角半径就能确保板料的折弯半径。这样，折弯半径对计算折弯力具有重要的作用，再加上材料有压延特性，因而在计算校正折弯力时，需考虑折弯力系数（F）。自由折弯工艺力计算公式：

$$P = \frac{C \times \sigma_b \times t^2 \times l}{W} \tag{7-2}$$

式中：P——每米所需折弯力（kN）；

σ_b——材料抗拉极限强度（MPa）；

t——折弯板料厚度（mm）；

l——折弯板料长度（m）；

W——凹模开口宽度（mm）；

C——弯曲系数（见表 7-7）。

表 7-7　弯曲系数 C

模具比（i）	4	5	6	7	8	9	10	11	12
弯曲系数（C）	1.80	1.72	1.55	1.47	1.44	1.32	1.28	1.14	0.82

校正折弯工艺力计算公式：

$$T = 10F \times K \times \sigma_b \times t^2 \tag{7-3}$$

式中：T——每米所需要的折弯力(kN)；

σ_b——材料抗拉极限强度(MPa)；

t——折弯板料厚度(mm)；

K——校正折弯常数,取 1.55；

F——折弯力系数(见表 7-8)。

表 7-8　折弯力系数 F

弯曲半径(R)	$4t$	$3t$	$2t$	t	$2/3t$	$1/2t$	$1/3t$	$1/5t$
折弯力系数(F)	4.5	3.5	2.5	1	2	2.5	3.5	5

（2）三点折弯工艺力

钢板抗拉极限强度为 4500MPa 时,每米需要折弯力的近似值是：

$$T = 4500\frac{t^2}{W} \times 1.3 \tag{7-4}$$

式中：T——每米所需要的折弯力(kN)；

t——折弯板料厚度(mm)；

W——凹模开口宽度(mm)。

6. 加工实例

以三点折弯方法为例。为使读者从感性上加深对三点折弯工艺的认识,现以 3 个零件的折弯工艺说明。

图 7-24 是我国某纺织机械厂采用三点折弯工艺加工的零件,其工艺效果十分明显。

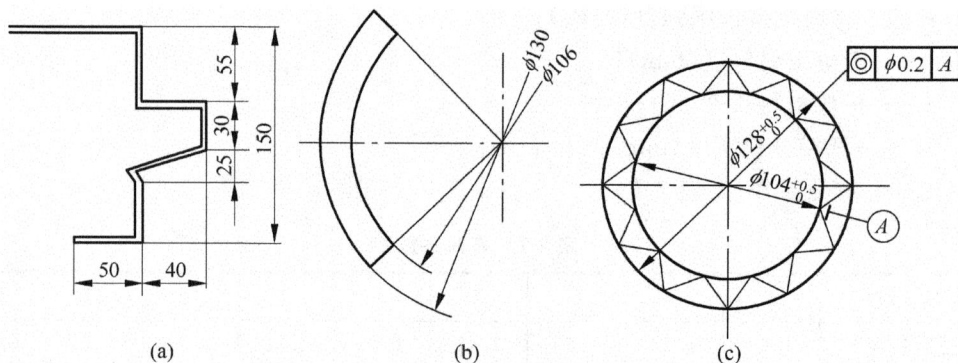

图 7-24　三点折弯工艺加工的部分典型零件

(a) 不锈钢异形槽体；(b) 组合穿线槽体；(c) 不锈钢罗拉

图 7-24(a)所示零件材料为 2mm 的不锈钢板,全长 3m,分两侧共 14 道折弯成形工序,按要求成形后其不锈钢表面不得有任何拉毛、划伤,其盖和槽体成形后安装时上下成形轮廓应完全吻合。该零件按传统工艺分别在 160t,80t 折弯机和 315t 油压机上用两套通用模具和一套精制的专用整形模经多次互转加工,并经三次人工修整工序,用 12.2h 加工完成,最后尚需抛光处理。用数控三点折弯机加工,仅用 15min 在一台机床一次全部折弯成形,效率为常规折弯工艺的 49 倍,而且无需成型模具准备,大大缩短了互转周期,成批加工精度稳定,产品质量远比常规工艺高。

图 7-24(b)零件的材料为 LY8,厚度 $t=12mm$,要求由四块板折弯拼合成 $\phi106mm\times\phi130mm\times3110mm$ 圆筒,内圆经弧面样板检查,接触面不得少于 2/3,接触点均布,四块结合缝<0.3mm,且内圆弧面压成 48 条沿全长 2mm×1.5mm(宽×深)的 V 型均布的穿线槽,槽上钻有 5839 个 $\phi5mm$ 及 $\phi2mm$ 孔,该件曾多次寻求外协加工未成,后采用数控三点折弯工艺成功地解决了。

图 7-24(c)所示零件,原用冷拔铝合金异型管制造,成本高昂,后改造为厚度 $t=0.7mm$ 的不锈钢折弯罗拉,全长 940mm,经 24 道折弯成形工序,不仅要求同时保证其内圆、外圆直径公差,还要保证内、外圆同轴度为 0.2mm,该零件采用数控三点折弯工艺获得成功,对纺织机械中大量罗拉技术改造具有重大意义。

图 7-25 所示折弯零件,工件厚度为 2mm,材料为 20 钢,试分析其数控板料折弯工艺。

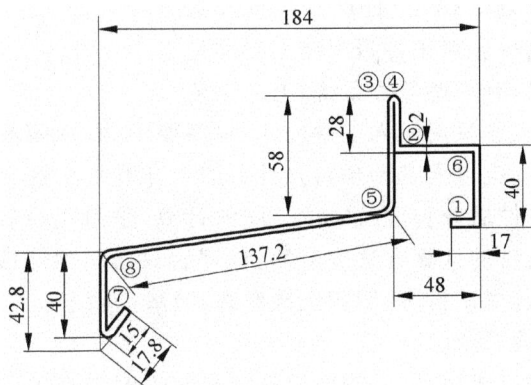

图 7-25 加工零件图

(1) 零件的工艺分析

该零件包含了小于 90°,大于 90°,90°和压死边等较完整的折弯工艺过程。编程时首先应分析设备、系统加工工艺上的可能性,如压死边操作,对零件最小后定位尺寸的可能性,零件模具工艺尺寸上可能的干涉等。

（2）模具的选择

一般按工件厚度的 8 倍选用下模口宽度，上述工件厚度为 2mm，选模口宽度 16mm。

（3）折弯顺序

先查表确定最小定位尺寸应大于 12mm。再进一步判定折弯工序顺序，图 7-26 为折弯工艺图。判定折弯顺序的原则是，在折弯全过程中，不得失去定位基准（有时因干涉等工艺上的需要，往往将失去定位基准的工序先预压 170°的折弯痕作为随后进一步折弯成形定位标准之用，能解决一些复杂的工艺定位问题）或折弯时产生干涉，如本例中的工序⑦和工序⑧如果对调，将同时产生失去定位基准和上模折弯干涉问题。在制定折弯顺序时，应尽可能考虑对精度要求高的折弯边折弯尺寸和定位基准尺寸的一致，以提高尺寸公差严格的折弯边的折弯精度。此外，还应考虑定位时重量大的一侧由机床托架支撑，以及尽量减少折弯过程工件翻转次数，以减轻工人劳动强度。

（4）工件展开长度及折弯定位长度的计算

正确制定折弯工序后，进行工件展开长度及折弯定位长度的计算。这一步对工件折弯精度影响是重大的。值得提出的是，有一些数控系统，上述工

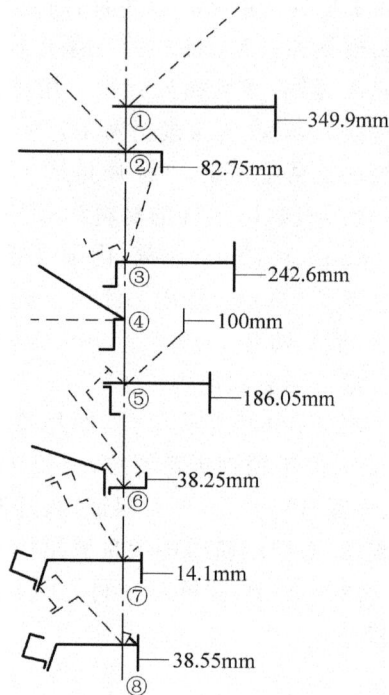

图 7-26　折弯工艺图

过程全是自动的，操作人员只需输入工件尺寸、材料厚度、材质等参数，即可展开计算，零件加工程序均自动生成（也可人工干预），并具有加工过程图像显示及仿真功能。

本章加工实例中工件展开长度及定位长度的计算，是沿用有影响的瑞士 WS 公司数控三点折弯机准确而简易的计算方法确定的，计算后只需稍加修改即可。当然也可用常规经验方法计算展开长，由试折弯（用调试操作方式）修正确定。

（5）对零件进行编程及加工

上述工艺分析全部完成后，即可按数控系统操作说明书有关规定对零件进行编程及加工。

通过图 7-25 零件实例，可体会出在数控三点折弯机上加工一个零件应考虑和注意的工艺问题。

7.3　数控电脉冲加工工艺

7.3.1　数控电火花成形加工工艺

1. 电加工工艺参数的选定

(1) 电极极性的选择

工具电极极性一般选择原则是：铜电极对钢：选"＋"极性；铜电极对铜：选"－"极性；铜电极对硬质合金："＋"、"－"极性都可以；石墨电极对铜：选"－"极性；石墨电极对硬质合金：选"－"极性；石墨电极对钢：加工 R_{max} 为 $15\mu m$ 以下孔，为"－"极，加工 R_{max} 为 $15\mu m$ 以上孔，为"＋"极性；钢电极对钢：选"＋"极性。

(2) 加工峰值电流和脉冲宽度的选择

加工峰值电流和脉冲宽度主要影响加工表面粗糙度、加工宽度。选择好这一对参数很重要，这要靠加工经验以及机床的电源特性。一般来说，机床制造厂家会提供一个电源指标范围，如最大加工峰值电流，最小加工峰值电流，最大加工脉冲宽度，最小脉冲宽度，这样就可以把这些加工峰值电流及脉冲宽度分为三个区域，即粗加工区，半精加工区，精加工区。精加工区的峰值电流及加工脉冲宽度最小，最小加工峰值电流可达 1/6 的最大加工峰值电流和 1/30 最大脉冲宽度，半精加工区为 1/6 的最大加工峰值电流和 1/30 最大脉冲宽度，至 1/2 的最大加工峰值电流和 1/12 最大脉冲宽度；最后剩下的即为粗加工区域。加工时，操作者可以根据实际加工情况加以修正。为达到最终加工要求精度，粗糙度值较低，则最终加工峰值电流和脉冲宽度选择时要偏下限。对粗加工，因为后续还有半精加工、精加工，所以其加工峰值电流和脉冲宽度可以偏大，以获得大的加工速度。对半精加工，主要是为了去除粗加工留下的加工痕迹及去除少量余量，所以峰值电流及脉冲宽度一般取中间值。

(3) 脉冲间隙时间的选择

脉冲间隙时间影响加工效率，但过短的间隙时间会引起放电异常，所以选择时重点考虑排屑情况，以保证正常加工。

2. 预加工

提高加工效率的一般方法有：

(1) 工件预加工

在电火花加工中去除金属余量，直接影响加工效率，所以在电加工前必须使工件有恰当的加工余量。原则上电加工余量越少越好，只要能保证加工成形即可。一般来说，电火花成形加工余量，对型腔的侧面单边余量要求为 0.1～0.5mm，底面余量要求为 0.2～0.7mm，如果是盲孔或台阶型腔，一般侧面单边余量为 0.1～0.3mm 之间，底面余量在 0.1～0.5mm 之间。

（2）蚀出物去除

电加工中产生的蚀出物的去除情况好坏,直接影响加工质量,所以在加工中要保证有良好的排屑环境。

排屑方法有以下三种:

① 冲液法。在工件或电极上开加工液孔,让工作液从中流过,如图 7-27 所示。

② 抽液法。和冲液法相反。

③ 在工件或电极不能开加工液孔时,可用喷射法,如图 7-28 所示。

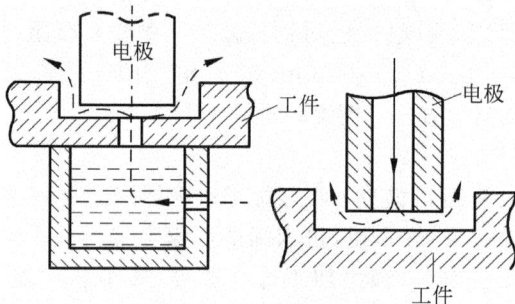

图 7-27　冲液法

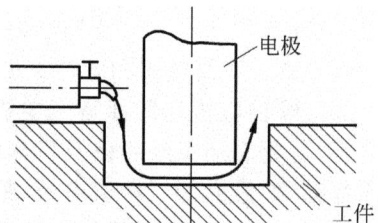

图 7-28　喷射法

3. 加工方式选定

加工方式选定是指用多电极多次加工,还是用单电极加工,是否采用摇动加工等。加工方式的选择要视具体情况而定。一般情况多电极多次加工的加工时间较长,需要电极定位正确,但这种方法工艺参数选择比较简单。单电极加工一般用于型腔要求比较简单的加工。对于一些型腔粗糙度、形状精度要求较高的零件,可以采用摇动加工方式。数控电火花加工机床的摇动方式一般有如下几种。

① 放射运动。从中心向外作半径为 R 的扩展运动,边扩展边加工,如图 7-29(a)所示。

② 多边形运动。从中心向外扩展至 R 位置后,作多边形运动加工,如图 7-29(b)所示。

③ 任意轨迹运动。用各点坐标值(x,y)编程,后再动作,如图 7-29(c)所示。

④ 圆弧运动。从中心向半径 R 方向作圆弧运动,同时加工,如图 7-29(d)所示。

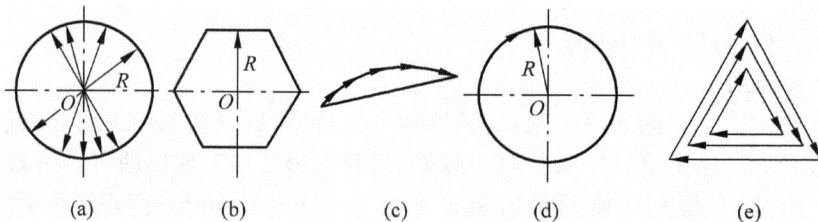

(a)　　　　(b)　　　　(c)　　　　(d)　　　　(e)

图 7-29　摇动加工方式

(a)放射摇动;(b)多边形摇动;(c)任意轨迹摇动;(d)圆弧摇动;(e)自动扩大摇动

⑤ 自动扩大加工。对以上 4 种运动方式,顺序增加 R 值,同时移动进行加工,如图 7-29(e)所示。

⑥ 螺旋式。从中心向外作半径为 R 的扩展运动,并以螺旋线形式下降。

综上所述,电火花加工工艺安排,一般按以下流程进行:

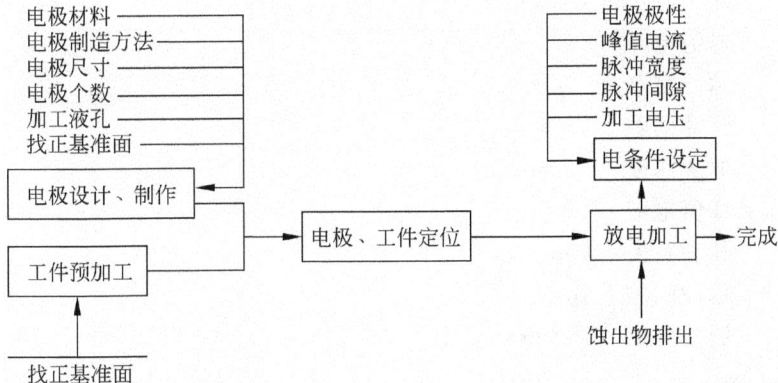

4. 加工实例——纪念币模具加工

(1) 零件的工艺分析

纪念币的纹路细,要求电极损耗小,另外要求光泽好。

纪念币尺寸:ϕ38mm,型腔深 1.2mm,如图 7-30 所示。

(2) 选择设备

根据加工要求,选择三菱 M25C6G15 型机床。

(3) 加工工艺安排

① 电极:选用电铸电极。

② 电极极性:"+"。

③ 工件预加工:模板上下面平磨,四边平面用作定位面。

④ 电极安装:以 ϕ9mm 铜柄作装夹柄并调整其垂直度,要求倾斜度小于 0.007mm。

⑤ 排屑方法:两边喷射,压力 0.3MPa。

⑥ 电条件选择:分粗、半精、精、光整四次加工。

粗加工:　峰值电流　10A

　　　　　脉冲宽度　90μs

　　　　　脉冲间隙　60μs

图 7-30　纪念币

```
                加工深度    1.0mm
    半精加工：  峰值电流    5A
                脉冲宽度    32μs
                脉冲间隙    32μs
                加工深度    1.1mm
    精加工：    峰值电流    2A
                脉冲宽度    16μs
                脉冲间隙    16μs
                加工深度    1.16mm
    光整加工：  峰值电流    1A
                脉冲宽度    4μs
                脉冲间隙    4μs
                加工深度    1.2mm
```

7.3.2　数控电火花线切割加工工艺

1. 数控线切割加工概述

电火花线切割加工是在电火花加工基础上发展起来的一种新的工艺形式，是用线状电极（铜丝或钼丝）靠火花放电对工件进行切割，故称为电火花线切割。电火花线切割加工机床的运动由数控装置控制时，称为数控线切割加工。

数控线切割加工的基本原理是利用移动的细金属丝（铜丝或钼丝）作为工具电极（接高频脉冲电源的负极），对工件（接高频脉冲电源的正极）进行脉冲火花放电而切割成所需的工件形状与尺寸。

根据电极丝的运行速度，数控线切割机床通常分为两大类：一类是快走丝数控线切割机床，这类机床的电极丝作高速往复运动，一般走丝速度为 $8\sim12\text{m/s}$；另一类是慢走丝数控线切割机床，这类机床的电极丝作低速单向运动，一般走丝速度为 0.2m/s。下面就这两类机床的特点和应用作简要叙述。

（1）快走丝数控线切割机床

快走丝数控线切割机床通常使用钼丝作为电极，线切割速度可达 $350\text{mm}^2/\text{min}$，即单位时间内电极丝中心线在工件上切过的面积总和为 $350\text{mm}^2/\text{min}$；切割零件的表面粗糙度一般为 $R_a1.25\sim2.5\mu\text{m}$，最佳也只有 $R_a1\mu\text{m}$；线切割零件的加工精度在 $0.01\sim0.02\text{mm}$ 左右。

（2）慢走丝数控线切割机床

慢走丝数控线切割机床使用铜丝作为加工电极，且铜丝仅使用一次，不重复使用。线切割速度为 $40\sim80\text{mm}^2/\text{min}$，即单位时间内电极丝中心线在工件上切过的面积总和为

$40\sim 80\text{mm}^2/\text{min}$；所加工的工件表面粗糙度一般可达 $R_a1.25\mu\text{m}$，最佳可达 $R_a0.2\mu\text{m}$ 左右；零件的加工精度在 $0.002\sim 0.005\text{mm}$ 左右。所以在加工高精度零件时，慢走丝数控线切割机床得到了广泛的应用。

（3）数控线切割加工的应用

数控线切割加工为新产品的试制、精密零件及模具加工开辟了一条新的途径，主要应用于以下几个方面。

① 加工模具。

② 加工电火花成形加工用的电极。

③ 加工零件。在试制新产品时，用线切割在板料上直接割出零件，由于无须另制造模具，可大大缩短制造周期、降低成本。加工薄件时还可多片叠在一起加工。在零件制造方面，可用于加工品种多、数量少的零件，特殊难加工材料的零件，材料试验样件，各种形孔、凸轮、样板、成形刀具，同时还可以进行微细加工和异形槽加工等。

在选择数控线切割机床时一般情况都选快走丝数控线切割机床，只有在加工高精度零件时，才选择慢走丝数控线切割机床。

2. 数控线切割加工工艺分析

数控线切割加工时，为了使工件达到图样规定的尺寸、形状位置精度和表面粗糙度要求，必须合理制定数控线切割加工工艺。只有工艺合理，才能高效率地加工出质量好的工件。下面就数控线切割加工工艺分析的主要问题进行讨论。

（1）零件图工艺分析

零件图分析对保证工件加工质量和工件的综合技术指标是有决定意义的一步。首先，对工件图进行分析以明确加工要求。其次，对工件上已加工表面进行分析确定哪些面可以作为工艺基准，采用什么方法定位。在确定工艺基准时，除了遵循基准选择原则外，还应从数控加工的特点出发，使工序尺寸的标注方便编程。此外，还要分析工件的形状及材料热处理后的状态，考虑是否会在加工过程中发生变形，哪些部位最容易变形。线切割加工往往是最后一道工序，如果发生变形则难以弥补。应在加工中采取措施。从而制订出合理的加工路线。

（2）工艺基准的选择

① 分析选择主要定位基准以保证将工件正确、可靠地装夹在机床或夹具上。应尽量使定位基准与设计基准重合。

② 选择某些工艺基准作为电极丝的定位基准，用来将电极丝调整到相对于工件正确的位置。对于以底平面作主要定位基准的工件，当其上具有相互垂直而且又同时垂直于底平面的相邻侧面时，应选择这两个侧面作为电极丝的定位基准。

（3）加工路线的选择

在加工中，工件内部应力的释放要引起工件的变形，所以在选择加工路线时，尽量避免破坏工件或毛坯结构刚性。因此要注意以下几点：

① 避免从工件端面由外向里开始加工，破坏工件的强度，引起变形。应从穿丝孔开始加工，如图 7-31 所示。

图 7-31　加工路线选择之一

(a) 错误，从工件端面由外向里开始加工；(b) 正确，从穿丝孔开始加工

② 不能沿工件端面加工，这样放电时电极丝单向受电火花冲击力，使电极丝运行不稳定，难以保证尺寸和表面精度。

③ 加工路线距端面距离应大于 5mm，以保证工件结构强度少受影响而发生变形。

④ 加工路线应向远离工件夹具的方向进行加工，以避免加工中因内应力释放引起工件变形。待最后再转向工件夹具处进行加工。

⑤ 在一块毛坯上要切出两个以上零件不应该一次切割出来，而应从不同穿丝孔开始加工，如图 7-32 所示。

图 7-32　加工路线选择之二

(a) 错误，从同一穿丝孔开始加工；(b) 正确，从不同穿丝孔开始加工

（4）确定穿丝孔的位置

① 当切割凸模需要设置穿丝孔时，位置可选在加工轨迹的拐角附近以简化编程。

② 切割凹模等零件的内表面时，将穿丝孔设置在工件对称中心对编程计算和电极丝定位都较为方便。但切入行程较长，不适合大型工件采用。

③ 在加工大型工件时，穿丝孔应设置在靠近加工轨迹边角处或选在已知坐标点上使运算简便，缩短切入行程。

④ 在加工大型工件时，还应沿加工轨迹设置多个穿丝孔，以便发生断丝时能就近重新穿丝，切入断丝点。

穿丝孔的设置具有一定灵活性，应根据具体情况确定。

（5）确定加工参数

加工参数主要包括脉冲宽度、脉冲间隙、脉冲频率、峰值电流等电参数和进给速度、走丝速度等机械参数。在电火花加工中，提高脉冲频率或增加单个脉冲的能量都能提高生产率，但工件表面粗糙度和电极丝损耗也随之增大。因此，应综合考虑各参数对加工的影响，合理地选择加工参数，在保证工件加工精度的前提下，提高生产率，降低加工成本。

① 脉冲宽度

脉冲宽度是指脉冲电流的持续时间。在其他加工条件相同的情况下，切割速度随着脉冲宽度的增加而增加。但是，电蚀物也随之增加，当脉冲宽度增加到使电蚀物来不及及时排除时，就会使加工不稳定、表面粗糙度增大，反而使切割速度降低。

② 脉冲间隔

其他条件不变，减小相邻两个脉冲之间的时间，相当于提高了脉冲频率增加的单位时间内的放电次数，使切割速度提高。但是，当脉冲间隙减小到一定程度之后，电蚀物不能及时排除，加工间隙的绝缘强度来不及恢复，破坏了加工的稳定性，也会使切割速度下降。

③ 峰值电流

峰值电流是指放电电流的最大值。峰值电流对切割速度的影响也就是单个脉冲能量对加工速度的影响，它和脉冲宽度对切割速度和表面粗糙度的影响相似，但程度更大些。因此，合理的增大脉冲电流的峰值，对提高切割速度是最为有效的。但电极丝的损耗也随之增大。容易造成断丝，欲速而不达。

④ 线切割加工的生产率

单位时间内所切割工件的面积为线切割加工切割速度，亦即生产率。也就是通常所说的加工快慢，因此，也有用电极丝沿加工轨迹的进给速度作为电火花线切割加工的切割速度。但是，即便加工参数相同，对不同的工件厚度，进给速度是不一样的。因此采用电极丝沿加工轨迹的进给速度乘以工件厚度来表示电火花线切割加工的速度是比较科学的。其公式为：

$$v_A = v_f H = A/t = HL/t \tag{7-5}$$

式中：v_A——电火花切割加工的切割速度（mm²/s）;

v_f——加工进给速度（mm/s）;

H——工件厚度（mm）;

A——切割面积（mm²）;

t——切割时间（s）;

L——切割轨迹长度（mm）。

（6）加工实例——防松垫圈的加工

某机床在维修中，防松垫圈在拆卸时损坏，经测绘尺寸如图 7-33 所示。要求按图中尺寸加工配件。

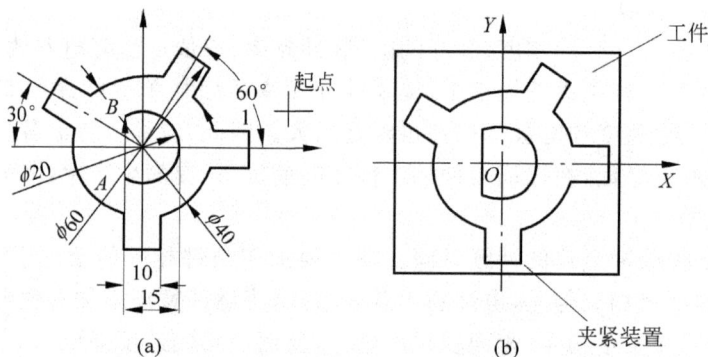

图 7-33 防松垫圈线切割实例

（a）防松垫圈；（b）垫圈在板料上的位置及定位坐标

① 工艺分析

对于一时买不到需要自己加工的配件，应按单件生产来处理。尽管该零件为冲压件，但从加工成本角度考虑，采用不用制作模具的铣削和线切割方法都可行，但考虑到该零件很薄，不易铣削，故选用线切割方法最为合理。

② 机床的选择

由于该零件精度要求不高，故采用快走丝数控线切割机床。

③ 确定工艺基准

选择底平面作为定位基准面，选择孔的中心作为工序尺寸基准，并作为加工内孔时的穿丝点。

④ 确定加工路线

加工内孔时对工件的强度影响不大，采用顺、逆圆加工都可。加工外轮廓时，应向远离工件夹具的方向进行加工，以避免加工中因内应力释放引起工件变形。待最后再转向接近工件装夹处进行加工，若采用悬臂式装夹，应从起点开始逆时针方向加工。

⑤ 加工参数的确定

电极丝直径 $\phi0.15$mm,放电间隙 $0.01\mu s$。

⑥ 编制加工程序(略)

本章小结

本章主要分析数控磨削、数控冲压、数控电脉冲加工工艺。

由于在数控磨床的拥有量中数控外圆磨床占 50% 以上,因此数控外圆磨床是用户考虑数控磨削时首选的一类工艺装备。数控外圆磨削也是比较常见的精加工工艺。本章主要分析数控外圆磨削。数控外圆磨床与普通外圆磨床比较,在磨削范围上有较大的扩展,除了磨削圆柱面、圆锥面或阶梯轴肩的端面外,还可磨削圆环面,以及上述各种形式复杂的组合表面;在进给量上,数控外圆磨床除横向(X 轴)和纵向(Z 轴)进给外,还可以两轴联动,任意角度进给(切入或退出),以及作圆弧运动等,数控外圆磨床在磨削量的控制、自动测量控制、修正砂轮和补偿等方面都有独到之处。数控外圆磨削方式分为:一般直轴外圆及轴肩端面的磨削,复杂外圆形面的磨削,测量磨削。数控磨削加工工艺参数的设定,应从工件形状、硬度、刚性及夹具等工艺系统各部分的因素综合考虑,同时还要注意砂轮、修整器金刚石的选择,以及考虑编程方式,修整条件等。对于零件的数控磨削加工工艺的分析一般从零件图工艺分析、选择设备、工艺方案的确定、数控磨削加工工艺参数等几方面进行。

加工设备、模具和材料这三大要素构成了用来改变工件形状和尺寸的冲压工艺系统。进行冲压工艺的传统加工设备主要有三类:压力机、剪板机和折弯机;加工的原材料主要是卷料和板材;模具主要包括冲压模、剪切模和折弯模。因此,冲压加工的特点就是用这些加工设备,通过模具对材料进行冲压、剪切和折弯等完成工件的加工过程。数控冲压加工就是在冲压加工中采用数控技术,充分发挥数控冲压设备的加工过程自动控制和生产效率高的特点,对传统的冲压工艺进行变革,实现用小模具冲压加工形状复杂的大工件。该节主要介绍的内容为数控冲模回转头式压力机冲压工艺、数控直角剪板工艺、数控板料折弯工艺。

数控电脉冲加工工艺部分主要介绍数控电火花成形加工工艺过程、数控电火花线切割加工工艺。对于数控电火花成形加工工艺主要应掌握电加工工艺参数的选定、预加工、加工方式选定等方面的内容。数控电火花线切割加工在模具等行业中应用广泛,但由于属于电加工,故在工艺问题上与切削加工有所区别。在分析时一般考虑的问题有:工件图工艺分析、工艺基准的选择、加工路线的选择、确定穿丝孔的位置、确定加工参数。

习题 7

1. 数控线切割加工工艺分析的主要问题是什么？
2. 如何确定数控磨削加工工艺参数？
3. 数控板料折弯的方法有哪些？如何选用数控板料折弯机模具？
4. 电加工工艺参数如何选择？
5. 简述数控电火花线切割加工工艺的主要内容。
6. 数控电火花加工机床的摇动方式一般有哪几种？
7. 电火花加工工艺如何安排？

参 考 文 献

1　孙学强编著. 机械加工技术. 北京：机械工业出版社，2003

2　王维编著. 数控加工工艺及编程. 北京：机械工业出版社，2001

3　陈日曜. 金属切削原理. 第二版. 北京：机械工业出版社，2002

4　陆剑中，孙家宁. 金属切削原理与刀具. 第三版. 北京：机械工业出版社，2001

5　太原市金属切削刀具协会. 金属切削实用刀具技术. 第二版. 北京：机械工业出版社，2002

6　袁哲俊. 金属切削刀具. 第二版. 上海. 上海科学技术出版社. 1993

7　赵如福. 金属机械加工工艺人员手册. 第三版. 上海：上海科学技术出版社. 1990

8　肖诗钢. 刀具材料及其合理选择. 北京：机械工业出版社. 1990

9　艾兴，肖诗钢. 切削用量手册. 第三版. 北京：机械工业出版社. 1994

10　张文宽，李常山，郑文虎，张文江. 车工实用技术问答. 北京：北京出版社. 1996

11　陈野，何松华，王开和，邢鸿雁. 铣工考工题解. 北京：兵器工业出版社. 1992

12　宋小春，张木青. 数控机床编程与操作. 广州：广东经济出版社. 2002

13　肖继德编著. 机床夹具设计. 北京：机械工业出版社，1999

14　陈立德编著. 工装设计. 上海：上海交通大学出版社，1999

15　刘守勇编著. 机械制造工艺与机床夹具. 北京：机械工业出版社，2000

16　许祥泰，刘艳芳编著. 数控加工编程实用技术. 北京：机械工业出版社，2001

17　陈洪涛编著. 数控加工工艺与编程. 北京：高等教育出版社，2003

18　张超英，罗学科编著. 数控加工综合实训. 北京：化学工业出版社，2003

19　实用数控技术编委会. 实用数控技术. 北京：兵器工业出版社，1993

20　北京一机床厂编. 数控机床及加工中心的编程与操作. 北京：机械工业出版社，1993

21　全国数控培训中心编. 数控编程. 北京：机械工业出版社，1997

22　王爱玲编著. 现代数控编程技术及应用. 北京：国防工业出版社，2002

23　范炳炎编著. 数控加工程序编制. 北京：航空工业出版社，1993

24　范俊广编著. 数控机床及其应用. 北京：机械工业出版社，1993

25　李郝林等编著. 机床数控技术. 北京：机械工业出版社，2001

26　张辽远编著. 现代加工技术. 北京：机械工业出版社，1997

27　唐卫献编著. 数控车床加工自动编程. 北京：国防工业出版社，2002

28　任田玉等编著. 机床计算机数控技术. 北京：北京理工大学出版社，1996

29　李佳编著. 数控机床及应用. 北京：清华大学出版社，2001

30　实用数控技术手册编委. 实用数控技术手册. 北京：北京出版社，1993

31　赵万生等编著. 实用电加工技术. 北京：机械工业出版社，2002

32　金涤尘等编著. 现代模具制造技术. 北京：机械工业出版社，2001

33　杨志勇编著. 数控编程与加工技术. 北京：机械工业出版社，2002

34　田春霞编著. 数控加工技术. 北京：机械工业出版社，2002

35　熊熙编著. 数控加工与计算机辅助制造及实训指导. 北京：中国人民大学出版社，2000

36　黄康美编著. 数控加工实训教程. 北京：电子工业出版社，2004

37 徐宏海编著. 数控加工工艺. 北京：化学工业出版社,2004

38 李斌编著. 数控加工技术. 北京：高等教育出版社,2001

39 杨仲冈编著. 数控加工技术. 北京：中国轻工业出版社,1998

40 周济等编著. 数控加工技术. 北京：国防工业出版社,2002

41 李华等编著. 机械制造技术. 北京：高等教育出版社,2000

42 惠延波等编著. 加工中心的数控编程与操作技术. 北京：机械工业出版社,2001

43 黄鹤汀等编著. 机械制造技术. 北京：机械工业出版社,1997